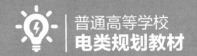

普通高等学校
电类规划教材

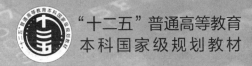

"十二五"普通高等教育
本科国家级规划教材

U0280414

数据通信
与计算机网络

第3版

◎邢彦辰 主编

◎丁文飞 赵海翔 孙会楠 李彦哲 副主编

人民邮电出版社

北 京

图书在版编目（CIP）数据

数据通信与计算机网络 / 邢彦辰主编. -- 3版. --
北京：人民邮电出版社，2020.7（2024.1重印）
普通高等学校电类规划教材
ISBN 978-7-115-52660-1

Ⅰ. ①数… Ⅱ. ①邢… Ⅲ. ①数据通信-高等学校-
教材②计算机网络-高等学校-教材 Ⅳ. ①TN919
②TP393

中国版本图书馆CIP数据核字(2019)第273118号

内 容 提 要

本书为"十二五"普通高等教育本科国家级规划教材。

本书是继 2011 年第 1 版、2015 年第 2 版后的第 3 版。在保持第 2 版的基本框架和特色的基础上，本版对部分章节内容进行了修改，增加了大数据、应用层交换机、5G、P2P、移动 Web、移动互联网等新技术。全书共 10 章，内容包括局域网、通信网、广域网、因特网、网络管理、网络安全和网络实训等。本书图文并茂，循序渐进，注重体现知识的实用性、前沿性、技能性、系统性以及计算机网络和电信网络技术的融合性。本书每章都有不同类型的习题，并提供习题答案和多媒体课件。

本书可作为高等院校电子信息工程、通信工程、物联网、信息工程、电气工程、自动化、计算机科学与技术等相关专业的数据通信与计算机网络或计算机网络与通信课程的教材，也可供其他专业的学生、教师和网络工程技术人员参考。

◆ 主　编　邢彦辰
　　副 主 编　丁文飞　赵海翔　孙会楠　李彦哲
　　责任编辑　李　召
　　责任印制　王　郁　陈　犇
◆ 人民邮电出版社出版发行　　北京市丰台区成寿寺路 11 号
　　邮编　100164　电子邮件　315@ptpress.com.cn
　　网址　https://www.ptpress.com.cn
　　固安县铭成印刷有限公司印刷
◆ 开本：787×1092　1/16
　　印张：22.75　　　　　　　　2020 年 7 月第 3 版
　　字数：557 千字　　　　　　2024 年 1 月河北第 8 次印刷

定价：59.80 元

读者服务热线：(010)81055256　印装质量热线：(010)81055316
反盗版热线：(010)81055315
广告经营许可证：京东市监广登字 20170147 号

数据通信和网络技术是信息时代的关键技术，作为计算机网络的具体应用，必然涉及数据通信基础理论、通信网络基本原理及电信新技术等方面的综合知识的运用。

本书是为高等学校数据通信、计算机网络、数据通信与计算机网络或计算机网络与通信等课程编写的教材。本书自出版以来受到使用院校师生的好评。党的二十大报告中提到："全面提高人才自主培养质量，着力造就拔尖创新人才，聚天下英才而用之。"本次修订在保持原有基本框架和特色的基础上，按照我国高等教育对应用型人才的培养目标和要求，调整了部分结构并进行了内容更新，补充了应用层交换技术、移动互联网等前沿知识。

本书主要内容安排如下：第 1 章为计算机网络概述；第 2 章介绍数据通信基础；第 3 章介绍计算机网络体系结构；第 4 章介绍计算机网络接口及其通信设备；第 5 章介绍局域网；第 6 章介绍通信网与广域网；第 7 章按 TCP/IP 协议栈的层次分别介绍各层协议、IPv4、IPv6、物联网和移动互联网技术；第 8 章介绍网络互联与接入技术；第 9 章介绍网络管理与网络安全；第 10 章是实验实训，包括 12 个实训项目。本书还提供丰富的配套资源，读者可登录www.ryjiaoyu.com 下载。

本书由邢彦辰主编并统稿，丁文飞、赵海翔、孙会楠、李彦哲任副主编，刘芳、李闻、王雅楠、吉李满参编。

在本书编写过程中，编者参考了大量资料。在此，本书所有参编人员对这些资料的作者表示诚挚的感谢。

由于数据通信和计算机网络技术发展迅速，相关内容丰富，限于时间和水平，书中难免有不妥之处，敬请批评指正。

编者联系方式：xingyanchen@126.com。

编 者

2023 年 5 月

目 录

第 **1** 章 计算机网络概述

【本章内容简介】本章介绍计算机网络的发展、功能、特点、组成、分类以及拓扑结构等基础知识，为后续内容的展开做铺垫。

【本章重点】读者应掌握计算机网络的基本概念、基本组成、分类方法和网络的拓扑结构，了解计算机网络的发展历程和发展趋势。

1.1 计算机网络的形成与发展

1.1.1 计算机网络的发展历程

计算机网络形成于 20 世纪 50 年代，是伴随着计算机技术、通信技术的发展，并在二者日益结合紧密、相互渗透的前提下产生的。近几十年，随着计算机网络技术的飞速发展，计算机网络已经逐步渗透到社会的各个领域，使人们可以不受时间和地理位置的限制进行工作、学习、交流和娱乐。从某种角度来讲，21 世纪是计算机与网络的时代，以因特网为代表的计算机网络已经成为信息社会的重要基础设施之一。

计算机网络经历了从简单到复杂、由单机系统到多机系统的过程，现已成为社会重要的信息基础设施，其演变过程可分为 4 个阶段。

1. 面向终端的计算机网络阶段（20 世纪 50 年代初—20 世纪 60 年代中期）

早期计算机的主机昂贵，而且数量较少，一台计算机只能供 1 个用户使用。这不利于计算机资源的充分利用。随着计算机技术的发展，出现了高速的、大容量的存储系统和分时操作系统，使计算机能够同时处理多个应用程序，并利用通信线路和通信设备使用户可以通过本地终端访问远程计算机系统，促进了通信技术与计算机技术的结合。

1954 年，美国在建成的半自动地面防空系统上进行了计算机技术与通信技术相结合的尝试：将雷达和测控器所探测的信息通过通信线路汇集到一台计算机上进行集中的信息处理，再将处理好的数据通过通信线路送回到各自的终端设备，第 1 次实现了利用计算机远距离集中控制和人机对话。在这项研究的基础上，20 世纪 60 年代，美国建成了以单个计算机为中心的面向终端的计算机网络系统。人们通过通信线路将计算机与远方的终端连接起来。在通信软件的控制下，各个用户在自己的终端上分时轮流使用中央计算机系统的资源对数据进行处理，然后再将处理结果直接送回终端。这就形成了具有通信功能的终端—计算机网络，如图 1-1 所示。这是计算机网络发展的初期阶段。这个阶段的计算机网络是面向终端的，是计算机网络的雏形。

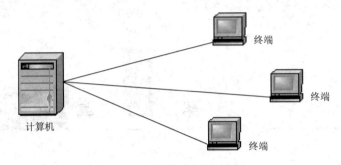

图 1-1　终端—计算机网络

随着终端数目的增多，承担数据处理的中心计算机的负载越来越重。为减轻负载，人们在通信线路和中心计算机之间设置了一个前端处理机（Front End Processor，FEP）或通信控制处理机（Communication Control Processor，CCP），专门负责与终端之间的通信控制。这样就形成了数据处理和通信控制的分工，从而提高了中心计算机的数据处理能力和通信资源的利用率。

为了提高通信线路的利用率，人们在终端较集中的地区设置集中器或复用器：首先通过低速线路将附近的终端连至集中器或复用器；然后通过高速通信线路、实施数字数据和模拟信号之间转换的调制解调器（Modem）与远程中心计算机的前端相连。面向终端的计算机网络远程联机系统如图 1-2 所示。

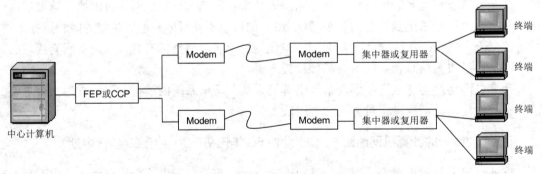

图 1-2　面向终端的计算机网络远程联机系统

2．多主机互连的网络阶段（20 世纪 60 年代中期—20 世纪 70 年代中期）

随着计算机应用的发展，一个单位或部门常拥有多个计算机系统。这些系统分布在广泛的区域中。这些系统除了处理自己的业务外，还要与其他系统交换信息。这就需要将多个计算机联机系统的主机用通信线路连接起来，使主机与主机之间也能进行信息交换和资源共享。这种系统的出现，使计算机网络的通信方式由计算机与终端的通信，拓展到计算机与计算机之间的直接通信。这就是以共享资源为目的的第二代计算机网络，如图 1-3 所示。

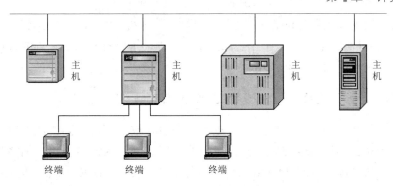

图1-3 多主机互连的计算机网络

20世纪60年代后期，美国国防部高级研究计划局（Advanced Research Project Agency，ARPA）为促进对新型计算机网络的研究，提供经费资助美国的许多大学和公司，于1969年建成了一个具有4个节点的实验性网络，即ARPA网。随后几年，ARPA网的物理节点由最初的4个迅速增加到50多个，主机超过100台，连接范围由美国本土通过卫星、海底电缆扩展到欧洲。ARPA网是计算机网络技术发展的一个里程碑，也是当今因特网的先驱。它的重要贡献是奠定了计算机网络技术的基础，在它的基础上，20世纪70年代到20世纪80年代，计算机网络发展十分迅速。

ARPA网对计算机网络技术的发展做出了如下突出贡献。

（1）完成了对计算机网络的定义、分类与子课题研究内容的描述。

（2）提出了资源子网、通信子网的两级网络结构的概念。

（3）研究了报文分组交换的数据交换方法。

（4）采用了层次结构的网络体系结构模型与协议体系。

（5）促进了TCP/IP的发展。

3. 开放式标准化计算机网络阶段（20世纪70年代末—20世纪90年代中期）

第二代计算机网络大都是由科研院所、大学、应用部门或计算机公司各自研制的，没有统一的网络体系结构，从而造成不同制造厂家生产的计算机难以互连，影响和制约了更大范围内的信息交换与共享。

针对上述情况，1979年，国际标准化组织（International Standardization Organization，ISO）以"开放系统互连"为目标，开始专门研究网络体系结构、互连标准等。1984年，ISO正式颁布了一个称为"开放系统互连参考模型"（Open System Interconnection/Reference Model，OSI/RM）的国际标准ISO7498，简称OSI参考模型或OSI/RM。OSI/RM规定了互连的计算机系统之间的通信协议，并规定了凡是遵从ISO提出的OSI协议的网络通信产品都是开放的网络系统。OSI/RM极大地推动了网络标准化的进程，使人类步入了第三代计算机网络的时代。

需要说明的是，ARPA网中使用的传输控制协议/网际协议（Transmission Control Protocol/Internet Protocol，TCP/IP）尽管不是OSI标准协议，但至今仍被广泛采纳，成为事实上的工业标准。

在计算机网络发展的进程中，另一个重要的里程碑就是局域网的出现。由于局域网的距离范围有限、联网的拓扑结构规范、协议简单，因此局域网联网容易，传输速率高，使用方便，价格低廉，很受广大用户的青睐。因此，局域网在20世纪80年代得到了很大的发展，尤其是1980年2月美国电气和电子工程师协会组织颁布的IEEE 802系列的标准，对局域网的发展和普及起到了巨大的推动作用。

4．网络互连与高速网络阶段（20世纪90年代末至今）

进入20世纪90年代后，计算机网络进一步向着开放、高速、高性能的方向发展，人们在全球范围内建立了不计其数的局域网、城域网和广域网。人们希望扩大网络规模，以实现更大范围的资源共享，因特网（Internet）便应运而生。网络标准化的最大体现是因特网的飞速发展。因特网是计算机网络最辉煌的成就。它已成为世界上最大的国际性计算机互联网，极大地推动着世界科学、文化、经济和社会的发展。

目前，许多新的网络技术已经产生并投入使用，例如，10Gbit/s以太网技术、全光网络和软交换技术等极大地提高了网络的吞吐能力。21世纪，计算机网络将向着高速化、综合化、宽带化、智能化、标准化、通信的可移动性等方向发展。

5．网络新形态

（1）云计算和大数据

云计算（Cloud Computing）是2006年以来在IT行业兴起的一个概念，被誉为"革命性的计算模型"，是分布式计算、并行计算、效用计算、网络存储、虚拟化、负载均衡等传统计算机和网络技术发展融合的产物。IBM在其白皮书中对云计算的定义是：云计算是用来同时描述一个系统平台或者一种类型的应用程序。云计算平台按需进行动态部署、配置、重新配置以及取消服务等。在云计算平台中的服务器可以是物理服务器或者是虚拟服务器。高级的云计算包括一些其他计算资源，如存储区域网络、网络设备、防火墙等。云计算建立在大规模的服务器集群之上，其通过网络基础设施与上层应用程序的协同工作来达到最大效率地利用软硬件资源的目的。云计算中的"云"指的是可以自我维护和管理的虚拟计算资源集合，通常是一些大型服务器集群，包括计算服务器、存储服务器和带宽资源等。

大数据（Big Data）又称巨量资料。大数据技术是一门快速获得有价值信息的技术，其意义在于对含有意义的数据进行专业化处理。大数据具有数据量大（达到PB级）、数据类别繁多（来自多种数据源）、数据真实性高、数据处理速度快（要求实时处理）等特点。

（2）物联网

物联网（Internet of Things）是在因特网技术的基础上延伸和扩展的一种网络技术，其用户端延伸和扩展到了任何物品。物联网是通过二维码识读设备、射频识别（Radio Frequency IDentification，RFID）设备、红外感应器、全球定位系统、激光扫描器等信息传感设备，按约定的协议，将任何物品与互联网相连接，进行信息交换和通信，以实现人与物以及物与物的相互沟通和对话，对物体进行智能化识别、定位、跟踪、管理和控制的一种信息网络。它的核心和基础仍然是互联网技术。目前物联网更多依赖"无线网络"技术。各种短距离和长距离的无线通信技术是物联网产业发展的主要基础。

（3）数据中心网络

数据中心网络（Data Center Network）是数据中心基础设施的重要组成部分，也是近年来各大公司和研究机构的研究热点。数据中心网络具有服务器数量多、应用规模大和虚拟化等特点。一般来说，数据中心网络架构主要有以下几方面的需求：一是即插即用，交换机需要更加简单的配置和管理方式；二是可扩展性，数据中心应具有一定的容错能力，并且在路由和编址方面具有可扩展性；三是最小的交换机状态，不需要特殊的硬件设计和考虑；四是支持虚拟化，虚拟机由一台服务器迁至另外的服务器时，不应出现服务器中断的情况，要做到无缝迁移；五是节能，根据服务压力来节能。

1.1.2　计算机网络的定义

究竟什么是计算机网络，一直没有一个统一的界定，各种资料对计算机网络的定义也不完全一致。目前，一般是从物理结构和应用目的的角度对计算机网络进行定义。

从物理结构的角度看，计算机网络是在网络协议及网络操作系统的控制下，由地理位置不同，并具有独立功能的多台计算机、数据传输设备以及其他相关设备所组成的计算机复合系统。

从应用目的（即资源共享）的角度看，计算机网络是以共享资源（包括硬件、软件和数据资源）为目的而连接起来的，具有独立功能的多个计算机系统的集合。

近年来，随着对计算机网络的研究的不断深入，人们公认的定义如下。

计算机网络是利用通信设备和线路把地理上分散的多个具有独立功能的计算机系统连接起来，在功能完善的网络软件支持下进行数据通信，实现资源共享、互操作和协同工作的系统。所谓"具有独立功能"的计算机系统，是指在网络中每台计算机的地位是相等的，具有自己的软硬件系统，能够独立运行，没有谁控制谁的问题。

在计算机网络业界有一个"梅特卡夫规则"。它是指网络价值以用户数量的平方的速度增长，即计算机网络的价值等于其节点数目的平方。如果计算机没有连网，单机使用，则很难发挥计算机的优越性能；如果计算机仅在一个局域网内使用，则只能共享有限的网络资源；如果计算机接入因特网，则可以共享"无穷无尽"的网络信息资源。

1.1.3　计算机网络的功能

计算机网络的功能如下。

1. 数据通信

数据通信是计算机网络最基本的功能，指在计算机之间传送数据。例如，用户可以在计算机网络上收发电子邮件，发布新闻消息，进行远程医疗、远程教学等。

2. 资源共享

资源共享是指网络用户可以在权限范围内共享网络中各计算机所提供的共享资源，包括软件、硬件和数据资源等。这种共享几乎不受地理位置的限制。资源共享提高了资源的利用率，在信息时代具有重要意义。

（1）硬件共享。硬件资源包括各种大型的处理器、存储设备、输入/输出设备等。在同一网络中，用户可以共享主机设备，也可以共享外部设备，如绘图仪、扫描仪和激光打印机等，从而避免了贵重硬件设备的重复投资，提高了计算机硬件的利用率。

（2）软件共享。软件资源包括操作系统、应用软件和驱动程序等。用户可以将远程主机的软件调入本地计算机执行，也可以将数据送至对方主机，运行并返回结果，从而避免了软件的重复开发与购置。

（3）数据共享。用户可以使用其他主机和用户的数据。例如，在计算机网络中，某些地区或单位的数据库（如酒店的客房和餐饮、交通信息等）可供全网使用。

3. 分布式处理和均衡负荷

计算机网络技术的发展，促进了分布式数据处理和分布式数据库的发展。人们可利用网络环境来实现分布式处理和建立性能优良、可靠性高的分布式数据库系统。在计算机网络中，由于每台计算机处理的任务不尽相同，因此就可能出现忙闲不均的现象。如果某台计算机的任务过重，则可通过网络调度来协调工作，将部分工作转交给较"空闲"的计算机来完成。这有利于网络资源的均衡使用，有利于提高系统的利用率及整个系统的处理能力，使解决大型复杂问题的费用大大降低。

4. 提高安全可靠性

在计算机网络中，一种资源可以存放在多个地点，并且用户可以通过多种途径访问网络资源。因此，一旦网络中某台计算机出现故障，故障计算机的任务就可以由其他计算机来完成，降低了单机故障导致整个系统瘫痪的事件发生的概率，增加了系统的安全性和可靠性。

计算机网络使人类处理信息的能力发展到了一个空前的高度，并且还将继续发展下去。有无全国性的高速的、安全的计算机网络，已经成为衡量一个国家的科学技术水平和综合国力的重要标准之一。

1.1.4 计算机网络的特点

虽然各种类型的计算机网络组成结构、具体用途和信息传输方式等不尽相同，但是它们却具有一些共同的特点。

1. 可靠性

当网络内的某台计算机或某个子系统出现故障时，计算机网络中的其他计算机或子系统可代为处理故障计算机或子系统的工作。另外，还可以在网络内的某些关键点上提供应付意外事件的文件后备专用系统。此外，当网络中的某段线路或某个节点出现故障时，信息可以通过网络内其他线路或节点传送到目的节点。网络环境的可靠性对于军事、金融和交通等传递重要信息的部门尤为重要。

2. 独立性

网络系统中各个计算机系统既相互联系，又相互独立。这种特性也是计算机网络所独有的。

3. 高效性

计算机网络系统可以把一个复杂的任务分给几台计算机去处理，摆脱了中心计算机控制数据传输的局限性。这样既可以减轻单个计算机的负担，又可以加快数据的处理速度，从而提高了工作效率。

4．扩充性

在计算机网络中可以灵活地接入新的计算机系统，如远程终端系统等，达到扩充网络规模和系统功能的目的。

5．透明性

计算机网络中的用户所关心的只是如何利用网络来高效、可靠地完成自己的任务，无须考虑网络所涉及的技术和具体工作过程，网络对用户来说是透明的。

6．可控性

掌握网络的使用技术要比掌握大型计算机系统或是一般计算机的内部工作过程简单得多，即计算机网络易于控制。

7．廉价性

没有大型计算机的用户也可以通过网络享用大型计算机的资源和服务，即用户获取信息的成本低。

1.2 计算机网络的组成与分类

1.2.1 计算机网络系统的逻辑组成

计算机网络在逻辑上可分为两个子网，如图1-4所示。一个计算机网络是由资源子网（虚框外部）和通信子网（虚框内部）构成的，其中，资源子网负责信息处理，通信子网负责全网中的信息传递。

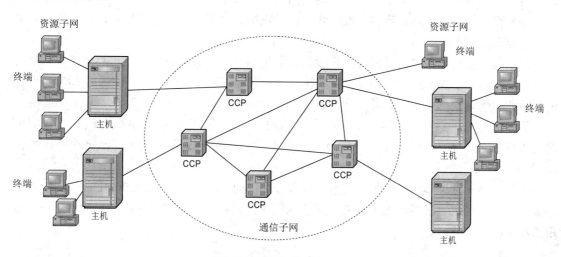

图1-4 计算机网络的逻辑组成

1. 资源子网

资源子网由主机、用户终端、终端控制器、联网外部设备、各种软件资源与信息资源组成。资源子网负责全网的数据处理业务，向网络用户提供各种网络资源与网络服务。它们的任务是利用其自身的硬件资源和软件资源为用户进行数据处理和科学计算，并将结果以相应的形式送给用户或存档。

（1）主机是资源子网中的主要组成单元，其可以是各种类型的计算机。它通过高速通信线路与通信子网的通信控制处理机连接。主机中除了装有本地操作系统外，还应配有网络操作系统和各种应用软件，并配置网络数据库和各种工具软件。

（2）用户终端可以是简单的输入/输出设备，也可以是具有存储和信息处理能力的智能终端，通常通过用户主机连入网络。终端（Terminal）是用户与网络之间的接口。用户可以通过终端得到网络服务。

（3）网络操作系统是建立在各主机操作系统之上的一个操作系统，用于实现在不同主机系统之间的通信以及全网硬件和软件资源的共享，并向用户提供统一的、方便的网络接口，以方便用户使用网络。

（4）网络数据库系统是建立在网络操作系统之上的一个数据库系统。它可以集中地驻留在一台主机上，也可以分布在多台主机上。它向网络用户提供存、取、修改网络数据库中的数据的服务，以实现网络数据库的共享。

2. 通信子网

通信子网由专用的通信控制处理机（Communication Control Proceesor，CCP）[在 ARPA 网中称为接口信息处理机（Interface Message Processor，IMP）]、通信线路及其他通信设备组成，完成网络数据传输任务。

（1）通信控制处理机被称为网络节点，往往指交换机、路由器等设备，通常起到中转站的作用，主要负责接收、存储、校验和转发网络中的数据包。

（2）通信线路可采用电话线、双绞线、同轴电缆、光纤等有线通信线路，也可采用微波与卫星等无线信道。

（3）其他通信设备主要指信号变换设备，利用信号变换设备可对信号进行变换，以适应不同传输媒体的要求，例如，将计算机输出的数字信号变换为电话线上传送的模拟信号时所用到的调制解调器就是一种信号变换设备。

除了上述逻辑组成，实际使用中的网络结构是这样的：上网的计算机一般是通过局域网连入广域网，而局域网与广域网、广域网与广域网的互联是通过路由器实现的，如图1-5 所示。

计算机要通过校园网、企业网或因特网服务提供商（Internet Service Provider，ISP）连入地区主干网，地区主干网通过国家主干网连入国家间的高速主干网。这样就形成了一种通过路由器互联的因特网。

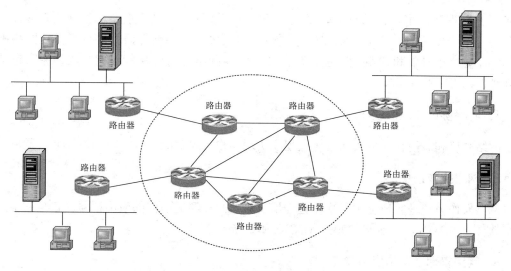

图1-5 计算机网络结构图

1.2.2 计算机网络的硬件组成

计算机网络硬件是计算机网络系统的物质基础。要构成一个计算机网络系统，首先要将计算机及其附属硬件设备与网络中的其他计算机系统连接起来。随着计算机技术和网络技术的发展，网络硬件也日渐多样化，功能更加强大。计算机网络硬件主要包括主体设备、网络设备及传输介质。某些设备之间的分工并不十分清晰，有时也有功能兼备的情况。

1. 主体设备

主体设备又称主机（Host Computer，HC），一般又可分为工作站（客户机）和中心站（服务器）两类。客户机是供用户使用网络的本地计算机，通常指标参数和配置要求不是很高，多采用个人计算机（Personal Computer，PC）及相应的外部设备。服务器为整个网络服务，长时间、不间断运行，因此配置较高，对工作速度、硬盘、内存容量和外部设备的要求相对较高。

2. 网络设备

网络设备是指在计算机网络中起连接和转换作用的设备或部件，如调制解调器、网络适配器、集线器、中继器、交换机、路由器和网关等。

3. 传输介质

传输介质是指计算机网络中用来连接主体设备和网络设备的物理介质，可分为有线传输介质和无线传输介质两类。有线传输介质包括同轴电缆、双绞线和光纤；无线传输介质主要包括无线电波、微波、红外线和激光等。

1.2.3 计算机网络的软件组成

计算机网络的软件是挖掘网络潜力的工具。为了协调网络资源，系统需要通过软件工具对网络资源进行全面管理、调度和分配，并采取一系列的安全保密措施，防止用户对数据和信息进行不合理访问，避免数据和信息被破坏和丢失。网络软件研究的重点不是网络中互连的各个独立的计算机本身的功能，而是如何实现网络特有的功能。网络软件通常包括以下几种。

1. 网络协议和通信软件

网络协议和通信软件主要通过协议程序实现网络协议功能。

2. 网络操作系统

网络操作系统是实现资源共享、管理用户对不同资源的访问的应用程序。它是最主要的网络软件，如 Window Server 2003、UNIX、NetWare 等。

3. 网络管理及网络应用软件

网络管理软件是用来对网络资源进行监控管理和对网络进行维护的软件；网络应用软件是为网络用户提供服务并为网络用户解决实际问题的软件，如 SNMP（Simple Network Managment Protocol，简单网络管理协议）、OpenView 等。

1.2.4　计算机网络的分类

可以从不同的角度对计算机网络进行分类。

（1）按照网络的数据交换方式划分，计算机网络可分为电路交换网、报文交换、分组交换、帧中继交换网、ATM 交换网和混合交换网。

（2）按照网络的覆盖范围划分，计算机网络可分为局域网、城域网和广域网。

① 局域网（Local Area Network，LAN）一般限定在较小的区域内，通常地理范围在 10km 以内。

② 城域网（Metropolitan Area Network，MAN）是地域性宽带网络的简称，一般在 10～100km 的区域内构建。城域网是介于局域网和广域网之间的一种大范围的高速网络。由于种种原因，城域网的技术没有在世界范围内得到广泛使用。目前多采用广域网的技术来构建城域网，所以本书将不对城域网进行更多的介绍。

③ 广域网（Wide Area Network，WAN）的地理范围从数百千米至数千千米，甚至上万千米，可以是一个地区或一个国家，甚至达到全球范围。

（3）按照网络的物理信道媒体划分，可分为双绞线网络、同轴电缆网络、光纤网络、微波网络、卫星网络等。

（4）按网络的拓扑结构划分，计算机网络可分为总线型网络、环形网络、星形网络、树形网络和网状网络等。

（5）按照网络应用范围和管理性质划分，计算机网络可分为公用网和专用网两大类。

① 公用网是为公众提供商业性和公益性的通信信息服务的通用计算机网络，如公用数据网（Public Data Networks，PDN）、公共交换电话网（Public Switched Telephone Network，PSTN）等。

② 专用网是某个单位或部门为本系统的特定业务需要建设的计算机网络，不对单位或部

门以外的人员开放。例如，校园网主要用于本校师生教学和科研的信息交流与共享，一般由多个局域网加上相应的交换和管理设备构成；企业网主要是指企业用来进行销售、生产过程控制及企业人事、财务管理的各种局域网或广域网的组合。

此外，还有一些其他的分类方式。例如，按照网络内数据组织方式的不同可将网络划分为分布式数据网和集中式数据网；按照网络内信息共享方式的不同可将网络划分为对等网和非对等网；按照传输介质形态的不同可将网络划分为有线网和无线网。

现代网络设备和软件的发展使得计算机网络的分类越来越模糊，看待网络的另一种方式是从系统和用户的多样性出发。连接着一个组织内部或多个组织之间各种各样的用户，并为这些用户提供了大量的资源的网络称为企业网。大型的局域网可以是企业网，但是一个企业网更有可能是由多个局域网组成的，形成广域网。

1.3 计算机网络的拓扑结构

拓扑（Topology）是从图论演变而来的，是一种研究与大小形状无关的点、线、面特点的方法。计算机网络的拓扑结构是指一个网络中各个节点之间互连的几何构形。它可以表示出网络服务器、工作站的网络配置和互相之间的连接。选择哪种拓扑结构与网络的实际要求相关。网络的拓扑结构对整个网络的设计、功能、可靠性、费用、设备类型、管理模式等有着重要的影响。

计算机网络常用的几种拓扑结构如图 1-6 所示。

1. 总线型拓扑结构

采用一种传输媒体作为公用信道，所有节点都通过相应的硬件接口直接连接到这一公共传输媒体上。该公共传输媒体即称为总线。用一条称为总线的主电缆将工作站连接起来的网络布局方式称为总线型拓扑结构，如图 1-6（a）所示。总线上的各节点计算机的地位相等，无中心节点，采用分布式控制方式。

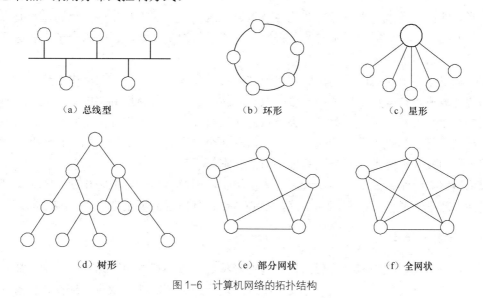

（a）总线型　　　　　（b）环形　　　　　（c）星形

（d）树形　　　　　（e）部分网状　　　　　（f）全网状

图 1-6 计算机网络的拓扑结构

在总线型结构中，任何一个节点的信息都可以沿着总线向两个方向传输扩散，并且能被总线中任何一个节点所接收，总线信道是一种广播式信道。总线型结构通常以基带形式串行传递信息，每个节点上的网络接口板均具有收、发功能。接收器负责接收总线上的串行信息并将其转换成并行信息送到微机工作站；发送器负责将并行信息转换成串行信息并发送到总线上。当总线上发送信息的目的地址与某节点的接口地址相符合时，该节点的接收器便接收信息。

总线型拓扑结构的网络具有结构简单、便于扩充、无源工作、可靠性高、需要设备和电缆数量少、价格低廉、大多数硬件都比较成熟等特点。但总线的传输距离有限，连接的站点数量有限，一次仅能由一个用户发送数据，其他用户必须等待，直到获得发送权。这对实时性要求较高的场合不太适用。

总线型拓扑结构是最常用的局域网拓扑结构之一。典型的总线型网络是以太网（Ethernet）。

2. 环形拓扑结构

环形拓扑结构是由节点和连接节点的通信线路组成的一个闭合环，如图 1-6（b）所示。各节点的接口设备是有源的，任何节点均可以请求发送信息，请求一旦被批准，便可以向环路发送信息。

环形网络中的信息按一定的方向从一个节点传输到下一个节点，形成一个闭合环流。环形信道也是一种广播式信道，可采用令牌控制方式控制各个节点发送和接收信息。

环形网络也是计算机局域网络的常用拓扑结构之一。在该类网络结构中，相邻的两个节点间仅有唯一的通路，简化了路径选择的控制。由于信息是串行穿过多个节点环路接口，所以在节点过多时，传输效率会受到影响，使网络响应时间变长，但当网络中的节点数量确定时，其延时固定，实时性强。在该类网络结构中，节点故障会引起全网故障，故障检测困难，扩充不方便。

3. 星形拓扑结构

星形拓扑结构是由中心节点与其他各节点连接组成，各节点与中心节点通过点到点的方式连接，如图 1-6（c）所示。中心节点采用集中式通信控制策略，任何两个节点要进行通信都必须经过中心节点转发。

根据星形中心节点的性质和作用，星形结构还可以分为两类。一类是中心节点是一个配置较高的计算机，具有数据处理和转接的双重功能。它与各自连接到该中心节点的计算机或终端组成一个星形网络。另一类是中央节点由交换机或集线器来担任。这时，交换机或集线器主要起到信号的再生、转发功能。它们通常有 8 个以上的连接端口，端口在电路上相互独立，某一端口发生故障不会影响到其他端口的状态。

星形网络具有结构简单、便于管理和集中控制，以及容易进行故障诊断和隔离等特点，但共享能力较差，通信线路利用率不高，中心节点一旦出现故障会造成整个网络的瘫痪。

4. 树形拓扑结构

树形拓扑结构也称为多级星形结构。它的形状像一棵倒置的树，顶端是树根，树根以下带分支，每个分支还可再带分支，如图 1-6（d）所示。各节点按层次进行连接，信息交换主要在上、下节点之间进行，相邻及同层节点之间一般不进行数据交换或数据交换量较少。树形网是一种分层网，一般一个分支和节点的故障不影响另一分支和节点的工作，任何一个节点送出的信息都可以传遍整个网络站点，是一种广播式网络。一般树形网上的链路具有一定的专用性，无须对原网做任何改动就可以扩充工作站。

树形拓扑结构具有易于扩展、容易进行故障隔离等特点。如果某一分支的节点或线路发生故障，很容易将故障分支与整个系统隔离开来。但是，各个节点对根节点的依赖性大，如果根节点发生故障，则全网不能正常工作。

5．网状拓扑结构

网状结构也称为分布式结构，可分为部分网状和全网状结构，分别如图1-6（e）和图1-6（f）所示。在这种结构中，网络上的每个节点至少与其他节点有2条以上的直接线路连接，网中无中心节点。该类网络是容错能力最强的。

网状网络具有可靠性高、网内节点容易共享资源、可改善线路的信息流量分配和选择最佳路径、传输延时小等特点。但该类网络控制复杂，线路费用高，不易扩充。

通常，网状网络只用于大型网络系统和公共通信骨干网。

6．混合型结构

将总线型、星形、环形、树形等拓扑结构混合起来，取其优点构成的拓扑称为混合型拓扑结构，如将星形拓扑和环形拓扑混合成的"星-环"拓扑，将星形拓扑和总线型拓扑混合成的"星-总"拓扑等。

1.4 标准化组织

计算机网络是伴随着标准化工业的发展而发展的，如果没有若干个世界共同遵守的标准，则难以将全球计算机连接起来组成计算机网络。

1．制定标准的必要性

不同计算机公司设计、制造了各种型号的计算机，以适应不同的需求。虽然总体上都遵循通用原理，但不同的计算机可能有不同的体系结构，采用不同的语言和数据存储格式，以不同的速率进行通信。因此，如果不遵循一个统一的标准，计算机与计算机之间将难以相互通信。

随着通信网的规模越来越大，以及移动通信、国际互联网业务的发展，国际间的通信越来越普及。这就需要相应的标准化机构对全球网络的设计和运营进行统一的协调和规划，以保证不同运营商、不同国家的网络业务可以互联互通。此外，推进各厂商不同软硬件的兼容性和互操作性，也要求在全世界范围内建立共同遵循的标准化的规章和准则，例如，定义硬件接口、网络协议和网络体系结构等。

中国国家标准GB/T 20000.1—2002《标准化工作指南》中对标准的定义是"为了在一定范围内获得最佳秩序，经协商一致制定并由公认机构批准，共同使用的和重复使用的一种规范性文件"。换句话来讲，所谓标准就是一组规定的规则、条件或要求，是科学、技术和实践经验的总结。

所谓标准化，是指为在一定的范围内获得最佳秩序，对实际的或潜在的问题制定共同的和重复使用的规则的活动，即制定、发布及实施标准的过程。

标准化的实施能够使符合标准的产品迅速占领市场，从而降低生产成本，提高产品质量，让用户受益；还能够使不同生产厂家的产品相互通用，让用户对产品的选择有更大的自由度。标准化也是发展计算机网络的一项关键措施，除了网络通信协议的标准外，还包括其他许多标准，如计算机操作系统接口标准和用户接口标准等。

2．标准的分类

标准的制定和分类按使用范围划分，可分为国际标准、区域标准、国家标准、专业标准、企业标准；按内容划分，可分为基础标准、产品标准、辅助产品标准、原材料标准、方法标准；按成熟程度划分，可分为法定标准、推荐标准、试行标准、标准草案等。

此外，标准还可以分为事实标准和法定标准两种类型。事实标准是指被广泛采用而产生发展的标准，只有遵循这些标准，产品才会有广阔的市场，如 TCP/IP；法定标准是指得到国家或国际公认的权威标准化机构制定的标准，例如，ISO 制定的开放系统互连参考模型（OSI/RM）。

3．制定标准的一些组织

相关标准化组织的作用主要是确立行业规范。以下标准化组织在计算机网络和数据通信领域具有重要地位。

（1）国际标准化组织（International Standard Organization，ISO）。ISO 是一个综合性的非官方机构，具有相当的权威性。它由各参与国的国家标准化组织所选派的代表组成。ISO 在计算机网络和数据通信领域最突出的贡献就是提出开放系统互连参考模型，其原理和其中的一些协议被广泛使用。

（2）国际电信联盟（International Telecommunication Union，ITU）。ITU 是联合国下设的电信专门机构，是一个政府间的组织。1956 年由原先的国际电报咨询委员会（CCIT）和国际电话咨询委员会（CCIF）合并成立国际电报电话咨询委员会（Consultative Committee of International Telegraph and Telephone，CCITT），主要涉及电报和电话两项基本业务。随着通信业务种类的不断增加，CCITT 仍一直沿用这个名称。至 1993 年，ITU 重组设立了以下 3 个主要部门，分别是：无线电通信部门 ITU-R，电信标准部门 ITU-T，电信发展部门 ITU-D。

（3）国际电子技术委员会（International Electrotechnical Commission，IEC）。IEC 成立于 1906 年，是世界上最早的国际性电工标准化组织，负责有关电工、电子领域的国际化工作。此外，IEC 还参与了联合图像专家组（Joint Photographic Experts Group，JPEG），为图像压缩制定标准。在信息技术领域，IEC 侧重硬件方面的标准，ISO 则侧重软件方面的标准，但它们的职能在许多地方有所重叠。

（4）美国国家标准学会（American National Standard Institute，ANSI）。ANSI 是非政府部门的民间标准化机构，但它实际上已成为美国全国性的技术情报交换中心和标准化中心，协调在美国实现标准化的工作。

（5）电气和电子工程师协会（Institute of Electrical and Electronics Engineers，IEEE）。IEEE 是美国 ANSI 的成员之一，也是世界上最大的专业技术团体，由计算机和工程学专业人士组成。

它创办了许多刊物，定期举行研讨会，还有一个专门负责制定标准的下属机构。IEEE 在计算机网络界的最大贡献就是制定了 802 标准系列。802 标准系列将局域网的各种技术进行了标准化。

（6）电子工业协会（Electronic Industries Association，EIA）。EIA 是 ANSI 的成员之一，制定了 OSI/RM 中与物理层有关的标准等。电信行业协会（Telecommunications Industry Association，TIA）现常与 EIA 共同颁布标准。

（7）欧洲计算机制造商协会（European Computer Manufacturers Association，ECMA）。ECMA 是一个由在欧洲销售计算机的厂商所组成的标准化和技术评议机构，致力于计算机和通信技术标准的协调和开发。

（8）欧洲电信标准机构（European Telecommunication Standard Institute，ETSI）。ETSI 是由从事电信的厂家和研究所参加的一个从研究开发到标准制定的机构。

（9）中国国家标准化管理委员会。中华人民共和国国家标准化管理委员会制定并颁布我国的国家标准，其标准代号均为 GB××××—××，每个×表示一位十进制数字，前 4 位或 5 位是标准号，后 2 位或 4 位表示颁布的年份。如 GB2312—80 是 1980 年颁布的信息交换用汉字编码字符集的基本集（中文简体标准），每个汉字由两个字节来表示。

小　　结

计算机网络是电子计算机及其应用技术与通信技术逐步发展、紧密结合后的产物。计算机网络技术对当前社会发展产生着重要的影响，其发展过程可分为面向终端的计算机网络阶段、多主机互连的网络阶段、开放式标准化计算机网络阶段及网络互联与高速网络阶段。

从计算机网络组成角度来分，典型的计算机网络在逻辑上可分资源子网和通信子网，每个子网都由相应的硬件和软件组成。

网络拓扑指网络构型，即网络中的节点与链路相互连接的不同物理形态。网络拓扑反映网络中各实体间的结构关系。它对网络性能、系统可靠性与通信费用等都有重要影响。

具有代表性和权威性的标准化组织有 ISO、ITU、EIA、IEEE、ANSI 等，我国的标准代号为 GB。

习　　题

一、填空题

1．计算机网络结合了_____和_____两方面的技术。

2．在以单个计算机为中心的远程联机系统中，为了使承担数据处理的主机减轻负担，在通信线路和中心计算机之间设置了一个_____或_____。

3．计算机网络的主要功能包括_____、_____、分布式处理和均衡负荷及提高安全可靠性。

4．计算机网络的逻辑组成可分为_____子网与_____子网。

5．_____网的重要贡献是奠定了计算机网络技术的基础。

6．按交换方式，计算机网络可分为_____网络（Circuit Switching）、_____网络

（Message Switching）和_____网络（Packet Switching）。

7. 按照覆盖范围划分，计算机网络可分为_____、_____和_____。

8. 计算机网络主要拓扑结构有_____、_____、_____、_____等。

二、选择题

1. 计算机网络最明显的优势在于_____。

   A. 精度高　　　　B. 存储容量大　　　C. 运算速度快　　　D. 资源共享

2. 计算机网络的资源是指_____。

   A. 操作系统与数据库　　　　　　　　B. 服务器、工作站和软件

   C. 软件、硬件和数据　　　　　　　　D. 资源子网与通信子网

3. 在计算机网络中实现网络通信功能的设备及其软件的集合称为_____。

   A. 通信子网　　　B. 交换网　　　　　C. 资源子网　　　　D. 工作站

4. 在计算机网络中处理通信控制功能的计算机是_____。

   A. 通信控制处理机　　　　　　　　　B. 通信线路

   C. 主计算机　　　　　　　　　　　　D. 终端

5. 一旦中心节点出现故障则整个网络瘫痪的局域网的拓扑结构是_____。

   A. 总线型结构　　B. 星形结构　　　　C. 环形结构　　　　D. 树形结构

6. 局域网的英文缩写是_____。

   A. MAN　　　　　B. LAN　　　　　　C. WAN　　　　　　D. SAN

三、判断题

1. 计算机网络中的资源主要是指服务器、工作站、路由器、打印机和通信线路。

2. 计算机网络中的每台计算机都具有自己的软硬件系统，能够独立运行，不存在谁控制谁的问题。

3. 从拓扑结构上看，计算机网络是由节点和连接节点的通信链路构成的。

4. 计算机网络主要是由计算机所构成的网络，再进行分类没有什么实际意义。

四、简答题

1. 简述计算机网络的发展历程，以及每个阶段各有什么特点。

2. 简述计算机网络的定义。

3. ARPA 网对计算机网络发展的主要贡献是什么？

4. 计算机网络具有哪些特点？

5. 计算机网络的逻辑组成包括哪几个部分？各个部分由哪些设备组成？

6. 网络软件和硬件通常包括哪些部分？

7. 计算机网络是如何分类的？试分别举出一个局域网、城域网和广域网的例子，并说明它们的区别。

8. 什么是计算机网络的拓扑结构？常用的计算机网络拓扑结构有哪几种？各有什么特点？

9. 为什么说计算机网络的标准非常重要？

第2章 数据通信基础

【本章内容简介】本章系统地介绍了数据通信的基本概念、数据编码与传输技术、通信的传输介质及特性、数据交换技术、多路复用技术和差错控制技术。

【本章重点】读者应重点掌握数据通信系统的概念及模型、数据编码及传输技术的类型以及数据交换技术。

2.1 数据通信系统

数据通信是依照一定的通信协议，在两点或多点之间通过某种传输媒介（如电缆、光缆），以数字二进制信息单元的形式交换信息的过程。数据通信是为了实现计算机与计算机或终端与计算机之间的信息交互而产生的一种通信技术。数据是把事件的某些属性规范化后的表现形式；信号是数据的具体的物理表现，它把消息用电信号的形式表达。而通信就是把消息这一数据的具体物理表现从一个地方传递到另一个地方，完成信息（或消息）的传输和交换。

2.1.1 通信系统和数据通信系统的模型

1. 通信系统模型

有效而可靠地传递信息是所有通信系统的基本任务。实际应用中存在各种类型的通信系统。它们在具体的功能和结构上各不相同。点与点之间建立的通信系统是通信的最基本形式，其模型如图 2-1 所示。

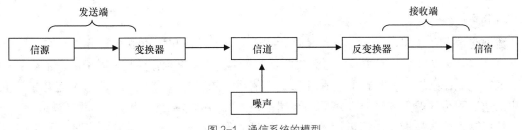

图 2-1 通信系统的模型

（1）信源是指发出信息的信息源，是指通信过程中产生和发送信息的设备或计算机等。

（2）变换器的功能是把信源发出的信息变换成适合在信道上传输的信号，通常要先把非电信号变成电信号，然后对电信号进行变换和处理，使它能在信道中传输。在现代通信系统中，为满足不同的需求，需要进行不同的变换和处理，如调制、数/模转换、加密、纠错等。

（3）反变换器的功能是变换器的逆变换。由于变换器要把不同形式的信息变换成适合信道传输的信号，而通常这种信号不能为信息接收者直接接收，所以需要用反变换器把从信道上接收的信号变换为接收者可以接收的信息。

（4）信宿是信息传送的终点，是通信过程中接收和处理信息的设备或计算机等。

（5）信道是信号传输媒介的总称，是信源和信宿之间的通信线路。不同的信源形式对应的变换处理方式不同，与之对应的信道形式也不同。从大的类别来分，传输信道的类型有两种：一种是电磁信号在空间中传输，这种信道叫作无线信道；另一种是使电磁信号被约束在某种传输线上传输，这种信道叫作有线信道。

（6）噪声不是人为实现的实体，在实际的通信系统中客观存在，在模型中将它集中表示。实际上，干扰噪声可能在信源处就混入了，也可能从构成变换器的电子设备中引入。传输信道中的电磁感应及接收端的各种设备也都可能引入干扰。

2．数据通信系统模型

数据通信系统是通过数据电路将分布在远地的数据终端设备与计算机系统连接起来，实现数据传输、交换、存储和处理的系统。从计算机网络的角度看，数据通信系统是把数据源计算机所产生的数据迅速、可靠、准确地传输到数据宿（目的）计算机或专用外设。典型的数据通信系统模型由数据终端设备（Data Terminal Equipment，DTE）、数据电路终接设备（Data Circuit Terminating Equipment，DCE）、计算机系统和传输信道组成，如图 2-2 所示。

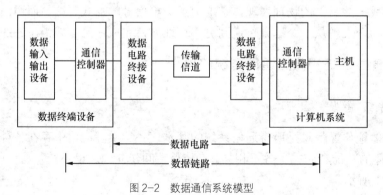

图 2-2　数据通信系统模型

（1）数据终端设备

数据终端设备（DTE）是指在数据通信系统中用于发送和接收数据的设备。DTE 可能是大、中、小型计算机，也可能是一台只接收数据的打印机，所以说 DTE 属于用户范畴，其种类繁多，功能差别较大。从计算机和计算机通信系统的观点来看，终端是输入/输出的工具；从数据通信网络的观点来看，计算机和终端都称为网络的数据终端设备，简称终端。

数据输入设备是指向计算机输入数据或信息的设备；数据输出设备是指将计算机中的数据或信息输出给用户的设备。在图 2-2 中，数据终端设备还包括通信控制器，它用来实现通信双方的同步、差错控制、传输链路的建立、维持和拆除及数据流量控制等功能。由于数据通信是计算机与计算机或计算机与终端间的通信，为了有效而可靠地进行通信就需要用到通信控制器。通信控制器除了进行通信状态的连接、监控和拆除等操作外，还可以接收来自多个数据终端设备的信息，并转换信息格式。在通信控制器中，上述功能是通过协议软件来实现的。网络不同，所使用的协议软件也不同。

（2）数据电路终接设备

数据电路终接设备（DCE）是介于数据终端设备与数据传输信道之间，与数据终端设备相连的数据电路的末端设备。它提供到网络的物理连接、转发通信量并为 DTE 和 DCE 之间的同步数据传输提供时钟信号。数据电路终接设备为用户设备提供入网的连接点。DCE 的功能就是完成数据信号的变换，因为数据既可以在模拟通信网中以模拟信号的方式传输，也可以在数字通信网中以数字信号的方式传输。也就是说，数据通信既可以借助于模拟通信手段，也可以借助于数字通信手段，因此传输信道可能是模拟的，也可能是数字的。DTE 发出的数据信号不适合信道传输，所以要把数据信号变成适合信道传输的信号。利用模拟信道传输要进行"数模"变换，方法就是调制；接收端要进行反变换，即"模数"变换，这就是解调。实现调制与解调的设备称为调制解调器（Modem）。因此，调制解调器就是模拟信道的数据电路终接设备。在利用数字信道传输信号时不需调制解调器，但 DTE 发出的数据信号也要经过某些变换才能有效而可靠地传输。

（3）数据电路和数据链路

数据电路指的是在线路或信道上加信号变换设备之后形成的二进制比特流通路。它由传输信道及其两端的数据电路终接设备（DCE）组成。数据链路是在数据电路已建立的基础上，通过发送方和接收方之间交换"握手"（"握手"是指通信双方建立同步联系、使双方设备处于正确收发状态、通信双方相互核对地址等）信号，使双方确认后方可开始传输数据的两个或两个以上的终端装置与互连线路的组合体。由图 2-2 可以看出，加入通信控制器以后的数据电路称为数据链路。因此，数据链路包括物理链路和实现链路协议的硬件和软件。只有建立了数据链路之后，双方 DTE 才可真正有效地进行数据传输。

（4）传输信道

传输信道是信息在信号变换器之间传输的通道，例如，电话线路等模拟通信信道、专用数字通信信道、宽带电缆和光纤等都属于传输信道。

2.1.2　数据通信方式

1. 按照数字信号排列顺序分类

数据在信道上的传输方式有两种，一种是串行通信，另一种是并行通信，如图 2-3 所示。

串行通信是指计算机主机与外设之间、主机系统与主机系统之间数据的串行传送。串行通信使用一条数据线，将数据一位一位地依次传输，每一位数据占据一个固定的时间长度。因此，在串行通信时，发送和接收到的每一个字符实际上都是一次一位地传送

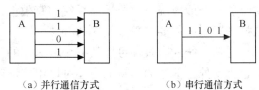

（a）并行通信方式　　　（b）串行通信方式

图 2-3　串行、并行通信方式

的，每一位为 1 或者为 0。由于只需要少数几条数据线就可以在系统间交换信息，所以串行

通信特别适用于计算机与计算机、计算机与外设之间的远距离通信，因为串行通信所使用的数据线少，所以其在远距离通信中可以节约通信成本。当然，它的缺点是其传输速度比并行传输慢。

一组数据的各数据位在多条数据线上同时被传输的传输方式被称为并行通信。并行通信时数据的各个位同时传送，有多少数据位就需要多少根数据线，并且以字或字节为单位并行进行，因此传输的成本较高。并行通信速度快，各数据位同时传输效率高，多用在实时、快速的近距离通信。但使用的通信数据线多，成本高，故不宜进行远距离通信。

2．按照消息传递的方向与时间的关系分类

按照消息传递的方向与时间的关系，数据通信可分为全双工通信（Full Duplex Communication）、半双工通信（Half Duplex Communication）、单工通信（Simplex Communication）3 种方式，如图 2-4 所示。

全双工通信如图 2-4（a）所示，是指在通信的任意时刻，数据可以同时在两个方向上传输，即通信的双方可以同时发送和接收数据。在全双工方式下，通信系统的每一端都设置了发送器和接收器，以控制数据同时在两个方向上传送。这种方式需要 2 根数据线传送数据信号。全双工通信方式无须进行方向的切换，因此没有切换操作所产生的时间延迟。这对那些不能有时间延误的交互式应用（如远程监测和控制系统）十分有利。

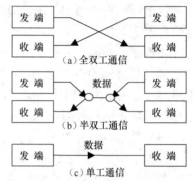

图 2-4 全双工、半双工、单工通信方式

半双工通信如图 2-4（b）所示，是指数据可以沿两个方向传送，但同一时刻一个信道只允许单方向传送，若要改变传输方向，则需由开关进行切换。半双工包含一条双向线路。半双工方式要求收发两端都有发送装置和接收装置。由于这种方式要频繁变换信道方向，故效率低，但可以节约传输线路。半双工方式适用于终端与终端之间的会话式通信。

单工通信如图 2-4（c）所示，是指在同一时间只允许一方向另一方单方向传输信息，只占用一个信道。单工通信多用于无线广播、有线广播和电视广播。

2.1.3 数据通信系统的主要技术指标

问题是时代的声音，回答并指导解决问题是理论的根本任务。通信系统的任务是快速、准确地传递信息。因此，有效性和可靠性是评价通信系统优劣的主要性能指标。有效性是指在给定的信道内所传输的信息内容的多少，解决的是信息传输的"速度"问题；可靠性是指接收信息的准确程度，解决的是传输信息的"质量"问题。通信系统的有效性和可靠性是一对矛盾。一般情况下，要提高系统的有效性，就得降低可靠性，反之亦然。在实际中，常常依据实际系统的要求采取相应的办法。

通信系统的有效性可用数据传输速率的大小来衡量；通信系统的可靠性一般用差错率来衡量。此外，信道的传输能力还可以用信道容量和带宽来衡量。

1．数据传输速率的度量单位

（1）波特率 R_B，也称调制速率，以波形每秒的振荡数来衡量。如果数据不压缩，波特率等于每秒传输的数据位数；如果数据进行了压缩，那么每秒传输的数据位数通常大于调制速率。在信息传输通道中，携带数据信息的信号单元叫码元，单位时间内通过信道传输的码元数目称为码元传输速率，简称波特率，单位是"波特"（Baud），记为 B。波特率与码元长度有关，即

$$R_B = \frac{1}{T_S}$$ （2-1）

式（2-1）中，T_S 为传输码元长度。

（2）比特率 R_b，又称为信息传输速率，它表示单位时间内传递的平均信息量或比特数。比特率单位是比特/秒，记为 bit/s。每个码元或符号都含有一定 bit 的信息量，因此比特率和波特率之间有确定的关系，即

$$R_b = R_B \cdot H$$ （2-2）

式（2-2）中，H 为每个符号所含的平均信息量。

【例 2-1】 设某信息源以每秒 2 000 个符号的速率发送信息，信息源由 A、B、C、D、E 5 个信息符号组成，发送 A 的概率为 1/2，发送其他符号的概率相同。设每一个符号的出现是相互独立的，求信息源的比特率。

解： 每秒发送 2000 个符号，说明波特率 R_B=2000 B。

设信息源 A、B、C、D、E 分别为 x_1、x_2、x_3、x_4、x_5，由已知条件得

$$p(x_1) = \frac{1}{2}, p(x_2) = p(x_3) = p(x_4) = p(x_5) = \frac{1}{8}$$

则每一个符号的信息源的熵

$$H(x) = -\sum_i p(x_i) \log_2^{p(x_i)} = -\frac{1}{2} \log_2^{\frac{1}{2}} - 4 \times \frac{1}{8} \times \log_2^{\frac{1}{8}} = 2 \text{bit} / 符号$$

信息源的比特率为

$$R_b = R_B \cdot H = 2000 \times 2 = 4000 \text{bit/s}$$

2．差错率

衡量通信系统可靠性的指标可用信号在传输过程中出错的概率来表述，即用差错率来衡量。差错率是衡量传输质量的重要指标之一，差错率越大，表明系统的可靠性越差。差错率通常有两种表示方法。

（1）码元差错率 P_e，简称误码率，是指发生差错的码元数在传输总码元数中所占的比例，也就是码元在传输系统中被传错的概率。误码率是最常用的数据通信传输质量指标，它表示数字系统传输中"在多少位数据中出现一位差错"。码元差错率用表达式可表示成：

$$P_e = \frac{错误码元数}{传输总码元数}$$ （2-3）

（2）信息差错率 P_b，简称误信率，是指发生差错的信息量在信息传输总量中所占的比例。在二进制传输中，码元差错率就是比特差错率，即 $P_e=P_b$，而在多进制传输中，可由码元差错率求出比特差错率。信息差错率用表达式可表示成：

$$P_b = \frac{\text{错误比特数}}{\text{传输总比特数}} \tag{2-4}$$

3. 信道容量

信道中平均每个符号所能传送的信息量为信息传输速率。如果对于一个固定信道，总存在一种信源，使传输的每个符号平均获得的信息量最大，那么该信息量这就是最大的信息传输速率。这个最大的信息传输速率就是信道容量，单位为 bit/s，代表每秒能传送的最大信息量。凡是小于这个信息量的数据必能在此信道中被无错误地传输。因此，信道容量是衡量信道传输数据能力的极限值。

无噪声信道中的信道容量用奈奎斯特定理计算。在信道具有理想低通矩形特性和无噪声情况下，信道容量为：

$$C = 2B \log_2^N \tag{2-5}$$

式（2-5）中，C 是信道的容量；B 是信道的带宽；N 是信号电平的个数。

奈奎斯特定理适用的情况是在无噪声信道中计算理论值。实际上，没有噪声的信道在现实中是不存在的，那么有噪声的信道该如何计算呢？

在被高斯白噪声干扰的信道中，计算信道容量 C 的公式为：

$$C = B \log_2^{(1+\frac{S}{N})} \tag{2-6}$$

式（2-6）中，B 是信道带宽（Hz）；S 是信号功率（W）；N 是噪声功率（W）。

实际使用的信道 S/N 一般用 dB 表示，即 $10\log(S/N)$ dB。式（2-6）即为著名的香农（Shannon）信道容量公式，简称香农公式。显然，信道容量与信道带宽成正比。

【例 2-2】 音频电话连接支持的带宽 B=3kHz，而一般链路典型的信噪比是 30dB，求电话线的数据传输速率，即信道容量。

解： 信噪比为 30dB，即 S/N=1 000

$$C = B \log_2^{(1+\frac{S}{N})} = 3\,000 \log_2^{(1+1000)} \approx 30 \text{kbit/s}$$

所以电话线的信道容量为 30kbit/s。

4. 带宽

从电子电路角度出发，带宽（Bandwidth）指的是电子电路中存在一个固有通频段。不管是哪种类型的电容、电感，都会对信号起阻滞作用，从而消耗信号能量，严重的话还会影响信号品质。这种效应与交流电信号的频率成正比关系。当频率高到一定程度、令信号难以保持稳定时，整个电子电路就无法正常工作。为此，电子学就提出了"带宽"的概念。它指的是电路可以保持稳定工作的频率范围，属于该体系的有显示器带宽、通信/网络中的带宽等。电子电路中的带宽的决定因素在于电路设计，它主要由高频放大部分元件的特性决定。

带宽从通信线路所能传送数据的能力角度出发指的是数据传输率，如内存带宽、总线带宽、网络带宽等，都是以"字节/秒（bit/s）"为单位。以计算机系统中总线为例，总线的作用就是承担所有数据传输的职责，各个子系统间都必须借由总线才能通信。根据工作模式的不同，总线可分为两种类型，一种是并行总线，另一种为串行总线。对并行总线来说，性能参数有以下 3 个：总线宽度、时钟频率、数据传输频率。其中，总线宽度指的就是数据传输率，也就是带宽。

在通信和网络领域，带宽即传输信号的最高频率与最低频率之差，或者说是"频带的宽度"，常用带宽表示信道传输信息的能力。模拟信道的带宽或信噪比越大，信道的极限传输速率越高。因此，我们总是努力提高通信信道的带宽。信道的带宽在一定程度上体现了信道的传输性能，由香农公式可以看出信道的带宽和信道容量成正比，即信道的带宽越大，信道的容量越大，其传输速率相应也越高。

2.2 数据编码与数据传输

数据编码将要传输的数据表示成某种特殊的信号形式，以便数据在相应的信道上可靠地传输。计算机要处理的数据信息十分复杂，有些数据库所代表的含义又使人难以记忆。为了便于使用、容易记忆，常需要对加工处理的对象进行编码，用代码表示一条信息或一串数据。数据可分为模拟数据和数字数据两大类，其中，模拟数据是指数据的状态是连续变化和不可数的，数字数据是指数据的状态是离散的和可数的。信号也分为数字信号和模拟信号两类，其中，数字信号是指电信号的参量对应于离散数据并离散取值，模拟信号是指电信号的参量对应于模拟数据而连续取值。模拟信号和数字信号的形式如图 2-5 所示。

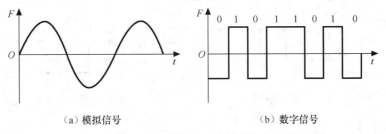

（a）模拟信号　　　　　　　　　　（b）数字信号

图 2-5　模拟信号和数字信号

模拟信号在传输一定距离后都会衰减，克服衰减的办法是用放大器来增强信号的能量，但噪声分量也会增强，可能会引起信号畸变。数字信号也会在长距离传输中衰减，克服的办法是使用中继器，把数字信号恢复为"0""1"的标准电平后再继续传输。

2.2.1 数字数据的数字传输

在计算机网络中使用最普遍的还是数字数据的数字传输技术，也就是基带传输技术。在传输时，必须将数字数据进行线路编码后再进行传输，到接收端进行解码后恢复原始数据。为使数字信号适合于数字信道传输，要对数字信号进行编码。数字信号编码是指用两个电平分别表示两个二进制数据"0"和"1"的过程。常见的数字数据的脉冲编码方案有单极性归零码、单极性不归零码、双极性归零码、双极性不归零码、曼彻斯特码、差分曼彻斯特码。

1. 单极性归零码

基带传输时，需要解决数字数据的数字信号表示和收发两端之间的信号同步问题。对于传输数字信号来说，目前最简单、最常用的方法是用不同的电压电平来表示两个二进制数字，即数字信号由矩形脉冲组成。按数字编码方式，极性码可以划分为单极性码和双极性码；根据信号是否归零，极性码还可以划分为归零码和不归零码。

单极性码是指使用正（或负）的电压表示数据，只使用一个极性的电压表示。所谓归零码，是指码元中间的信号要回归到0电平的编码方式。单极性归零码即是以高电平和零电平分别表示二进制码"1"和"0"，而且在发送码"1"时高电平在整个码元期间只持续一段时间 T，如图2-6所示，其余时间返回零电平。

单极性归零码的主要优点是可以直接提取同步信号，因此单极性归零码常常用作其他码型提取同步信号时的过渡码型。也就是说，其他适合信道传输但不能直接提取同步信号的码型，可先变换为单极性归零码，然后再提取同步信号。

2．单极性不归零码

单极性的概念已经在单极性归零码中提出，而不归零码是指编码时遇"1"电平翻转，遇"0"保持不变，在编码过程中不需要回归到零电平的编码方式。举例说明，单极性不归零码用无电压表示"0"，用恒定正电压表示"1"，每个码元时间的中间点是采样时间，判决门限为半幅电平。不归零码在传输中难以确定一位的结束和另一位的开始，在连零个数过多时，无法提取同步信息，因此，需要用某种方法在发送器和接收器之间进行定时或同步。单极性不归零码的编码方法如图2-7所示。

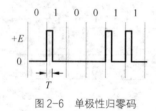

图2-6　单极性归零码

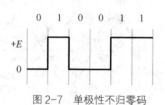

图2-7　单极性不归零码

3．双极性归零码

双极性码是指使用正电压和负电压分别表示二进制码"1"和"0"的编码方法。双极性归零码是指二进制码"0"和"1"分别对应于负电平和正电平的波形的编码，在发送码"1"或者码"0"时对应的高电平或者低电平在整个码元期间只持续一段时间，其余时间返回零电平。这种码既具有双极性特性，又具有归零的特性。

双极性归零码的特点如下。

（1）接收端根据接收波形归于零电平就可以判决当前这一比特的信息已接收完毕，然后准备下一比特信息的接收，因此发送端不必按一定的周期发送信息。

（2）可以认为正负脉冲的前沿起到了启动信号的作用，后沿起到了终止信号的作用，因此可以经常保持正确的比特同步。此方式也叫作自同步方式，非常有利于同步脉冲的提取，由于具有这一特性，双极性归零码的应用十分广泛。双极性归零码的编码方法如图2-8所示。

4．双极性不归零码

不归零码同归零码相比是效率较高的编码，缺点是存在同步信息的提取问题。双极性不归零码的编码规则为：接收信号的值若在零电平以上，则为正电压，判为"1"码；若在零电平以下，则为负电压，判为"0"码，此时的判决门限为零电平。双极性不归零码虽然存在同步信息的提取问题，但是抗干扰能力较强，有利于在信道中传输。双极性不归零码的编码方法如图 2-9 所示。

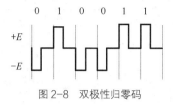

图 2-8 双极性归零码

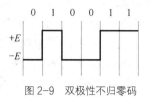

图 2-9 双极性不归零码

5. 曼彻斯特码

曼彻斯特码又被称为数字双向码。它和差分曼彻斯特码都是数据通信中较为常用的数字信号编码方式。它是将所发送的比特流中的数据与定时信号结合起来的代码，解决了在传输数据时没有时钟的问题。曼彻斯特码的编码方法是以跳变方向来判断是"0"还是"1"：从高电平跳到低电平为"1"，从低电平跳到高电平为"0"。曼彻斯特码的编码方法如图 2-10 所示。

代码：　　　　0　1　0　0　1　1
曼彻斯特码：01　10　01　01　10　10

曼彻斯特码是一种自同步的编码方式，即时钟同步信号就隐藏在数据波形中。在曼彻斯特码中，每一位的中间有一跳变，位中间的跳变既作为时钟信号，又作为数据信号。因为这种码的正、负电平各半，所以无直流分量，编码过程也简单，但带宽比原信码大 1 倍，编码效率较低。

6. 差分曼彻斯特码

差分曼彻斯特码是曼彻斯特码的一种改进形式。它仍然保留了曼彻斯特码作为"自含时钟编码"的优点，仍将每比特中间的跳变作为同步之用，但是每比特的取值则根据其开始处是否出现电平的跳变来决定。差分曼彻斯特码的编码方法是每一位中间都有一个跳变，每位开始时有跳变表示"0"，无跳变表示"1"。因为第一位开始的电平不同，所以每种差分曼彻斯特码都有两种情况，如图 2-11（a）和图 2-11（b）所示。每位中间的跳变表示时钟，每位前面的跳变表示数据。差分曼彻斯特码的优点是时钟、数据分离，便于提取信号。

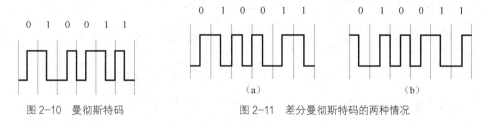

图 2-10 曼彻斯特码　　　　　　　图 2-11 差分曼彻斯特码的两种情况

2.2.2 模拟数据的数字传输

自然界中大多数信息都是通过各种传感器感知后得到的模拟信号。这些模拟信号要在数字通信系统中传输，一般需要进行模数和数模转换。这些变换在数字通信系统中一般是由编码器和译码器实现的。

模拟信号的数字化过程主要包括 3 个步骤：抽样、量化、编码。第一步抽样是在时间上对信号进行离散化处理，即将时间上连续的信号处理成时间上离散的信号；第二步量化就是用有限个幅度值近似原来的连续变化的幅度值；第三步编码就是按照一定的规则，把量化后的值用二进制或者多进制的数字信号流表示。模拟信号的数字传输过程如图 2-12 所示。

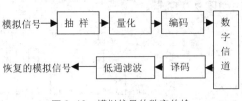

图 2-12　模拟信号的数字传输

1. 抽样

（1）抽样的定义

连续信号 $f(t)$ 通过某种处理，只取出信号 $f(t)$ 在各个离散时刻 t_0，t_1，…，t_i 对应的数值 $f_S(t_0)$，$f_S(t_1)$，…，$f_S(t_i)$，就得到了时间离散信号 $f_S(t)$。这个由信号 $f(t)$ 转换成信号 $f_S(t)$ 的过程就是抽样。

在通信原理中，抽样的基本过程就是把时间上连续的模拟信号变成一系列时间上离散的抽样值的过程。这些抽样值能包含原始信号的全部信息。若想基于经过抽样的信号重建原始信号，需要用抽样定理来进行约束。抽样定理是模拟信号数字化的基础。

根据信号频段的不同，抽样定理分为低通抽样定理和带通抽样定理；根据抽样脉冲序列间隔的不同，抽样分为均匀抽样和非均匀抽样；根据抽样脉冲序列的不同，抽样定理分为理想抽样和实际抽样。

（2）低通抽样定理

一个频段限制在（0，f_H）内的时间连续信号 $f(t)$，如果以大于或等于 $2f_H$ 的抽样频率 f_S 对其进行等间隔抽样，则 $f(t)$ 将由所得到的抽样值完全确定。

由抽样定理可知，当抽样频率 $f_S < 2f_H$ 时，接收时重建的信号中会有失真。这种失真称为混叠失真。通常将满足抽样定理的最低抽样频率称为奈奎斯特（Nyquist）频率。

设 $f(t)$ 是低通信号，抽样脉冲序列是一个周期性冲激序列 $\delta_T(t)$，则抽样过程是 $f(t)$ 与 $\delta_T(t)$ 相乘的过程，即抽样后信号为：

$$f_S(t) = f(t)\delta_T(t) \tag{2-7}$$

$$\delta_T(\omega) = \sum_{n=-\infty}^{\infty} \delta(t - nT_S) \tag{2-8}$$

利用傅氏变换的基本性质，由频域卷积定理可知抽样信号的频谱为

$$F_S(\omega) = \frac{1}{2\pi}\left[f(\omega) * \delta_T(\omega)\right] \tag{2-9}$$

其中，$f(\omega)$ 为低通信号的频谱；$\delta_T(\omega)$ 是 $\delta_T(t)$ 的频谱，可表示为

$$\delta_T(\omega) = \frac{2\pi}{T_S} \sum_{n=-\infty}^{\infty} \delta(\omega - n\omega_S) \tag{2-10}$$

其中，$\omega_S = 2\pi f_S = \dfrac{2\pi}{T_S}$。

把式（2-10）代入式（2-9）有

$$F_S(\omega) = \frac{1}{T_S}\left[f(\omega) * \sum_{n=-\infty}^{\infty} \delta_T(\omega - n\omega_s) \right] = \frac{1}{T_S} \sum_{n=-\infty}^{\infty} F(\omega - n\omega_S) \qquad (2\text{-}11)$$

抽样后，所得频谱是原信号频谱的周期延拓。在 $\omega_S \geq 2\omega_H$（$f_S \geq 2f_H$）的情况下，周期性频谱无混叠现象，于是经过截止频率为 ω_H 的理想低通滤波器后，可无失真地恢复原始信号。如果 $\omega_S < 2\omega_S$（$f_S < 2f_H$），则频谱间出现混叠现象，这时不可能无失真地重建原始信号。

【例 2-3】一路电话信号的频段为 300～3 400Hz，求抽样频率的范围。

解：由题意得 f_H=3 400Hz，因为电话信号属于低通信号，故用低通抽样定理满足要求，即 $f_S \geq 2f_H$=2×3 400=6 800（Hz），所以按照 6 800Hz 的抽样频率对 300～3 400Hz 的电话信号抽样，则可以不失真地还原成原来的话音信号。

（3）带通抽样定理

在实际系统中，经常会遇到频谱限制在 f_L 与 f_H 之间的带通信号 $f(t)$，其中 f_L 称为带通信号的下限截止频率，f_H 称为带通信号的上限截止频率，带通信号的带宽 $B=f_L-f_H$。这样的带通信号如果仍然按照低通抽样定理进行抽样，仍然可以满足无失真恢复信号的要求。但是对于带通信号来说，这样的抽样频率太高，导致信道的传输效率低。对于这样的带通信号，完全可以找到比 $f_S \geq 2f_H$ 低的抽样频率。

设 $f_H = nB + kB$，$0 \leq k < 1$，n 为小于 f_H/B 的最大整数。对于带通信号 $f(t)$ 来说，抽样频率 f_S 满足下列关系。

$$f_S = 2B(1 + k/n) \qquad (2\text{-}12)$$

由式（2-12）和 $f_H = B + f_L$ 可求出 f_S 和 f_L 之间的关系曲线，如图 2-13 所示。当 $f_L \gg B$ 时，f_S 趋近于 $2B$，因此带通信号通常可以按照 $2B$ 速率抽样。

2. 量化

所谓量化，就是把抽样信号变为幅度离散的数字信号的过程。模拟信号抽样后，样值的脉冲幅度仍然是连续量。为了能用数字信道进行传输，还需要进行样值脉冲幅度的离散化，也就是用事先规定好的有限个电平来表示模拟的抽样值。

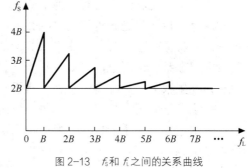

图 2-13　f_S 和 f_L 之间的关系曲线

（1）量化的分类。按照量化级的划分方式，分为均匀量化和非均匀量化。

均匀量化是指所有量化区间的间隔全都相等的量化。均匀量化的好处就是很容易编解码，但要达到相同的信噪比就需要占用相当大的带宽。

非均匀量化是指量化区间的间隔并不全都相等的量化。它是根据输入信号的概率密度函数来分布量化电平的，一般用类似指数的曲线进行量化。比如，目前国际上普遍采用的 A 律 13 折线压扩特性和 μ 律 15 折线压扩特性，它们的区别在于对数量化曲线不同。

非均匀量化是根据信号的不同区间来确定量化间隔：对于信号取值小的区间，其量化间隔也小；反之，量化间隔就大。它与均匀量化相比，有两个主要的优点：第一，当输入量化器的信号具有非均匀分布的概率密度时，非均匀量化器的输出端可以获得较高的平均信号量化噪声功率比；第二，非均匀量化时，量化噪声功率的均方根值基本上与信号抽样值成比例。因此，量化噪声对大、小信号的影响大致相同，改善了小信号时的量化信噪比。

由于非均匀量化克服了均匀量化的缺点，所以在现代通信系统中，往往采用非均匀量化。

量化除了按照量化级别分类之外，还可以按照量化的维数来分类，分成标量量化和矢量量化。标量量化是对每个离散时间样值分别进行量化的处理过程。标量量化是一维的量化，一个幅度对应一个量化结果。它易于实现，看起来直观、简单。矢量量化是将若干个时间离散幅度连续的抽样值分为一组，形成多维空间的一个矢量，再对该矢量进行量化的过程。矢量量化是一种高效的数据压缩技术。它并不仅仅作为量化器存在，更多被作为压缩编码方法来研究。

（2）量化误差。在设计量化器时，将标称幅度划分为若干份，称为量化级，一般为 2 的整数次幂，把落入同一级的样本值归为一类，并给定一个量化值。量化误差是指量化结果和被量化模拟量的差值。显然，量化级数越多，量化的相对误差越小，质量就越好。

量化过程中，由于很多模拟的幅度值被量化成其他的值，所以带来了量化误差。这是不能避免的。因此，在进行量化后，模拟信号必然会丢失一部分信息，产生量化失真，从而影响通信的效果。这种失真是由量化本身带来的，所以无法恢复，但是可以在可控制的误差范围内进行量化。

3．编码

编码是把模拟信号样值转换成一组数字代码的过程，包含了量化的模/数变换过程。最简单的编码方式是二进制编码，就是用二进制码来表示已经量化了的样值。每个二进制数对应一个量化值。将它们排列，就可得到由二值脉冲组成的数字信息流。

除了自然二进制码，还有其他形式的二进制码，如格雷码和折叠二进制码等。这 3 种码各有优缺点。自然二进制码和二进制数一一对应，简单易行。它是权重码，每一位都有确定的大小，可以直接进行大小比较和算术运算。自然二进制码可以直接由数/模转换器转换成模拟信号，但在某些情况下，例如，从十进制的 3 转换为 4 时，二进制码的每一位都要变，使数字电路产生很大的尖峰电流脉冲。格雷码能克服这种情况，它在相邻电平间转换时只有一位发生变化。格雷码不是权重码，每一位码没有确定的大小，不能直接比较大小，也不能直接进行算术运算，还不能直接转换成模拟信号，而要经过一次码变换，变成自然二进制码。折叠二进制码左边第一位表示信号的极性，除了极性位之外，其他的码沿中心电平上下对称，适于表示正负对称的双极性信号。

在通信理论中，编码分为信源编码和信道编码两大类。所谓信源编码，是指将信号源中多余的信息除去，形成一个适合被传输的信号，提高了信息的传输效率。信道编码是指为了抑制信道噪声的干扰，把信号编成接收端抗干扰码型，从而提高传输的质量。为了抗干扰，必须花费更多的时间传送一些多余的信号，从而占用更多频段。这是通信理论中的一条基本原理。

2.2.3　数字数据的模拟传输

通信传输系统分为模拟传输系统和数字传输系统。在模拟传输系统中，信号以连续变化的电磁波在媒体中传输。模拟传输的媒体可以是双绞线电缆、同轴电缆、光缆等。若要在模拟线路上进行数据通信，则需要通过调制来将数字信号转变为模拟信号，即利用调制技术将输入数据组合到载波信号上。载波信号是某种特定的频率。典型的模拟传输系统是电话通信系统，常见的是利用调制解调器调制计算机的数字数据，然后通过用户电话线将调制后的信号传输到模拟设备。

能传输模拟信号的信道称为模拟信道。要在模拟信道上传输数字数据时，首先要将数字数据调制成模拟信号。所谓调制，是指对信号源的信息进行处理并"附加"到适合空中发射的高频信号上去，使其变为适合于信道传输的形式的过程。这里，信号源的信息称为基带信号，其一般不能被直接传输，需要把它转变为频率较高的信号以适合信道的传输。适合空中发射的高频信号就是载波。调制就是通过改变高频载波的幅度、相位、频率，使其随着基带信号幅度的变化而变化。将数字数据转换成模拟信号的调制方法一般有振幅键控、移频键控和移相键控 3 种。

1. 振幅键控

振幅键控（Amplitude Shift Keying，ASK）是载波的振幅随着数字基带信号而变化的数字调制。当数字基带信号为二进制时，则为二进制振幅键控（2ASK）。振幅键控是通过改变载波信号的振幅来表示数字信号"0"和"1"的，即用一种幅度的载波信号（通常用振幅 0）来表示数字信号"0"，用另一种幅度的载波信号来表示数字信号"1"。

设数字基带信号为 $s(t)$，载波为 $c(t)$，表达式分别为

$$s(t) = \sum_n a_n g(t - nT) \tag{2-13}$$

$$c(t) = A\cos(\omega_c t) \tag{2-14}$$

式（2-13）中，T 为码元宽度；$g(t)$ 是宽度为 T，高度为 1 的矩形脉冲；a_n 为二进制码元，等于 1 的概率为 p，等于 0 的概率为 $1-p$。

输出信号 $s_{ASK}(t)$ 为

$$s_{ASK}(t) = s(t)c(t) = \sum_n a_n g(t - nT)A\cos(\omega_c t) \tag{2-15}$$

ASK 信号的时间波形如图 2-14 所示。

振幅键控的特点是容易实现，设备简单，但是抗干扰能力差，故在数字通信中使用不多。振幅键控技术可用于通过光纤传输数字信号的过程。

对振幅键控信号可以采用相干解调（同步检测法）和非相干解调（包络检波）两种方式。

2. 移频键控

移频键控（Frequency-Shift Keying，FSK）是数字通信中使用较早的一种调制方式，其基本原理是利用载波的频率变化来传递数字信息。在数字通信系统中，这种频率的变化不是连续的，而是离散的。移频控制广泛应用于低速数据传输设备中。它的调制方法简单，易于实现，解调不需要回复本地载波，可以异步传输，抗噪声和衰落性能较强。

移频键控通过改变载波信号的频率来表示数字信号中的"0"和"1"，即用一种频率的载波信号来表示数字信号"0"，用另一种频率的载波信号来表示数字信号"1"。

在一定的近似条件下，可以把二进制 FSK 信号看成是载频为 f_1 和 f_2 的两个 ASK 信号

之和。设数字基带信号为 $s_1(t)$ 和 $s_2(t)$，这里需要两种载波，分别为 $c_1(t)$ 和 $c_2(t)$，表达式分别为

$$c_1(t) = A\cos(\omega_1 t) \tag{2-16}$$

$$c_2(t) = A\cos(\omega_2 t) \tag{2-17}$$

$$s_1(t) = \sum_n a_n g(t - nT) \tag{2-18}$$

$$s_2(t) = \sum_n \overline{a_n} g(t - nT) \tag{2-19}$$

$$s_{\text{FSK}}(t) = s_1(t)c_1(t) + s_2(t)c_2(t) \tag{2-20}$$

FSK 信号的时间波形如图 2-15 所示。

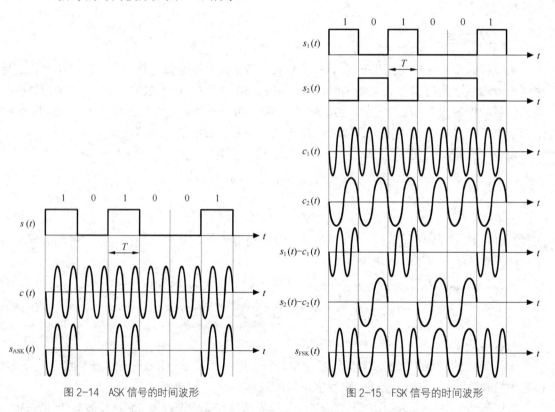

图 2-14 ASK 信号的时间波形　　　　　　图 2-15 FSK 信号的时间波形

2FSK 信号的常用解调方法有相干解调和非相干解调两种。FSK 的特点是实现简单，抗干扰能力优于移幅键控方式，但占用的带宽较宽。

3. 移相键控

移相键控（Phase-Shift Keying，PSK）是指用数字调制信号的正负控制载波的相位。当数字信号的振幅为正时，载波的起始相位取 0；当数字信号的振幅为负时，载波的起始相位取 180°。二进制移相键控用载波信号的不同相位来表示二进制数"0"和"1"。有时也把代表两个以上符号的多相制相位调制称为移相键控。移相键控分为绝对移相和相对移相，其中，绝对移相是用载波的不同相位去直接传送数字信息的一种方式；相对移相也称为差分移相，

它是用前后码元载波相位的相对变化来传送数字信号。下面以二进制绝对移相为例说明其原理。

二进制移相键控数字基带信号 $s(t)$ 和载波 $c(t)$ 的表达式分别为

$$s(t) = \sum_n a_n g(t - nT) \tag{2-21}$$

$$c(t) = \cos(\omega t) \tag{2-22}$$

式（2-21）中，T 为码元宽度；$g(t)$ 是宽度为 T、高度为 1 的矩形脉冲；a_n 为双极性，也就是在不同概率下取值分别为 1 和 −1。

$$s_{\text{PSK}}(t) = s(t)c(t) = [\sum_n a_n g(t - nT)]\cos(\omega t) \tag{2-23}$$

当发送不同的二进制符号时，由于 a_n 的正负差别，最终使二进制移相键控信号 $\cos(\omega t)$ 有正负差别，正弦载波就会发生倒相。PSK 信号的时间波形如图 2-16 所示。

移相键控的抗干扰能力强于移频键控和振幅键控，而且频段的利用率较高，所以在中、高速数字通信系统中被广泛采用。但它在解调时需要有一个正确的参考相位，需要相干解调，而相干解调出来的数字基带信号与发送的数字基带信号相反，造成了倒 π 现象，使得解调器输出的数字基带信号全部出错，因此 PSK 方式在实际应用中很少采用。

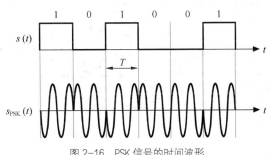

图 2-16　PSK 信号的时间波形

为了克服在 PSK 中导致的倒 π 问题，二进制差分相位键控（Binary Differential Phase-Shift Keying，2DPSK）被提出。二进制差分相位键控常被简称为二相相对调相，它不是利用载波相位的绝对数值传送数字信息，而是用前后码元的相对载波相位值传送数字信息，所以又被称为相对相移键控。2DPSK 信号的实现可以采用以下方法：首先对二进制数字基带信号进行差分编码，将绝对码变换为相对码（差分码）；然后再对相对码进行绝对调相，从而产生二进制差分相移键控信号。

2DPSK 信号可以采用相干解调（极性比较法）加码反变换法解调。基本原理是对 2DPSK 信号进行相干解调，恢复出相对码，再变换成绝对码，从而恢复出发送的二进制数字信息。解调中，即使出现"反向工作"现象，解调得到的相对码完全是 0、1 倒置，但经差分译码（码反变换）得到的绝对码不会发生任何倒置现象。因此，与 PSK 相比，2DPSK 是一种更实用的数字调相系统。

2.2.4　数据同步与异步传输

数据传输就是依照适当的规程，经过一条或多条链路，在数据源和数据宿之间传送数据的过程，也表示借助信道上的信号将数据从一处送往另一处的操作。在通信过程中，接收端要按照发送端所发送的每个码元的重复频率以及起止时间来接收数据，在时间基准上必须与发送端保持一致。这就是同步。数据同步传输是数据通信中需要解决的重要问题。同步不良会导致通信质量的下降甚至于无法正常通信。同步的常用方法有异步传输和同步传输两种方式。

1. 异步传输

异步传输（Asynchronous Transmission）起源于早期的电传打印电报系统。它是字符同步的一种传输方式。异步传输将比特分成小组进行传送，一次只传输一个字符，发送端可以在任何时刻发送这些比特组，而接收端不知道它们会在什么时候到达。每次异步传输的字符都以一个起始位开头。它占了一位的时间，通知接收端数据已经到达了。这就给了接收端响应、接收和缓存数据比特的时间。在传输结束时，一个停止位表示该次传输字符的终止。它占了1～2位的持续时间。接收端根据停止位再判断这个字符的结束，从而起到通信双方同步的作用。因为具有这样的传输特性，所以异步传输也被称为起止式传输。在传输过程中，字符和字符的传输间隔是任意的，在没有字符需要传输的时间内，发送端可发送连续的停止位，接收端根据接收到的信号是否发生了"1"或者"0"的跳变来判断一个新字符的开始。异步传输的通信方式如图2-17所示。

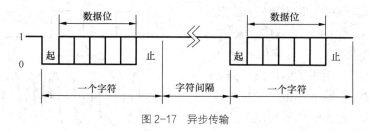

图2-17 异步传输

异步传输因为不需要在发送和接收设备之间另外传输定时信号，所以传输过程的实现比较容易，对线路的发送、接收设备要求较低；由于每个信息都加上了"同步"信息，因此计时的漂移不会产生大的积累，但却产生了较多的开销，每个字符增加了2～3bit，总的传输负载就增加了。这对于数据传输量很小的低速设备来说问题不大，但对于那些数据传输量很大的高速设备来说就相当严重了。因此，异步传输常用于低速、会话式的通信设备。

2. 同步传输

在同步通信时，许多字符被组成一个信息组。同步传输（Synchronous Transmission）的信息分组比异步传输要大得多。它不是独立地发送每个字符，而是把它们组合起来一起发送。我们将这些组合称为数据帧，或简称为帧。每一帧都包括帧头、帧尾、数据块。帧头、帧尾的特性取决于数据块是面向字符的还是面向位的。

如果数据块是面向字符的，那么数据帧的第一部分是同步字符 SYN。SYN 表示数据传输的开始。它是一个独特的比特组合，类似于前面提到的起始位，用于通知接收方一个帧已经到达，但它同时还能确保接收方的采样速度和比特的到达速度保持一致，使收发双方进入同步。帧的最后一部分是控制字符。该控制字符为帧结束标记。与同步字符一样，它也是一个独特的比特串，类似于前面提到的停止位，用于表示在下一帧开始之前没有别的即将到达的数据了。面向字符的同步传输方式如图2-18所示。

如果数据块是面向位的，除了帧头和帧尾有些不同之外，其余的与面向字符的同步传输方式基本相同。面向位的方法是由 IBM 公司在 1969 年提出的。它的特点是没有采用传输控制字符，而是将某些位组合作为控制符，其信息长度可变。比如，将模式 01111110 作为帧头和帧尾的标志。这种组合可能会出现在数据块中，造成数据块和帧头、帧尾的混乱，所以，为了避免在数据块中出现这种模式，在发送端发送的数据中每出现连续 5 个 "1" 之后，就插入一个附加的 "0"，用于区别帧头、帧尾的位模式。接收端接收到这样的数据后，就会自动删除掉附加的 "0"。这就是 "位插入"。面向位的同步传输方式如图 2-19 所示。

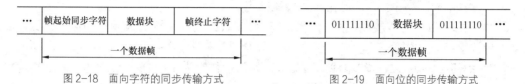

图 2-18　面向字符的同步传输方式　　　　　图 2-19　面向位的同步传输方式

在同步传输方式中，发送端和接收端的时钟是统一的，字符与字符间的传输是同步、无间隔的。

同步传输通常要比异步传输快速得多，接收端不必对每个字符进行开始和停止的操作。另外，同步传输的开销也比较少。同步传输实现起来较复杂，一般用于计算机的数据通信。

2.3　传输介质及特性

信道的载体即为传输介质。传输介质是通信中实际传送信息的载体，分为有线介质和无线介质。有线介质将信号约束在一个物理导体之内，常用的有线介质有双绞线、同轴电缆、光纤等。无线介质有无线电波、微波、红外线等。

2.3.1　有线传输介质

有线通信是用导线作为传输介质来完成通信的，如室内电话、有线电视等均属于有线通信。有线传输介质包括双绞线、同轴电缆、光纤等。下面介绍几种有线传输媒质。

1. 双绞线

双绞线（Twisted Pair）是由按一定密度的螺旋结构排列的两根具有绝缘层的铜导线组成的。双绞线的两根铜线按照一定的密度互相缠绕（一般顺时针缠绕）在一起。实际使用时，多对双绞线一起包在一个绝缘电缆套管里，以 4 对最为常见。双绞线过去主要是用来传输模拟信号的，但现在同样适用于数字信号的传输。与其他传输介质相比，双绞线在传输距离、信道宽度和数据传输速度等方面均受到一定限制，但价格较为低廉。

目前，双绞线可分为屏蔽双绞线（Shielded Twisted Pair，STP）和非屏蔽双绞线（Unshielded Twisted Pair，UTP），如图 2-20 所示。

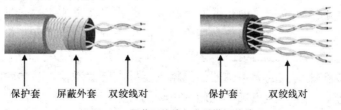

图 2-20　屏蔽双绞线与非屏蔽双绞线

（1）屏蔽双绞线。屏蔽双绞线在双绞线与外层绝缘封套之间有一个金属屏蔽层。屏蔽层可减少辐射，防止信息被窃听，也可阻止外部电磁干扰，使屏蔽双绞线比同类的非屏蔽双绞线具有更高的传输速率。但是屏蔽双绞线价格比非屏蔽双绞线昂贵，安装起来也困难，因此不如非屏蔽双绞线使用广泛。

（2）非屏蔽双绞线。非屏蔽双绞线按照 EIA/TIA 指定的标准，可分为以下几种类型。

① 一类线：主要用于语音传输，是传统的电话线缆。

② 二类线：由 4 对双绞线组成，传输带宽为 1MHz，数据传输的最高传输速率为 4Mbit/s，常见于程控交换机和告警系统。

③ 三类线：由 4 对双绞线组成。该类电缆的传输带宽为 16MHz，数据传输的最高传输速率为 10Mbit/s，适用于 10Mbit/s 双绞线以太网和 4M/16Mbit/s 的令牌环网。

④ 四类线：也是由 4 对双绞线组成。该类电缆的传输带宽为 20MHz，数据传输的最高传输速率为 16Mbit/s，主要用于 16Mbit/s 的令牌环网。

⑤ 五类线：由 4 对铜双绞线组成，又被称为数据级电缆，质量好，传输带宽为 100MHz，数据传输的最高传输速率为 100Mbit/s，应用比较广泛。

⑥ 超五类线：超五类双绞线具有衰减小、串扰少、更小的时延误差等特点，性能得到很大提高。超五类线主要用于吉比特以太网。

⑦ 六类线：是一种新型的电缆，适用于传输速率高于 1Gbit/s 的应用。

非屏蔽双绞线电缆具有直径小、节省空间、成本低、重量轻、易安装、串扰小、具有阻燃性等特点，适用于结构化综合布线。虽然双绞线与其他传输介质相比，在传输距离、信道宽度和数据传输速度等方面均受到一定的限制，但其价格较为低廉，是局域网中首选的传输介质。

2. 同轴电缆

同轴电缆（Coaxial Cable）是由绕同一轴线的两个导体组成的。外导体是空心圆柱形网状导体，内导体是实心导体。内部导体用固体绝缘材料固定，外部导体用一个罩或者屏蔽层覆盖。它是局域网中使用得最广泛的一种传输介质，具有较高的带宽和良好的抗干扰特性，如图 2-21 所示。

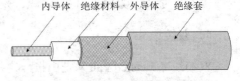

图 2-21 同轴电缆

同轴电缆按传输信号的形式可分为基带同轴电缆和宽带同轴电缆。基带同轴电缆是一种 50Ω 电缆，用于传输数字，数据传输率可达 10Mbit/s。目前，同轴电缆大量被光纤取代，但仍广泛应用于有线和无线电视及某些局域网中。宽带同轴电缆是 75Ω 电缆，用于模拟信号传输。

根据直径大小，同轴电缆可以分为粗同轴电缆与细同轴电缆。粗同轴电缆适用于比较大型的局部网络。它的连接距离长、可靠性高。由于安装时不需要切断电缆，因此可以根据需要灵活调整计算机的入网位置，但粗缆网络必须安装收发器电缆，安装难度大，所以总体造价高。细同轴电缆的安装则比较简单，造价低，但由于安装过程要切断电缆，电缆两端要使用网络连接器 BNC 插头，然后接在 T 型连接器两端，所以当接头多时容易产生不良隐患。

同轴电缆可以在相对长的无中继器的线路上支持高带宽通信。从传输特性来看，粗同轴电缆的抗干扰性能好，传输距离远；细同轴电缆的价格便宜，传输距离近。同轴电缆适于点到点及点到多点的连接，传输距离达到几千米甚至几十千米。从价格来看，同轴电缆的价格高于双绞线，低于光纤。

3. 光纤

光纤（Fiber Optical Cable）是光导纤维的简称。它是一种利用光在玻璃或塑料制成的纤维中的全反射原理而达成传导光信号目的的介质，由一组光导纤维作为纤芯加上防护包层做成。光纤被封装在塑料护套中，使得它能够弯曲而不至于断裂。通常，光纤的一端的发射装置使用发光二极管或一束激光将光脉冲传送至光纤的另一端，光纤另一端的接收装置使用光敏元件检测脉冲。有许多种玻璃和塑料被用来制造光纤。光纤通常由非常透明的石英玻璃拉成的细丝制成，其柔韧并能传输光信号。通常所用的光缆都是由若干根光纤组成的。用光导纤维进行的通信叫光纤通信。

（1）光纤结构。光纤为主要由纤芯和包层构成的双层同心圆柱体，如图 2-22 所示。相对于其他传输介质来说，光纤具有传输距离长、传输速率高、安全性好等特点，主要适用于长距离、大容量、高速度的场合，如大型网络的主干线等。

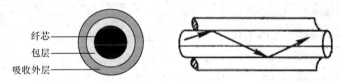

纤芯
包层
吸收外层

图 2-22 光纤构造及其光传播情况

（2）光纤的分类。按光在光纤中的传输模式，光纤可分为单模光纤和多模光纤。单模光纤提供单条光通路；多模光纤，即发散为多路光波，每一路光波走一条通路。

单模光纤是指在工作波长中，只能采用一个传输模式的光纤，通常简称为单模光纤。单模光纤的玻璃芯较细，在给定的工作波长上只能以单一模式传输，传输频段宽，衰减小，传输容量大，传输距离较长。它比多模光纤昂贵。在单模光纤中，一般的光纤跳纤用黄色表示，接头和保护套为蓝色，其模间色散很小，适用于远程通信，但其色度色散起主要作用。单模光纤对光源的谱宽和稳定性有较高的要求，即谱宽要窄、稳定性要好。

多模光纤是在给定的工作波长上能以多个模式同时传输的光纤。与单模光纤相比，多模光纤的传输性能较差，传输的距离比较近，一般只有几千米。

（3）光纤传输的优点如下。

① 频段宽。与其他的通信方式相比，光纤通信提供了更高的带宽。单模光纤带宽可以达到 200GHz，多模光纤可以达到 7GHz。

② 损耗低。传输损耗小，传输距离远，适合中、长距离的传输。

③ 抗干扰能力强。光纤系统不受外部电磁场的影响，脉冲噪声和串扰都不会影响光的传输。同时，光纤也不会向外辐射电磁场。这样就不会干扰其他的装置。

④ 安全、保密性高。光纤误码率低于 10^{-10}，无串音干扰。

2.3.2 无线传输介质

在自由空间中利用电磁波发送和接收信号进行通信就是无线传输。在自由空间中传播的电磁波或光波统称为"无线"传输介质。地球上的大气层为大部分无线传输提供了物理通道。

无线传输所使用的频段很广，人们现在已经利用了好几个波段进行通信。紫外线和更高的波段目前还不能用于通信。无线通信的方法有微波通信、红外通信、激光通信。这些通信技术常用于局域网上。卫星通信可以看成一种特殊的微波通信系统，在广域网上广泛应用。根据国际电联（ITU-R）的要求，无线电的频率可划分为这些频段：低频（Low Frequency）、中频（Medium Frequency）、高频（High Frequency）、甚高频（Very High Frequency）、特高频（Super High Frequency）、超高频（Ultra High Frequency）、极高频（Extremely High Frequency）。表2-1列出了通信使用的频段、符号、波长及主要用途。

表2-1　　　　　　　　　　　通信频段及主要用途

频率范围	符号	波长	主要用途
3Hz～30kHz	甚低频（VLF）	10^4～10^8m	音频、电话、数据终端、长距离导航
30kHz～300kHz	低频（LF）	10^3～10^4m	导航、信标、电力线通信
300kHz～3MHz	中频（MF）	10^2～10^3m	调幅广播、移动陆地通信、业余无线电
3MHz～30MHz	高频（HF）	10～10^2m	移动无线电话、短波广播、军事通信、业余无线电
30MHz～300MHz	甚高频（VHF）	1～10m	电视、调频广播、空中管制、车辆通信、导航
300MHz～3GHz	特高频（UHF）	10～100cm	微波接力、卫星和空间通信、雷达
3GHz～30GHz	超高频（SHF）	1～10cm	微波接力、卫星和空间通信、雷达
30GHz～300GHz	极高频（EHF）	1～10mm	微波接力、雷达、射电天文学

1. 微波通信

微波是指频率为100MHz以上的电磁波，其将能量集中成一小束，并沿着直线传播。微波具有很强的方向性，一般使用频率范围为1～20GHz。这样可以获得很高的信噪比。微波频率比一般的无线电波频率高，通常也被称为"超高频电磁波"。

由于微波的频率极高，波长又很短，其在空中的传播特性与光波相近，遇到阻挡就被反射或阻断，因此微波通信的主要方式是视距通信。由于阻挡和长距离传输的衰减，需要每隔一段距离建立中继站转发，所以这种通信方式也被称为微波中继通信或微波接力通信。长距离微波通信干线可以经过几十次中继而将信号传至数千千米外。微波中继信道的构成如图2-23所示。

微波传输是一种灵活、适应性较强的通信手段，具有建设快、投资小、应用灵活的特点。由于微波通信的频段宽、容量大，所以其可以用在各种电信业务中，如电话、电报、数据、传真及彩色电视信号等均可通过微波电路传输。微波通信是国家通信网的重要实施手段，也普遍适用于各种专用通信网。微

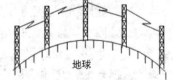

图2-23　微波中继信道的构成

波通信具有良好的抗灾性能，一般不会受到水灾、风灾以及地震等自然灾害的影响。但微波在空中传送，易受干扰，在同一微波电路上不能使用相同频率于同一方向，因此微波电路必须在无线电管理部门的严格管理之下进行建设。微波通信系统主要分为地面微波通信系统和卫星微波通信系统。

（1）地面微波通信系统。地面微波通信系统由视野范围内的两个互相对准方向的抛物面天线组成，能够实现视野范围内的微波通信。地面微波通信系统主要作为计算机网络的中继

链路，实现两个或多个局域网的互联，扩大网络的覆盖范围。例如，两个相距较远的大楼中的局域网可以采用地面微波通信系统互相联通，实现数据通信。地面微波通信系统的成本随着传输距离的增大而增大。它的传输速率取决于频率，衰减程度随信号频率和天线尺寸而变化，其波长容易被雨水吸收或在大气中扩散，用较高和较为富余的频段可缓解这些问题。

（2）卫星微波通信系统。卫星微波通信系统将人造地球卫星作为中继站来转发或反射无线电信号，在两个或多个地面站之间进行通信。卫星微波通信系统适用于远距离通信，尤其是当通信距离超过一定的范围时，每话路的成本可低于地面微波通信。一般情况下，卫星微波通信质量和可靠性都优于地面微波通信。最适合卫星微波通信的是 $1\sim10\text{GHz}$ 频段，即微波频段。为了满足越来越多的需求，现在人们已开始应用新的频段，如 12GHz、14GHz、20GHz 及 30GHz。卫星微波通信系统的特点是通信距离远、通信容量大、不受大气层的影响，通信可靠。

2. 红外通信

红外通信将红外线作为传递信息的通信信道。红外线是波长为 $0.75\mu\text{m}\sim1\text{mm}$ 的电磁波。它的频率高于微波而低于可见光，所以人眼看不到。红外线分为 3 部分，即近红外线，波长为 $0.75\sim1.50\mu\text{m}$；中红外线，波长为 $1.50\sim6.0\mu\text{m}$；远红外线，波长为 $6.0\sim1\,000\mu\text{m}$。

红外通信的基本原理是：发送端将基带二进制信号调制为一系列的脉冲串信号，通过红外发射管发射红外信号，接收端将接收到的光脉冲转换成电信号，再经过放大、滤波等处理后送给解调电路进行解调，还原为二进制数字信号后输出。

红外线通信的主要优点为：首先，不易被人发现和截获，保密性强；其次，红外线通信几乎不会受到电气、天电、人为干扰，因此抗干扰性强；第三，红外线利用光传输数据的这一特点决定了它不存在无线频道资源的占用性，因为无频道资源占用，所以不需授权就可以使用；第四，红外线通信机体积小、重量轻、结构简单、价格低廉。

红外通信的缺点是它必须在直视距离内通信，要求通信设备的位置固定，信号传播受天气的影响。

在红外通信技术发展的早期，存在好几个红外通信标准，不同标准之间的红外设备不能进行红外通信。为了使各种红外设备能够互联互通，1993 年，由 20 多个厂商发起成立的红外数据协会（Infrared Data Association，IrDA）制定了红外通信的标准。这就是目前被广泛使用的 IrDA 红外数据通信协议及规范。

3. 激光通信

激光是一种光波，具有电磁波的性质，是一种方向性极好的单色相干光。激光的特点如下。

第一，定向发光性。激光器发射的激光朝一个方向射出，光束的发散度极小。

第二，亮度极高。激光的亮度极高，能够照亮远距离的物体。激光的定向发光使大量光子集中在一个极小的空间范围内射出，能量密度自然极高。

第三，颜色极纯。激光器输出的光波长分布范围非常窄，因此颜色极纯。激光器的单色性远远超过任何一种单色光源。

第四，能量密度极大。激光本身能量并不算很大，但是因为它的作用范围很小，一般只有一个点，能在短时间内聚集起大量的能量，因此它的能量密度很大。

激光通信系统由发送和接收两部分构成。发送部分主要有激光器、光调制器和光学发射天线。接收部分主要包括光学接收天线、光学滤波器、光探测器。要传送的信息送到与激光器相连的光调制器中，光调制器将信息调制在激光上，通过光学发射天线发送出去。在接收端，光学接收天线将激光信号接收下来，送至光探测器，光探测器将激光信号变为电信号，经放大、解调后变为原来的信息。

激光通信的优点是通信容量大、保密性强、结构轻便、设备经济；其缺点是大气衰减严重，瞄准困难，对设备的稳定性和精度要求很高，操作比较复杂。

2.4 数据交换技术

通信的目的就是实现信息的传递，而实现通信必须要具备 3 个基本的要素，即终端、传输、交换。在数据通信网络中，通过网络节点的某种转接方式来实现在任一端系统到另一端系统之间接通数据通路的技术称为数据交换技术。

最简单的数据通信形式是两个站点直接用线路连接进行通信，但直接相连的网络有局限性。首先，这种网络限制了可以连接到网络上的主机数和一个网络能单独工作的地理范围，如点对点的链路只能连接两台主机；其次，任意两个站点直接的专线连接费用昂贵，架设线路也会成为问题。比如，n 个节点要全连通，即其中任一节点同其他所有节点（$n-1$ 个）都有专线相连，若不采用交换，则需要 $n(n-1)/2$ 条专线，当 $n=1\,000$ 时，为 50 万条线路，而采用交换技术后，最少只需要 n 条线路。

2.4.1 电路交换

电路交换（Circuit Switching）是指在发送端和收收端之间建立电路连接，并将连接状态保持到通信结束的一种交换方式。

1. 电路交换原理

电路交换是源于传统的电话交换原理发展而成的一种交换方式。它的基本处理过程包括呼叫建立、通话（信息传送）、连接释放 3 个阶段，即在通信时建立电路的连接、在通信完毕时断开电路。至于在通信过程中双方是否在互相传送信息，传送什么信息，这些都与交换系统无关。

（1）建立电路。网络中的站点在传输数据之前，要先经过呼叫过程建立一条从源站到目标站的线路。在图 2-24 所示的网络拓扑结构中，1、2、3、4、5、6、7 为网络交换节点，A、B、C、D、E、F 为网络通信站点，若 A 站要向 D 站传输数据，则需要在 A 和 D 之间建立物理连接。具体的方法是：站点 A 向节点 1 发出欲与站点 D 连接的请求，由于站点 A 与节点 1 已直接连接，因此不必再建立连接，而需要继续在节点 1 到节点 4 之间建立一条专用线路。从图 2-24 中可以看到，从 1 到 4 的通路有多条，如 1-2-7-4、1-6-5-4 和 1-2-6-5-4 等，此时需要采用一定的路由选择算法，从中选择一条，如 1-2-7-4。节点 4 直接连接站点 D，至此就完成了 A 和 D 之间的线路建立。

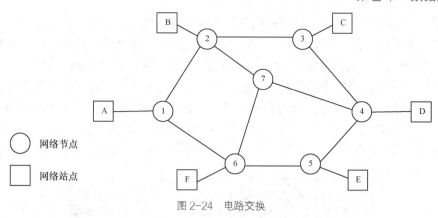

图 2-24　电路交换

（2）数据传输。在源站和目标站已建立的传输通道上进行信号传输。比如，在电路 1-2-7-4 建立以后，数据就可以从站点 A 传输到站点 D。在整个数据传输过程中，所建立的电路必须始终保持连接状态。

（3）电路拆除。数据传输结束后，由源节点或目标节点发出拆除请求，然后逐节点拆除，释放被该线路占用的节点和信道资源。

2．电路交换的主要特点

电路交换具有以下特点。

（1）数据的传输时延短且时延固定不变，适用于实时大批量连续的数据传输。

（2）数据传输迅速可靠，并且保持原来的顺序。

（3）电路连通后提供给用户的是"透明通路"，即交换网对站点信息的编码方法、信息格式以及传输控制程序等都不加限制，但是互相通信的站点必须是同类型的，否则不能直接通信，即站与站的收发速度、编码方法、信息格式、传输控制等一致才能完成通信。

（4）电路（信道）利用率低。由于建立电路后，信道是专用的（被两站独占），即使是两站之间的数据传输间歇期间也不让其他站点使用。

2.4.2　报文交换

报文就是用户拟发送的完整数据。报文交换（Message Switching）是以报文为数据交换的单位，报文中含有目标节点的地址，完整的报文在网络中一站一站地向前传送。每一个节点接收整个报文，检查目标节点地址，然后根据网络中的情况在适当的时候转发到下一个节点。报文经过多次的存储—转发，最后到达目标节点。报文交换是由传统的邮递和电报传输方式发展起来的一种交换技术。这种方式不要求在两个通信节点之间建立专用通路，不过要求交换节点有足够大的存储空间，用以缓冲收到的长报文。报文交换中，报文始终是以一个整体的结构形式在交换节点存储，然后根据目的地址转发。因此，报文交换基于"存储—转发"的基本原理。报文交换对线路的利用率高。这是用通信中的等待时延换来的。

1．报文交换的原理

若某用户有发送报文需求，则需要先把拟发送的信息加上报文头。报文头至少包括报文的起始标志、数据的开始标志、源节点地址、目的节点地址（包括路由选择信息）、控制信息（包括报文的优先权标志，是数据还是应答信息的标志等）、报文编号。此外还要加上报文尾，用以标志报文的结束，同时加误码检测。在报文交换过程中，每个交换节点收到报文后先进行差错检测。若有错，则拒绝存储报文，并产生一个否定应答信号发回发送节点，要求重发；若无差错，则将报文存储起来，同时向发送节点发回肯定应答信号，然后分析该报文的报文头，选择下一个转发节点。每个节点都如此转发，直到报文至达目的节点。报文交换的一般信息格式如图 2-25 所示。

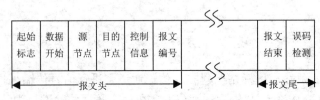

图 2-25　报文交换的信息格式

2．报文交换的主要特点

报文交换具有以下特点。

（1）信道利用率高。由于许多报文可以分时共享两个节点之间的通道，所以对于同样的通信量来说，对电路的传输能力要求较低。

（2）可以把一个报文发送到多个目的地。

（3）可以实现报文的差错控制和纠错处理，还可以进行速度和代码的转换。

（4）不能满足实时或交互式的通信要求，报文经过网络的延迟时间长且不定。

（5）有时节点收到过多的数据而无空间存储或不能及时转发时，就不得不丢弃报文，而且发出的报文不按顺序到达目的地。

2.4.3　分组交换

报文分组交换（Packet Switching）是报文交换的一种改进。它采用了较短的格式化的信息单位，将报文分成若干个分组，每个分组规定了最大长度。有限长度的分组使得每个节点所需的存储能力降低了，分组可以存储到内存中，提高了交换速度。它适用于交互式通信，如终端与主机通信。采用分组交换后，发送信息时需要把报文信息拆分并加入分组报头，即将报文转化成分组信号；接收时还需要去掉分组报头，将分组数据装配成报文信息。所以用于控制和处理数据传输的软件较复杂，同时对通信设备的要求也较高。

报文分组交换是计算机网络中使用最广泛的一种交换技术，有虚电路分组交换和数据报分组交换两种。

1．虚电路分组交换方式

虚电路分组交换是一种面向连接的分组交换。在该方式下，在传送数据之前，必须先在源与目的地之间建立一条逻辑通路，即虚电路。信息就在这条虚电路上传输，直到数据交换结束，虚电路被拆除，相应的逻辑信道识别符被释放。所以虚电路分组交换方式在每次通信时都有虚电路建立、数据传输和拆除 3 个阶段，类似于电路交换方式，但在网络中的传输是分组交换方式。在这种方式下，分组头的开销小，适用于长报文传送，信息传输频率高，对每次传输量小的用户不太适用。

虚电路分组交换方式适用于两端之间的长时间数据交换，尤其是在交互式会话中每次传送数据很短的情况下，可免去每个分组要有地址信息的额外开销。它提供了更可靠的通信功能，保证每个分组正确到达，且保持原来顺序，还可以对两个数据端点的流量进行控制。接收方在来不及接收数据时，可以通知发送方暂缓发送分组。但虚电路有一个弱点：当某个节点或某条链路出现故障而彻底失效时，则所有经过故障点的虚电路将立即破坏。图 2-26 所示为虚电路分组交换方式的传输过程。例如，站点 A 要向站点 D 传送一个报文，报文在交换节点 1 被分割成 3 个分组，分组 1、2、3 沿一条逻辑链路 1-2-7-4 按顺序发送。

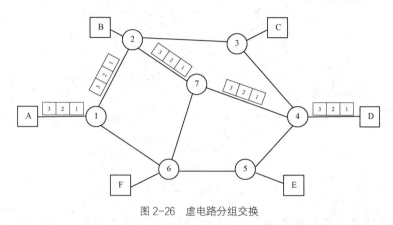

图 2-26　虚电路分组交换

虚电路分组交换方式的主要特点如下。

（1）在分组发送之前，在发送方和接收方之间要建立一条专用的逻辑通路，也就是虚电路。

（2）一次通信的所有分组都要通过这条虚电路顺序传送，因此报文的分组不必带有目的地址、源地址等信息，分组到达目的地节点时不会出现丢失、重复、乱序等现象。

（3）分组通过虚电路上的每个中间节点时，中间节点只需要做差错检测，而不需要做路径选择。

（4）在数据存储时，通信子网中每个节点可以和任何节点建立多条虚电路的连接。

2．数据报分组交换方式

数据报分组交换是一种无连接的分组交换。它不需要预先建立逻辑连接，而是按照每个分组头中的目的地址对各个分组独立进行选路的分组交换方式。数据报分组交换省去了呼叫建立阶段。它传输少量分组时比虚电路方式简便灵活。当发送端发送报文时，先将报文拆成若干分组，每个分组携带足够的地址信息和分组序号，选择不同的路径传输到目的节点。在数据报分组交换方式中，分组可以绕开故障区而到达目的地，因此故障的影响面要比虚电路分组交换方式小很多。

当一对站点之间需要传输多个数据报时，由于每个数据报均被独立地传输和路由，因此在网络中可能会走不同的路径，具有不同的时间延迟，按序发送的多个数据报可能以不同的顺序达到终点。所以为了支持数据报的传输，站点必须具有存储和重新排序的能力。因此，数据报不保证分组按序到达，数据的丢失问题也不会被立即知晓。

数据报分组交换方式一般适用于较短的单个分组的报文，其优点是传输延时小，当某节点发生故障时不会影响后续分组的传输；缺点是每个分组附加的控制信息多，增加了传输信息的长度和处理时间，增大了额外开销。图2-27所示为数据报分组交换方式的传输过程。例如，站点A要向站点D传送一个报文，报文在交换节点1被分割成3个数据报，它们分别经过不同的路径到达站点D，数据报1的传送路径是1-6-5-4，数据报2的传送路径是1-2-7-4，数据报3的传送路径是1-2-3-4。3个数据报所经的路径不同，导致它们的到达顺序可能是失序的。

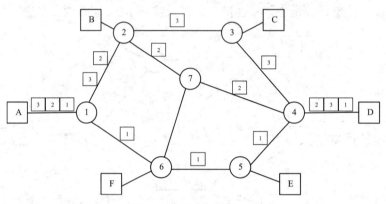

图2-27 数据报分组交换

不同的交换技术适用于不同的场合，比如，对于交互式通信来说，报文交换是不适合的；对于较轻和间歇式的负载来说，电路交换是最合适的，可以通过电话拨号线路来实行通信；对于较重和持续的负载来说，租用线路以电路交换方式实行通信是合适的；对于必须交换中等到大量数据的情况，分组交换是较为适用的方法。

2.4.4 其他数据交换技术

1. ATM 交换技术

ATM（Asynchronous Transfer Mode，异步传输模式）交换技术是一种包含传输、组网和交换等技术内容的新颖的高速通信技术。ATM综合了电路交换和分组交换的优点，既能灵活地分配带宽，又取消了复杂的流量控制和差错控制，使传输时延大大降低，可应用于局域网互联，并可以提供具有QoS保证的实时多媒体业务。它适用于局域网和广域网，具有高速数据传输率，支持许多种类型（如声音、数据、传真、实时视频、CD质量音频和图像）的通信。ATM是面向连接的通信方式，它的分组长度固定，可综合多种业务。它具有统计复用的能力。

2. 光交换

光交换是指不经过任何光/电转换，将输入端的光信号直接交换到任意的光输出端。光交换是全光网络的关键技术之一。在现代通信网中，全光网是未来宽带通信网的发展方向。全光网可以突破电子交换在容量上的瓶颈限制，大量节省建网成本，可以大大提高网络的灵活性和可靠性。光交换技术按交换方式分为电路交换和包交换。电路交换包括空分交换、时分交换、频分交换。包交换主要是指 ATM 光交换。目前，市场上看到的光交换机，多数是基于光电和光机械的，而基于热学、液晶、声学、微光机电技术等的光交换机将逐步被研发出来。其中，微光机电技术（MEMS）是目前最有前途的一项技术。

3．多协议标记交换

多协议标记交换（Multi-Protocol Label Switching，MPLS）是一种用于快速数据包交换和路由的体系。它为网络数据流量提供了目标、路由、转发和交换等能力，具有管理各种不同形式通信流的机制。MPLS 独立于第二和第三层协议，如 ATM 和 IP。它提供了一种方式，将 IP 地址映射为简单的具有固定长度的标签，用于不同的包转发和包交换技术。

在 MPLS 网络中可以对采用标记的连接提供各种服务质量控制机制以及流量工程机制，因此 MPLS 不仅让网络更快，还让网络更加可控。在 MPLS 中，通过标记可以建立点到点、多点到点、点到多点、多点到多点的 4 种类型的服务。

MPLS 主要用来解决网络问题，如网络速度、可扩展性、服务质量（QoS）管理以及流量工程，同时也为下一代 IP 网络解决带宽管理及服务请求等问题。

4．软交换

软交换是一种功能实体，为下一代网络 NGN 提供具有实时性要求的呼叫控制和连接控制功能，是下一代网络呼叫与控制的核心。软交换是实现传统程控交换机的"呼叫控制"功能的实体，但传统的"呼叫控制"功能是和业务结合在一起的，不同的业务所需要的呼叫控制功能不同，而软交换是与业务无关的。这要求软交换提供的呼叫控制功能是各种业务的基本呼叫控制。软交换通过 API 与"应用服务器"的配合来提供新的综合网络服务，可以支持众多的协议，以便对各种各样的接入设备进行控制，最大限度地保护用户投资并充分发挥现有通信网络的作用。

软交换具备基于策略的运行支持系统。软交换采用了一种与传统 OAM 系统完全不同的、基于策略的实现方式来完成运行支持系统的功能，按照一定的策略对网络特性进行实时、智能、集中式的调整和干预，以保证整个系统的稳定性和可靠性。

2.5　多路复用技术

在实际通信工程中，通信线路架设的费用相当高，因此，需要充分利用通信线路的容量。为了提高频谱的利用率，充分利用信道资源，可以采用多路复用技术。多路复用技术是一种将两个或多个彼此独立的信号合并为一个复合信号，在一条信道上进行传输的技术，如图 2-28 所示。多路复用技术分为频分多路复用技术、时分多路复用技术、码分多路复用技术和波分多路复用技术等。

图 2-28　多路复用技术原理图

2.5.1 频分多路复用

频分多路复用（Frequency Division Multiplexing，FDM）技术是指将几路基带信号以不同的载波频率进行调制，再叠加形成一个复合信号在一条物理信道上传输的技术。在接收端，用不同频率接收线路来鉴别与区分不同载波的信号，对它们进行分离和还原，并有选择地接收。频分多路复用技术利用各路信号在频率域不相互重叠的特性来区分信号。如果相邻的信号相互干扰，就会影响输出信号，使输出信号失真。为了防止这种情况的出现，需要在各路已调制的信号频谱之间留有保护间隔，以防止相互干扰。如果物理信道的可用带宽超过单个原始信号所需的带宽，可将该物理信道的总带宽分割成若干个与传输单个信号带宽相同（或略大于）的子信道，每个子信道传输一种信号。这就是频分多路复用技术。如果基带信号是模拟信号，则可以采用 AM、SSB、VSB、FM 等调制方法；如果基带信号是数字信号，则可以采用 ASK、FSK、PSK 等调制方法。

频分多路复用技术的特点是信号被划分成若干通道（频道、波段），每个通道独立进行数据传递。它被用于无线电广播和电视信号传播，例如，目前多路载波电话系统就采用了单边带调制的频分多路复用技术。此外，调频立体声广播系统也采用频分多路复用技术。频分多路复用的原理如图 2-29 所示。

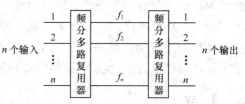

图 2-29　频分多路复用

2.5.2 时分多路复用

时分多路复用（Time Division Multiplexing，TDM）技术按传输信号的时间进行分割。它使不同的信号在不同的时间内传送，将整个传输时间分为许多时隙（Time Slot，TS），每个

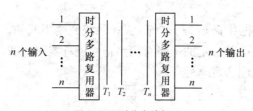

图 2-30　时分多路复用

时隙（又称时间片）被一路信号占用。TDM 利用各信号的抽样值在时间上不相互重叠的特性来达到在同一信道中传输多路信号的目的。时分多路复用的原理如图 2-30 所示。

时分复用可分为同步时分复用和异步时分复用。同步时分复用采用固定时间片分配方式，即将传输信号的时间按特定长度连续地划分成特定的时间段，再将每一时间段划分成等长度的多个时隙，每个时隙以固定的方式分配给各路数字信号，各路数字信号在每一时间段都顺序分配到一个时隙。在同步时分复用技术中，时隙预先分配且固定不变，无论是否传输数据都占有一定时隙。这就形成了时隙浪费。在该方式下，时隙的利用率很低。为了避免每个时间段中出现空闲时隙，引入了异步时分复用技术。异步时分复用技术又被称为统计时分复用技术，它能动态地按需分配时隙。在异步时分复用技术中，只有当某一路用户有数据要发送时才把时隙分配给该线路；当用户暂停发送数据时，则不向该线路分配时隙，此时的空闲时隙可用于其他用户的数据传输。

时分多路复用技术适于数字信息的传输，多路信号的复接和分路都是采用数字处理方式实现的，通用性和一致性好，对信道的非线性失真要求可以降低；缺点是同步时分复用中某信号源没有数据传输时，它所对应的信道会出现空闲，而其他繁忙的信道无法占用这个空闲的信道，因此会降低线路的利用率。时分多路复用技术与频分多路复用技术一样，被广泛地应用于多种领域，尤其广泛应用于包括计算机网络在内的数字通信系统，如 PCM 通信。电话主干线路中也利用了时分多路复用技术。

2.5.3　码分多路复用

码分多路复用（Code Division Multiplexing，CDM）技术是靠不同的编码来区分各路原始信号的一种复用方式，其和各种多址技术结合产生了各种接入技术，包括无线接入和有线接入。码分多路复用技术又称码分多址技术（Code Division Multiple Access，CDMA），是用于移动通信、无线计算机网络以及移动性计算机联网通信的一种复用技术。它不仅可以提高通信的话音质量和数据传输的可靠性，还可以减少干扰、增大通信系统的容量。

码分多路复用技术和前面频分多路复用技术、时分多路复用技术的区别是码分多路复用技术可在同一时间使用同样的频段进行通信，但使用不同的地址码，其向每个用户分配一个用于区别用户的地址码，地址码之间是互相独立的。由于技术原因，该技术采用的地址码不可能做到完全正交，而是准正交。由于每一个用户有自己的地址码，各个码型互不重叠，通信各方之间不会相互干扰，因此抗干扰能力强。

CDMA 是采用扩频通信技术发展起来的一种无线通信技术。CDMA 的示意图如图 2-31 所示。它是在 FDM 和 TDM 的基础上发展起来的。CDMA 的特点是所有子信道在同一时间可以使用整个信道进行数据传输，信道与时间资源均共享，因此，信道的效率高，系统的容量大，抗干扰能力强，隐蔽性好。

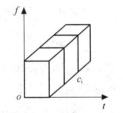

图 2-31　CDMA 的示意图

码分复用技术利用扩频通信中不同码型的扩频码之间的相关特性，分配给用户不同的扩频码。因此，码分多址复用的实质是各用户使用不同的扩频编码来共用同一频率。CDMA 完全适合现代移动通信网大容量、高质量、综合业务、软切换等要求。

2.5.4　波分多路复用

波分多路复用（Wavelength Division Multiplexing，WDM）技术与频分多路复用技术类似，是将光纤信道划分为多个波段，在同一时刻进行多路传送的复用技术。具体来讲，该技术是将两种或多种不同波长的光载波信号在发送端经复用器汇合在一起，并耦合到光线路中的同一根光纤中进行传输；在接收端经分波器将各种波长的光载波进行分离，然后由光接收机进一步处理恢复信号。这种复用方式可以是单向传输，也可以是双向传输。WDM 在一根光纤上不只是传送一个载波，而是同时传送多个波长的光载波。这样一来，原来在一根光纤上只能传送一个光载波的单一信道变为可传送多个不同波长光载波的信道，从而使得光纤的传输能力成倍增加。

波分多路复用技术可以充分利用光纤的低损耗波段，增加光纤的传输容量，同时有利于数字信号和模拟信号的兼容。已建光纤系统，只要原系统有余量，则不用做大的改动就可进一步增容。图 2-32 给出了一种通过

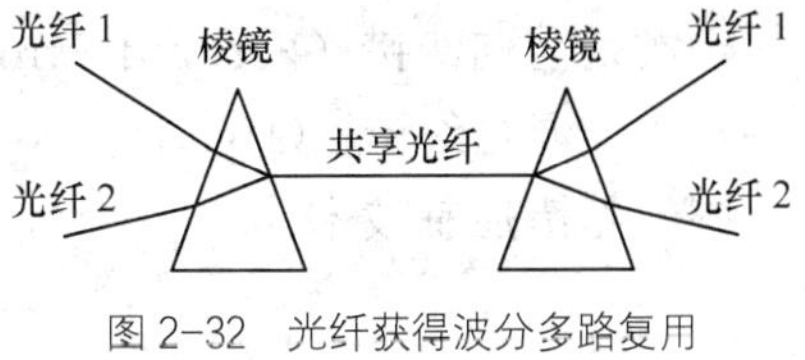

图 2-32　光纤获得波分多路复用

棱镜在光纤上获得 WDM 的方法。

最初只能在一根光纤上复用两路光波信号，而随着技术的发展，在一根光纤上复用的光波信号越来越多，现在已经能做到在一根光纤上复用 80 路或更多的光载波信号。这种复用技术是密集波分复用（Dense Wavelength Division Multiplexing，DWDM）技术。DWDM 技术已成为目前通信网络带宽高速增长的最佳解决方案。光纤技术的发展与 DWDM 技术的应用与发展密切相关，其自 20 世纪 90 年代中期起发展极为迅速。

2.6 差错控制技术

差错控制是指在数据通信过程中能发现或纠正差错，把差错限制在尽可能小的范围之内的技术和方法。数字通信系统的任务是高效无差错地传送数据，但在任何一种通信线路上都不可避免地存在一定程度的噪声。噪声带来的影响就是发送端与接收端的数据不一致。这种不一致就是差错。衡量一个通信系统差错的重要参数是误码率 P_e。

$$P_e = \frac{发生差错的码元数}{接收的总码元数} \tag{2-24}$$

2.6.1 差错的产生原因

数字通信系统的基本任务是高效率而无差错地传送数据。与其他类型的通信相比，数据信息对差错控制的要求较高，但在任何一种通信线路上都不可避免地存在一定程度的噪声，而这些噪声将会使接收端的二进制位和发送端实际发送的二进制位不一致，造成信号传输差错。比如，线路本身电器造成的随机噪声、信号幅度的衰减、频率和相位的畸变、相邻线路间的串扰，以及各种外界因素（如大气中的闪电、开关的跳火、外界强电流磁场的变化、电源的波动等）都会造成信号的失真。

数据传输中的噪声一般可分为两类，一类是信道固有的、持续存在的随机热噪声，另一类是由外界特定的短暂原因造成的冲击噪声。

热噪声引起的差错称为随机差错，所引起的某位码元的差错是孤立的，与前后码元没有关系。它导致的随机差错通常较少。

冲击噪声呈突发状，由其引起的差错称为突发错。冲击噪声的幅度相当大，无法靠提高幅度来避免冲击噪声引起的差错。它是传输中产生差错的主要原因。冲击噪声虽然持续时间较短，但会影响到一串码元。例如，若一次电火花持续时间为 10ms，则对于 3 600bit/s 的数据速率来说，就可能对连续 36 位数据造成影响，使它们发生突发错误。

2.6.2 差错控制的方法

差错控制的方法基本上有 3 类，一类是自动请求重发（Automatic Repeat reQuest，ARQ），另一类是前向纠错（Forward Error Correction，FEC），在这两类方法的基础上又可派生出一种称为"混合纠错"（Hybrid Error Corrcetion，HEC）的纠错方法。不同类型的信道，应采用不同的差错控制技术。

1. 自动请求重发

自动请求重发是在发送端采用某种能发现一定程度传输差错的简单编码方法对所传信息进行差错编码，加入少量监督码元，在接收端则根据编码规则收到的编码信号进行检查，一旦检测出错码，则利用反向信道请求发送端重新发送信息，直到接收端检测不到错误为止。发送端收到信号时，立即重发已发生传输差错的那部分信息，直到接收端正确收到为止。而接收端经译码器处理后只是检测有无错误，不做自动纠正。

2. 前向纠错

前向纠错即在发送端对发送数据单元进行差错编码，在接收端用译码器对接收的信息进行译码，通过预定规则的运算，确定差错的具体位置和性质，自动加以纠正，不用反馈信道，故称为"前向纠错"。这种方式是发送端采用某种在解码时能纠正一定程度的传输差错的较复杂的编码方法，使接收端在收到信息时不仅能发现错码，还能够纠正错码。采用前向纠错方式时不需要反馈信道，也无须反复重发而延误传输时间。这对实时传输有利，但是纠错设备比较复杂。前向纠错方式的原理如图 2-33 所示。

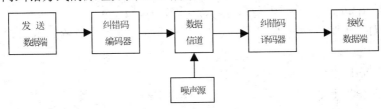

图 2-33　前向纠错方式

3. 混合纠错

混合纠错方式吸收了前两种方式的优势。它的工作原理是少量差错在接收端自动纠正，当差错位超过一定位数时，超出纠错能力范围，就向发送端发出询问信号，要求重发。这种方法具有良好的性能，是"前向纠错"及"反馈纠错"两种方式的混合。

2.6.3　差错控制编码

通过编码来实现对传输中出现的错误进行检测或纠正的方法称为差错控制编码，其基本原理是：在发送端信息码元序列中加入一定的监督码元，使编成的码组具有一定的检测错误和纠正错误的能力；接收端按照一定的规则对信息码与监督码之间的相互关系进行校验，一旦传输发生差错，则信息码与监督码的关系就被破坏，接收端可以发现和纠正传输中产生的错误。

常见的差错控制编码方法有很多，按照抗干扰能力大小可分为检错码和纠错码；按照对信息源输出信号序列处理方式的不同，分为分组码和卷积码；按照监督位与信息位之间的关系，可分为线性码和非线性码；按照码字的结构，可分为系统码和非系统码。

1. 奇偶校验码

奇偶校验码是一种最简单也是最基本的检错码，是通过增加冗余位使得码字中的 1 的个数为奇数或偶数的编码方法。它只是能力很有限的检错码。这种编码如果是在一维空间上进行，则是简单的“纵向奇偶校验码”或“横向奇偶校验码”；如果是在二维空间上进行，则是“纵横奇偶校验码”。

（1）纵向奇偶校验码。一维奇偶校验码的编码规则是对信息码元进行分组，在每组最后加一位校验码元，使该码中“1”的数目为奇数或偶数，奇数时称为奇校验码，偶数时称为偶校验码，其编码方式如图2-34（a）所示。

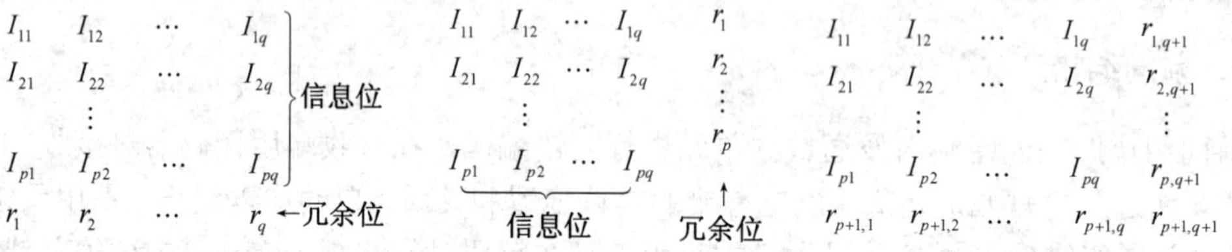

（a）纵向奇偶校验　（b）横向奇偶校验　（c）纵横奇偶校验

图2-34　奇偶校验码

偶校验：$r_i=I_{1i}\oplus I_{2i}\oplus\cdots\oplus I_{pi}$（$i=1,2,\cdots,q$，$\oplus$ 为异或运算）

奇校验：$r_i=I_{1i}\oplus I_{2i}\oplus\cdots\oplus I_{pi}\oplus 1$（$i=1,2,\cdots,q$，$\oplus$ 为异或运算）

【例2-4】对二进制比特序列1101、1011、0101进行纵向奇校验，求校验码。

解：$r_1=1\oplus1\oplus0\oplus1=1$

$r_2=1\oplus0\oplus1\oplus1=1$

$r_3=0\oplus1\oplus0\oplus1=0$

$r_4=1\oplus1\oplus1\oplus1=0$

故校验码为1100。

纵向奇偶校验又称垂直奇偶校验，它能检测出每列中所有奇数个错，但检测不出偶数个错，因而对差错的漏检率接近1/2。

（2）横向奇偶校验码。在发送信息码的末尾加一个校验字符，其编码方式如图2-34（b）所示。

偶校验：$r_i=I_{i1}\oplus I_{i2}\oplus\cdots\oplus I_{iq}$（$i=1,2,\cdots,p$）

奇校验：$r_i=I_{i1}\oplus I_{i2}\oplus\cdots\oplus I_{iq}\oplus 1$（$i=1,2,\cdots,p$）

【例2-5】对二进制比特序列1101、1011、0101进行横向偶校验，求校验码。

解：$r_1=1\oplus1\oplus0\oplus1=1$

$r_2=1\oplus0\oplus1\oplus1=1$

$r_3=0\oplus1\oplus0\oplus1=0$

故校验码为110。

横向奇偶校验又称水平奇偶校验，它不但能检测出各段同一位上的奇数个错，而且还能检测出突发长度小于等于码字定长位数的所有突发错误，其漏检率要比垂直奇偶校验方法低，但实现水平奇偶校验时，一定要使用数据缓冲器。

（3）纵横奇偶校验码。纵横奇偶校验是纵向和横向奇偶校验的综合，即对信息码中的每个字符做纵向（或横向）校验，然后再对信息码中的每个字符做横向（纵向）校验，其编码方式如图2-34（c）所示。

偶校验：$r_i=I_{1i}\oplus I_{2i}\oplus\cdots\oplus I_{pi}$（$i=1,2,\cdots,q$，$\oplus$ 为异或运算）

奇校验：$r_i=I_{1i}\oplus I_{2i}\oplus\cdots\oplus I_{pi}\oplus 1$（$i=1,2,\cdots,q$，$\oplus$ 为异或运算）

垂直奇偶校验的编码效率为 $R = p /(p+1)$，其中，p 为码字的定长位数；q 为码字的个数。

纵横奇偶校验又称水平垂直奇偶校验。它能检测出所有 3 位或 3 位以下的错误、奇数个错、大部分偶数个错以及突发长度≤$p+1$ 的突发错，可使误码率降至原误码率的百分之一到万分之一。它还可以用来纠正部分的差错，适用于中低速传输系统和反馈重传系统。

2．循环冗余校验码

奇偶校验码作为一种检错码虽然简单，但是漏检率太高。在计算机网络和数据通信中用得最广泛的一种检错码是循环冗余校验码。它的漏检率要比前述奇偶校验码低得多。理论上可以证明循环冗余校验码（Cyclic Redundancy Check，CRC）的检错能力有以下特点：一是可检测出所有奇数位错；二是可检测出所有双比特的错；三是可检测出所有小于、等于校验位长度的突发错。

循环冗余码在编码和译码过程中常常需要进行码多项式的加法和除法运算。它的这些运算与普通的运算不同，都是按照模 2 相加的运算规则来进行的。

（1）循环冗余码的编码

循环冗余校验码的编码原理是以二进制信息多项式表示为基础的，首先发送方和接收方必须事先商定一个多项式 $G(x)$，它是一个系数用 0 或 1 表示的多项式，表示一个二进制信息。例如，信息位 1010001 对应的多项式为 x^6+x^4+1，冗余位 1101 对应的多项式为 x^3+x^2+1，k 位要发送的信息码可对应一个（$k-1$）次多项式 $k(x)$，r 位冗余校验码则对应于一个（$r-1$）次多项式 $r(x)$，由 k 位信息码后面加上 r 位校验码组成的 $n=k+r$ 位发送码字，则对应于一个（$n-1$）次多项式 $T(x)$，即

$$T(x) = x^r k(x) + r(x) \tag{2-25}$$

若发送码字为 10100011101，则对应的 $T(x)=x^4 k(x)+r(x)=x^{10}+x^8+x^4+x^3+x^2+1$。由信息位产生冗余位的编码过程，就是已知 $K(x)$ 求 $r(x)$ 的过程。可以先找一个特定的 r 次多项式 $G(x)$ 来实现，用 $G(x)$ 去除 $x^r k(x)$ 得到的余式就是 $r(x)$。

（2）循环冗余码的译码

在接收端译码有两个要求，即检错与纠错。

由循环冗余编码的原理得知编码器输出的码多项式为 $T(x)=x^r k(x)+r(x)$。设接收方收到的码多项式为 $T(x)$，则利用 $G(x)$ 去除接收方的码多项式，若传输过程无差错，则 $T(x)'= T(x)$，除得的商余数为 0；如果传输过程有差错，则除得的商余数不为 0。这样就能检查出接收方是否收到了错误的码字。但有时不能排除接收方收到了错误的码字但是可能被 $G(x)$ 整除的情况。这种错误称为循环冗余码的不可检测的错误。

纠错译码的原理为：设 $T(x)'$ 为接收方发生错误的码字，此时用 $G(x)$ 去除它，得到了这种情况下的余式 $r(x)'$，找到与 $r(x)'$ 相应的又相当于在传输码字上叠加的码字 $e(x)$，则正确的多项式为 $T(x)= T(x)'+e(x)$，这样就实现了纠错的目的。

【例 2-6】已知信息位为 1011001，对应的多项式 $k(x)=x^6+x^4+x^3+1$，生成的多项式 $G(x)=x^4+x^3+1$，对应码字为 11001，求 CRC 码。若传输过程中受到了噪声干扰，使得接收方

输出的码字发生错误，码字变成了 10110011001，从这个错误码字出发，如何纠错？

解：

（1）$x^4 k(x) = x^{10} + x^8 + x^7 + x^4$，对应的码字为 10110010000，$G(x)$ 对应的码字为 11001。

（2）用除法来求余式，即

```
                    1101010
        11001 ) 10110010000
                11001
                11110
                11001
                  11110
                  11001
                    11100
                    11001
                      1010
```

则冗余码为 1010，对应的余式为 $r(x) = x^3 + x$。

（3）将冗余位附加在信息位后面可求得循环冗余码为 10110011010，所对应的码多项式为 $T(x) = x^{10} + x^8 + x^7 + x^4 + x^3 + x$。

（4）若码字变成了 10110011001，则利用 $G(x)$ 除该码字，求错误的余式 $r(x)'$。

```
                    1101010
        11001 ) 10110011001
                11001
                11110
                11001
                  11111
                  11001
                    11000
                    11001
                       11
```

余式 $r(x)' = 11$，对应的叠加码字 $e(x)$ 为 00000000011，则正确的多项式为 $T(x) = T(x)' + e(x) = 10110011001 + 00000000011 = 10110011010$，从而实现了纠错。

小　　结

本章主要介绍了数据通信的基础知识，常见的数据编码与数据传输的介质，以及多路复用、数据交换和差错控制等数据通信技术。

数据通信系统是通过数据电路将分布在远地的数据终端设备与计算机系统连接起来，实现数据传输、交换、存储和处理的系统。从计算机网络的角度看，数据通信系统是把数据源计算机所产生的数据迅速、可靠、准确地传输到数据宿（目的）计算机或专用外设的系统。

数据编码是将要传输的数据表示成某种特殊的信号形式以便数据在相应的信道上可靠地传输。计算机要处理的数据信息十分复杂，有些数据库所代表的含义又使人难以记忆。为了便于使用、容易记忆，常常要对加工处理的对象进行编码，即用代码表示一条信息或一串数据。

传输介质是通信中实际传送信息的载体：有线介质将信号约束在一个物理导体之内；无线介质不能将信号约束在某个空间范围之内。

通信的目的就是实现信息的传递，而实现通信必须要具备 3 个基本的要素，即终端、传输、交换。在交换技术中，用来中转的节点称为交换节点，当交换节点转接的终端个数多时，节点就被称作转接中心；当网络的规模进一步扩大时，转接中心互连成网络。

习　题

一、填空题

1．点与点之间建立的通信系统是通信的最基本形式。这一通信系统的模型包括_____、_____、_____、_____、_____和_____6 个部分。

2．模拟信号无论表示模拟数据还是数字数据，在传输一定距离后都会_____，克服的办法是用_____来增强信号的能量，但_____也会增强，以至引起信号畸变。

3．数字信号长距离传输会衰减，克服的办法是使用_____，把数字信号恢复为"0""1"的标准电平后再继续传输。

4．串行数据通信的方向性结构可分为 3 种，即_____、_____和_____。

5．比特率是指数字信号的_____，也叫信息速率，反映一个数据通信系统每秒传输二进制信息的位数，单位为 bit/s。

6．波特率是一种_____速率，又称码元速率或波形速率，指单位时间内通过信道传输的码元数，单位为 Baud。

7．信道容量表示一个信道的_____，单位为 bit/s。

8．_____是衡量数据通信系统在正常工作情况下的传输可靠性的指标。

9．在频段传输中根据调制所控制的载波参数的不同，有 3 种调制方式：_____、_____和_____。

10．双绞线适用于模拟和数字通信，是一种通用的传输介质，可分为_____双绞线（STP）和_____双绞线（UTP）两类。

11．有线传输介质通常是指_____、_____和_____。

12．模拟信号数字化的过程包括 3 个阶段，即_____、_____和_____。

13．电路交换的通信过程包括 3 个阶段：即_____、_____和_____。

14．分组交换有_____分组交换和_____分组交换两种。它是计算机网络中使用最广泛的一种交换技术。

15．常用的信号复用有 4 种形式，即_____、_____、_____和_____。

16．TDM 是在一条通信线路上按一定的_____将时间分成称为帧的时间块，而在每一帧中又分成若干_____。

17．计算机网络中的数据交换方式可分为_____、_____、_____交换等。

18．数据传输中的差错都是由噪声引起的，噪声有两大类，一类是信道固有持续存在的_____噪声，另一类是由外界特定的短暂原因造成的_____噪声。

二、选择题

1．宽带同轴电缆是_____Ω电缆。

    A．50　　　　　　B．65　　　　　　C．70　　　　　　D．75

2. 在下列几种传输媒介中，抗电磁干扰最强的是_____。
    A. UTP   B. STP   C. 同轴电缆   D. 光缆

3. 在下列几种传输媒介中，相对价格最低的是_____。
    A. UTP   B. STP   C. 同轴电缆   D. 光缆

4. 微波是指频率在_____以上的电磁波。
    A. 50MHz   B. 100MHz   C. 500MHz   D. 100MHz

5. 微波通信系统主要分为_____和卫星系统。
    A. 海洋系统   B. 地面系统   C. 太空系统   D. 无线系统

6. 通过改变载波信号的相位值来表示数字信号"1""0"的方法称为_____。
    A. ASK   B. FSK   C. PSK   D. ATM

7. 常见的同步基准信号有_____。
    A. 1 024kbit/s 和 2 048kHz   B. 1 024kbit/s 和 1 024kHz
    C. 2 048kbit/s 和 1 024kHz   D. 2 048kbit/s 和 2 048kHz

8. 将一条物理信道按时间分成若干时间片轮换地给多个信号，这样，利用每个信号在时间上交叉，可以在一条物理信道上传输多个数字信号，该技术称为_____。
    A. 空分多路复用   B. 频分多路复用
    C. 时分多路复用   D. 码分多址复用

三、判断题

1. 通信系统的有效性可用数据传输速率的大小来衡量。
2. 模拟信号数字化过程主要包括抽样、量化、编码 3 个步骤。
3. 异步传输起源于早期的电话系统。
4. 接收设备的基本功能是完成发送设备的反变换，即进行解调、译码、解码等。
5. 数据报分组交换是一种无连接的分组交换。

四、简答题

1. 串行通信的方向性结构有哪几种？
2. 什么是比特率？什么是波特率？两者有何联系和区别？
3. EIA/TIA 按质量等级定义了哪 5 类双绞线？各有什么用途？
4. 模拟信号变为 PCM 信号要经过哪些过程？
5. 不归零码具有哪些特点？
6. 假设电平从低电平开始，请画出 101011010 的不归零码、曼彻斯特编码和差分曼彻斯特编码的波形示意图。
7. 什么是"同步"？数据传输系统中为什么要采用同步技术？
8. 什么是多路复用？有几种常用的多路复用技术？
9. 在计算机网络中数据交换的方式有哪几种？各有什么优缺点？
10. 常见的差错控制编码方法有哪些？

五、计算题

1．假设两个用户之间的传输线路由 3 段组成（两个转接节点），每段的传输延迟为 1/1 000 s，呼叫建立时间（线路交换或虚电路）为 0.2s，在这样的线路上传送 3 200bit 的报文，分组的大小为 1 024bit，报头的开销为 16 bit，线路的数据速率是 9 600bit/s。试分别计算在各种交换方式下的端到端的延迟时间。

2．10 个 9 600bit/s 的信道按时分多路复用在一条线路上传输，如果忽略控制开销，那么对于同步 TDM，复用线路的带宽应该是多少？在统计 TDM 的情况下，假定每个子信道有 50% 的时间忙，复用线路的利用率为 80%，那么线路的带宽应该是多少？

3．设码元传输速率为 1 600Baud，若采用 8 相 PSK 调制，则其数据速率是多少？

4．在异步通信中，每个字符包含 1 位起始位、7 位 ASCII 码、1 位奇偶校验位和 2 位终止位，数据传输速率为 100 字符/秒。如果采用 4 相位调制，则传输线路的码元速率为多少？数据速率为多少？有效数据速率为多少？

第**3**章 计算机网络体系结构

【本章内容简介】计算机网络体系结构是现代计算机网络的核心。本章系统介绍了计算机网络体系结构的概念和内容，包括分层原理和通信协议、开放系统互联参考模型 OSI/RM 各层的功能及各层服务。同时，在介绍 TCP/IP 的基本概念和分层模型的基础上，对 OSI/RM 与 TCP/IP 两种模型进行比较分析。

【本章重点】读者应重点掌握计算机网络体系结构的概念、OSI/RM 各层的功能以及 TCP/IP 的体系结构。

3.1 计算机网络体系结构概述

计算机网络是一个涉及计算机技术、通信技术等多个领域的庞大系统。计算机网络的实现需要解决很多复杂的技术问题：支持多种通信介质（如电话线、铜缆、光纤、卫星等）；支持多厂商、异种机互连，包括软件的通信约定和硬件接口的规范；支持多种业务（如批处理、交互分时、数据库等）；支持高级人机接口，满足人们对多媒体日益增长的需求。如此庞大而又复杂的系统要有效而且可靠地运行，网络中的各个部分就必须遵守一整套合理而严谨的结构化管理规则。计算机网络就是按照高度结构化设计方法采用分层原理来实现的，每层完成特定功能，各层协调起来实现整个网络系统。这也是计算机网络体系结构研究的内容。

3.1.1 网络体系结构的定义和发展

为了完成计算机间的通信合作，人们把计算机互连的功能划分成定义明确的层次，并规定了同层次进程通信的协议以及相邻层之间的接口与服务。这些同层进程间通信的协议和相邻层之间的接口统称为网络体系结构（Network Architecture），即计算机网络体系结构是计算机网络的层次、各层次的功能、网络拓扑结构、各层协议和相邻层接口的总称。

一个完整的计算机网络体系结构应该解决以下问题。

（1）如何为网络实体或组件命名。

（2）如何协调处理命名、寻址、路由、分配等功能之间的关系。

（3）如何确定网络实体或组件状态变化的时间和方式。

（4）如何维护和处理网络实体或组件状态的变化。

（5）如何对网络功能进行合理的划分，并以模块化的方式予以实现。

（6）网络资源的分配原则及其在实体或组件上的实现机制。

（7）如何保证网络安全。

（8）如何实现网络管理。

（9）如何满足不同的应用需求。

网络体系结构标准化经历了两个阶段：第一阶段是各计算机制造厂商网络体系结构标准化；第二阶段是国际网络体系结构标准化。

1974 年，美国 IBM 公司首先公布了世界上第一个系统网络体系结构 SNA（System Network Architecture）。当时，凡是遵循 SNA 的网络设备都可以很方便地进行互连。在此之后，许多公司也都纷纷建立起自己的网络体系结构。这些体系结构大同小异，都采用了层次技术，只是各有其特点，以适合本公司生产的网络设备及计算机互连。随着计算机网络技术的发展，体系结构形式呈现多样化、复杂化趋势。这时网络体系结构与网络协议繁多、不统一，造成异型机连网与异型网互联的困难，限制了计算机网络自身的发展和应用，不利于网络产品的互连。为了更加充分地发挥计算机网络的效益，使不同厂商生产的计算机网络能够互相通信，需要制定一个国际范围的标准，以使今后生产的网络尽可能遵循这样一个统一的体系结构标准。

1977 年 3 月，国际标准化组织（ISO）为适应网络向标准化发展的需求，其技术委员会 TC97 成立了一个新的技术分委会 SC16，后者在研究并吸取各计算机厂商网络体系结构标准化经验的基础上，于 1983 年提出了一个试图使各种计算机在世界范围内互连成网的标准框架，即著名的开放系统互连参考模型（OSI/RM）（ISO7498 国际标准），形成网络体系结构的国际标准。

3.1.2　网络体系结构的分层模型

1．OSI/RM 的相关概念

为了更好地理解网络体系结构，我们首先要掌握一些很关键的概念。除了前面给出的网络体系结构以外，我们还将介绍下列概念。

（1）实体（Entity）。每层的具体功能是由该层的实体完成的。所谓实体，是指在某一层中具有数据收发能力的活动单元，一般就是该层的软件进程或实现该层协议的硬件单元（如网卡、智能 I/O 芯片）。不同机器上的同一层的实体互称为对等实体（Peer Entity）。

（2）服务（Service）。服务就是网络中各层向其相邻上层提供的一组功能的集合，是相邻两层之间的界面。网络分层结构中的单向依赖关系，使得网络中相邻层之间的界面也是单向性的：下层是服务提供者，上层是接受服务的用户。

在网络中，下层向上层提供的服务分为两大类：无连接服务（Connectionless Service）和面向连接服务（Connection-Oriented Service）。

（3）接口（Interface）。接口是同一计算机网络的不同功能层之间交换信息的连接点，在第 N 层和第 N+1 层之间的接口称为 N/(N+1)层接口。接口也称为服务访问点（Service Access Point，SAP），它定义了较低层向较高层提供的原始操作和服务。每一个 SAP 都有一个唯一的标识，称为端口（Port）或插口（Socket）。一个 N 层服务是由一个 N 层实体作用在一个 N 层 SAP 上来完成的，虽然两层之间可以允许有多个 SAP，但一个 N 层 SAP 只能被一个 N 层实体所使用，并且也只能为一个 N+1 层实体所使用；一个 N 层实体却可以向多个 N 层 SAP

提供服务，这称为连接复用；一个 $N+1$ 层实体也可以使用多个 N 层 SAP，这称为连接分裂。

（4）服务原语（Service Primitive）。服务在形式上是用服务原语来描述的。这些原语供用户实体访问该服务或向用户实体报告某事件的发生。服务原语可以分为 4 类，其具体功能如表 3-1 所示。

表 3-1   4 类服务原语

服务原语	完成功能
请求（Request）	用户实体要求服务做某项工作
指示（Indication）	用户实体被告知某事件发生
响应（Response）	用户实体表示对某事件的响应
确认（Confirm）	用户实体收到关于它的请求答复

服务分"有确认"和"无确认"两种，有确认服务包括"请求""指示""响应"和"确认" 4 个原语；无确认服务只有"请求"和"指示" 2 个原语。建立连接的服务总是有确认服务，可用"连接响应"做肯定应答，表示同意建立连接；或者用"断连请求"表示拒绝，做否定应答。数据传送既可以是有确认的，也可以是无确认的。这取决于发送方是否需要确认。两者的区别如图 3-1 所示。

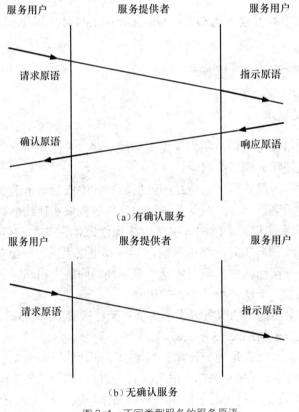

图 3-1   不同类型服务的服务原语

（5）数据单元（Data Unit）。在网络中信息传送的单位称为数据单元。数据单元可以分为协议数据单元（Protocol Data Unit，PDU）、接口数据单元（Interface Data Unit，IDU）和服务数据单元（Service Data Unit，SDU）。

① 协议数据单元。不同系统中的某层对等实体为实现该层协议所交换的信息单位称为该层协议数据单元。PDU 一般由两部分组成，即协议控制信息（Protocol Control Information，PCI）和用户数据，其格式如下。

协议控制信息（PCI）	用户数据

协议控制信息是为实现协议而在传送的数据的首部或尾部添加的控制信息，如地址、差错控制信息等；用户数据是为实体提供服务的信息。

② 接口数据单元。在同一系统的相邻两层实体的一次交互中，经过层间接口的数据信息单元称为接口数据单元，其格式如下。

接口控制信息（ICI）	接口数据

接口控制信息（Interface Control Information，ICI）是在 PDU 通过层间接口时加上的信息，用于说明通过的总字节数或是否需要加速传送等。一个 PDU 加上适当的 ICI 后就成为 IDU，在 IDU 通过层间接口后，再将原先加上的 ICI 去掉；接口数据为通过接口传送的信息内容。

③ 服务数据单元。上层服务用户要求服务提供者传递的逻辑数据单元称为服务数据单元。考虑到协议数据单元对长度的限制，协议数据单元中的用户数据部分可能会对服务数据单元进行分段或合并。

2．分层原理

为了降低网络设计的复杂性，大多数网络都采用"大事化小，分而治之"的方法，即分层设计方法。不同的网络，其层次的数量及各层的名称、内容和功能都不尽相同。

为加深读者对分层思想的理解，本书以图 3-2 所示邮政系统为例进行说明。在邮政系统分层模型中，发信者甲和收信者乙两个人通过邮政局通信时，通信过程至少涉及 4 个层次。

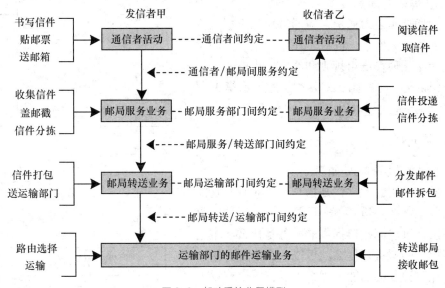

图 3-2 邮政系统分层模型

（1）最高一层是通信层。通信双方必须对信的格式、内容达成共识，否则无法写信、读信并执行信中的内容。

（2）中间第一层称为邮政服务层。它收集信件并向通信者提供不同传递速率、保密级别的通信服务，然后对信件进行分拣处理。

（3）中间第二层称为邮政转送层，主要负责对信件进行包装、发送、投递和差错处理。

（4）最低层为运输层，对从邮局交来的邮包进行运输管理，完成信件运输任务。邮包在运输中可能经过许多站点的装卸和转接，也可能使用不同的交通工具。这一层只要将邮包传送到对方邮局便完成传输任务，完全不管所传送信件的装拆，更不需考虑通信的内容。

在整个过程中，主要涉及 4 个子系统，即用户子系统、邮政服务子系统、邮政转送子系统和运输子系统。这种分层做法的好处是每一层实现一种相对独立的功能，将复杂问题分解为若干易处理的小问题。计算机系统之间的通信与以上寄信过程虽然有很大区别，但其分层的含义却是一致的。

在网络分层结构中，每一层要为上层提供服务，并说明调用这种服务的接口，而处在高层次的系统仅是利用较低层次的系统提供的功能和服务，不需了解低层实现该功能和服务所采用的算法和协议；较低层次也仅是使用从高层系统传送来的参数。这就是层次间的无关性。有了这种无关性，层次间的每个实体可以用任意一个新的实体来取代，只要新的实体与旧的实体具有相同的功能和接口，即使它们使用的算法和协议都不一样也行。在图 3-3 所示的结构示意图中，N 层是 $N-1$ 层的服务用户，同时是 $N+1$ 层的服务提供者，$N+1$ 层的用户通过 N 层提供的服务享用到了包括 N 层在内的所有下层的服务。

由于通信功能是分层实现的，因而进行通信的两个系统必须具有相同的层次结构，两个不同系统上的相同的层次称为同等层或对等层。处于不同系统中的同层实体之间是没有直接的物理通信能力的。它们的通信是逻辑通信，需通过相邻下层以及更低各层的通信来实现。同时，在不同系统的同层实体间通信必须遵循一组规则和约定，也就是下节要详细介绍的协议。在图 3-3 中，用 P_n 表示第 N 层的协议。

3．分层的好处

计算机网络分层的好处如下。

（1）独立性强。独立性是指具有相对独立功能的每一层并不需要知道其下一层是如何实现的，只要知道下层通过层间接口提供的服务是什么、本层向上一层提供的服务是什么就可以。由于每一层只实现一种相对独立的功能，因而可以将一个难以处理的复杂问题分解为若干个较容易处理的更小一些

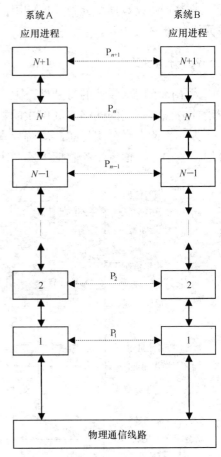

图 3-3　计算机网络分层体系结构示意图

的问题。这样，整个问题的复杂程度就降低了。

（2）灵活性好。当任何一层发生变化时，只要层间接口关系不变，则在这层以上或以下的各层均不受影响。这就意味着可以对分层结构中的任何一层的内部进行修改，甚至可以取消某层。

（3）易于实现和维护。系统分层后，整个复杂的系统被分解为若干个易于处理的子系统，不仅使系统的结构清晰，而且使复杂的网络系统的实现和调试变得简单和容易。

（4）能够促进标准化。这主要是因为每层的功能及其所提供的服务都已有了详细的说明。

4．分层的原则

提供各种网络服务功能的计算机网络系统是非常复杂的。根据分而治之的原则，可以将整个通信功能划分为多个层次。划分层次的原则如下。

（1）网络中的各节点都有相同的层次，而相同的层次具有相同的功能。层次不能太多，也不能太少。太多则系统的描述和集成都有困难，太少则会把不同的功能混杂在同一层次中，这必将导致每一层的协议复杂化。

（2）应在接口服务描述工作量最小、穿过相邻边界相互作用次数最少或通信量最小的地方建立边界。

（3）每层应当实现一个定义明确的功能。这种功能应在完成的操作过程方面或者在设计的技术方面与其他功能层次有明显不同，因而类似的功能应归入同一层次。

（4）每一层的功能要尽量局部化。这样，随着软硬件技术的进展，层次的协议可以改变，层次的内部结构可以重新设计，但是不影响相邻层次的接口和服务关系。

（5）每层功能的选择应该有助于制定网络协议的国际标准。

（6）同一节点内相邻层次之间通过接口通信，每一层只与它的上、下邻层产生接口，规定相应的业务。在同一层相应子层的接口也适用这一原则。

（7）不同节点的同等层按照协议实现同等层之间的通信。

3.1.3　网络协议

协议代表着标准化，是一组规则的集合，是进行交互的双方必须遵守的约定。在网络系统中，为了保证数据通信双方能正确而自动地进行通信，针对通信过程中的各种问题制定了一整套约定，这就是网络协议（Network Protocol）。从网络协议的表现形式来看，它规定了交互双方用于"交谈"的一套语义和语法规则，以规范有关功能部件在通信过程中的操作。

这些规则主要包括以下几个方面。

（1）数据的传送方式。

（2）数据的接收和发送。

（3）数据的完整性（所有数据值均为正确的状态）检查。

（4）硬件网络元件的形态（如网线、网卡等）。

（5）协议本身层次的定义。

网络协议主要由以下 3 个要素组成。

1. 语义

协议的语义（Semantics）是指对构成协议的元素含义的解释，即"讲什么"。不同类型的协议元素规定了通信双方所要表达的不同内容（含义）。例如，在基本型数据链路控制协议中，规定协议元素 SOH 的语义表示所传输报文的报头开始，而协议元素 ETX 的语义则表示正文结束。不同的协议元素还可以用来规定通信双方应该完成的操作，如在什么条件下信息必须应答或重发等。

2. 语法

语法（Syntax）用来规定由协议的控制信息和传送的数据所组成的传输信息应遵循的格式，即传输信息的数据结构形式（在最低层次上则表现为编码格式和信号电平），以便通信双方能正确地识别所传送的各种信息。协议的语法规定了通信双方"如何讲""怎么讲"。

3. 时序

时序（Timing）是对通信中各事件实现顺序的详细说明。例如，在双方通信时，首先由源站发送一份数据报文，若目的站接收报文无差错，就应遵循协议规则，向源站发送一份应答报文，通知源站它已经正确地接收到源站发送的报文；若目的站发现传输中有差错，则发出一份报文，要求源站重发原报文。

综上所述，网络协议实质上是网络通信时所使用的一种语言。

注意，在层次式结构中，每一层并不是只有一个协议，而是可能有若干个协议，它们分别用于实现本层中的不同功能。另外，某一层的协议不能作用于其他层次，它仅仅规定了本层的实体在执行某一功能时的通信行为。

3.2 开放系统互连参考模型

不同年代、不同厂家、不同型号的计算机系统千差万别，这些系统若想互连起来，就要彼此开放。所谓开放系统，就是遵守互连标准协议的实系统。实系统是由一台或多台计算机、有关软件、终端、操作员、物理过程和信息处理手段等组成的集合，是传送和处理信息的自治整体。

开放系统互连参考模型，即 OSI/RM（Open System Interconnection/Reference Model），是由 ISO 在 1983 年制定的网络体系结构国际标准。该模型是一个逻辑结构，不涉及具体计算机通信网络的应用，与任何具体厂商的设备或规则、约定无关，便于各网络设备厂商遵照共同的标准来开发网络产品，实现彼此兼容。

OSI 构造了堆栈式的七层模型：物理层、数据链路层、网络层、传输层、会话层、表示层及应用层，如图 3-4 所示。每层执行一种明确的功能，并由较低层为较高层提供服务，并且所有层次都互相支持。其中，低三层一起组成通信子网，依赖于网络，涉及将两台通信计算机连接在一起所使用的数据通信网的相关协议；高三层一起组成资源子网，面向应用，涉及允许两个终端用户应用进程交互作用的协议，通常是由本地操作系统提供的一套服务，中间的传输层为面向应用的上三层屏蔽了与网络有关的下三层的详细操作。

本质上，它建立在由下三层提供的服务基础上，为面向应用的高层提供了与网络无关的信息交换服务。

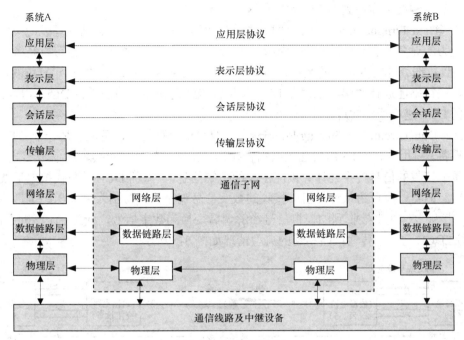

图 3-4　OSI 参考模型

　　网络中每个实系统（如计算机）加载完整的七层模型。实系统具体通信过程如下：系统 A 首先将用户数据送至应用层，由该层在用户数据前面加上控制信息，形成应用层的数据单元后送至表示层；表示层又在数据单元前面加上本层的控制信息，形成表示层的数据单元后又将其送至会话层。信息按这种方式逐层向下传送直至物理层，由物理层实现位流传送，当位流经过传输介质到达目标系统后，再由物理层逐层向上传送，且在每一层都依照相应的控制信息完成指定操作，再去掉本层控制信息，将后面的数据部分向上一层传送，直至应用层，再由应用层把用户数据提交给目标系统 B。这个传送过程被称为数据的封装和解封装。在这个过程中，虽然系统 A 把数据传送至目标系统 B 的实际路径要穿越下面的所有层次，但系统 A 却不能感知这一过程，就像是直接把数据交给了系统 B。因此，A 到 B 的通信可以看成是一种虚拟通信。实际上，除了实际物理链路上的通信外，不同系统之间任意对等层上发生的通信都是虚拟通信。

　　下面就从最下层开始，逐一讨论 OSI 参考模型的各层。OSI 参考模型本身并未确切地描述用于各层的具体服务和协议，它仅仅描述每一层应该做什么。不过，ISO 确实已为各层制定了一些标准，但它们并不是参考模型的一部分，而是作为独立的国际标准公布的。

3.2.1　物理层

　　物理层（Physical Layer）位于 OSI 参考模型的最底层。它建立在物理通信介质的基础上，作为系统和通信介质的接口，为数据链路层实体间提供透明的比特流传输，有时又称为物理接口。

1. DTE 和 DCE

在计算机网络中常用到 DTE 和 DCE 这两个术语。

DTE（Data Terminal Equipment）即数据终端设备，是具有一定数据处理能力及发送和接收数据能力的设备。它是资源子网的实体，可以是一台计算机或终端，也可以是各种 I/O 设备。大多数数据处理终端设备的数据传输能力有限，如果将相距很远的两个 DTE 设备直接连接起来，往往不能进行通信。必须在 DTE 和传输线路之间加上中间设备 DCE 才能在两个距离较远的 DTE 进行通信实现。

DCE（Data Circuit Terminating Equipment）即数据电路终接设备。它是介于 DTE 与网络之间的设备。它用于将 DTE 所发送的数据转换为适于在传输介质上传输的信号形式，或把从传输介质上接收的信号转换为计算机能接收的数字信息。典型的 DCE 是与模拟电话线路相连接的调制解调器，其可将从计算机中接收的数字信号调制为模拟信号并发送到电话线上；在另一端，其从电话线上接收到的模拟信号经解调后变换为数字信号，并送往计算机进行处理。DTE 通过 DCE 与通信传输线路相连的典型情况如图 3-5 所示。

图 3-5　DTE 通过 DCE 与通信传输线路相连

DTE 与 DCE 之间一般由多条并行线进行连接，其中包括各种信号线和控制线。DCE 将 DTE 传过来的数据按比特的先后顺序逐个发往传输线路（通信设施）；在另一端，DCE 将从传输线路上接收到的串行比特流交给 DTE。为了提高兼容性，必须对 DTE 和 DCE 的接口进行标准化。这种接口标准就是物理层协议。大多数的物理层协议使用图 3-5 所示的模型。

相关知识　EIA-232-D 是美国电子工业协会（Electronic Industries Association，EIA）制定的著名的 DTE 和 DCE 之间的物理层接口标准。它的前身是由 EIA 于 1969 年制定的 RS-232-C 标准接口，其中，RS 表示"推荐标准"（Recommended Standard），232 是标识号，C 是标准 RS-232 以后的第 3 个修订版本。

2. 物理层的特性

物理层是 OSI 中唯一涉及通信介质的一层。它提供与通信介质的连接，并描述这种连接的机械、电气、功能和规程特性，以建立、维护和释放数据链路实体之间的物理连接。物理层具备向上层提供位（bit）信息的正确传送功能。

物理层协议定义了硬件接口的一系列标准，其解答如下问题：用什么电平代表 1，用什么电平代表 0；一位维持多少时间；传输是双向的还是单向的；一次通信中的发送方和接收方如何应答；设备之间连接件的尺寸和引脚数；每根信号线的名称和用途；各信号的时序关系。归纳起来，物理层协议有如下 4 个特性。

（1）机械特性。机械特性规定了 DTE/DCE 接口连接器的形状和尺寸、引脚数和引脚的分布、相应传输介质的参数和特性等，例如，8 引脚的 RJ-45 连接器、9 引脚或 25 引脚的 D 形连接器等。一些连接器的外形如图 3-6 所示。

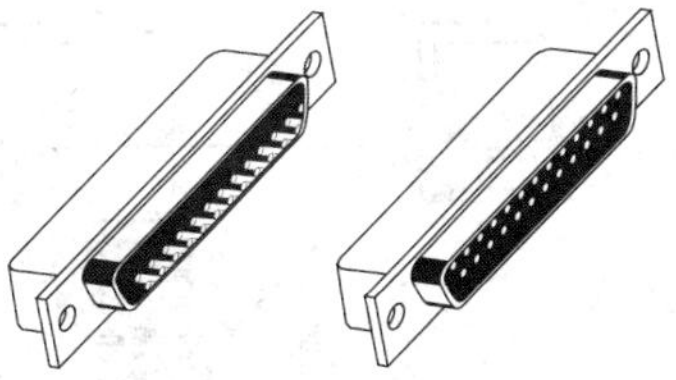

（2）电气特性。电气特性规定了在物理连接上导线的电气连接及有关的电路特性，一般包括接收器和发送器电路特性的说明、表示信号状态的电压/电流电平的识别、最大传输速率的说明，以及与互连电缆相关的规则等。此外，电气特性还规定了 DTE-DCE 接口线的信号电平、发送器的输出阻抗、接收器的输入阻抗等电气参数。

图 3-6 连接器的外形

（3）功能特性。功能特性规定了接口各信号线的含义、功能，以及和各信号之间的对应关系。接口信号线按功能一般可分为数据信号线、控制信号线、定时信号线、接地信号线和次信道信号线。

（4）规程特性。规程特性规定了接口电路信号发出的时序、应答关系和操作过程，例如，怎样建立和拆除物理层连接、全双工还是半双工等。

3．物理层的功能

为了实现数据链路实体之间比特流的透明传输，物理层应具有下述功能。

（1）物理连接的建立、维持与拆除。当数据链路层请求在两个数据链路实体之间建立物理连接时，物理层应能立即为它们建立相应的物理连接。若两个数据链路实体之间要经过若干中继数据链路实体，则物理层还应对这些中继数据链路实体进行互连，以建立起所需的物理连接。当物理连接不再需要时，由物理层立即拆除。

（2）数据传输。在物理连接即物理链路存在期间，在物理层协议控制下完成物理层数据单元比特的传输。传输方式可采用同步传输或异步传输。

（3）物理层管理。物理层要涉及本层的某些管理事务，如发送和接收比特流、异常情况处理、故障情况报告等。

4．物理层提供的服务

（1）物理连接。数据链路是一条通信路径。该路径由两个物理实体之间的物理介质和用于传输位流必需的设施，以及物理层中的中继设备和互连数据链路构成。物理连接分为两类：一类是点到点连接，即两个数据链路实体的一对一连接；另一类是多点连接，即一个数据链路实体与多个数据链路实体连接，如图 3-7 所示。

一旦物理层完成数据链路互连，其中的物理实体在物理层以上是不可见的，数据链路层所能感知的只是两个物理连接端点（点到点连接）或多个物理连接端点（多点连接）。物理连接可以是永久性连接（专线），也可以是动态连接（交换网）。

（2）物理服务数据单元。此类服务是在物理介质上传输非结构化的比特流。所谓非结构化的比特流，是指顺序地传输"0""1"信号，而不必考虑这些"0""1"信号表示什么含义。

（3）顺序化。顺序化服务是一定要保证接收物理实体所收到的比特顺序与发送物理实体所发送的比特顺序相同。

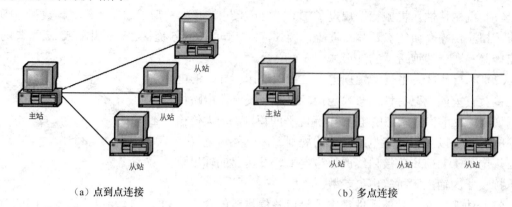

（a）点到点连接　　　　　　　　　　　　　　（b）多点连接

图 3-7　物理连接形式

（4）数据链路标识。物理层提供唯一能标识两相邻系统之间数据链路的标识符。

（5）服务质量指标。物理连接服务的质量大部分由数据链路本身确定，其质量指标包括误码率、服务可用性、数据传输速率和传输时延。

（6）故障情况报告。当物理层内出现差错时，应向数据链路实体报告物理层中所检测到的故障和差错。

3.2.2　数据链路层

1. 数据链路层的概念

数据链路层（Data Link Layer）是 OSI 参考模型的第二层，其向下与物理层相连接，向上与网络层相连接。数据链路层把物理层提供的可能出错的链路（物理链路）改造成为逻辑上无差错的数据链路，使之对网络层表现为一条无差错的链路。"链路"和"数据链路"是不同的概念，如图 3-8 所示。

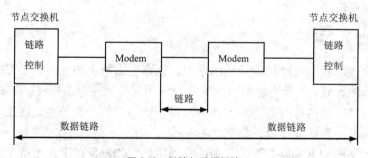

图 3-8　链路与数据链路

链路是指两个相邻节点间的物理线路。链路中不存在其他交换节点。在进行数据通信时，两台主机之间的通路往往是由许多链路串接而成的。一条链路只是一条通路的组成部分。链路又称为物理链路。

当需要在一条链路上传送数据时，除了必须具有一条物理线路之外，还必须有一些规程或协议来控制这些数据传输，以保证传输数据的正确性。将实现这些规程和协议的硬件和软件加到物理线路上，就构成了数据链路。

　　网络中的任意两个系统的通信过程如图 3-9 所示。从协议的层次上看，若从系统 A 传送数据到系统 B，则数据需要在路径中的各节点上的协议栈中进行多次的向下和向上流动，如图 3-9 中的粗折线所示。

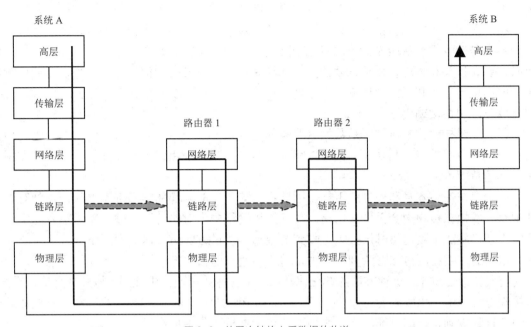

图 3-9　从层次结构上看数据的传送

　　现在来阐述数据链路层。可以只关注协议栈中水平方向的各个数据链路层。当系统 A 向系统 B 发送数据时，可以想象数据就是在数据链路层中从左向右沿水平方向传送的，图 3-9 中的虚线箭头即形成这样一条数据链路：系统 A 的链路层→路由器 1 的链路层→路由器 2 的链路层→系统 B 的链路层。

2. 数据链路层的功能

　　数据链路层的基本功能是在物理层提供物理连接服务的基础上，将物理连接转换为逻辑连接，即将物理层提供的不可靠的物理链路变为逻辑上无差错的数据链路，向网络层提供一条透明的数据链路，并透明地传输数据链路层的数据单元——帧。为此，数据链路层应具有下述主要功能。

　　（1）数据链路管理。数据链路管理就是数据链路的建立、维持和释放操作。例如，若甲、乙双方要打电话，那么，在双方通话前，甲首先要与乙交换一些必要的信息，确认作为受话方的乙已经准备好接电话；在双方通话过程中，通话链路要始终保持为"通"的状态；双方通话完毕后，链路会被释放，也就是连接被释放，即挂机。

　　同样，若网络中的两个节点要进行通信，则数据的发送方必须确认接收方已处于准备接收的状态。为此，在传输数据之前，通信双方必须事先交换一些必要的信息，让通信双方做好数据发送和接收的准备，即在通信之前，必须在发送方与接收方之间建立一条数据链路。在传输过程中则要维持该连接。如果出现差错，则需要重新初始化，重新自动建立连接。传输完毕后则要释放连接。数据链路管理功能主要用于面向连接的服务。

在多个站点共享同一物理信道的情况下（例如，在局域网中），如何在要求通信的站点间分配和管理信道也属于数据链路管理的范畴。

（2）帧同步。在数据链路层传送的数据单元是帧。帧是数据链路层按照协议要求由比特流装配而成的。工作在数据链路层的硬件设备和协议软件以帧为数据单元。这样，数据被一帧一帧地传送。当出现差错时，只将有差错的帧重传一次，而不用把全部数据都进行重传。帧同步就是接收方能从接收到的比特流中准确区别出一帧的开始和结束。因此，帧结构的设计必须要有帧头和帧尾，以标识帧的开始和结束；还要包括校验信息和帧序号，以便检测出传输中出现的差错和保持帧传输的有序性。常用的帧同步的方法有字节计数法、字符填充法、比特填充法和违例编码法。

（3）差错控制。差错控制是数据链路层的主要功能之一，但不是特有的功能，因为网络层和传输层也有差错控制功能。数据链路层的差错控制保证相邻节点之间的传输差错控制在所允许的范围内。

由于存在信道本身和外界的干扰，因此不可能所有的帧都能够准确无误地传输到对方，其中有一些帧在传输中会丢失或出错。在计算机网络中，对比特流传输的差错率有一定的限制。当差错率高于限定值时，接收方收到的数据与发送方实际发送的数据不一致。

常用的差错控制方法有两种。一种是前向纠错，即接收方收到有差错的数据帧时，能够自动将差错改正过来。这种方法的开销比较大，不在计算机通信中使用。另一种是检错重发，即接收方可以检测出收到的有差错的帧（但不知道哪几个比特位有错），并让发送方重新发送该帧，直到收到正确的一帧为止。这种方法在计算机通信中最常用。

（4）流量控制。流量控制并不是数据链路层特有的功能。许多高层协议也提供流量控制功能（如 TCP），只不过流量控制的对象不同而已。例如，对于数据链路层来说，控制的是相邻两节点之间数据链路上的流量；对于传输层来说，控制的则是从源到最终目的之间端对端的流量。

当通信双方传输数据的速率不匹配时，可能出现发送方的发送能力大于接收方的接收能力的现象。若此时不对发送方的发送速率进行适当的限制，则前面来不及接收的帧将被后面不断发送来的帧"淹没"，从而造成帧的丢失。由此可见，流量控制实际上是对发送方数据流量的控制，使其发送速率不致超过接收方的速率。这时就需要有一些规则让发送方知道在什么情况下可以接着发送下一帧，而在什么情况下必须暂停发送，以等待收到某种反馈信息后再继续发送。

（5）将数据和控制信息区分开。一个完整的帧由帧的起始和结束标记、控制信息、数据信息、帧校验序列、发送方和接收方地址等信息组成，其可以被分为数据部分和控制信息两部分。在接收方收到帧后，一定要有相应的措施将数据部分和控制信息部分区分开来。

（6）透明传输。透明传输包括两个功能：一是不管所传数据是什么样的比特组合，都应该能够在链路上传输；二是当所传数据中的比特组合正好与某一控制信息完全相同时，必须有可靠的措施，使接收方不会将这种比特组合的数据误认为某种控制信息。只有同时实现这两个功能，才能够保证数据链路层的传输是透明的。

（7）物理寻址。提供有效的物理编址与寻址功能。在多点连接的情况下，既要保证每一帧都能正确送到目的站，又要使接收方知道是哪个站发送的。

3. 数据链路层提供的服务

数据链路层提供的基本服务是将源计算机中来自网络层的数据传输给目的计算机的网络层。在源计算机上有一个实体，被称为进程。它将网络层的位序列交给数据链路层，而数据链路层又将位序列传送到目的计算机，交给那里的网络层。

按数据链路层向网络层提供的服务质量、应用环境以及是否有连接可将数据链路层提供的服务分为以下 3 种基本服务。

（1）无确认、无连接服务（Unacknowledged Connectionless Service）。这种服务允许源主机的数据链路层在任何时候发送任意长的信息。在这种服务模式中，接收主机的数据链路层将收到的信息送入网络层；发送信息前，不必建立数据链路连接；传输信息时，接收方也不应答；出错和数据丢失时，也不进行处理。这类服务适用于误码率很低的情况，也适用于语音类的实时信息源。这类信息流由时延引起的不良后果比数据损坏严重。许多局域网在数据链路层都提供无确认、无连接服务。

（2）有确认、无连接服务（Acknowledged Connectionless Service）。为了提高可靠性，引入了有确认、无连接服务。在这种服务模式中，发送方的数据链路层要发送数据时，就直接发送数据帧。接收方的数据链路层能够接收帧，且收到的帧校验正确时，就向源主机数据链路层发送应答帧。不能接收或接收到的帧校验不正确时，就返回否定应答。这时，发送端要么重新发送原帧，要么进入等待状态。

（3）有确认、面向连接服务（Acknowledged Connection-Oriented Service）。数据链路层为网络层提供的最复杂的服务是面向连接服务。在这种服务模式中，传送任何数据之前，都必须先建立一条连接；在这种连接上传送的每一个帧被编上号；数据链路层保证传送的帧被对方收到，且只收到一次；不改变帧的先后顺序。面向连接服务为网络层协议实体之间的交互提供了可靠传送位流的服务。

3.2.3　网络层

网络层（Network Layer）是 OSI 参考模型中的第三层，体现了网络应用环境中资源子网访问通信子网的方式。网络层是 OSI 参考模型中面向数据通信的低三层（即通信子网）中最为复杂、关键的一层，也是通信子网范围内的最高层。网络层的协议数据单元称为分组或包（Packet）。

1. 网络层的功能

网络层的主要功能是完成网络中主机到主机的数据传输，其关键问题之一是使用数据链路层的服务将每个分组从源端传输到目的端。在广域网中，这包括产生从源端到目的端的路由，并要求这条路径经过尽可能少的中间节点（或以尽量小的代价）。如果在子网中同时出现过多的数据，则子网可能形成拥塞。避免拥塞也是网络层的责任。在 OSI 参考模型中，网络层的主要功能如下。

（1）建立与拆除网络连接，即在一个网络内或跨越多个网络内建立和拆除网络连接，为传输层提供端到端的通路。网络连接也被称为端到端通路，是指两个端系统之间的通路，由相互连接的多条链路构成。

（2）路由选择和中继，即在源端和目的端之间为分组选择一条最佳的传输路径。为了建立两端系统之间的通信，网络层必须使用数据链路层的服务。当网络连接是由几个子网串联而成时，应将单独子网内的路由选择和中继功能与由子网互联所构成的网际的路由选择和中继功能分开。

（3）拥塞控制和流量控制。网络层的流量控制是对进入分组交换网的通信量加以一定的控制，以防止因通信量过大而发生"堵塞"或"拥挤"现象，造成通信子网性能的下降。

（4）网络连接多路复用。该功能用于连接多路复用数据链路，以提高数据链路连接的利用率。

（5）差错检测与恢复。网络层利用数据链路层的差错报告以及本身对分组差错的检测能力来检测所接收的分组是否正确。所谓恢复，是指从被检测到的出错状态中解脱出来。

（6）分段和组块。为了提高传输效率，当报文太长时，可以对它们进行分段；反之，也可将几个较短的报文组合起来一起传输。

（7）协议转换。当报文在两个以上的网络间传输时，可能因为网络的报文格式和使用的协议不同而需要进行协议转换。

2．网络层提供的服务

OSI/RM 在网络层中定义了两种类型的数据传输服务，即无连接服务和面向连接的服务。无连接服务是指发送方和接收方在传输数据之前不建立连接，只提供简单的数据发送和接收功能。而面向连接的服务需要事先为数据传输建立连接，然后在该连接上实现有次序的分组传输，在数据传送完毕后才释放连接。最直观的无连接的例子就是每天送报纸的服务，工作人员将报纸放在目标家门口就走，不会先确定目标家里是否有人。面向连接的例子就是打电话：打电话之前，需要拨号建立连接；打完后，挂机就代表释放连接。

现代计算机网络的网络层也都提供了两种服务。它们分别被称为数据报服务和虚电路服务。

（1）数据报服务。在数据报（Datagram）传输方式中，网络层从传输层接收报文并拆分为报文分组，把每一个分组作为一个独立的信息单位传送，并给分组加上目的主机的地址标识，在传输过程中并不考虑分组之间的顺序关系。分组每经过一个交换设备（路由器），都要根据当时情况并按照一定的算法为分组选择一条最佳的传输路径。这就有可能使先发出的分组未必比后发出的分组先到达目的地。可以看出，数据报传输方式类似于信件和电报的传递方式。

数据报服务的特点如下。

① 格式和实现都比较简单。

② 数据报能以最小延时到达目的节点。

③ 各数据报从发送节点发出的顺序与到达目的节点的顺序无关。

④ 由于数据报服务方式不存在电路呼叫的建立过程，所以每一个数据报在通信子网中传输时是相对独立的。

⑤ 在数据报服务方式中，虽然每个节点都有一张路由表，但它不像虚电路服务方式那样按虚电路号查找下一个节点，而是根据每一个分组所携带的目的节点地址来决定路由，并对分组进行转发。

图 3-10 所示为数据报网络的通信过程。在图 3-10 中，若 A 与 C 通信，则不需要在它们之间建立连接。A 直接发信息给路由器 E，E 是将分组转发给 F 还是 H 由 E 的路由表（转发

表）决定。A 与 C 之间的通信可通过多条路径完成，即 AEFGC 或 AEHGC。

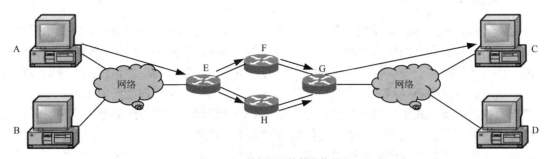

图 3-10　数据报网络的通信过程

（2）虚电路服务。在该种服务模式中，在源主机与目的主机通信之前，应先建立一条逻辑上的网络连接，即虚电路（Virtual Circuit）。为此，源主机应发出呼叫请求分组，该分组中包含了源主机和目的主机的网络地址。呼叫请求分组传输路径上的每一个交换设备都要记录该分组所用的虚电路号。在呼叫请求分组到达目的主机后，若它同意与源主机通信，则呼叫请求分组的传输路由（即虚电路）被网络层建立起来。一旦虚电路建立好，则不必在以后的每个分组中都填上源主机和目的主机的网络地址，而只需标识其虚电路号即可。通信结束后，虚电路被拆除，所使用的网络资源被释放。虚电路的通信过程如图 3-11 所示。

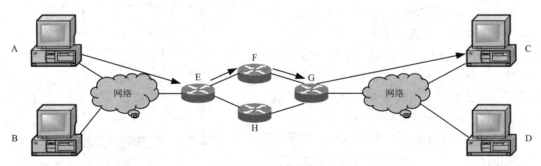

图 3-11　虚电路的通信过程

在图 3-11 中，若 A 要与 C 通信，则 A 应首先发送一个连接分组，与 C 建立一条虚连接。若该条虚连接为 AEFGC，那么路由器 E、F 和 G 都会保留该虚连接对应的虚电路号，且 A 和 C 之间的通信将始终走相同的路径 AEFGC。当通信结束后，该条虚电路会被释放。

数据报服务和虚电路服务的比较如表 3-2 所示。

表 3-2　　　　　　　　　　　　　　数据报服务和虚电路服务的比较

项目	数据报服务	虚电路服务
连接的建立与释放	不需要	需要
目的主机地址	每个分组都有目的主机的全地址	仅在连接建立阶段使用
初始化设置	不需要	需要
分组顺序	到达目的主机时可能不按发送顺序	总是按发送顺序到达目的主机
差错控制	由主机负责	由网络负责，对主机透明
流量控制	不提供	网络提供

3. 路由选择

路由（Routing）是将对象从一个地方转发到另一个地方的一个中继过程。路由选择是指网络中的节点根据通信网络的当前状态（可用的数据链路、各条链路中的信息流量），按照一定的策略（传输时间最短、传输路径最短等）为分组选择一条可用的传输路由，将其发往目的主机。路由选择是通信网络最重要的功能之一，其与网络的传输性能密切相关。

在数据报服务方式中，网络节点要为每个分组选择路由；在虚电路服务方式中，只需在连接建立时确定路由。确定路由选择的策略被称为路由算法。

设计路由算法时要考虑诸多技术要素，主要如下。

（1）选择最短路由还是选择最佳路由。

（2）通信子网是采用虚电路还是采用数据报操作方式。

（3）是采用分布式路由算法（即每个节点均为到达的分组选择下一步的路由），还是采用集中式路由算法（即由中央节点或始发节点来决定整个路由）。

（4）关于网络拓扑、流量和延迟等网络信息的来源。

（5）是采用静态路由选择策略，还是动态路由选择策略。

3.2.4 传输层

在 OSI 参考模型中，传输层（Transport Layer）处于第四层，起到承上启下的作用。传输层负责总体数据传输和控制，是整个分层体系的核心。只有资源子网中的端设备才会具有传输层。通信子网中的设备一般最多具备 OSI 参考模型低三层的通信功能。

通常将 OSI 参考模型中的低三层统称为面向通信子网的层，而将传输层及以上的各层统称为面向资源子网或主机的层。另一种划分是将传输层及以下的各层统称为面向数据通信的层，而将传输层以上的三层统称为面向应用的层，如图 3-12 所示。传输层传输信息的单位为报文（Message）。较长的报文先被分成几个分组（称为段），然后再交给下一层（网络层）进行传输。

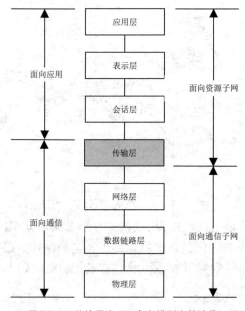

图 3-12　传输层在 OSI 参考模型中的地位

1. 传输层的功能

传输层在优化网络服务的基础上，在源主机和目的主机之间提供可靠的透明数据传输，使高层服务用户在相互通信时不必关心通信子网的实现细节。换言之，引入传输层的基本想法是在网络层的基础上再增添一层软件，使之能屏蔽各类通信子网的差异，向用户应用进程提供能满足其请求的服务，且具有一个不变的通用接口（传输层接口），使用户应用进程只需了解该接口，便可方便地在网络上使用网络资源并进行通信。

传输层要达到以下两个主要目的。

（1）提供可靠的端到端的通信。

（2）向会话层提供独立于网络的传输服务。

传输层的具体功能如下。

（1）建立与释放传输连接。在信息传输阶段，传输层用于为两个会话实体建立传输连接。在此阶段，传输层必须使所要求的服务类型与网络所提供的服务相匹配。释放连接阶段的主要任务是释放传输连接。这时，传输层的功能是说明释放连接的原因和标识被释放的连接。

（2）寻址，即传输层确定网络的目标地址。因为传输层支持的是端对端的连接，因此目标地址中不含有中继站的地址。

（3）提供多路复用机制。如果网络层提供的是面向连接的服务，则传输层应该既能够将一个高层的应用复用到多个网络层连接上，即把一个传输连接复用到多个网络连接上（或称向下多路复用），又能将多个高层应用复用到一个网络连接上，即把多个传输连接复用到一个网络连接上（或称向上多路复用）。

（4）提供分段机制。当上层的协议数据包的长度超过网络层所能承载的最大数据传输单元时，传输层要提供必要的分段功能，并在接收方的对等层提供合并分段的功能。

总之，传输层通过扩展网络层的功能，并通过与高层之间的服务接口向高层提供了端到端进程之间的可靠数据传输，使系统之间实现高层资源共享时不必再考虑数据通信方面的问题。

2. 传输层提供的服务

传输层提供的服务内容包括服务类型、服务等级、数据传输、用户接口、连接管理、快速数据传输、状态报告和安全保密等。

（1）服务类型。服务类型有两种：面向连接的服务和无连接的服务。面向连接的服务是可靠的服务，可提供流量控制、差错控制和序列控制的服务。无连接的服务即数据报服务，只能提供不可靠的服务。

需要说明的是，面向连接的传输服务与面向连接的网络层服务十分相似，两者都向用户提供建立、维持和拆除连接的服务。无连接的传输服务与无连接的网络层服务也十分相似。但网络层是通信子网的一个组成部分，网络层提供的服务质量并不可靠，会导致分组丢失、系统崩溃、网络复位等问题的出现。对这些问题，用户将束手无策，因为用户难以对通信子网加以控制，因而无法解决网络服务质量低劣的问题。缓解这些问题的办法就是在网络层之上增加一层传输层。传输层提供比网络层更可靠的服务。分组的丢失、残缺，甚至网络的复位均可被传输层检测出来。传输层可针对这些问题采取相应的补救措施。

（2）服务等级。传输层协议实体允许传输层用户选择传输层所提供的服务等级，从而更有效地利用所提供的链路、网络及互联网络的资源。传输层协议可细分为以下 4 类。

① 可靠的面向连接的协议。

② 不可靠的面向非连接的协议。

③ 需要定序和定时传输的语音传输协议。

④ 需要快速和高可靠传输的实时协议。

（3）数据传输。数据传输的任务是在两个传输实体之间传输用户数据和控制数据，一般采用全双工服务，也可采用半双工服务。数据可分为正常的服务数据分组和快速服务数据分组两种。传输快速服务数据分组时，可暂时中止当前的数据传输，以在接收端优先接收快速服务数据分组。

（4）用户接口。用户接口机制包括过程调用、通过电子邮箱传输数据和参数、用数据通道 DMA 方式在主机与具有传输层实体的前端处理机之间传输等。

（5）连接管理。面向连接的协议需要提供建立和终止连接的功能，一般总是提供对称的功能，即两个对话的实体都有连接管理的功能。不过，对简单的应用有时也存在其中一方仅对另一方提供连接管理功能的情况。连接的终止可以采用立即终止传输或等待全部数据传输完再终止连接。

（6）快速数据传输。当传输的吞吐量较大，且需要建立多条网络传输连接时，为了减少费用，传输层可把多条传输连接在同一条线路上，实现多路复用。传输层建立的多路复用对会话层来说是透明的。

（7）状态报告。状态报告向传输层用户提供传输层实体或传输连接的状态信息。

（8）安全保密。安全保密包括对发送者和接收者的确认、数据的加密和解密，以及通过保密的链路和节点的路由选择等进行的安全保密服务。

3.2.5　会话层

会话层（Session Layer）建立在传输层之上，是 OSI/RM 的第五层。该层对传输的报文提供同步管理服务，在两个不同系统的互相通信的应用进程之间建立、组织和协调交互。若出现意外，则需确定从何处开始重新恢复会话。"会话"是指在两个实体之间建立用于数据交换的连接，常用于表示终端与主机之间的通信。

这一层也可以称为会晤层或对话层。在会话层及以上的高层次中，数据传送的单位不再另外命名，统称为报文。会话层不参与具体的传输。它提供包括访问验证、会话管理在内的建立和维护应用之间通信的机制，如服务器对用户登录行为的验证便是由会话层完成的。从 OSI 参考模型看，会话层之上各层是面向应用的，会话层之下各层是面向网络通信的，会话层起到连接的作用。

1．会话层的功能

会话层主要的功能是对话管理、数据流同步和重新同步，具体描述如下。

（1）对话管理，即建立通信连接，保持会话过程中的通信链路的畅通。会话决定通信是单工方式还是全双工方式，保证对一个新请求的接收一定在另一请求完成之后进行。

（2）数据流同步，即同步两个节点之间的对话。

（3）确定通信是否被中断，并在通信中断时确定从何处重新发送。会话层在数据中插入同步点，当网络出现故障后，仅重传最后一个同步点以后的数据，避免大量数据的重传。这就是会话层的重新同步功能。

2．会话层提供的服务

会话层服务主要分为会话连接管理与会话数据交换两部分。会话连接管理服务使得通信的双方的对等应用进程之间可以建立和维持一条信道连接。会话数据交换服务为两个通信的应用进程在此信道上交换会话服务数据单元提供手段。另外，会话层还可以提供交互管理服务、会话连接同步服务等。会话层可以向用户提供许多服务。比如，为使两个会话服务用户在会话建立阶段能协商所需的确切的服务，将会话服务划分为逻辑分组，每个逻辑分组称为会话功能单元。常用的功能单元如下。

（1）核心功能单元：提供连接管理和全双工数据传输的基本功能。

（2）协商释放功能单元：提供有次序的释放服务。

（3）同步功能单元：在会话连接期间提供同步或重新同步。

（4）半双工功能单元：提供单向数据传输。

（5）活动管理功能单元：提供对话活动的识别、开始、结束、暂停和重新开始等管理功能。

（6）异常报告功能单元：在会话连接期间提供异常情况报告。

3.2.6 表示层

表示层（Presentation Layer）位于 OSI 参考模型的第六层，用于处理所有与数据表示和传输有关的问题，如数据转换、加密和压缩等。由于各种计算机有自己的数据表示形式，因此不同类型的计算机在通信时，需要经过数据转换才能彼此理解对方数据的含义。例如，IBM370 系列机使用 EBCDIC，而其他大部分计算机使用 ASCII。表示层关心的是所传送的信息的语法和语义，而表示层以下各层关心的是传输数据的可靠性。

1．表示层的功能

这一层主要解决用户信息的语法表示问题。它将预交换的数据从适合于某一用户的抽象语法，转换为适合于 OSI 系统内部使用的传送语法，即提供格式化的表示和转换数据服务。表示层具有两个与语法有关的功能。表示层的功能如图 3-13 所示。

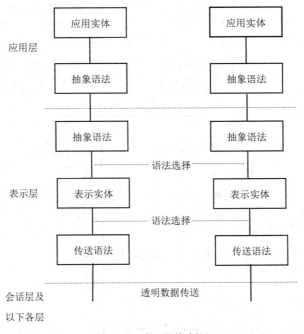

图 3-13　表示层的功能

表示层的主要功能有以下几点。

（1）建立与释放表示连接。表示层可为两个应用实体建立和释放连接：在建立表示连接时，可选择表示服务功能单元，确定表示上下文，选择所需的会话连接特性等；根据应用实体和表示实体的要求，实施正常或异常的表示连接释放，在异常释放表示连接时可能丢失数据。

（2）表示上下文的管理，包括增、删、修改表示上下文的功能。

（3）数据传送。表示层提供正常数据、加速数据和能力数据的传送，但和会话层一样未提供流量控制机制。

（4）语法转换。表示层将应用层数据的抽象语法表示转换为传送语法表示。所涉及的内容有代码转换、字符转换、数据格式的修改，以及对数据结构操作的适配、数据压缩、加密等。

（5）语法协商。由于在一个开放系统的表示层中可具有多种传送语法，且在抽象语法与传送语法间又存在着多对多的关系，因此在表示连接建立期间，两个对等表示实体应对所采用的传送语法进行协商，包括传送语法所用的数据类型、语法表示等。

2．表示层的服务

表示层主要具有两种服务，即向应用层提供语法转换和上下文控制的服务。表示层的上下文控制是由表示实体提供给应用实体的各种手段，这些手段包括表示上下文的定义、选择、翻译、删除等。图3-14所示是表示层的两种服务。

表示层向应用层提供的语法转换服务指的是把表示用户数据中的下面两种抽象语法变换成传送语法：描述记录、文档、终端画面输出数据等数据的抽象语法；对文档记录的存取、作业的输入和启动等操作进行描述的抽象语法。

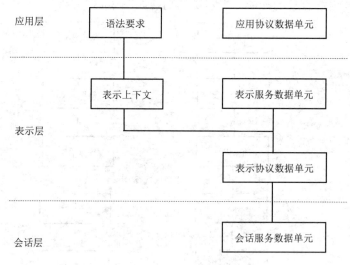

图 3-14　表示层的两种服务

3.2.7　应用层

应用层（Application Layer）是开放系统互连参考模型的最高层，它为用户服务，是唯一直接为用户应用进程访问 OSI 环境提供手段和服务的层。应用层作为与用户应用进程的接口，负责用户信息的语义表示，并在两个通信者之间进行语义匹配。它不仅要提供应用进程所需要的信息交换和远地操作，而且还要作为互相作用的应用进程的用户代理（User Agent，UA），提供完成一些语义上有意义的信息交换所必须的功能。

应用层也许是功能最丰富、实现最复杂的一层，同时又是相对最不成熟的一层。该层中包含了许多服务，其中有的服务标准已经出台，但更多的服务标准尚未出台。应用层以下各层通过应用层间接地向应用进程提供服务，因此，应用层向应用进程提供的服务是所有层提供服务的总和。

1. 应用层的功能和模型

应用层也称为应用实体（Application Entity，AE）。一个 AE 通常由一个用户元素（User Element，UE）和一组应用服务元素（Application Service Element，ASE）组成。其中，ASE 可分为特殊访问服务元素（Special Access Service Element，SASE）和公共访问服务元素（Communal Access Service Element，CASE）两类。应用层的模型如图 3-15 所示。

（1）特殊访问服务元素（SASE）。特殊访问服务元素指的是处理应用进程间通信所必需的元素。它包括虚拟终端（VT）、电子邮件、文件传输、访问和管理（FTAM）、目录服务、图形、信息通信、远程作业录入。

以上服务中，文件传输、访问和管理以及电子邮件和虚拟终端已经被标准化，但图形、信息通信等还未被标准化。

（2）公共访问服务元素（CASE）。CASE 提供了应用层中最基本的服务。它为层间通信提供了控制机制，其主要功能如下。

① 联合控制服务元素（ACSE）。应用实体之间要协调工作，首先要建立应用连接。ACSE 的功能就是提供应用连接的建立与释放。

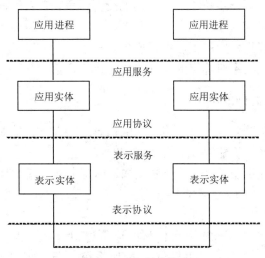

图 3-15　应用层的模型

② 提交、并发和恢复（CCR）。提交、并发和恢复是用来协调多方应用连接的，为基本的多方应用连接的信息处理任务提供一个安全、高效的环境，使得即使在出现系统崩溃时，

这种连接也能防止错误的发生。

2．应用层协议类型

对等应用实体间的通信使用应用协议。应用协议的复杂性很高，有的仅涉及两个实体，有的涉及多个实体，而有的应用协议则涉及两个或多个系统。与其他六层不同，应用协议使用了一个或多个信息模型来描述信息结构的组织。低层协议实际上没有信息模型，因为低层没有涉及表示数据结构的数据流。应用层要提供许多低层不支持的功能。这就使得应用层变成 OSI 参考模型中最复杂的层次之一。

OSI/RM 已制定的主要的应用层协议有以下几种。

（1）虚拟终端协议（Virtual Terminal Protocol，VTP）。VTP 是根据虚拟终端的特点，对其在网络环境中如何与对等的虚拟终端协调动作、如何与上下层网络实现接口做出的严格规定。

（2）文件传输、访问和管理协议（File Transfer Access and Management，FTAM）。FTAM 标准为虚拟文件系统的文件内容定义了一种树形的文件存取结构。这是一种带有普遍性的结构。为了使传输结构具有灵活性，FTAM 标准引入了文件存取上下文的概念。文件存取上下文就像一个过滤器。用户看到的是过滤后的文件结构。

（3）报文处理系统协议（Message Handling System，MHS）。

（4）公共管理信息协议（Common Management Information Protocol，CMIP）。

（5）目录服务协议（Directory Service，DS）。

（6）事务处理协议（Transaction Processing，TP）。

（7）远程数据库访问协议（Remote Database Access，RDA）。

（8）制造业报文规范协议（Manufacturing Message Specification，MMS）。

3.2.8 OSI 的层间通信

在 OSI 参考模型中，同一主机不同层之间的交互过程，以及不同主机对等层之间的相互通信过程是相互关联的。

（1）每一层向其协议规范中的上层提供服务。

（2）每层都与其他主机中对等层的软件或硬件进行通信。

1．同一主机相邻层之间的通信

对于一个给定的系统的各个层，当将发送的信息逐层向下传输时，信息越往低层就越不同于人类的语言，而是计算机能够理解的"1"和"0"。

为了向相邻的高层提供服务，每一层必须知道两层之间定义的标准接口。为了使 N 层获得服务，这些接口定义 N+1 层必须向 N 层提供哪些信息，以及 N 层应向 N+1 层提供何种返回信息。

图 3-4 给出了一个完整的 OSI 参考模型的通信过程。主机 A（系统 A）发送信息给主机 B（系统 B），进程 A 首先要通过主机 A 的操作系统来调用实现应用层功能的软件模块；应用层模块将主机 A 的通信请求传送到表示层；表示层再向会话层传送，直至物理层。物理层将信息通过网络物理介质传送至主机 B，主机 B 接收信息后，会以相反的方向从物理层逐层向高层传送，直到最终到达主机 B 的应用层。应用层再将信息传送给主机 B

的进程 B。

数据是由主机 A 中的一些应用程序生成的，每层生成一个头部及所传数据一并传到下一层，下一层需要在报头或报尾中加入一些信息。例如，传输层发送其数据和报头；网络层在其报头中加入正确的网络层目的地址，使其能传输到其他主机上。

在 OSI 参考模型中，发送数据的过程包括以下几步。

（1）物理层保证比特的同步，并将接收的二进制数据放到缓存中，再将接收到的信号解码成比特流，然后通知数据链路层已经收到一个帧。因此，物理层在媒体上已经提供了传输的比特流。

（2）数据链路层检查帧尾的帧校验序列（Frame Check Sequence，FCS），判断传输过程中是否有错误发生（差错控制）。如果有错误发生，丢弃此帧。检查数据链路层的地址，使主机 B 决定是否需要进一步处理这些数据。如果这个地址是主机 B 的地址，那么将在数据链路层的报头和报尾之间的数据传递给网络层的软件。这样，数据链路层通过该链路实现了数据的传输。

（3）检查网络层的目的地址。如果该地址是主机 B 的逻辑地址，则处理过程将会继续进行，将在网络层报头之后的数据传递给传输层的软件。这样，网络层实现了端到端的数据传输服务。

（4）如果传输层选择了差错恢复，则标识这段数据的计数器与确认信息（差错恢复）一起在传输层的报头中进行编码。在差错恢复和对输入数据进行重新排序后，将这些数据传递给会话层。

（5）会话层可以用来保证一系列消息的完整性。如果没有完成后续的通信，收到的数据可能没有任何意义。会话层的报头中包含标识字段意味着这是一个不连续数据链的中间流而不是结束流。在会话层完成所有的流后，将在会话层报头之后的数据传递给表示层。

（6）表示层定义并维护数据的格式。例如，如果数据是二进制数据而不是字符数据，则报头会指明这一点。接收方并不会用主机 B 中默认的 ASCII 字符集转换这些数据。通常，此类报头只包含在初始流中，而不包含在每个被传输的流中。在完成了数据格式的转换后，将数据传递给应用层的软件。

（7）应用层处理最后的报头，然后检查真正的终端用户数据。这个报头指明了主机 A 与主机 B 已协商好的应用程序所使用的运行参数。该报头用于交换所有参数值。因此，通常只在应用程序初始化时才发送和接收这个报头。例如，在文件传输时，接收方和发送方会相互传递所传输文件的长度和文件格式（应用参数）。

2．不同主机对等层之间的通信

在 OSI 参考模型中，对等层之间经常进行信息交换。在对等层协议之间交换的信息单元被称为协议数据单元（Protocol Data Unit，PDU）。除物理层之间直接进行信息交换外，其余对等层之间的通信并不直接进行，而是需要借助于下层提供的服务来完成。对等层之间的通信为虚拟通信，实际通信是在相邻层之间通过层间接口进行的。

在网络中，由于每一层所用的协议不一样，所处理和传送的数据包或者数据单元也都是不一样的，因此只有对等层可以相互理解和认识对方信息的具体意义。第 N 层必须与其他主机上的第 N 层通信才能成功地实现该层的功能。例如，传输层能够发送数据，但如果另外一台主机不对那些已接收的数据进行确认，那么发送方就不知应在何时进行差错恢复。同样，发送方主机将网络层目的地址放到报头中。如果中继路由器拒绝合作，不执行网络层功能，那么数据就不会被传送到真正的目的地。

为了实现对等层通信，数据通过每一层前，都定义了一个报头，有时还定义了报尾。报头和报尾是附加的数据位，由发送方主机的软件或硬件生成，分别放在由第 $N+1$ 层传给第 N 层的数据的前面和后面。这一层与其他主机上对等层进行通信所需要的信息就在这些报头或报尾中被编码。接收方主机的第 N 层软件或硬件解释由发送方主机第 N 层所生成的报头或报尾编码，从而得知处理第 N 层的过程的方法。

主机 A 的应用层与主机 B 的应用层通信，同样，主机 A 的传输层、会话层和表示层也与主机 B 的对等层进行通信。OSI 参考模型的下 3 层必须处理数据的传输，中继路由器参与此过程。主机 A 的网络层、数据链路层和物理层与中继路由器进行通信。同样，中继路由器与主机 B 的物理层、数据链路层和网络层进行通信。

3．数据封装

数据封装是指数据在发送前，必须在其头部或尾部加上必要的信息。这些信息包含了提供给网络设备和接收方的控制信息，以确保数据能够在网络中正确地传输。接收方可以正确解释这些信息。

在 OSI 参考模型中，当主机 A 需要传送数据到主机 B 时，其封装过程如下。

（1）应用程序 A 已经生成了数据，应用层为要传输的数据加上了含有控制信息的报头（Application Header，AH），形成应用层协议数据单元，然后被递交到表示层。

（2）数据在表示层加上表示层报头（Presentation Header，PH），协商数据格式和是否加密，将数据转化成对端能够理解的数据格式，然后传给会话层。

（3）会话层将该层的控制信息添加到由表示层传下来的数据中，即加上会话层报头（Session Header，SH）。这些新组合成的数据被传输到传输层。

（4）数据在传输层被加上传输层报头（Transport Header，TH）。这时数据被称为段（Segment）或报文（Message），然后被传送给网络层。

（5）网络层生成该层的报头（Network Header，NH）并将数据放在其后，然后以数据包（Packet）的形式传送给数据链路层。

（6）数据链路层给数据添加控制信息，即数据链路层报头（Datalink Header，DH）和数据链路层报尾（Datalink Termination，DT），形成最终的一帧数据传给物理层。

（7）物理层在接收到数据链路层的数据后，便将其转换成由 0 和 1 组合成的比特流，并将其传输到网络连接介质上。

4．数据解封装

数据解封装是指当网络中的接收方通过网络介质收到比特流后，将数据从物理层依次上传给 OSI 参考模型的上层的过程。数据解封装的过程与数据封装的过程正好相反。前面已经介绍过，数据封装是数据从 OSI 参考模型的上层传到下层时，在每一层分别加上对应层的控制信息，而数据解封装则是将数据从 OSI 参考模型的下层传到上层时，将封装过程中加上的控制信息去掉。

主机 B 的数据链路层按照对等层协议相同的原则完成本层功能，并依照数据链路层的相关协议的要求，将其从物理层上接收到的比特流重组为数据链路层的帧。在将数据传给网络层之前，再去除发送方数据链路层增加的报头 DH 和报尾 DT，还原为该层的数据，并将其转交给其上层网络层。

网络层接收到数据链路层传送来的数据后，按照对等层协议相同的原则进行相关处理，完成本层功能，并去除发送方在对等层增加的报头 NH，还原为网络层的数据即传输层的报文，将该报文转交给其上层传输层。

其他层依次进行类似处理，最后应用进程 A 发送的数据将被传输到主机 B 的应用进程 B。

5. 数据封装和解封装的特点

通过数据的封装和解封装，实现了数据在网络中的传输。在 OSI 参考模型中，数据的封装和解封装具有以下特点。

（1）分层禁止了不同设备之间对等层的直接通信。对等层之间的通信必须依靠下层来实现。

（2）每层在将数据传输到相邻的下层时，需要在数据的头部添加该层的控制信息。添加的控制信息称为报头，即该层的协议。添加报头的目的是解决对等实体的通信问题，每层的功能是通过该层的协议来实现的。

（3）多次嵌套的报头体现了网络分层结构的设计思想。

（4）其中一台主机应用进程的数据在 OSI 参考模型中经过复杂的封装和解封装处理后，才能够到达另一台主机的应用进程，但是对于每台主机的应用进程来说，OSI 网络环境中的数据流的处理过程是透明的，应用进程的数据好像是"直接"传输给对方的应用进程。

3.3　TCP/IP 参考模型

OSI 七层参考模型在网络技术发展中起到了非常重要的指导作用，促进了网络技术的发展和标准化。但由于种种原因，OSI 参考模型并没有成为真正应用在工业技术中的网络体系结构。TCP/IP 现在获得了最广泛的应用，因而被称为事实上的国际标准。

TCP/IP（Transmission Control Protocol/Internet Protocol）即传输控制协议/网际协议，是于 1977 年至 1979 年形成的协议规范，是美国国防部高级研究计划局（Defense Advanced Research Projects Agency，DARPA）为实现 ARPA 网（后发展为 Internet）而开发的，也是 ARPA 网参考模型 ARM 的一部分。但由于在 ARPA 网上运行的协议很多，因此，人们常常将这些相关协议称为 TCP/IP 协议簇，简称 TCP/IP。现在已形成了用 TCP/IP 连接世界的 Internet。

TCP 和 IP 是因特网中最重要的两个协议，但现在人们经常提到的 TCP/IP 并不是指 TCP 和 IP 这两个具体协议，而是指整个 TCP/IP 协议簇。

TCP/IP 参考模型用 4 层表示，包括网络接口层（Network Interface Layer）、网络互联层（Internet Layer，也称为 Internet 层）、传输层（Transport Layer）和应用层（Application Layer），如图 3-16 所示。OSI 参考模型中的物理层和数据链路层在 TCP/IP 中归并于网络接口层。OSI 参考模型中的高三层合并为应用层。

图 3-17 给出了该模型各层对应的协议簇。从图中可以看出，应用层和网络接口层都有很

多协议，而中间的网络互联层却很少，表明 TCP/IP 可以为各种各样的应用提供服务（即 Everything Over IP）；上层的各种协议都向下汇聚到一个 IP 协议中，表明各种各样的网络相关连接（即 IP Over Everything）。所以，在 TCP/IP 中，IP 起着核心作用。

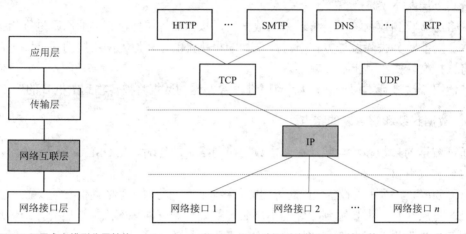

图 3-16　TCP/IP 四层参考模型分层结构　　　　图 3-17　沙漏形状的 TCP/IP 协议簇

TCP/IP 参考模型的特点如下。

（1）TCP/IP 应用层的功能包含了 OSI/RM 中会话层和表示层的功能。

（2）在设计该模型时，设计者们考虑到信息传输与具体的物理传输无关，就没有对最低两层做出规定，但实际上这两层在进行设计与维护时还是很重要的。

（3）TCP/IP 网络接口层并不是一个层次，而是一个接口，有时还包括 OSI/RM 中的最低两层。

（4）TCP/IP 一开始就考虑到多种异构网互联，并将 IP 作为 TCP/IP 的重要组成部分，定义了各种网络的分组交换共同的方法，这一层相当于 OSI/RM 网络层中的无连接网络服务。

（5）TCP/IP 可以越层使用更低层提供的服务，有更高的协议效率。

3.3.1　网络接口层

TCP/IP 的网络接口层（相当于 OSI 的数据链路层和物理层）包括用于物理连接、传输的所有功能。它负责把 IP 分组发送到网络传输介质上以及从网络传输介质上接收 IP 分组。TCP/IP 协议簇的设计独立于网络访问方法、帧格式和传输介质。因此，TCP/IP 协议簇可以用来连接不同类型的网络，包括局域网（如以太网、令牌环网等）和广域网（如帧中继、电话网等），并独立于任何特定的物理网络。这使得 TCP/IP 协议簇能运行在原有的和新型的物理网络之上。实际上，TCP/IP 并没有为网络接口层定义任何协议。它仅定义了与不同的网络进行连接的接口，所以被称为网络接口层。

3.3.2　网络互联层

网络互联层（IP 层）也称网际层，是整个体系结构的关键部分，提供无连接的分组交换服务。该层的任务是允许主机将分组发送到任何网络上，并且让这些分组独立地到达目标端。这些分组到达的顺序可能与它们被发送时的顺序不同。在这种情况下，如果有必要保证顺序递交，则重新排列这些分组的任务由高层来负责。

1．IP 层的主要功能

（1）处理来自传输层的分组发送请求。将分组装入 IP 数据报，选择发往目的节点的路径，通过适当的网络接口发送数据报。

（2）处理输入数据报。首先检查数据报的合法性，然后进行路由选择，假如该数据报已到达目的节点（本机），则将 IP 报文的数据部分交给相应的传输层协议；假如该数据报尚未到达目的节点，则转发该数据报。

（3）处理 ICMP 报文。处理网络的路由选择、流量控制和拥塞控制等问题。

2．IP 层协议

网络互联层的核心协议是 IP（也称网际协议），另外还有一些辅助协议，包括 ARP、RARP、ICMP 以及 IGMP 等。

3.3.3　传输层

TCP/IP 传输层的作用与 OSI 参考模型中传输层的作用是一样的，即在源节点和目的节点的两个进程实体之间提供可靠的端到端的数据传输。为保证数据传输的可靠性，传输层协议规定接收端必须发回确认信息，并且只要分组丢失，就必须重新发送。传输层还要解决不同应用程序的标识问题，因为在计算机中，常常有多个应用程序同时访问网络。为区别各个应用程序，传输层在每一个分组中增加了用于识别信源和信宿应用程序的标记。另外，传输层的每一个分组均附带校验码，以便目的主机检查接收到的分组的正确性。

传输层中的传输协议在计算机之间提供通信会话。传输协议的选择根据数据传输方式而定。该层主要使用了两个协议：传输控制协议（Transmission Control Protocol，TCP）和用户数据报协议（User Datagram Protocol，UDP）。

TCP 是一个可靠的、面向连接的传输层协议。它将源主机的数据以字节流的形式无差错地传送到目的主机。发送方的 TCP 将用户送来的字节流划分成独立的报文并交给网络层进行发送，而接收方的 TCP 将接收的报文重新装配交给接收用户。TCP 还进行流量控制，以防止接收方由于来不及处理发送方发来的数据而造成缓冲区溢出。

UDP 是一个不可靠的、无连接的传输层协议。UDP 主要面向请求/应答式的交易型应用。一次交易往往只有一来一回两次报文交换，假如为此而建立连接和撤销连接，则开销是相当大的。在这种情况下 UDP 就变得非常有效。UDP 将可靠性问题交给应用程序解决。它主要应用于那些对可靠性要求不高，但要求网络的延迟较小的场合，如语音或视频数据的传送。

3.3.4　应用层

应用层给应用程序提供访问其他服务的能力，并定义应用程序用于交换数据的协议。根据用户对网络使用需求的不同，已经制定了非常丰富的应用层协议，并且不断有新的应用层协议加入。

应用层主要讨论各种应用进程通过什么样的应用协议来使用网络所提供的服务。人们已经开发了许多有用的基于文本的网络应用程序，如远程登录、电子邮件、文件传输、新闻组和聊天程序等，近几年又出现了许多多媒体网络应用程序。

虽然网络应用程序各式各样，但它们都属于分布式软件系统，即整个软件要运行在多个主机之上。例如，Web 应用软件就是由主机上的浏览器软件和 Web 服务器上的服务器软件两部分构成。浏览器软件称为客户端，服务器软件称为服务器端。应用层协议通常由两部分构成，即客户端和服务器端，如图 3-18 所示。

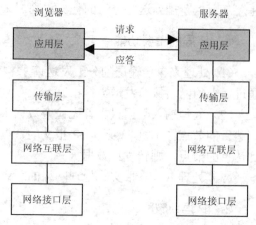

图 3-18　应用层的客户端/服务器端结构

3.3.5　OSI/RM 与 TCP/IP 参考模型的比较

前面对 OSI/RM 和 TCP/IP 参考模型的分层结构、各层功能、特点分别进行了阐述，下面对这两个模型的异同进行比较，如图 3-19 所示。

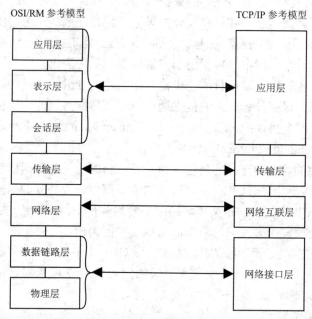

图 3-19　OSI/RM 和 TCP/IP 参考模型结构比较图

1. OSI/RM 和 TCP/IP 参考模型的相似之处

（1）OSI/RM 和 TCP/IP 均采用层次结构，而且都是按功能分层的，并存在可比的传输层和网络层。

（2）层的功能大体相似。在这两个模型中，传输层及传输层以上的各层都为希望进行通信的进程提供端到端的、与网络无关的传输服务。这些层形成了传输提供者。

（3）在两个模型中，传输层以上的各层都是传输服务的用户，并且是面向应用的用户。

（4）两者都是一种基于协议数据单元的包交换网络，而且分别作为概念上的标准和事实上的标准，具有同等的重要性。

2．OSI/RM 和 TCP/IP 参考模型的不同之处

（1）出发点不同。OSI/RM 是作为国际标准而制定的，不得不兼顾各方，考虑各种各样的情况，导致 OSI/RM 大而全，协议的数量和协议的复杂性都远高于 TCP/IP，以至于成熟的产品推出迟缓，妨碍厂家开发相应的硬件和软件产品，影响了市场占有率和发展。而 TCP/IP 参考模型是为军用网 ARPA 网设计的，一开始就考虑了一些特殊要求，如可用性、顽存性、安全性、网络互联性，很有特色。它来自实践，满足社会需求，在实践中不断改进与完善，有成熟的产品和强大的市场，成了事实上的标准。

（2）对层次间关系的处理不同。OSI/RM 有 7 层，是严格按层次关系处理的，两个对等层实体之间的通信必须经过其下一层，不能越层；TCP/IP 参考模型只有 4 层，允许越过紧邻的下一层直接使用更低层所提供的服务，这样做可以减少一些不必要的开销，提高了数据传输的效率。

（3）对网络管理的考虑情况不同。TCP/IP 参考模型较早就有较好的网络管理功能，而 OSI/RM 到后来才开始考虑这个问题。

（4）对异构网互联的考虑情况不同。TCP/IP 参考模型一开始就考虑到多种异构网的互联问题，并将网际协议 IP 作为重要的组成部分单设一层；OSI/RM 最初只考虑用一个标准的公用数据网互连不同的系统，后来认识到互连的重要性，才在网络层中划出一个子层来完成 IP 任务。

（5）对可靠性的强调也不相同。对于 OSI/RM 的面向连接的服务，数据链路层、网络层和传输层都要检测和处理错误；TCP/IP 参考模型则认为可靠性是端到端的问题，应由传输层来解决，由主机完成，其指导思想是减轻通信子网的负担，提高传输效率，虽然增加了主机的负担，但由于现在主机的性能很强，因而也不会影响用户使用。

（6）对无连接服务的考虑情况不同。TCP/IP 参考模型一开始就使面向连接的服务和面向无连接的服务并重，而 OSI/RM 在开始时只强调面向连接这一种服务，一直到很晚，才开始制定无连接服务的有关标准。

OSI/RM 是网络的理想模型，但是很少有系统完全遵循它。TCP/IP 参考模型则是一个事实上的国际标准和工业标准。

小　　结

本章主要讲述计算机网络体系结构的基本概念以及两种重要的参考模型。

网络体系结构是网络层次模型和各层协议的集合，是对计算机网络及其构件所应完成的功能的精确定义。除此之外，实体、服务、接口等概念以及网络协议三要素也是理解网络体系结构及其参考模型的理论基础。

为了降低协议设计的复杂性，大多数网络都采用分层的方式来解决。国际标准化组织建立的开放系统互连参考模型 OSI/RM 共有 7 层，它们分别是物理层、数据链路层、网络层、

传输层、会话层、表示层、应用层，其中，低四层主要负责数据的传输，高三层主要负责数据的处理。

TCP/IP 协议簇是因特网的通信协议，它的参考模型有 4 层，即网络接口层、网络互联层、传输层、应用层，其中最核心的为网络互联层和传输层。TCP/IP 参考模型与 OSI/RM 相比更贴近实际，获得了广泛的应用。

本章对两个标准 OSI/RM 和 TCP/IP 进行了介绍，分别就其结构模型和各层功能进行了比较详细的描述，并且全面阐述了两者的联系与区别。

习　题

一、填空题

1. 为了保证计算机网络中的数据交换工作的顺利进行而建立的规则、标准或约定称为＿＿＿＿＿，其组成要素是＿＿＿＿＿、＿＿＿＿＿、＿＿＿＿＿。

2. 开放系统互连参考模型 OSI/RM 把整个网络通信功能划分为＿＿＿＿＿层，每层执行一种明确的功能，并由＿＿＿＿＿为＿＿＿＿＿提供服务，并且所有层次都互相支持。

3. 在 OSI/RM 中，低三层一起组成＿＿＿＿＿，依赖于网络；高三层一起组成＿＿＿＿＿，面向应用。

4. 物理层定义了 4 个重要属性，包括＿＿＿＿＿、＿＿＿＿＿、＿＿＿＿＿和＿＿＿＿＿。

5. 数据链路层的＿＿＿＿＿功能是保证相邻节点之间的传输差错控制在所允许的范围内。

6. 网络层的功能是＿＿＿＿＿＿＿＿＿＿＿。

7. 从 OSI 参考模型看，＿＿＿＿＿之上各层是面向应用的，之下各层是面向网络通信的，该层在两者之间起到连接的作用。

8. 因特网上最基本的通信协议是＿＿＿＿＿，其英文全称是＿＿＿＿＿。

二、选择题

1. SNA 是＿＿＿＿＿公司研制的网络体系结构。
   A．IBM 　　　　B．DEC 　　　　C．ISO 　　　　D．以上都不是

2. 以下关于 TCP/IP 协议的描述中，不正确的说法是＿＿＿＿＿。
   A．TCP/IP 包括传输控制协议和网际协议
   B．TCP/IP 定义了如何对传输的信息进行分组
   C．TCP/IP 是一种计算机语言
   D．TCP/IP 包括有关路由选择的协议

3. FTP 的意思是＿＿＿＿＿。
   A．文件传输协议　B．十进制数据　　C．搜索引擎　　　D．广域信息服务器

4. 在 OSI 参考模型中，把传输的比特流划分为帧的是＿＿＿＿＿。
   A．传输层　　　　B．网络层　　　　C．会话层　　　　D．数据链路层

5. 以下关于 OSI 的叙述中，错误的是＿＿＿＿＿。
   A．OSI 是由 ISO 制定的　　　　　　B．物理层负责数据的传送

C. 网络层负责将数据打包后再传送　　D. 最下面两层为物理层和数据链路层

6. OSI 七层模型中，_____层是第一个端-端，即主机-主机的层次；_____层是进程-进程的层次，主要功能是组织和同步不同主机上的各种进程间的通信。

A. 应用层　　　B. 传输层　　　C. 网络层　　　D. 会话层

7. 下列有关 Internet 的叙述错误的是_____。

A. 万维网就是因特网　　　　　　B. 因特网就是计算机网络的网络

C. 因特网上提供了多种信息　　　D. 因特网是国际计算机互联网

8. TCP/IP 是一组_____。

A. 局域网技术　　　　　　　　　B. 支持同一种计算机互连的通信协议

C. 广域网技术　　　　　　　　　D. 支持异种计算机网络互联的通信协议

9. OSI 参考模型共有 7 层，下列层次中最高的是_____。

A. 表示层　　　B. 网络层　　　C. 会话层　　　D. 物理层

10. 文件传输和远程登录都是互联网上的主要功能之一，它们都需要双方计算机之间建立起通信联系，二者的区别是_____。

A. 文件传输只能传输计算机上已有的文件，远程登录则还可以直接在登录的主机上进行建目录、建文件、删除文件等操作

B. 文件传输只能传递文件，远程登录则不能传递文件

C. 文件传输不必经过对方计算机的验证许可，远程登录则必须经过对方计算机的验证许可

D. 文件传输只能传输字符文件，不能传输图像、声音文件，而远程登录可以

三、判断题

1. 在计算机网络体系结构中，要采用分层结构的理由是各层功能相对独立，各层因技术进步而做的改动不会影响到其他层，从而保持体系结构的稳定性。

2. OSI/RM 中，表示层和传输层之间的一层是会话层。

3. 在 OSI/RM 中，传输层是唯一负责总体数据传输和控制的一层，是整个分层体系的核心。

4. 在 TCP/IP 参考模型中，网络互联层的核心协议是 TCP。

5. OSI/RM 有 7 层，允许越过紧邻的下一层直接使用更低层所提供的服务，而 TCP/IP 参考模型却不可以。

四、简答题

1. 画出 OSI/RM。

2. 解释网络协议的三要素。

3. 写出 DTE 和 DCE 的全称，并解释其含义。

4. 写出 OSI/RM 已经制定的主要应用层协议。

5. 什么是数据的封装与解封装？

6. TCP/IP 由哪几层组成？

7. 简述 OSI/RM 与 TCP/IP 两种参考模型的相似之处。

第 4 章　计算机网络接口及其通信设备

【本章内容简介】网络接口及通信设备主要用于计算机网络的连接，是计算机网络的重要组成部分。本章主要介绍网络接口类型及中继器、集线器、网桥、交换机、路由器、网关等网络设备的功能和工作原理，并对常用设备进行了比较。

【本章重点】读者应重点掌握中继器、集线器、网桥、交换机、路由器等网络设备的工作原理，交换机的存储转发工作方式和路由器的路由的工作流程，熟悉 RIP、OSPF 等网络路由协议。

4.1　网络接口

4.1.1　局域网接口

局域网接口（Virtual Local Area Network）主要用于路由器与局域网的连接。局域网的类型多种多样，也就决定了局域网接口类型可能是多样的。不同的网络有不同的接口类型，常见的以太网接口主要有 AUI、BNC 和 RJ-45 接口，还有各种光纤接口等，下面详细介绍几种局域网接口。

1. 同轴电缆接口

同轴电缆从用途上可分为基带同轴电缆和宽带同轴电缆（即网络同轴电缆和视频同轴电缆），而基带同轴电缆又分细同轴电缆和粗同轴电缆。细同轴电缆和粗同轴电缆各自采用不同的接口。

用来与细同轴电缆相连的接口是 BNC（Bayonet Nut Connector）接口，也称基本网络卡接口，其外观如图 4-1 所示。采用这种接口，信号带宽要比普通 15 针的 D 型接口大，且信号相互间干扰降低，可达到更佳的信号响应效果。目前这种接口类型的网卡较少见，现在多用于安防行业监视器传输视频信号。

BNC 接口是常见的电视设备接口，在 SDH 传输系统中，常用于网络适配器、解码器、编码器和路由交换机等设备上。BNC 接口主要分两种，一种是传输编解码安装时附配的推压式接口，另一种是市面常见的焊接式接口。

用来与粗同轴电缆连接的接口是 AUI 接口。它是一种"D"型 15 针接口，是总线网络中比较常见的接口之一。路由器可通过粗同轴电缆收发器实现与 10 Base-5 网络的连接，但更多的是借助于外接的收发转发器（AUI-to-RJ-45），实现与 10 Base-T 以太网络的连接。AUI 接口如图 4-2 所示。

图 4-1　BNC 接口　　　　　　　　　　　图 4-2　AUI 接口

2. 双绞线接口

双绞线接口常用的是 RJ-45 接口，如图 4-3 所示。RJ-45 接口广泛应用于局域网和使用 ADSL 宽带上网用户的网络设备间网线的连接。在具体应用时，RJ-45 型插头的网线的接线标准有 T568A 和 T568B 两种。

双绞线 RJ-45 接口的制作步骤如下。

（1）从双绞线头部开始将外部套层去掉 20mm 左右，并将

图 4-3　RJ-45 接口

8 根导线理直。

（2）确定是直通线还是交叉线式，然后按照对应关系将双绞线中的线色按顺序排列，不要有差错。

（3）将非屏蔽 5 类双绞线的 RJ-45 接头点处切齐，并且使裸露部分保持在 12mm 左右。

（4）将双绞线整齐地插入 RJ-45 接头（塑料扣的一面朝下，开口朝右）。

（5）用 RJ-45 压线钳压实即可。

注意：在双绞线压接处不能拧、撕，防止有断线的伤痕；使用 RJ-45 压线钳连接时，要压实，不能有松动。

将做好的双绞线两端的 RJ-45 接口分别插入测试仪两端，打开测试仪电源开关检测制作是否正确，如果测试仪的 8 个指示灯按从上到下的顺序循环呈现绿灯，则说明连线制作正确；如果 8 个指示灯中有的呈现绿灯，有的呈现红灯，则说明双绞线线序出现问题；如果 8 个指示灯中有的呈现绿灯，有的不亮，则说明双绞线存在接触不良的问题。

制作过程容易出现一些问题。例如：剥线时将铜线剪断；电缆没有整理齐就插入接头，使某些铜线并未插入正确的插槽；电缆插入过短，导致铜线并未与铜片紧密接触。

3. 光纤接口

光纤接口是用来连接光纤线缆的物理接口，利用了光从光密介质进入光疏介质发生的全反射现象，通常有 ST、SC、LC、MT-RJ、FC、MU 等几种类型。

（1）ST 接口广泛应用于数据网络，是最常见的光纤接口。该连接器使用了尖刀形接口。光纤连接器在物理构造上的特点可以保证两条连接的光纤更准确地对齐，而且可以防止光纤在配合时旋转。该接口为收发两个圆形头，其外观如图 4-4 所示。

图 4-4　ST 接口

（2）SC 接口是标准方形接头，如图 4-5 所示。当连接空间很小，光纤数目又很多时，SC 接口的设计允许快速、方便地连接光纤。

SC 接口最早是由日本 NTT 公司开发的光纤接口，其外壳层呈矩形，插针的断面多采用 PC 或 APC 型。紧固方式是插拔式，无须旋转。此类连接器价格低廉，插拔操作方便，介入损耗波动小，抗压强度较高，安装密度高。

图 4-5　SC 接口

（3）LC 接口是一种插入式光纤连接器。LC 接口与 SC 接口一样，都是全双工接口。该接口为收发两个方形头，尺寸小于 SC，其外观如图 4-6 所示。

LC 接口是由著名的 Bell 研究所开发出来的，采用操作方便的模块化插孔闩锁机理制成。它所采用的插针和套筒的尺寸是普通 SC 接口尺寸的一半，故可提高光纤配线架中光纤接口的密度。

（4）MT-RJ 是一种更新型号的光纤接口，其外壳和锁定机制类似 RJ 风格，其外观如图 4-7 所示。该接口采用双工设计，体积只有传统 SC 或 ST 接口的一半，因而可以安装到普通的信息面板，使光纤到桌面轻易成为现实。

图 4-6　LC 接口

图 4-7　MT-RJ 接口

（5）FC 光纤接口是一种螺旋式的接口，外部采用金属套，主要靠螺纹和螺帽锁紧并对准，因此简称为"螺口"，其外观如图 4-8 所示。FC 接口采用对接端面呈球面的插针（PC）。FC 光纤接口多用在光纤终端盒或光纤配线架上，在实际工程中用在光纤终端盒中最常见。

（6）MU 接口是以目前使用最多的 SC 接口为基础，由 NTT 研制开发出来的世界上最小的单芯光纤接口，其外观如图 4-9 所示。该接口采用 1.25mm 直径的套管和自保持机构，其优势在于能实现高密度安装。利用 MU 的 1.25mm 直径的套管，NTT 已经开发了 MU 接口系列，包括用于光缆连接的插座型接口（MU-A 系列）、具有自保持机构的底板接口（MU-B 系列）以及用于连接 LD/PD 模块与插头的简化插座（MU-SR 系列）等。随着光纤网络向更大带宽、更大容量方向迅速发展和 DWDM 技术的广泛应用，人们对 MU 接口的需求也将迅速增长。

图 4-8　FC 接口

图 4-9　MU 接口

4.1.2　广域网接口

常用的广域网接口有以下几种。

1. 窄带广域网接口

窄带广域网接口主要有 E1 接口和 CCITT 规定的 V 系列接口等。

（1）E1：64kbit/s～2Mbit/s，采用 RJ-45 和 BNC 两种接口。

欧洲 30 路脉码调制 PCM 简称 E1。它的一个时分复用帧被划分为 32 个相等的时隙，时隙的编号为 CH0～CH31，其中，时隙 CH0 被用于帧同步，时隙 CH16 被用来传送信令，剩下 CH1～CH15 和 CH17～CH31 共 30 个时隙被用作 30 个话路。每个时隙传送 8bit，因此共用 256bit。每秒传送 8 000 个帧，因此 PCM 一次群 E1 的数据率就是 2.048Mbit/s。

（2）V.24：常用的路由器端为 DB50 接口，外接网络端为 25 针接口。V.24 是广域网物理层规定的接口标准，包括了接口电路的功能特性和过程特性。

对于功能特性，V.24 定义了接口电路的名称和功能，包括 100 系列接口线和 200 系列接口线。前者适用于数据终端设备（DTE）与调制解调器之间、DTE 与串行自动呼叫/自动应答器之间的接口电路；后者适用于 DTE 与并行自动呼叫器之间的接口电路。对于过程特性，V.24 定义了接口电路的名称、功能，而且定义了各接口电路之间的相互关系和操作要求。

（3）V.35：常见的路由器为 DB50 接头，外接网络端为 34 针接头。

V.35 可以在接口中封装 X.25、帧中继、PPP、SLIP、LAPB 等链路层协议，支持网络层协议 IP 和 IPX，传输速率为 2 400bit/s～2 048 000bit/s。

2. 宽带广域网接口

宽带广域网接口主要有 ATM 接口和 POS 接口等。

（1）ATM：使用 LC 或 SC 等光纤接口，常见带宽有 155MB、622MB 等。

ATM 技术是一种主干网络技术，被用来传输语音、视频及数据信息。由于它的灵活性以及对多媒体业务的支持，所以其被认为是实现宽带通信的核心技术。中高端路由器目前提供的 ATM 接口为基于 SONET/SDH 承载的 ATM OC-3c/STM-1 接口，支持 IPoA、IPoEoA、PPPoA、PPPoEoA 这几种应用方式。

（2）POS（Packet over SONET/SDH）：使用 LC 或 SC 等光纤接口，常见带宽有 155MB、622MB、2.5GB 等。

POS 是一种利用 SONET/SDH 提供的高速传输通道直接传送 IP 数据包的技术。POS 技术支持光纤介质。它是一种高速、先进的广域网连接技术。在路由器上插入一块 POS 模块，路由器就可以提供 POS 接口。这时，使用的链路层协议主要有 PPP 和 HDLC。

POS 接口的配置参数有接口带宽、接口地址、接口的链路层协议、接口的帧格式、接口的 CRC 校验码 flag（帧中静负荷类型的标志位）等。需要注意的是，在配置 POS 接口时有些参数必须与对端接口的参数保持一致，如接口的链路层协议、帧格式、CRC 校验码 flag。

4.1.3 逻辑接口

逻辑接口也称虚接口。应用最广泛的逻辑接口是 Loopback 接口。该接口具有以下几种用途。

1．作为路由器的管理地址

网络规划后，系统管理员为方便对网络进行管理，在每台路由器上创建一个 Loopback 接口，并为该接口指定一个 IP 地址。这样，管理员可通过该地址对路由器进行远程登录，其起到了类似设备名称的作用。

2．作为动态路由协议 OSPF、BGP 的 router id

在运行动态路由协议 OSPF、BGP 的过程中，需要为该协议指定一个 router id，作为此路由器的唯一标识，并要求在整个自治系统内唯一。由于 router id 与 IP 地址十分相像，所以通常将设备上的某个接口的地址指定为路由器的 router id，而 Loopback 接口的 IP 地址被视为路由器的标识，也就成了 router id 的最佳选择。

3．作为 BGP 建立 TCP 连接的源地址

在 BGP 协议中，两个运行 BGP 的路由器之间建立"邻居关系"是通过建立 TCP 连接完成的，在配置"邻居"时通常指定 Loopback 接口为建立 TCP 连接的源地址。

目前除了应用广泛的 Loopback 接口外，还有 Dialer 接口、MFR 接口及 NULL 接口等逻辑接口。

Dialer 接口即拨号接口。华为系列路由器产品上支持拨号的接口有同步串口、异步串口（含 AUX 口）、ISDN BRI 接口和 ISDN PRI、AnalogModem 接口。Dialer 接口封装了拨号规则，而物理接口引用一个或多个 Dialer 接口的规则，配置方便，维护简单。

MFR（Multilink Frame Relay）接口是多链路帧中继接口。多个物理接口可以同一个 MFR 接口捆绑起来，从而形成一个拥有大带宽的 MFR 接口。在将帧中继物理接口捆绑进 MFR 接口之后，其配置的网络层参数和帧中继链路层参数将不再起作用。在 MFR 接口上可以配置 IP 地址等网络层参数和 DLCI 等帧中继参数。这时，捆绑在 MFR 接口内的物理接口都将使用此 MFR 接口的参数。

NULL 接口是一种纯软件性质的逻辑接口。任何送到该接口的网络数据报文都会被丢弃。华为系列路由器多支持 NULL 接口，其一般应用在 BGP 协议中或被用来配置黑洞路由子接口。

4.2　网络接口卡

网络接口卡（Network Interface Card，NIC）即网卡，也称为网络适配器，是计算机与局域网相互连接的设备。无论是普通计算机还是高端服务器，只要连接到局域网，就需要安装一块网卡。若有必要，一台计算机也可同时安装两块或多块网卡。网卡插在计算机或服务器扩展槽中，通过网络线缆与网络交换数据、共享资源。另外，安装网卡之后往往还要进行协议的配置，即需要驱动。

计算机之间在进行相互通信时，数据不是以数据流方式，而是以帧的方式进行传输的。若把帧看作数据包，则在该数据包中不仅包含有数据信息，还包含有数据的发送地、接收地信息和数据的校验信息。一块网卡包括 OSI 参考模型的物理层和数据链路层的功能，如图 4-10

所示。物理层提供了数据传送与接收所需要的电与光信号、线路状态、时钟基准、数据编码
和电路等，并向数据链路层设备提供标准接口。数据链路层则提供寻址机构、数据帧的构建、
数据差错检查、传送控制、向网络层提供标准的数据接口等功能。

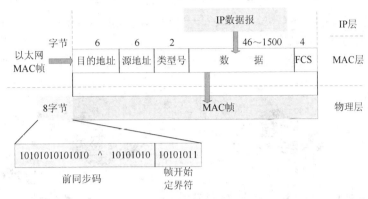

图 4-10　网卡功能

每块网卡都有唯一的网络节点地址。它是网卡生产厂家在生产时烧入 ROM 中的，被
称为 MAC 地址（物理地址），用来标明并识别网络中的计算机的身份。

发送数据时，网卡首先侦听介质上是否有载波，若有，则认为其他站点正在传送信息，
继续侦听介质。一旦通信介质在一定时间段内是安静的，即没有被其他站点占用，则开始进
行帧数据发送，同时继续侦听通信介质，以检测冲突。在发送数据期间，若检测到冲突，则
立即停止该次发送，并向介质发送一个"阻塞"信号，告知其他站点已经发生冲突，从而丢
弃那些可能一直在接收的受到损坏的帧数据，并等待一段随机时间，在等待一段随机时间后，
再进行新的发送；若重传多次后（大于 16 次）仍发生冲突，就放弃发送。接收时，网卡浏览
介质上传输的每个帧，若其长度小于 64 字节，则认为是冲突碎片。若接收到的数据帧不是冲
突碎片，且目的地址是本地地址，则对数据帧进行完整性校验。若数据帧长度大于 1 518 字
节或未能通过 CRC 校验，则认为该数据帧发生了畸变。只有通过校验的数据帧，才会被认为
是有效的。网卡对它接收下来的数据帧进行本地处理。

日常使用的网卡类型很多，如以太网网卡、ATM 网卡、无线网卡等。另外，型号和厂家
不同，则网卡也不同，应针对不同的网络类型和实验场所正确选择网卡。网卡通常按以下方
式进行分类。

（1）按所支持的带宽划分，有 10Mbit/s 网卡、10/100Mbit/s 自适应网卡和 1 000Mbit/s 网卡。

（2）按总线类型划分，有 ISA 网卡、PCI 网卡、USB 网卡及专门用于笔记本电脑的 PCMCIA
网卡，如图 4-11 所示。

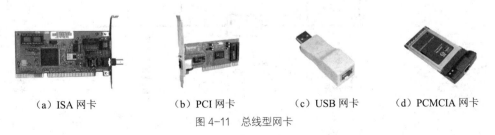

（a）ISA 网卡　　　　（b）PCI 网卡　　　　（c）USB 网卡　　　（d）PCMCIA 网卡

图 4-11　总线型网卡

（3）按应用领域划分，有工作站网卡和服务器网卡。

（4）按网卡的端口类型划分，有 RJ-45 端口（双绞线）网卡、AUI 端口（粗同轴电缆）网卡、BNC 端口（细同轴电缆）网卡和光纤端口网卡。

（5）按与不同的传输介质相连接的端口的数量划分，有单端口网卡、双端口网卡和三端口网卡，如 RJ-45+BNC、BNC+AUI、RJ-45+BNC+AUI 等类型的网卡。图 4-12（a）所示是带有 RJ-45、AUI、BNC 接口组合的网卡。

（6）根据需不需要网线划分，网卡可分为有线网卡和无线网卡两种。无线网卡如图 4-12（b）所示。

（a）带有 RJ-45、AUI、BNC 接口组合的网卡　　　　　　（b）无线网卡

图 4-12　组合型网卡与无线网卡

4.3　中继器和集线器

4.3.1　中继器

中继器是位于 OSI 参考模型中的物理层的网络设备，常用于两个网络节点之间物理信号的双向转发工作。对于中继器，当数据离开源在网络上传送时，数据转换为能够沿着网络介质传输的电脉冲或者光脉冲，即信号。当信号离开发送工作站时，信号是规则的。但当信号沿着网络介质传送时，随着经过的线缆越来越长，信号就会变得越来越弱，越来越差。此时，中继器在比特级别对信号进行再生和重定时，从而使得它们能够在网络上传输更长的距离。

中继器主要负责在两个节点的物理层上按位传递信息，完成信号的复制、调整和放大功能，以此来延长网络的长度，避免由于线路损耗而使传输的信号功率逐渐衰减，直至造成信号失真，导致接收错误。通过使用中继器即可完成物理线路的连接，再对衰减的信号进行放大，使其保持与原数据相同。

采用中继器连接的网络在逻辑功能方面实际上是同一个网络。在图 4-13 所示的同轴电缆以太网中，两段电缆其实相当于一段。中继器仅仅起了扩展距离的作用，但它不能提供隔离功能。

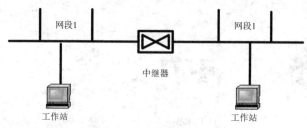

图 4-13　中继器连接的网段

中继器设备安装简单，使用方便，几乎不需要维护，其特点如下。

（1）过滤通信量。中继器接收一个子网的报文，只有当报文是发送给中继器所连的另一个子网时，中继器才转发，否则不转发。

（2）扩大了通信距离，但代价是增加了一些存储转发延时。

（3）增加了节点的最大数目。

（4）各个网段可使用不同的通信速率。

（5）提高了可靠性。当网络出现故障时，一般只影响个别网段。

（6）性能得到改善。

另外，中继器也具有一定局限性。例如，中继器对接收的数据帧要先存储后转发，增加了延时；CAN 总线的 MAC 子层并没有流量控制功能，这种情况下，若中继器出现故障，则相邻两个子网的工作都将受到影响。

中继器的两端连接的是相同的媒体，但有的中继器也可以完成不同媒体的转接工作。从理论上讲，中继器的使用是无限的，网络也因此可以无限延长。但事实上，这是不可能的，因为网络标准中都对信号的延迟范围做出了具体的规定，中继器只能在此规定范围内进行有效的工作，否则会引起网络故障。

4.3.2　集线器

集线器简称 Hub。它可将多台计算机连接在一个网络中，工作在 OSI 模型的最低层物理层，是一种特殊的中继器，区别在于集线器能够提供更多的端口服务，故其又叫多端口中继器。集线器的主要功能是对接收到的信号进行再生放大、扩大网络的规模和传输距离。通过 Hub 连接的工作站构成的网络在物理上是星形拓扑结构，但在逻辑上是总线拓扑结构，故所有工作站通过 Hub 相连都共享同一个传输介质，且集线器对工作站进行集中管理。通过集线器连接的网络如图 4-14 所示。

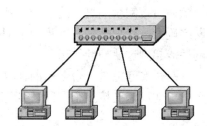

图 4-14　通过集线器连接的网络

从工作方式来看，集线器是一种广播模式，所有端口共享一条带宽。它从任一端口接收信号，整形放大后广播到其他端口，即其他所有端口都能够收听到信息，在同一时刻只能有两个端口传送数据，其他端口处于等待状态。集线器主要应用于星形以太网中。有了它，即使网络系统中某条线路或某节点出现故障，网络上的其他节点的正常运行状态也不会被影响。

集线器按照不同分类标准可分为不同的种类。

1. 按对输入信号的处理方式分类

按对输入信号的处理方式，集线器可以分为无源 Hub、有源 Hub、智能 Hub。

无源 Hub：不对信号做任何处理，对介质的传输距离没有扩展，并且对信号有一定的影响。

有源 Hub：与无源 Hub 的区别就在于它能使信号放大或再生，这样它就延长了两台主机间的有效传输距离。

智能 Hub：除具备有源 Hub 的所有功能外，还有网络管理及路由功能。

2. 按对数据信号的管理方式分类

按对数据信号的管理方式，集线器又可分为切换式、共享式和可堆叠共享式 3 种。

切换式集线器可以使 10Mbit/s 和 100Mbit/s 的站点用于同一网段中。一个切换式集线器重新生成每一个信号并在发送前过滤每一个包，而且只将其发送到目的地址，也就是通常我们所说的智能集线器。

共享式集线器让所有连接点共享一个最大频宽。共享式集线器不过滤或重新生成信号，所有与之相连的站点必须以同一速度工作（10Mbit/s 或 100Mbit/s）。

可堆叠共享式集线器是一种新型的集线器。多个此类集线器可被堆放在一起。它们通过特定端口互连在一起，所以也可以看作是局域网中的一个大集线器。如当 6 个 8 端口的 Hub 级连在一起时，可以看作是 1 个 48 端口的 Hub。

另外，按配置方式划分有独立型集线器、模块化集线器和堆叠式集线器；按提供的带宽划分有 10Mbit/s 集线器、100Mbit/s 集线器、10/100Mbit/s 自适应集线器等。

4.4 网桥

网桥也称桥接器，是网段与网段之间建立连接的桥梁，是 OSI 参考模型中的数据链路层上的设备。它根据 MAC 地址来转发帧，可被看作是一个"低层的路由器"。

网桥类似于中继器，连接两个局域网络段，用于扩展网络范围和通信手段，在各种传输介质中转发数据信号，扩展网络的距离，同时又有选择地将有地址的信号从一个传输介质发送到另一个传输介质。但它是在数据链路层连接两个网。网间通信通过网桥传送，而网络内部的通信被网桥隔离。网桥检查帧的源地址和目的地址，如果目的地址和源地址不在同一个网络段上，就把帧转发到另一个网络段上；若两个地址在同一个网络段上，则不转发。所以网桥能起到过滤帧的作用。

网桥实际上是一台专用的计算机，其具有 CPU、存储器和至少 2 个网络接口（通过这两个接口就可以连接 2 个网段，实现网段扩展）。图 4-15 所示是采用 2 个网桥连接的 3 个网段。

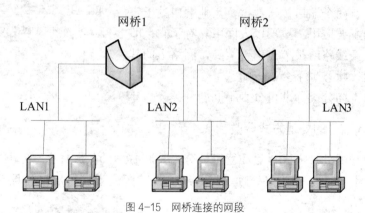

图 4-15 网桥连接的网段

网桥是数据链路层互联的设备，在网络互联中起到接收数据、过滤地址与转发数据的作用，用来实现多个网络系统之间的数据交换。网桥首先会对收到的数据帧进行缓存并处理。接着，网桥会判断收到帧的目标节点是否位于发送这个帧的网段中：若是，则网桥就不把帧转发到网桥的其他端口；若帧的目标节点位于另一个网络，则网桥就将帧发往正确的网段。每当帧经过网桥时，网桥首先在网桥表中查找帧的源 MAC 地址，如果该地址不在网桥表中，则将有该 MAC 地址及其所对应的网桥端口信息加入。如果在表中找不到目标地址，则按扩散的办法将该数据发送给与该网桥连接的除发送该数据的网段外的所有网段。

网桥的接口主要有以太网接口、E1 接口、配置接口等。最基本的网桥只有两个接口，用来连接两个独立的局域网，而多口网桥可有多个连接局域网的端口。

4.5　交换机

交换机也称交换式集线器，是专门用来使各种计算机能够相互高速通信的独享带宽的网络设备。集线器只对信号做简单的再生与放大。这时，所有设备共享一个传输介质，设备必须遵循 CSMA/CD 方式进行通信。而交换机能够读取数据包中的 MAC 地址信息并根据 MAC 地址来进行交换，且每个端口都独享带宽。作为高性能的集线设备，交换机已经逐步取代了集线器而成为计算机局域网的关键设备。

交换机设备的提供商主要有思科、华为和中兴公司等，下面简要介绍几种型号的交换机。

图 4-16 所示为 Cisco Catalyst 1900 系列以太网交换机的面板结构。Cisco Catalyst 1900 系列以太网交换机具有固定的端口类型。该系列的以太网交换机只对工作站提供有 12 个（1912 型）或 24 个（1924 型）10 Base-T 的 RJ-45 端口，对上行线路提供 100 Base-T 或 100 Base-FX 的 RJ-45 端口，且有一个或两个快速以太网端口。若要将这两个端口连接到另一个交换机上作为上行线路，必须使用交叉线。另外，新型的以太网交换机可支持 10/100Mbit/s 自适应的 RJ-45 端口，若要连接光缆，则需要另配光电转换器。

图 4-16　Cisco Catalyst 1900 系列以太网交换机

图 4-17 所示为中兴公司的 ZXR10 2826S 交换机。该交换机提供 24 个百兆电口，2 个扩展千兆端口，其功能有：支持堆叠；支持 8K MAC 表、4K VLAN、QinQ、LACP、STP/RSTP/MSTP；支持 IGMP Snooping、IGMP Query，可同时监听 256 个 VLAN；支持端口镜像，端口限速，粒度 64KB；可视化图形网管，支持 Console、SNMP、Telnet、ZGMP 集群管理。

图 4-18 所示为华为公司为满足精细化运营需求而推出的以太网接入交换机 S2403TP-EA。S2403TP-EA 支持强大的 ACL 功能；支持 NQA，使管理维护能力大大增强；支持 QinQ、基于 VLAN 的业务控制和组播 VLAN，可为用户提供丰富、灵活的业务特性。S2403TP-EA 在安全、可运营、可管理和业务扩展能力方面的性能都大大提高，是新一代的运营级楼道接入产品。

图 4-17 ZXR10 2826S 交换机

图 4-18   S2403TP-EA 交换机

4.5.1 交换机的工作原理

交换机内部有一个地址表。这个表标明了 MAC 地址与交换机端口的对应关系。当交换机从某个端口收到一个数据包时，其首先读取数据包头中的源 MAC 地址。这样就知道源 MAC 地址的机器连在哪个端口上。接着，交换机会读取数据包头中的目的 MAC 地址，并在地址表中查找相应的端口：若地址表中有与该目的 MAC 地址对应的端口，则把数据包直接复制到这端口上；若表中找不到相应的端口，则把数据包广播到所有端口上，当目的机器对源机器回应时，交换机又可以学习到目的 MAC 地址与哪个端口对应，当下次再向该数据端口发送数据时，就无须再向所有端口进行广播了。若不断地循环这个过程，则交换机就可以学习到全网的 MAC 地址信息。交换机就是这样建立和维护自己的地址表的。

在组网实际应用中，经常会形成复杂的多环路连接，通过对交换机地址学习功能的了解，我们知道在二层网络中一旦形成物理环路即可能形成二层环路，在很短的时间内，大量重复的广播帧被不断循环转发，消耗整个网络带宽，极大地消耗系统的处理能力，严重的可能导致死机。

生成树协议（Spanning Tree Protocol）使交换机在存在物理环路的情况下阻止二层环路的产生。该协议能够自动发现冗余网络拓扑中的环路，保留一条最佳链路做转发链路，阻塞其他冗余链路，并且在网络拓扑结构发生变化的情况下重新计算，保证所有网段可达且无环路。

由于 MAC 地址表保存在交换机的内存之中，故当交换机启动时，MAC 地址表是空的，如图 4-19 所示。

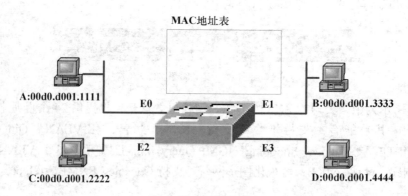

图 4-19 交换机功能 1

此时，工作站 A 给工作站 C 发送一个单播数据帧，交换机通过 E0 口收到了这个数据帧；交换机在读取了数据帧的源 MAC 地址后，将工作站 A 的 MAC 地址与端口 E0 关联，并将此关联记录到 MAC 地址表中。此外，由于该数据帧的目的 MAC 地址对交换机来说是未知的，所以，为了让该帧数据能够到达目的地，交换机执行泛洪的操作，即除了进入端口外还会向所有其他端口转发，如图 4-20 所示。

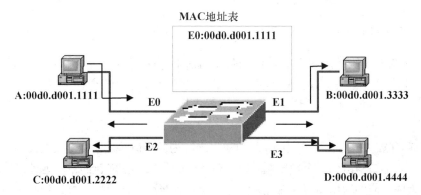

图 4-20 交换机功能 2

工作站 D 发送一个数据帧给工作站 C 时，交换机执行相同的操作。通过这个过程，交换机学习到了工作站 D 的 MAC 地址，再与端口 E3 关联并将该关联关系记录到 MAC 地址表中。另外，由于此时该数据帧的目的 MAC 地址对交换机来说仍然是未知的，所以，为了让该帧数据能够到达目的地，交换机仍然执行泛洪操作，如图 4-21 所示。

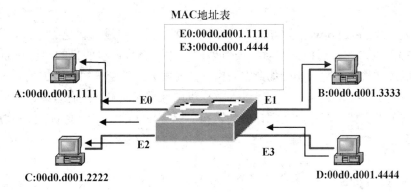

图 4-21 交换机功能 3

所有的工作站都发送过数据帧后，交换机学习到了所有的工作站的 MAC 地址与端口的对应关系，并记录到 MAC 地址表中。

此时，当工作站 A 再给工作站 C 发送一个单播数据帧时，交换机在 MAC 地址表检测到了此帧的目的 MAC 地址，并和 E2 端口相关联。交换机将此数据帧直接向 E2 端口转发，即做转发决定。这样，交换机就不会再对其他的端口转发此数据帧，即做所谓的过滤操作，如图 4-22 所示。

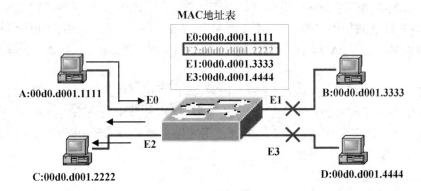

图 4-22 交换机功能 4

4.5.2 交换机中的数据包交换方式

目前，交换机在传送源和目的端口的数据包时通常采用直通方式、存储转发方式和碎片隔离方式 3 种数据包交换方式，且存储转发是交换机目前的主流交换方式。

1. 直通

采用直通（Cut Through）方式的交换机可以理解为各端口间是纵横交叉的线路矩阵的电话交换机。它在输入端口检测到一个数据包时，检查该包的包头，获取包的目的地址，启动内部的动态查找表转换成相应的输出端口，在输入与输出交叉处接通，把数据包直通到相应的端口，实现交换功能。直通方式具有不需要存储、延迟非常小、交换非常快等优点，其缺点是：在该方式下，由于数据包内容并没有被交换机保存下来，所以无法检查所传送的数据包是否有误，不具备错误检测能力；另外，由于没有缓存，所以交换机不能将具有不同速率的输入/输出端口直接接通，而且容易丢包。

2. 存储转发

存储转发（Store & Forward）方式是计算机网络领域应用最为广泛的方式。在该方式下，交换机检查输入端口的数据包，在对错误包处理后才取出数据包的目的地址，通过查找表找到输出端口后才送出数据包。正因如此，采用存储转发方式的交换机在数据处理时延时大。这是它的不足。但是，在该方式下，交换进入数据包进行错误检测，能有效改善网络性能。尤其重要的是，它可以支持不同速度的端口间的转换，保持高速端口与低速端口间的协同工作。

3. 碎片隔离

碎片隔离（Fragment Free）方式是介于前两者之间的一种解决方案。它检查数据包的长度是否够 64 字节：如果小于 64 字节，说明是假包，则丢弃该包；如果大于 64 字节，则发送该包。这种方式不提供数据校验，因此，它的数据处理速度比存储转发方式快，但比直通方式慢，由于其能够避免残帧的转发，所以被广泛应用于低档交换机中。

4.5.3 路由交换机

传统局域网常采用交换机来组建，因为交换机工作在数据链路层，故其也被称为二层交换机。它根据帧的物理地址来转发数据帧，速度快。但划分虚拟局域网（VLAN）后，不同 VLAN 之间的数据通信不能直接跨越 VLAN 边界。这时需要使用路由功能将报文从一个 VLAN 转发到另一个 VLAN。为避免 IP 地址的浪费，产生了三层交换技术，也孕育出了路由交换机。

路由交换机（也称三层交换机）使用硬件技术，采用巧妙的处理方法把二层交换机和路由器在网络中的功能集成到一个盒子里。这里所说的硬件技术是将路由技术与交换技术合二为一的交换技术，即三层交换技术。它通过使用硬件交换机来实现 IP 路由功能，从而提高路由过程的效率，加强帧的转发能力。

路由交换机的基本原理如下。

假设两个使用 IP 的站点 A、B 通过三层交换机进行通信，发送站点 A 在开始发送时，把自己的 IP 地址与 B 站的 IP 地址进行比较，判断 B 站是否与自己在同一子网内。若目的站 B 与发送站 A 在同一子网内，则进行二层的转发。若两个站点不在同一子网内，如果发送站 A 要与目的站 B 通信，发送站 A 要向"默认网关"发出 ARP（地址解析）封包，而"默认网关"的 IP 地址其实是三层交换机的三层交换模块。当发送站 A 对"默认网关"的 IP 地址广播出一个 ARP 请求时，如果三层交换模块在以前的通信过程中已经知道 B 站的 MAC 地址，则向发送站 A 回复 B 的 MAC 地址；否则，三层交换模块根据路由信息向 B 站广播一个 ARP 请求，B 站得到此 ARP 请求后向三层交换模块回复其 MAC 地址，而三层交换模块保存此地址并回复给发送站 A，同时将 B 站的 MAC 地址发送到二层交换引擎的 MAC 地址表中。从这以后，A 向 B 发送的数据包便全部交给二层交换处理。这样，信息就得以高速交换。由于仅仅在路由过程中才需要三层处理，绝大部分数据都通过二层交换转发，因此三层交换机的速度很快，接近二层交换机的速度，同时比相同路由器的价格低很多。

　　路由交换机在对第一个数据流进行路由后会产生一个 MAC 地址与 IP 地址的映射表，当同样的数据流再次通过时，将根据此表直接从二层通过而不再进行路由，从而消除路由器进行路由选择而造成的网络延迟，提高了数据包转发效率。可见，路由交换机既具有三层路由的功能，又具有二层交换的网络速度，其相对于二层交换机具有很大的网络优越性，可以给网络的建设带来许多好处，其特性如下。

　　（1）高可扩充性。三层交换机在连接多个子网时，子网只是与第三层交换模块建立逻辑连接，无须增加端口。

　　（2）高性价比。三层交换机具有连接大型网络的能力，功能基本上可以取代某些传统路由器，但是价格却接近二层交换机。

　　（3）内置安全机制。三层交换机与普通路由器一样，具有访问列表的功能，可以实现不同 VLAN 间的单向或双向通信。如果在访问列表中进行设置，则可以限制用户访问特定的 IP 地址，这样就可以禁止非法用户访问站点。

　　（4）适合多媒体传输。网络中经常需要传输多媒体信息，特别是教育网，而三层交换机具有 QoS（服务质量）的控制功能，可以给不同的应用程序分配不同的带宽。

　　（5）计费功能。由于三层交换机可以识别数据包中的 IP 地址信息，因此可以统计网络中计算机的数据流量，按流量进行计费；也可以统计计算机连接在网络上的时间，按时间进行计费。而普通的二层交换机就难以同时做到这两点。

　　在实际应用过程中，处于同一个局域网中的各个子网的互联及局域网中 VLAN 间的路由，用三层交换机来代替路由器，而只有局域网与公网之间要实现跨地域的网络访问时才通过路由器。

　　图 4-23 所示为中兴公司的 ZXR10 3928 路由交换机。该交换机的主要特征有：全线速交换，交换容量为 32GB，包转发率为 9.6Mbit/s，并提供 16K MAC 表；提供 24 个 FE 电口+2 个 FE/GE 插槽；具有完备的安全控制策略，可抑制广播风暴，支持 1x 认证，支持 2～7 层的流

图 4-23　ZXR10 3928 路由交换机

量分类和 ACL 访问控制；通过 STP/RSTP/MSTP 及链路聚合（802.3ad）技术提供数据交换高可靠性；具有良好的协议支持，包括 4K VLAN、SVLAN（QinQ）、三层路由（RIP）、链路聚合（802.3ad）、组播（IGMP、IGMP SNOOPING）、可控组播；具有丰富的 QoS 策略；支

持多样的管理方式（如 SNMP 管理、TELNET、ZGMP 集群管理等）。

4.5.4 四层交换机

当今世界已经步入信息时代，随着社会的迅速发展，人们对网络应用的需求不断提高，对网络速度及带宽的要求也在不断上升。因此，许多高速交换的新技术不断涌现。二层交换实现了局域网内主机间的快速信息交流，三层交换可以说是交换技术与路由技术的完美结合，而下文将要介绍的四层交换技术则可以为网络应用资源提供最优分配，实现应用服务的负载均衡。

四层交换机在完成信息的交换与传输过程中，不仅仅会用到 MAC（二层网桥）或源/目标 IP 地址（三层路由），还会用到 TCP/UDP（四层）应用端口号（其功能就像是虚拟 IP，指向物理服务器）。

四层交换机起到与服务器相连接的"虚拟 IP"（VIP）前端的作用。每台服务器和支持单一或通用应用的服务器组都配置一个 VIP 地址。这个 VIP 地址被发送出去并在域名系统上注册。在发出一个服务请求时，四层交换机通过判定 TCP，来识别一次会话的开始，然后利用复杂的算法来确定处理这个请求的最佳服务器。一旦确定，交换机就将会话与一个具体的 IP 地址联系在一起，并用该服务器真正的 IP 地址来代替服务器上的 VIP 地址。另外，所有四层交换机都保存一个将被选择的服务器的源 IP 地址与源 TCP 端口相关联的连接表。四层交换机以此表为依据向这台服务器转发连接请求。之后，所有数据包在客户机与服务器之间被重新影射和转发，直到交换机发现会话为止。

四层交换机的主要功能如下。

1．数据包过滤

四层定义的过滤规则不仅能够控制 IP 子网间的连接，还可以控制指定 TCP/UDP 端口的通信。和传统的基于软件的路由器不一样，四层交换机的过滤功能是在 ASIC 专用高速芯片中实现的，从而使这种安全过滤控制可以全线速地进行，极大地提高了包过滤速率。

2．服务质量

在网络系统的层次结构中，TCP/UDP 四层信息，主要用于建立应用级通信优先权限。若没有四层交换概念，服务质量/服务级别就必然受制于二层和三层提供的信息，如 MAC 地址、交换端口、IP 子网或 VLAN 等。显然，在信息通信中，因缺乏四层信息而受到妨碍时，紧急应用的优先权就无从谈起。这将大大阻碍紧急应用在网络上的迅速传输。四层交换机允许用基于目的地址、目的端口号（应用服务）的组合来区分优先级，于是紧急应用就可以获得网络的高级别服务。

3．负载均衡

在核心网络系统中，四层交换机担负着促进服务器间负载均衡的责任。四层交换机所支持的服务器负载均衡方式，是将附加有负载均衡服务的 IP 地址，通过不同的物理服务器组成一个集，共同提供相同的服务，并将其定义为一个单独的虚拟服务器。这个虚拟服务器是一个有单独 IP 地址的逻辑服务器。用户数据流只需指向虚拟服务器的 IP 地址，而不用直接和物理服务器的真实 IP 地址进行通信。只有通过四层交换机执行的网络地址转换（NAT）后，未被注册 IP 地址的服务器才能获得被访问的能力。这种虚拟服务器的另一好处是：在隐藏服务器的实际 IP 地址后，可以有效地防止非授权访问。

4．主机备用连接

主机备用连接为端口设备提供了冗余连接，从而在交换机发生故障时有效保护系统。此种服务允许定义主备交换机。同虚拟服务器一样，它们有相同的配置参数。由于四层交换机共享相同的 MAC 地址，因此备份交换机接收和主单元全部一样的数据。这使得备份交换机能够监视主交换机服务的通信内容。主交换机持续地向备份交换机传输四层的有关数据、MAC 数据以及它的电源状况。主交换机失败时，备份交换机就会自动接管，不会中断对话或连接。

5．统计与报告

通过查询四层的数据包，四层交换机能够提供更详细的统计记录。这样，管理员可获知正在进行通信的 IP 地址所传输的信息，甚至可根据通信中的应用层服务来收集通信信息。当服务器支持多个服务时，这些统计有利于于考察服务器上每个应用的负载状况。增加的统计服务对于使用交换机的服务器的负载平衡服务同样十分有用。

例如，思科公司生产的 Cisco Catalyst 4500 系列的四层交换机能够为第 2～4 层交换提供集成式弹性，因而能进一步加强对融合网络的控制。Cisco Catalyst 4506 型四层交换机如图 4-24 所示。

Cisco Catalyst 4506 提供 6 个插槽；硬件和软件中都采用集成式冗余性，能够缩短停机时间，从而提高生产率、利润率和客户成功率；能够通过智能网络服务将控制扩展到网络边缘，包括高级服务质量（QoS）、可预测性能、高级安全性、全面管理和集成式弹性。

图 4-24　Cisco Catalyst 4506 型四层交换机

4.5.5　应用层交换机

应用层交换机，即七层交换机，完成第七层的交换工作，是目前最新的交换技术。该技术通过逐层解开每一个数据包的每层封装，并识别出应用层的信息，来实现对内容的识别。

七层交换机的智能性能够实现对所有传输流和内容的控制。由于可以自由地完全打开传输流的应用层和表示层，仔细分析其中的内容，因此可根据应用的类型而非仅仅根据 IP 和端口号做出更智能的负载均衡决定。除此之外，还能根据实际的应用类型做出决策。

1．硬件结构

从硬件上看，七层交换机将所有功能集中在一个专用的特殊应用集成电路或 ASIC 上。ASIC 比传统路由器的 CPU 便宜，而且通常分布在网络端口上，在单一设备中包括了 50 个 ASIC，可以支持数以百计的接口。新的 ASIC 允许智能交换机/路由器在所有的端口上以极快的速度转发数据。该操作被称为线速转发应用层流量。应用层交换机可以有效地实现数据流优化和智能负载均衡。

2. 工作模式

七层交换技术的工作模式主要取决于七层负载均衡器的工作模式。七层负载均衡器有两种配置模式，即代理模式和透明模式。

在代理模式下，负载均衡器作为两个或多个 Web 服务器间的服务中介，所有发向网站的服务请求首先来到负载均衡器，由负载均衡器决定如何分配这些请求。

在透明模式下，负载均衡器间不断地侦听网络，但只对事先指定的某些特定服务的请求做出处理。

代理模式和透明模式的最显著区别是：在代理模式下，由负载均衡器结束会话；而在透明模式下，由 Web 服务器结束会话。

无论是哪种模式，都由负载均衡器决定由哪一台服务器处理客户端的请求。

七层负载均衡器在网络中有三种布局方式，即串联式（INLINE）、单路并联式（ONE-ARM）和双路并联式（SIDE-ARM）。

串联式：负载均衡器位于路由器和交换机之间，路由器和交换机分别与服务器群相连。这种拓扑结构的缺点显而易见：不管负载均衡器是否需要对某些流量进行检测，所有流量都要流经负载均衡器。如果该负载均衡器吞吐量较低，整个网络的性能就会变差。

单路并联式和双路并联式：负载均衡器被配置在交换机的旁边，而不是夹在它们中间。单路并联和双路并联的区别在于：负载均衡器和交换机的接口数不同。单路并联只有一个接口，双路并联则有两个。至于究竟采用单路并联还是双路并联，应该事先对通过交换机的流量进行评估：流量大，双路并联是最佳选择；流量小，单路并联也就够了。

七层交换机应用将越来越广泛，但目前关于第七层的标准还在研究中。

4.6　路由器

路由器是网络层互联设备，用于联结多个逻辑上分开的网络。它能对不同网段之间的数据信息进行"翻译"，以使不同网段能够相互"读"懂对方的数据，将数据包从一个网络发送到另一个网络，从而促进了更大的网络的形成。图 4-25 所示为通过路由器实现以太网与令牌环网之间的数据传输的示意图。

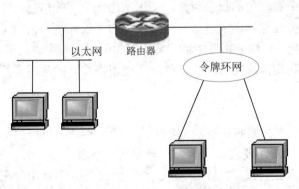

图 4-25　联结以太网和令牌环网的路由器

4.6.1 路由的概念

路由器在异种网络间进行数据转发时，需要知道 IP 数据包发送的路径信息，即路由。接着路由器根据所收到的数据包头的目的地址选择一个合适的路径，将数据包传送到下一个路由器，路径上的最后的路由器负责将数据包送交目的主机。这个过程被称为路由选择。

数据包在网络上的传输就像是体育运动中的接力赛一样：每个路由器只负责自己本站数据包通过最优的路径转发，多个路由器一站一站地接力将数据包通过最佳路径转发到目的地。当然，有的时候由于实施一些路由策略，数据包通过的路径并不一定是最佳的路径。

路由器在进行路由选择时需选择通畅快捷的近路。这样能大大提高通信速度，减轻网络系统的通信负荷，节约网络系统资源，提高网络系统畅通率，从而让网络系统发挥出更大的效益。由此可见，选择最佳路径的策略，即路由算法，是路由器的关键所在。为完成这项工作，需要在路由器中保存各种传输路径的相关数据，即路由表（Routing Table），供路由选择时使用。这样，路由器根据接收到的 IP 数据包的目的网段地址查找路由表，以决定转发路径。路由表被存放在路由器的 RAM 上。这意味着若路由器要维护的路由信息较多，则必须有足够的 RAM。一旦路由器重新启动，则原来的路由信息都会消失。

通常情况下，路由表包含了路由器进行路由选择时所需要的关键信息，而这些信息构成了路由表的总体结构，其结构部分如下。

（1）目的网络地址（Dest）：用于标识 IP 包到达的目的逻辑网络或子网地址。

（2）掩码（Mask）：与目的地址一起来标识目的主机或路由器所在的网段的地址，将目的地址和网络掩码进行"逻辑与"运算后可得到目的主机或路由器所在网段的地址。

（3）下一跳地址（Gw）：与承载路由表的路由器相邻的路由器的端口地址。

（4）发送的物理端口（Interface）：学习到该路由条目的接口，也是数据包离开路由器去往目的地将经过的接口。

（5）路由信息的来源（Owner）：表示该路由信息是怎么样学习到的。路由表可以由管理员手工建立（静态路由），也可以由路由选择协议自动建立并维护。路由表建立的方式决定了路由信息的学习方式。

（6）路由优先级（Pri）：路由来源不同，其路由信息的优先权不同。这决定了路由信息的优先权。

（7）度量值（Metric）：用于表示每条可能路由的代价，其中度量值最小的路由就是最佳路由。

以具体路由表示例来说明路由表的构成。图 4-26 显示的是路由表中的一条路由信息。

Dest	Mask	Gw	Interface	Owner	Pri	Metric
172.16.253.0	255.255.255.0	192.168.1.1	fei_0/1	static	1	0

图 4-26 路由表示例

图 4-26 中，"172.16.253.0"为目的逻辑网络地址或子网地址；"255.255.255.0"为目的逻辑网络或子网的网络掩码；"192.168.1.1"为到达 172.16.253.0 网段的下一跳逻辑地址；

"fei_0/1"表示学习到该条路由的接口和将要进行数据的转发的接口；"static"表示路由器的这条路由是通过手工配置的方式学习到的；"1"表示此路由管理距离；"0"表示此路由的Metric值。

路由表路由信息的获取方式有多种，可由系统管理员固定设置好（静态路由），也可根据网络系统的运行情况自动调整路由表（动态路由）。动态路由是根据路由选择协议提供的功能，自动学习和记忆网络运行情况，在需要时自动计算数据传输的最佳路径。常用的动态路由协议有 OSPF、RIP、IGP 和 EGP 等。

4.6.2 路由器的工作原理

路由器执行两个最重要的基本功能：路由功能和交换功能。路由功能即判定到达目的地的最佳路径，由路由选择算法来实现。为了判定最佳路径，路由选择算法必须启动并维护包含路由信息的路由表，其中路由信息因所用的路由选择算法的不同而不尽相同。路由选择算法将收集到的不同信息填入路由表中，根据路由表可将目的网络与下一站的关系告诉路由器。路由器间互通信息，并维护路由表，使之正确反映网络的拓扑变化。路由器根据度量值来决定最佳路径。

交换功能即沿最佳路径传送信息分组。数据在路由器内部移动与处理。路由器从接口接收信息分组，接着在路由表中查找，判明是否知道如何将信息分组发送到下一个站点。若路由器不知道如何发送信息分组，通常将该信息分组丢弃；否则，根据路由表的相应表项将信息分组发送到下一个站点。若目的网络直接与路由器相连，则路由器把信息分组直接送到相应的端口上。

网络通信分为同一网络内部的通信和不同网段之间的通信。在进行网络内部通信时，目的主机与源主机处于同一网段。此时只需查找 MAC 地址并在数据链路层完成封装，再通过网卡将封装好的以太网数据帧发送到物理线路上去。在不同网段间进行通信时，需通过路由器将各网段连接起来，如图 4-27 所示。

在图 4-27 中，网络 A 中的 1 台主机（主机 A）想要和网络 B 中的 1 台主机通信。主机 A 通过本机的 HOSTS 表或 WINS 系统或 DNS 系统，先将主机 B 的计算机名转换为 IP 地址，然后用自己的 IP 地址与子网掩码计算出所处的网段，与目的主机 B 的 IP 地址进行比较，发现与主机 B 处于不同的网段。于是，主机 A 将数据包发送给自己的默认网关，即路由器的本地接口。主机 A 在自己的 ARP 缓存中查找是否有默认网关的 MAC 地址，若有则直接做

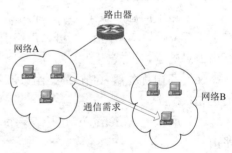

图 4-27　不同网段间的通信

数据链路层封装，并通过网卡将封装好的以太数据帧发送到物理线路上去；若 ARP 缓存表中没有默认网关的 MAC 地址，则主机 A 将启动 ARP 协议，通过在本地网络上的 ARP 广播来查询默认网关的 MAC 地址，将获得的默认网关的 MAC 地址写入 ARP 缓存表，再在数据链路层进行封装并发送数据。数据帧在到达路由器的接收接口后，首先被解封装，变成 IP 数据包。路由器对 IP 数据包进行处理，根据目的 IP 地址查找路由表，决定转发接口后做适应转发接口数据链路层协议的帧的封装，并发送到下一跳路由器。此过程会一直继续直至到达目

的网络与目的主机。在整个通信过程中，数据报文的源 IP、目的 IP 以及 IP 层向上的内容不会改变。

路由器的提供商也很多。例如，思科公司的 Cisco 3700 系列应用服务路由器是一系列全新的模块化路由器，可实现对新的电子商务应用在集成化分支机构访问平台中的灵活、可扩展的部署。图 4-28 所示为思科 Cisco 3725 路由器。该路由器提供两个集成化 10/100 LAN 端口、两个集成化高级集成模块（AIM）插槽、三个集成化 WAN 接口卡（WIC）插槽、两个网络模块（NM）插槽、一个高密度服务模块（HDSM）功能插槽；具有 32MB Flash/128MB DRAM（默认）；针对 16-端口 EtherSwitch NM 和 36-端口 EtherSwitch HDSM 的可选在线供电（In-Line Power）；可支持所有主要的 WAN 协议和传输介质；可支持 Cisco 1700、2600 和 3600 系列中所配备的某些 NM、WIC 和 AIM。

中兴公司的 ZXR10 T600 电信级万兆核心路由器系列，主要应用在企业网络和运营商网络的汇聚层和骨干层，其系统采用模块化的设计思想，通过模块的灵活配置来适应各种应用环境和用户的需求，其外观如图 4-29 所示。

图 4-28　Cisco 3725 路由器　　　　　图 4-29　ZXR10 T600 路由器

4.6.3　路由过程示例

不同网段间的通信也称 IP 通信。IP 通信是基于一跳一跳的方式：数据包到达某路由器后根据路由表中的路由信息决定转发的出口和下一跳设备的地址。数据包被转发以后就不再受这台路由器的控制。数据包能否被正确转发至目的设备取决于整条路径上的路由器是否都具备正确的路由信息。

图 4-30 以两台处于不同网段的主机间的通信为例来说明数据包路由的过程。

首先主机 A 有数据发往主机 B。主机 A 根据自己的 IP 地址与子网掩码计算出自己所在的网络地址，比较主机 B 地址，发现主机 B 与自己不在同一网段，所以主机 A 将数据发送给默认网关，即路由器的本地接口：R1 的 fei_01 接口的 IP 地址。路由器 R1 接收来自接口 fei_0/1 的数据帧，检查其目的 MAC 地址是否为本接口的 MAC 地址，通过检查后将数据链路层对数据所做的封装去掉，即数据包解封装成 IP 数据包，送高层处理。在网络层，路由器 R1 检查 IP 数据包中的目的 IP 地址，发现此目的地址不是该路由器任何接口的 IP 地址，因此不是发给路由器本身，而是需要被转发的。这时路由器根据目的地址在路由表中查找最匹配的条目，于是找到目的网段的路由信息，决定从接口 e1_1 转发此数据包。转发前，路由器做相应的三层的处理与新的数据链路层的封装。

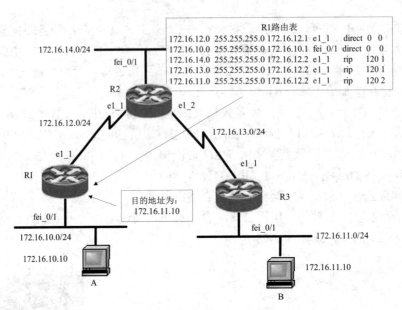

图 4-30　路由过程示例 1

数据包被转发至 R2 后会经历与 R1 相同的过程：在 R2 的路由表中查找到目的网段的条目，决定从接口 e1_2 转发，如图 4-31 所示。

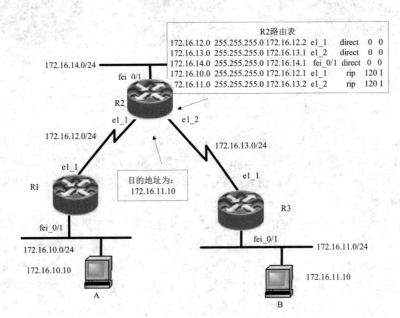

图 4-31　路由过程示例 2

同理，在数据包被转发至 R3 后，R3 在路由表中查找目的网段的条目，发现目的网段为其直连网段，最终将数据包转发至目的主机 B，如图 4-32 所示。

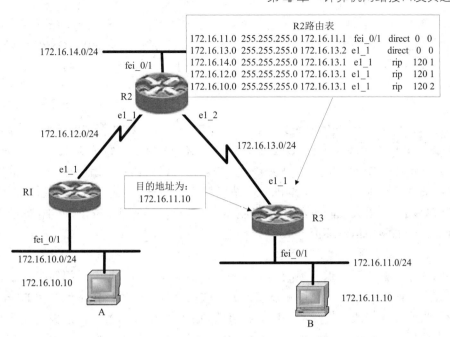

图 4-32　路由过程示例 3

4.6.4　路由协议简介

路由器提供了异构网互联的机制，可将一个网络的数据包发送到另一个网络。路由协议就是在路由指导 IP 数据包发送过程中所采用的事先约定好的规定和标准。

路由协议通过在路由器之间共享路由信息来支持可路由的协议。路由信息在相邻路由器之间传递，确保所有路由器知道到其他路由器的路径。总之，路由协议创建了路由表，描述了网络拓扑结构；路由协议与路由器协同工作，执行路由选择和数据包转发功能。典型的路由选择方式有两种：静态路由和动态路由。

静态路由是由系统管理员手工设置的路由，一般在安装系统时就根据网络的配置情况被预先设定。它不会随未来网络拓扑结构的改变而自动改变。因此，除非网络管理员干预，否则静态路由不会发生变化。由于静态路由不能反映网络的改变，所以其一般被用于网络规模不大、拓扑结构固定的网络中。静态路由的优点是简单、高效、可靠。在所有的路由中，静态路由优先级最高：在动态路由与静态路由发生冲突时，以静态路由为准。但它也存在不足：路由信息不会自动修正，需网络管理员手工逐条配置，不能自动对网络状态变化做出相应的调整。

动态路由是网络中的路由器在相互通信、传递路由信息、利用收到的路由信息更新路由器表后所形成的路由。动态路由可根据网络系统的运行情况而自动调整，因此能实时地适应网络结构的变化。若路由更新信息表明网络发生了变化，则路由选择软件就会重新计算路由，并发出新的路由更新信息。这些信息通过各个网络，引起各路由器重新启动其路由算法，并更新各自的路由表，以动态地反映网络拓扑变化。动态路由适用于网络规模大、网络拓扑复杂的网络。当然，各种动态路由会不同程度地占用网络带宽和 CPU 资源。

根据是否在一个自治域内部使用，动态路由所采用的路由选择协议分为内部网关协议

（IGP）和外部网关协议（EGP）。这里的自治域指一个具有统一管理机构、统一路由策略的网络。自治域内部采用的路由选择协议称为内部网关协议，常用的有 RIP、OSPF 协议等；外部网关协议主要用于多个自治域之间的路由选择，常用的是 BGP 和 BGP-4。

1. RIP

路由信息协议（Route Information Protocol，RIP）是基于 D-V 算法的内部动态路由协议，其中 D-V 算法又称为距离矢量算法。RIP 最初是为 Xerox 网络系统的 Xerox parc 通用协议而设计的，是 Internet 中常用的路由协议。在该协议下，路由器收集所有可到达目的地的不同路径，并且保存有关到达每个目的地的最少站点数的路径信息，除到达目的地的最佳路径外，任何其他信息均予以丢弃。同时，路由器也把所收集的路由信息用 RIP 通知相邻的其他路由器。这样，正确的路由信息逐渐扩散到了全网。

RIP 启动和运行的整个过程如下。

某路由器启动 RIP 时，以广播的形式向相邻路由器发送请求报文。相邻路由器的 RIP 收到请求报文后，响应请求，回发以触发修改的形式向相邻路由器广播本地路由的修改信息。相邻路由器收到触发修改广播后，又向其各自的相邻路由器发送触发修改报文。在一连串的触发修改广播后，各路由器的路由都得到修改，并保持最新信息。同时，RIP 每 30s 向相邻路由器广播本地路由表，各相邻路由器的 RIP 在收到路由报文后，对本地路由进行维护，在众多路由中选择一条最佳路由，并向各自的相邻网络广播路由修改信息，使路由达到全局有效。同时，RIP 采取一种超时机制对过时的路由进行超时处理，以保证路由的实时性和有效性。RIP 作为内部路由器协议，正是通过这种报文交换的方式，提供路由器了解本自治系统内部各网络路由信息的机制。

通过 RIP 的运行过程可以看出，RIP 描述了路由器软件对消息输入和输出的处理过程。输入处理主要是指路由器协议软件对 UDP 端口收到的数据报文进行处理，其中处理的数据报文有两种：请求报文和响应报文。首先必须先进行格式检查，检查通过后，再分别对输入消息做相应的处理。输出处理是用于产生包含全部或部分路由表的响应信息的处理，一般是由于输入进程发现请求或路由修改而触发。

在执行 RIP 的路由器中，路由表的建立过程如下。

（1）在 RIP 启动时，初始路由表仅包含本路由器的一些直连接口路由。

（2）在 RIP 协议启动后，路由器向各接口广播一个 Request 报文。

（3）邻居路由器的 RIP 从某接口收到 Request 报文后，根据自己的路由表形成 Response 报文，向该接口对应的网络广播。

（4）路由器接收邻居路由器回复的包含邻居路由器路由表的 Response 报文，一并形成自己的路由表。

收到邻居发送而来的 Response 报文后，路由器计算报文中的路由项的度量值，比较其与本地路由表路由度量值的差别，然后更新自己的路由表，直至自身的路由表达到收敛。

2. OSPF 协议

开放最短路由优先（Open Shortest Path First，OSPF）协议是 IETF（Internet Engineering Task Force）组织开发的一个基于链路状态的自治系统内部路由协议，用于在单一自治系统（AS）内决策路由。在 IP 网络上，执行通过收集和传递自治系统的链路状态来动态地发现并传播路由。

OSPF 协议的路由器将链路状态广播数据包 LSA（Link State Advertisement）传送给在某一区域内的所有路由器。在这个 LSA 中，所有的 OSPF 路由器都维护一个描述这个 LSA 结构的数据库。该数据库中存放的是路由域中相应链路的状态信息。OSPF 路由器正是通过这个数据库计算出其 OSPF 路由表的。这一点与 RIP 不同。运行 RIP 的路由器是将部分或全部的路由表传递给与其相邻的路由器。

作为典型的链路状态的路由协议，OSPF 还得遵循链路状态路由协议的统一算法。链路状态的算法非常简单。这里将链路状态的算法概括为以下 4 个步骤。

（1）当路由器初始化或网络结构发生变化时，路由器会产生链路状态广播数据包。该数据包里包含路由器上所有相连链路（即所有端口）的状态信息。

（2）所有路由器会通过一种被称为刷新（Flooding）的方法来交换链路状态数据。Flooding 是指路由器将其 LSA 数据包传送给所有与其相邻的 OSPF 路由器，相邻路由器根据其接收到的链路状态信息更新自己的数据库，并将该链路状态信息转送给与其相邻的路由器，直至稳定的一个过程。

（3）当网络重新稳定下来（也可以说 OSPF 路由协议收敛下来）时，所有的路由器会根据各自的链路状态信息数据库计算出各自的路由表。该路由表中包含路由器到每一个可到达目的地的 Cost 以及到达该目的地所要转发的下一个路由器。

（4）此步骤实际上是 OSPF 路由协议的一个特性。当网络状态比较稳定时，网络中传递的链路状态信息是比较少的。或者可以说，当网络稳定时，网络中是比较安静的。这也正是 OSPF 协议区别于 RIP 的一大特点。

OSPF 不仅能计算两个网络节点之间的最短路径，而且能计算通信费用；可根据网络用户的要求来平衡费用和性能，以选择相应的路由；在一个自治系统内可划分出若干个区域，在每个区域中，根据拓扑结构计算最短路径，以减少 OSPF 路由器的工作量；OSPF 属动态的自适应协议，对网络的拓扑结构变化可以迅速地做出反应，进行相应调整，提供短的收敛期，使路由表尽快稳定化。

3．IS-IS 协议

IS-IS 是一种链路状态协议，其与 OSPF 算法非常相似，以寻找到最佳路径为目标，同时也是内部网关协议。IS-IS 协议具有很强的抵抗路由环路的能力。

在 IS-IS 协议工作过程中，OSI 给 IS-IS 定义了 4 个路由级别，即 Level-0 到 Level-3。Level-0 存在于 ES（注：ES 相当于 TCP/IP 中的主机系统，不参与路由协议的处理）与 IS（注：IS 相当于 TCP/IP 系统中的路由器，是 IS-IS 协议中生成路由和传播路由信息的基本单元）之间，由 ES-IS 协议来完成，而在 TCP/IP 网络中，这个级别由 ARP 协议完成。Level-1 路由存在于同一个区域内的不同 IS 间，又称为区域内路由。当 IS 要发送报文到另外一个 IS 时，查看报文中的目的地址，发现其位于区域内的不同子网，则 IS 会选择最优的路径进行转发；如果目的地址不在同一个区域，则 IS 把数据转发到本区域内最近的 Level-1-2 路由器上，然后由 Level-1-2 路由器负责数据转发。Level-2 路由存在于同一路由域内的区域间，又称域间路由。Level-3 路由存在于路由域间，每个路由域相当于一个自治系统。在 TCP/IP 系统中，Level-3 由 BGP 协议来完成。

4.6.5　无线路由器

无线路由器（Wireless Router）是指用于用户上网、带有无线覆盖功能的路由器。无线路由器相当于将单纯性无线 AP 和宽带路由器合二为一的扩展型设备。它不仅具备单纯性无线 AP 的所有功能（如支持 DHCP 客户端、支持 VPN、防火墙、支持 WEP 加密等），而且还具备网络地址转换（NAT）功能，可支持局域网用户的网络连接共享，可实现家庭无线网络中的 Internet 连接共享，实现 ADSL 和小区宽带的无线共享接入。例如，居民在无线宽带网的覆盖范围之内，只需通过无线路由器和无线网卡就可以接入 Internet 网，这些的 IP 可以是动态的，也可以是静态的。

无线路由器也可以被看作转发器：将用户墙上接出的宽带网络信号通过天线转发给附近的无线网络设备（例如，笔记本电脑、支持 Wi-Fi 的手机、平板以及所有带有 Wi-Fi 功能的设备）。一般的无线路由器信号覆盖范围为半径 50 米的区域，但目前也有部分无线路由器的信号覆盖范围达到了半径 300 米的区域。

常见的无线路由器一般都会以一个 RJ45 口为 WAN 口，也就是 UPLink 到外部网络的接口，其余 2~4 个口为 LAN 口，用来连接普通局域网，内部有一个网络交换机芯片专门处理 LAN 接口之间的信息交换。无线路由器的接口如图 4-33 所示。通常无线路由的 WAN 口和 LAN 之间的路由一般都采用 NAT（Network Address Translation）工作模式。另外，有些无线路由器提供 USB 接口。

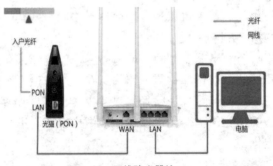

图 4-33　无线路由器接口

无线路由器具有智能管理配备、永远在线连接、多功能服务、多功能展示工具和增益天线信号等优点。无线路由器一般分为家用型及企业型，家用型较多。

4.7　网关

网关（Gateway）又称网间连接器、协议转换器，主要用于不同体系结构的网络连接，实现不同协议网络之间的互联。网关具有对不兼容的高层协议进行转换的能力。为了实现异构设备之间的通信，网关需要对不同的链路层、专用会话层、表示层和应用层协议进行翻译和转换。因此，从根本上讲，网关不能完全被归为网络硬件范畴。网关可以概括为能够连接不同网络的软件和硬件的结合体。

网关是工作在 OSI 模型中的应用层。在 OSI 模型中，网关分成两种，一种是面向无连接的网关，另一种是面向连接的网关。无连接的网关用于数据报网络的互联，面向连接的网关用于虚电路网络的互联。当两个子网之间有一定距离时，往往将一个网关分成两半，中间用一条链路连接起来，我们称之为半网关。

根据网关的功能，网关可分为协议网关、应用网关和安全网关。

1. 协议网关

协议网关通常在不同协议的网络区域间做协议转换。这一转换过程可以发生在 OSI 参考模型的第二层、第三层或者第二层、第三层之间。

2. 应用网关

应用网关是在不同数据格式间翻译数据的系统。典型的应用网关接收一种格式的输入，将之翻译，然后以新的格式发送。比如，E-mail 可以以多种格式实现，提供 E-mail 的服务器可能需要与各种格式的邮件服务器交互，而该类服务器支持的多个网关接口是目前实现这些交互的不可缺的部件。

应用网关也可用连接局域网客户机与外部数据源。这种网关为本地主机提供了与远程交互式应用的连接，将应用的逻辑和执行代码置于局域网中，使得客户端的响应时间更短。应用网关将请求发送给相应的计算机，获取数据。

3. 安全网关

安全网关是多种技术融合的产物。这里的安全是指防止"黑客"的访问，以免网络资源被泄密甚至被损害。安全网关是若干技术的组合。这些技术包括分组过滤器、电路网关和应用网关。

4.8 常用设备比较

1. 中继器与集线器的比较

中继器是物理层上的网络互联设备。它的作用是重新生成信号（即对原信号进行放大和整形）。中继器仅适用于以太网，其可将两段或两段以上以太网互联起来。中继器只对电缆上传输的数据信号再生放大，再重发于其他电缆段上。对链路层以上的协议来说，用中继器互连起来的若干段电缆与单根电缆并无区别。

集线器在 OSI/RM 中处于物理层，其实质是一个中继器，主要功能是对接收到的信号进行再生、放大，以扩大网络的传输距离。由于集线器价格便宜、组网灵活，所以其被人们经常使用。集线器使用于星形网络布线，如果一个工作站出现问题，不会影响整个网络的正常运行。

中继器与集线器的区别在于连接设备的线缆的数量。一个中继器通常只有两个端口，而一个集线器通常有 4～20 个或更多的端口。前者在一个端口上接收到信号，然后再复制到另一个端口；后者在一个端口上接收到信号后，会将该信号复制到其他所有端口。

2. 网桥与交换机的比较

二层交换机的基本功能与网桥一样，具有帧转发、帧过滤和生成树算法功能。但是，二层交换机与网桥还是存在以下不同。

（1）交换机工作时，实际上允许许多组端口间的通道同时工作，其是多个网桥功能的集合；网桥一般有两个端口，而交换机具有高密度的端口。

（2）二层交换机可以把网络系统划分成更多的物理网段，使得整个网络系统具有更高的带宽，而网桥划分的物理网段是相当有限的。

（3）交换机与网桥的数据信息传输速率相比，交换机要快于网桥。

（4）二者数据帧转发方式不同，网桥在发送数据帧前，通常要接收到完整的数据帧并执行帧检测序列 FCS 后才开始转发该数据帧，而交换机具有存储转发和直接转发两种帧转发方式。

3．路由器与交换机的比较

最初的交换机是工作在 OSI/RM 的数据链路层，也就是第二层，而路由器一开始就设计工作在 OSI 模型的网络层。由于交换机工作在数据链路层，故工作原理比较简单。而路由器工作在网络层，可以得到更多的协议信息，可以做出更加智能的转发决策。二者主要区别有：数据转发所依据的对象不同，交换机是利用物理地址（或者说 MAC 地址）来确定转发数据的目的地址，而路由器则是利用网络的 IP 地址来确定数据转发的地址；传统的交换机只能分割冲突域，不能分割广播域，而路由器可以分割广播域；路由器提供了防火墙的服务，其仅仅转发特定地址的数据包，不传送不支持路由协议的数据包和未知目标网络的数据包，从而可以防止广播风暴。

在小型局域网中，计算机数量一般在 30 台以下，广播包影响不大，使用二层交换机就可实现快速交换功能，多个接入端口和低廉价格为网络用户提供了很完善的解决方案。而对于大型局域网，广播风暴影响很大，为减小其危害，必须把大型局域网按功能或地域等因素划分成一个一个的小局域网，即小网段。这样必然导致不同网段之间存在大量的互访，单纯使用二层交换机没办法实现网间的互访。仅使用路由器，则由于端口数量有限，路由速度较慢，而限制了网络的规模和访问速度。此时适合使用由二层交换技术和路由技术有机结合而成的三层交换机（路由交换机）。三层交换机是为 IP 设计的，其接口简单，拥有很强的对二层包的处理能力。

路由器端口类型多，支持的三层协议多，路由能力强，所以适合用于大型网络。虽然不少三层交换机（路由交换机）甚至二层交换机都有异种网络的互联端口，但一般大型网络的互联端口不多。互联设备的主要功能不在于在端口之间进行快速交换，而是要选择最佳路径，进行负载分担、链路备份，最重要的是与其他网络进行路由信息交换，而所有这些都是路由完成的功能。路由器和三层交换机的对比如表 4-1 所示。

表 4-1　　　　　　　　　　　　路由器和三层交换机的对比

路由器	三层交换机
CPU 处理报文，通过分布式网络处理器提高处理能力	采用交换芯片与 CPU 共同处理的软硬件结构
端口密度低，造价高	端口密度高，性价比高
适用于网络出口，做网间路由工作	适合于大型局域网内部的数据交换，路由功能没有同级别的路由器强

三层交换机的最重要目的是加快大型局域网内部的数据交换，其糅合进去的路由功能也

是为此目的服务的，但没有同一档次的专业路由器强。在网络流量很大的情况下，若三层交换机既做网内的交换，又做网间的路由，必然会加重三层交换机的负担，影响响应速度。在此情况下，由路由器专门负责网间的路由工作，这样可以充分发挥不同设备的优势。当然，如果受到投资预算的限制，由三层交换机兼做网间互连也是个不错的选择。

4. 四层交换机与二层、三层交换机比较

二层交换机连接用户和网络，在子网中指引业务流；三层交换机或路由器将数据包从一个子网传到另一个子网；四层交换机将数据包传到终端服务器。四层交换机是网络基础结构中的重要组成部分，它使得服务器容量随网络带宽的增加而增加。

从操作方面来看，四层交换机是稳固的，因为它将数据包控制在从源端到宿端的区间中。另一方面，路由器或三层交换机，只针对单一的包进行处理，不清楚上一个数据包从哪儿来、也不知道下一个数据包的情况。它们只是检测数据包报头中的 TCP 端口数据，根据应用建立优先级队列。路由器根据链路和网络可用的节点决定数据包的路由。四层交换机则是在可用的服务器和性能基础上先确定区间。

小　　结

本章主要介绍了计算机网络中的网络接口类型、特点，以及常用通信设备的作用、工作原理优缺点，并对各设备进行了比较。

网络接口根据应用网络类型的不同，分为局域网接口和广域网接口，另外还有逻辑接口。局域网接口有细同轴电缆 BNC 接口、粗同轴电缆 AUI 接口、双绞线 RJ45 接口及 ST 型、SC 型、LC 型、FC 型、MU 型及 MT-RJ 型等 6 种光纤接口。广域网接口主要有 E1、V.24、V.35 窄带广域网接口和 ATM、POS 宽带广域网接口。另外，计算机网络经常会用到虚接口。应用最广泛的虚接口是 Loopback 接口，其作为路由器的管理地址及动态路由协议 OSPF、BGP 的 router id，以及 BGP 建立 TCP 连接的源地址。除此之外，本章还简单介绍了 Dialer 接口、MFR 接口及 NULL 接口等逻辑接口。

常用的通信设备有网卡、中继器、集线器、网桥、网关、交换机及路由器。网卡工作在 OSI 模型的物理层和数据链路层，完成两层的功能，以帧的方式进行数据传输；中继器是位于 OSI/RM 的物理层的网络设备，具有对信号进行复制、调整和放大的功能，以此来延长网络的长度，具有过滤通信量、扩大通信距离及增加节点的最大数目的优点。集线器工作在 OSI 模型的物理层，属于一种特殊的中继器，提供多端口服务，采用广播模式的工作方式，且所有端口共享一条带宽；网桥，即网段间的连接桥梁，位于 OSI 模型中的数据链路层，在网络互联中起到数据接收、地址过滤与数据转发的作用。交换机分为二层交换机、路由交换机、四层交换机及应用层交换机，其中，二层交换机工作在数据链路层，在工作过程中需建立和维护自己的 MAC 地址表，包含地址学习、转发/过滤及避免环路等三大功能，其在传送源和目的端口的数据包时，通常采用直通、存储转发和碎片隔离 3 种数据包交换方式；路由交换机是通过硬件技术，将二层交换机和路由器在网络中的功能集成到一个盒子里（即合二为一）的交换技术，可实现 IP 路由功能，从而提高了路由过程的效率，加强帧的转发能力；四层交换机除了依据 MAC 或源/目标 IP 地址，还依据 TCP/UDP 应用端口号来决定数据转发端口；

应用层交换机通过逐层解开每一个数据包的每层封装，并识别出应用层的信息，以实现对内容的识别。

路由器工作在 OSI 模型的网络层，完成异种网络的互联工作。在异种网络间进行数据转发时，路由器需借助于路由表进行路由选择。路由表包含了路由器进行路由选择时所需要的关键信息。选择最佳路径后，路由器会进行数据的交换工作。路由表的生成需借助于路由协议来完成。

网关即协议转换器，用于实现不同协议网络之间的转换，其工作在 OSI 模型中的应用层。根据网关的功能，网关可分为协议网关、应用网关和安全网关。

习　　题

一、填空题

1. 常见的局域网接口类型有_____、_____、_____等，其中常见的以太网接口有_____、_____、_____及_____。

2. 完成计算机与局域网相互连接的设备是_____，安装完后需要_____。

3. 广域网接口类型分为_____和_____，其中 ATM 接口属于_____。

4. 中继器是位于 OSI 参考模型的_____的网络设备，常用于完成两个网络节点之间的_____工作，而网桥与中继器的主要区别就在于_____。

5. 集线器工作在 OSI 模型的_____，是一种特殊的_____，与中继器的主要区别在于集线器能够提供_____服务。从工作方式来看，集线器是一种_____，所有端口都是_____。

6. 交换机的功能主要包括 3 个，分别是_____、_____、_____。交换机在传送源和目的端口的数据包时，通常采用_____、_____和_____ 3 种数据包交换方式，其中_____方式在数据处理时延时大。

7. 路由交换机，也称_____，其使用硬件技术，采用巧妙的处理方法把_____和_____在网络中的功能集成到一个盒子里，是将路由技术与交换技术合二为一的交换技术，即_____。

8. 四层交换机在完成信息的交换与传输时，不仅仅依据 MAC 地址或源/目标 IP 地址，还依据_____，其功能就像是_____，指向物理服务器。

9. 路由器执行的两个最重要的基本功能是路由功能和交换功能，其中，路由功能由_____实现，交换功能是数据在路由器内部_____过程。

10. 动态路由协议定义了网络中的路由器之间相互通信、传递路由信息、利用收到的路由信息更新_____的过程，常用的动态路由协议有_____、_____。

11. 网关是工作在 OSI 模型中的_____。网关按照功能来划分，可分为_____、_____、_____。

12. 路由器和交换机的区别之一，是交换机是利用_____或者说_____来确定转发数据的目的地址，而路由器则是利用网络的_____来确定数据转发的地址。

13. 无线路由器相当于将_____和_____合二为一的扩展型设备。它不仅具备单纯性无线 AP 的所有功能（如支持 DHCP 客户端、支持 VPN、防火墙、支持 WEP 加密等），而且还包括了＿＿＿＿＿＿＿＿＿＿，可支持局域网用户的网络连接共享。

二、选择题

1. 下列列举的接口中属于逻辑接口的是＿＿＿＿＿＿。
   A．AUI 接口   B．V.24 接口   C．SC 接口   D．Loopback 接口
2. 网卡工作在 OSI/RM 的＿＿＿＿＿＿。
   A．物理层   B．数据链路层
   C．物理层和数据链路层   D．数据链路层和网络层
3. 以太网交换机根据＿＿＿＿＿＿转发数据包。
   A．IP 地址   B．MAC 地址   C．LLC 地址   D．PoRT 地址
4. 下列网络设备中工作在数据链路层的是＿＿＿＿＿＿。
   A．中继器   B．网关   C．集线器   D．网桥
5. 路由器的路由表中不包含＿＿＿＿＿＿。
   A．源网络地址   B．目的网络地址
   C．发送的物理端口   D．路由优先级
6. 校园网架设中，作为本校园与外界的连接器应采用＿＿＿＿＿＿。
   A．中继器   B．网关   C．网桥   D．路由器
7. 以下哪些路由表项要由管理员手动配置？＿＿＿＿＿＿
   A．静态路由   B．动态路由   C．直连路由   D．以上说法都不正确
8. 下面哪个设备可以被看作多端口的网桥设备？＿＿＿＿＿＿
   A．中继器   B．交换机   C．路由器   D．以上都不是
9. 以太网交换机一个端口在接收到数据帧时，如果没有在 MAC 地址表中查找到目的 MAC 地址，通常如何处理？＿＿＿＿＿＿
   A．把以太网帧复制到所有端口
   B．把以太网帧单点传送到特定端口
   C．把以太网帧发送到除本端口以外的所有端口
   D．丢弃该帧
10. VLAN 之间的通信需要＿＿＿＿＿＿设备。
   A．网桥   B．二层交换机   C．路由器   D．集线器
11. 作为动态路由协议 OSPF 的 router id 的是＿＿＿＿＿＿。
   A．IP 地址   B．MAC 地址   C．Loopback   D．以上都不是
12. 网桥从一个端口收到正确的数据帧后，在其地址转发表中查找该帧要到达的目的站：若查找不到，则会＿＿＿＿＿＿；若要到达的目的站仍然在该端口上，则＿＿＿＿＿＿。
   A．向除该端口以外的所有端口转发此帧；丢弃此帧
   B．向桥的所有端口转发此帧；向该端口转发此帧
   C．仅向该端口转发此帧；将此帧作为地址探测帧
   D．不转发此帧；利用此帧建立该端口的地址转换
13. 路由器技术的核心内容是＿＿＿＿＿＿。

    A．路由算法和协议   B．提高路由器性能方法

    C．网络地址复用方法   D．网络安全技术

14．以下不会在路由表里出现的是_____。

    A．下一跳地址   B．网络地址   C．度量值   D. MAC 地址

15．路由器会持续维护路由表。这张路由表可以是静态配置的，也可以是_____产生的。

    A．生成树协议   B．链路控制协议   C．动态路由协议   D．被承载网络层协议

三、判断题

1．交换机为每个端口提供专用带宽，网络总带宽是各端口带宽之和。

2．三层交换机可以作为路由器使用，但路由器却不具备交换机的功能。

3．集线器的所有端口共享一条带宽，各端口占用带宽与网络总带宽相同。

4．MAC 地址也称为逻辑地址，保存在网卡中。

5．路由器在进行路由选择时，通过对目的网段地址查找路由表来决定转发路径。

6．网桥的基本功能与交换机相似。

7．网关既可以提供面向连接的服务，也可以提供面向无连接的服务。

8．逻辑接口也称为虚拟接口。路由器将逻辑接口作为它的管理地址。

9．网卡是计算机与局域网相互连接的设备，既可提供有线连接，也可提供无线连接。

10．中继器与集线器的区别在于工作的层次不同。

11．网桥和二层交换机可以划分冲突域，也可以划分广播域。

12．路由器和三层交换机可以划分冲突域，也可以划分广播域。

13．中继器实现物理层的互联，网桥实现数据链路层的互联。

14．网桥和中继器将网段隔离为不同的冲突域。

四、简答题

1．网卡是如何进行分类的？

2．网卡的工作原理是什么？

3．集线器按照对输入信号的处理方式不同分为哪几种？各有什么特点？

4．网络中采用中继器具有哪些优点？

5．简述交换机的工作原理。

6．路由器中路由表的总体结构包括哪些？

7．简述不同网段间通信时路由器的路由过程。

8．路由交换机与传统交换机相比有什么优点？

9．简述双绞线 RJ-45 头的制作步骤。

10．有 10 个站连接到以太网上，试计算以下 3 种情况下每一个站的带宽。

（1）10 个站都连接到一个 10Mbit/s 以太网集线器；

（2）10 个站都连接到一个 100Mbit/s 以太网集线器；

（3）10 个站都连接到一个 10Mbit/s 以太网交换机。

11．无线路由器具有哪些优点？

12．四层交换机与二层交换机、三层交换机的区别是什么？

第 5 章 局域网

【本章内容简介】局域网是计算机网络的基础和重要组成部分。本章从局域网的特点、体系结构、协议标准、拓扑结构入手，主要介绍介质访问控制法、以太网、交换式以太网、虚拟局域网和无线局域网的基本概念和应用。

【本章重点】读者应重点掌握传统以太网、无线局域网的工作原理及组网方法，熟悉高速以太网、交换式以太网、虚拟局域网的功能和实现技术。

5.1 局域网概述

局域网是局部区域网的简称，英文缩写为 LAN，英文全称为 Local Arew Net work。局域网是一种在有限的地理范围内利用通信线路和通信设备将众多计算机及外围设备连接起来，实现数据传输和资源共享的计算机网络。从硬件的角度看，局域网是传输介质、网卡、工作站、服务器以及其他网络连接设备的集合体；从软件角度看，局域网由网络操作系统（Network Operating System，NOS）统一协调、指挥；从体系结构来看，局域网由一系列层次的服务和协议标准来定义。

5.1.1 局域网的特点和分类

局域网产生于 20 世纪 60 年代末。20 世纪 70 年代出现了一些实验性的网络。到 20 世纪 80 年代，局域网的产品已经大量涌现，应用范围也越来越广泛。局域网经过近几十年的快速发展，技术越来越成熟，性能越来越高，趋向产品化和标准化，特别是以太网、吉比特以太网和万兆以太网进入市场后，以太网在局域网市场中逐渐占据了绝对优势，几乎成了局域网的代名词。

目前，许多机构都已经拥有了自己的局域网。由于因特网技术的飞速发展，这些原来属于内部网络的局域网都与因特网联结，成了这个世界上最大的网络因特网的一部分，对因特网的进一步发展起了强大的推动作用。局域网技术也成了大型网络的技术基础。

随着局域网技术的快速发展，它的体系结构、协议标准都在不断地发生变化，技术特征与性能参数也发生了一些改变。

1. 局域网特点

与广域网相比，局域网具有如下特点。

（1）覆盖范围小

局域网的覆盖范围小到一个房间，大到一栋楼、一个校园或工业园区等，其距离一般在0.1～10km。局域网的规模大小主要取决于网络的性质和单位的用途。

（2）传输率高

由于在局部的区域有大量的计算机接入网络，加之一个单位内的各种信息资源的关联性很强，造成网络通信线路的数据流量比较大，这就要求网络的信道的容量要足够大，需要采用高质量、大容量的传输介质。此外，由于网络的覆盖范围较小，传输介质的使用量并不大，所以在建网费用上也允许选用高质量的传输介质。

目前，局域网的传输速率一般为 10～1 000Mbit/s，不过，10Gbit/s 的以太网也已经投入市场。

（3）误码率低

因为局域网通常采用短距离基带传输，传输介质质量较好，可靠性较高，误码率很低，一般在 10^{-8}～10^{-11}。

（4）单位专用

局域网侧重共享信息的处理和存储，其经营权和管理权一般由某个单位所有，易于建立、维护和扩展，能够方便地共享网内资源。

（5）易于实现

局域网易于安装、维护和扩充，由于网络区域有限，网络设备相对较少，拓扑结构的形式简单而多样化，协议简单，从而建网成本较低，周期较短。

（6）关键技术

决定局域网特性的主要技术是网络拓扑结构、传输介质与介质访问控制方法。这些技术要素基本上可以确定网络性能（如网络的响应时间、吞吐量和利用率）、数据传输类型和网络应用等，其中介质访问控制（Media Access Lontrd，MAC）方法对网络特性有着更重要的影响。

2. 局域网的分类

局域网的分类方法很多，通常按拓扑结构、传输介质、介质访问控制方式和网络操作系统等来进行分类。

（1）按拓扑结构分类

局域网通常采用的拓扑结构有总线型、环形、星形和树形等，因此，根据拓扑结构可把局域网分为总线型局域网、星形局域网等。

局域网的拓扑结构的选择与很多因素有关，主要包括可靠性、经济性、功能、可扩充性等。拓扑结构选择只是一个局域网设计工作的一部分，但这个选择不能完全孤立，必须考虑对传输介质、布线和访问控制技术的选择。

总线型/树形拓扑结构的配置相对简单灵活。在实际工作中，局域网的设备数量、数据速率和数据类型都可能不一样。一般而言，这些局域网都可以采用总线型/树形拓扑结构来实现。当局域网覆盖的范围相当广而且速率要求比较高时，可以考虑使用环形拓扑。和其他类型的局域网比较，环形拓扑结构局域网的吞吐量会更高一些。星形拓扑结构在建筑物内进行布线时非常简单和自然。它适用于短距离传输，而且非常适合局域网站点数量相对较少而数据速率较高的场合。

（2）按传输介质分类

局域网常用的传输介质有双绞线、同轴电缆、光纤等，因此，根据传输介质的不同，可把局域网分为双绞线局域网、同轴电缆局域网和光纤局域网。如果局域网采用无线电波，则称这类局域网为无线局域网。

非屏蔽双绞线是一种价格便宜、使用方便的介质，使用该介质具有较高的性能/价格比。屏蔽双绞线和基带同轴电缆比非屏蔽双绞线的价格要贵得多，当然它们的性能也要好一些。宽带同轴电缆和光纤更贵，性能也更好。对于绝大多数局域网来说，这几种介质都可以选用，以使系统的设计既符合当前需求，又有较大的扩展余地，其价格也合理。在某些特殊场合，因机动性要求而不便采用有线介质时，可采用微波、无线电来传输信号。

（3）按介质访问控制方法分类

在局域网中，介质访问控制方法是指控制连接在一条传输介质上的多台计算机在某一时间段内只能允许被一台计算机使用。换句话说，介质访问控制方法是一种通过仲裁方式来控制各计算机使用传输介质的方式。所谓访问（Access），指的是在两个实体间建立联系并交换数据。目前，局域网常用的介质访问方法有以太网（Ethernet）方法、令牌（Token Ring）方法、异步传输模式（Asynchronous Transfer Mode，ATM）方法等。因此，根据介质访问方法的不同，局域网可分为以太网、令牌网和 ATM 网等。

介质访问控制方法对网络的响应时间、吞吐量和效率起着十分重要的作用。各种局域网的性能，很大程度上取决于所选用的介质访问方法，因此它是一种关键技术。

介质访问控制方法主要有 5 类：固定分配、需要分配、适应分配、探询分配和随机访问。评价介质访问控制方法是否有效时需关注 3 点：协议简单、有效的通道利用率和网上站点的用户公平合理地使用网络。

（4）按线路中传输的信号形式分类

在局域网中，信号传输形式可以采用基带传输和宽带传输，因此，根据线路传输信号的形式不同，局域网可分为基带局域网和宽带局域网。

基带局域网传输数字信号，信号占用整个频段，传输距离较短。宽带局域网可以传输数字信号，也可以传输模拟信号，传输距离较长。目前，局域网通常采用基带传输形式。

（5）其他分类方法

除了上面介绍的几种方法外，局域网还有许多其他的分类方法。例如，按照局域网所使用的操作系统进行分类，有 Microsoft 公司的 Windows NT 网、Novell 公司的 NetWare 网、3Com 公司的 3+OPEN 网；按照数据的传输速率分类，局域网可分为 10Mbit/s 局域网、100Mbit/s 局域网和 1000Mbit/s 局域网等；按照数据的交换方式分类，局域网可分为交换式局域网和共享式局域网等。

5.1.2　局域网体系结构

1．IEEE 802 参考模型

局域网自形成之后，发展迅速，类型繁多。为了使不同厂商生产的网络设备具有兼容性、互换性和互操作性，以便让用户更灵活地进行设备选择，实现不同类型局域网之间的通信，局域网标准化工作从 20 世纪 80 年代初就迅速开展起来。国际上开展局域网标准化研究和制

定标准的机构主要有美国电气与电子工程师协会 IEEE、欧洲计算机制造厂商协会 ECMA 和国际电工委员会 IEC。

1980 年 2 月，IEEE 成立 802 课题组，研究并制定了局域网标准 IEEE 802，公布了多项局域网和城域网的标准文本。随后，美国国家标准局（ANSI）将 IEEE 802 标准列为美国国家标准。1984 年，IEEE 802 标准又被 ISO 接纳为国际标准。IEC 侧重研究实时的工业过程控制的网络标准化，ECMA 侧重研究办公自动化构架的局域网标准化。

局域网的 IEEE 802 参考模型与 OSI/RM 的对应关系如图 5-1 所示，前者只相当于 OSI/RM 的低两层。

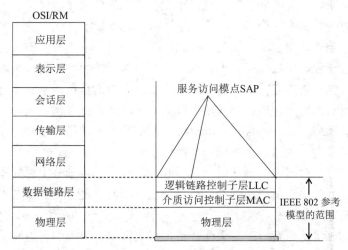

图 5-1　IEEE 802 参考模型与 OSI/RM 的对应关系

由图 5-1 可见，局域网的物理层与 OSI/RM 的物理层功能相当。由于局域网是通信网中的一种，因此需要物理层传输比特流并确定物理层的有关特性；由于局域网中的数据是以帧为单位来传送的，因此也需要数据链路层。局域网参考模型没有涉及网络层及以上的各层，这是因为局域网基本上采用共享信道技术，没有路径选择问题，所以可以不设单独的网络层。如果不同的局域网需要在网络层互联，则可以借助其他的网络层协议，如 IP 协议。局域网的低两层一般由硬件实现，即网络适配器（简称网卡）；高层由软件实现，网络操作系统是高层的具体实现。

（1）物理层的功能

局域网的物理层主要涉及物理链路上的原始比特流的传输与接收，定义局域网物理层的机械、电气、规程和功能特性，如信号的传输与接收、物理连接的建立、维护和撤销等。物理层还规定了有关的拓扑结构和传输速率，以及所使用的信号、介质编码等。局域网的物理层实际上由两个子层组成，其中，较低的子层描述与传输介质有关的特性，较高的子层集中描述与介质无关的物理层特性。

（2）数据链路层的功能

局域网数据链路层分为两个子层：介质访问控制子层（Media Access Control，MAC）和逻辑链路控制子层（Logical Link Control，LLC）。介质访问控制子层依赖于具体的物理介质和介质访问控制方法，而逻辑链路控制子层与具体的介质无关。这样对上层就屏蔽了下层的具体实现细节，使数据帧独立于所采用的物理介质和介质访问控制方式。同时，它还允许继续完善和补充新的介质访问控制方式，以适应已有和未来的各种物理网络，具有较好的扩充性。

①介质访问控制子层。介质访问控制子层提供了多种可供选择的介质访问控制方式。IEEE 802 已制定了 CSMA/CD（载波侦听多路访问/冲突检测）、Token Bus（令牌总线）、Token Ring（令牌环）等一系列介质访问控制标准。介质访问控制子层实现帧的寻址和识别，生成帧校验序列并完成相关检验工作。

②逻辑链路控制子层。不同的局域网有不同的介质访问控制子层，但所有的逻辑链路控制子层是统一的，实行统一的逻辑链路控制。虽然局域网的种类多，但高层可以通用。逻辑链路控制子层主要执行 OSI /RM 参考模型中的基本数据链路协议的大部分功能和网络层的部分功能。逻辑链路控制子层向高层提供了一个或多个逻辑接口，这些接口被称为服务访问点（SAP），服务访问点具有帧的收发功能。在发送时，帧由发送的数据加上地址和 CRC 校验等构成；接收时，将帧拆开，执行地址识别、CRC 校验，并具有帧顺序控制、差错控制、流量控制等功能。

此外，逻辑链路控制子层包括数据报、虚电路、多路复用等部分网络层的功能。

2．IEEE 802 标准

IEEE 802 已经公布的主要标准如表 5-1 所示。

表 5-1   **IEEE 802 的主要标准**

序号	工作组名称	研究内容
1	IEEE802.1	801.1A：体系结构；802.1B：寻址、网间互连和网络管理
2	IEEE802.2	逻辑链路控制（LLC）协议
3	IEEE802.3	CSMA/CD 访问方法和物理层技术规范
4	IEEE802.4	令牌总线（TokenBus）访问方法和物理层技术规范
5	IEEE802.5	令牌环（TokenRing）访问方法和物理层技术规范
6	IEEE802.6	城域网（MAN，或称市域网）访问方法和物理层技术规范
7	IEEE802.7	宽带网介质访问控制协议及其物理层技术规范
8	IEEE802.8	光纤网络标准，FDDI 介质访问控制协议及其物理层技术规范
9	IEEE802.9	综合话音/数据局域网接口标准
10	IEEE802.10	局域网安全技术标准
11	IEEE802.11	无线局域网的介质访问控制协议及其物理层技术规范
12	IEEE802.12	100VG-AnyLAN 访问控制协议及其物理层技术规范
13	IEEE802.13	交互式电视网规范
14	IEEE802.14	线缆调制解调器规范
15	IEEE802.15	无线个人技术标准（其代表技术是蓝牙）
16	IEEE802.16	宽带无线网标准规范
17	IEEE802.17	弹性分组环存取法和物理层规范
18	IEEE802.20	移动宽带无线访问系统规范

IEEE 委员会在 IEEE 802.1 标准中定义了关于局域网的参考模型。该参考模型被 IEEE 802 各工作组在定义各自所负责的局域网标准时所认可，其他标准则分别描述了各类不同局域网和城域网的标准。IEEE 802 系列标准及相互之间的关系如图 5-2 所示。

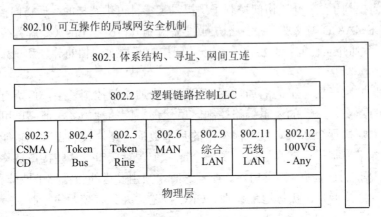

图 5-2　IEEE 802 标准间的关系

IEEE 802 标准内容原文可参考 IEEE 802 的官方网站。

随着局域网技术的快速发展，IEEE 802 委员会的标准也迅速发展。在传统以太网上出现的快速以太网和高速以太网，其标准是在原 IEEE 802.3 基础上进行的拓展，如 IEEE 802.3u（100 Base-T 访问方法及物理层技术规范）、IEEE 802.3ae（10Gbit/s 以太网技术规范）。此外，由于移动技术的发展促进了无线局域网技术的发展，IEEE 802.11 标准也有了较多扩展。

5.2　介质访问控制方法

在共享式局域网中，传输介质是共享使用的，所有节点都可以通过共享介质发送和接收数据，但不允许两个或多个节点在同一时刻同时发送数据，因此要有介质访问控制机制。用于局域网的典型的介质访问控制方法有以下 3 种。

5.2.1　带有冲突检测的载波侦听多点访问方法

IEEE 802.3 标准协议规定了带有冲突检测的载波侦听多点（Carrier Sense Multiple Access With Collision Detection，CSMA/CD）访问方法和物理层技术规范。采用 IEEE 802.3 标准协议的典型局域网是以太网。

CSMA/CD 是采用争用技术的一种介质访问控制方法。争用方式一般用于总线型和树形拓扑结构，其支持多点共享信道。由于每个站点都能独立决定发送帧，假若两个或多个站点在同一瞬间都发送数据，就会在信道上因造成帧的重叠而出现差错。这种现象被称为冲突。

1. CSMA/CD 的发送工作过程

（1）网络中任何一个工作站在发送信息前，都要侦听网络中有无其他工作站在发送信号（先听后发）。假如信道是空闲的，则发送。

（2）如果信道忙，即信道被占用，则继续侦听。此工作站要等一段时间再争取发送权，直到检测到信道空闲后，才能发送信息。查看信号有无的过程被称为载波侦听，而多点访问指多个工作站共同使用一条线路。

当侦听到信道已被占用时，等待时间可由两种方法确定。一种是当某工作站检测到信道被占用后，继续检测，一直到信道出现空闲后，立即发送。这种方法被称为持续的载波侦听多点访问。另一种是检测到信道被占用后，等待一个随机时间后再进行检测，直到信道出现空闲后再发送。这种方法被称为非持续的载波侦听。

（3）当一个工作站开始占用信道发送信息时，再用冲突检测器继续对网络检测一段时间，即一边发送、一边侦听（边听边发）。把发送的信息与监听的信息进行比较：若结果一致，则说明发送正常，抢占总线成功，可继续发送；若结果不一致，则说明有冲突，应立即停止发送。这样做可避免因白白传送已损坏的帧而浪费信道容量。

（4）如果在发送信息过程中检测出冲突，即发送信息和接收到的信息不一致，则要进入发送"冲突加强信号"阶段，此时要向总线上发一串阻塞信号，通知总线上各站冲突已发生。采用加强冲突措施的目的是确保有足够的冲突持续时间，以使网中所有节点都能检测出冲突存在，废弃冲突帧，减少因冲突浪费的时间，提高信道利用率，冲突加强中发送的阻塞信号一般为 4 个字节的任意数据。等待一个随机时间后，再重复上述过程进行发送。如果线路上最远两个站点信息包传送延迟时间为 d，碰撞窗口时间一般取为 $2d$。

CSMA/CD 的发送流程可简单地概括为 4 点：先听后发；边听边发；冲突停止；随机延迟后重发。

以太网的数据信号按差分曼彻斯特方法编码，因此若总线上存在电平跳变，则判断为总线忙，否则判断为总线空闲。如果一个节点已准备好发送的数据帧，并且此时总线空闲，则它就可以启动发送。如果在几乎相同的时刻，有两个或两个以上节点发送了数据帧，那么就会产生冲突。冲突检测的方法有两种：比较法和编码违例判决法。所谓比较法，就是发送节点在发送数据的同时，将其发送信号的波形与从总线上接收到的波形进行比较，如果总线上同时出现两个或两个以上的发送信号，它们叠加后的信号波形将不等于任何节点发送的波形信号。编码违例判决法只检测从总线上接收的信号波形，如果总线上只有一个节点发送数据，则从总线上接收的波形一定符合差分曼彻斯特方法编码规律。

2. CSMA/CD 的接收工作过程

采用 CSMA/CD 方法接收数据的过程相对要简单些，信道上连接的每个站点时刻都在监听总线，如果有信息帧到来，则接收，得到 MAC 帧后再查看该帧的目的地址是不是本站点的地址。如果是，则复制再做下一步处理，否则就丢弃该帧。

3. CSMA/CD 的特点

CSMA/CD 控制方式的优点：原理比较简单，技术上容易实现，网络中各工作站处于平等地位，不需集中控制，网络维护方便，增加或减掉站点容易，在网络负荷轻时效率较高。

CSMA/CD 控制方式的缺点：不能保证在一个确定时间内把信息发到对方而不发生碰撞，不适宜要求实时性强的应用。总线对负荷很敏感，负荷增大时，效率下降。

5.2.2 令牌环访问控制方法

令牌环（Token Ring）技术最初是由 IBM 公司于 1984 年推出的，后来由 IEEE 802 委员会以 IBM 令牌环网为基础制定了 IEEE 802.5 环形拓扑结构的局域网标准。环形网络的主要特点是只有一条环路，信息单向流动，无路径问题。

令牌环访问控制方法的主要原理是使用一个称之为"令牌"的控制标志。所谓"令牌"，就是一种信息发送许可证。它是一个特殊的帧，沿环形网依次向每个站点传递。这时，只有获得令牌的站点才有权发送信息。当无信息在环形网上传送时，令牌处于"空闲"状态。它沿环形网从一个站点到另一个站点不停地进行单向传递。当一个站点要发送数据时，必须等待空闲令牌帧通过本站点，然后获取该令牌帧，再置令牌的状态为"忙"，并将要发送的数据组织的数据帧发到环形网上。其他的工作站随时检测经过本站的帧，当发送的帧的目的地址与本站地址相符时就接收该帧。数据帧在环上循环一周后再回到发送站点，由发送站点将数据帧从环上取下，将令牌置为"空闲"后释放令牌，再送到下一个站点。这样，令牌帧沿着环形网依次通过各个站点时，每个站点均有获得发送数据的机会。由于环形网上只有一个令牌，因此解决了对传输介质争用的问题，即环形网上不可能发生数据发送时产生冲突的现象。

令牌环访问控制方法的原理如图 5-3 所示，其中，图 5-3（a）表示令牌在环形网中传动，站点 A 获得了"空闲"令牌；图 5-3（b）表示站点 A 给站点 C 发送数据，站点 C 接收后并继续转发数据；图 5-3（c）表示站点 A 收回所发的数据；图 5-3（d）表示站点 A 收回所发数据后，将令牌状态由"忙"改为"空闲"，释放令牌后将其送给下一站点 B，这时，如果站点 B 发送数据即可获得令牌，如果不发送数据，令牌再沿环形网依次传递到站点 C。

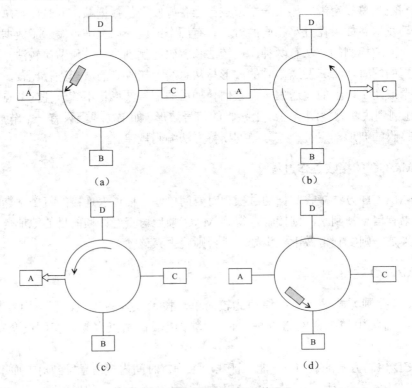

图 5-3 令牌环访问控制方法的原理

令牌环访问控制方法在轻负荷时，由于发送信息之前必须等待令牌，加上规定由源站收回信息，效率较低。但在重负荷环路中，"令牌"以循环方式工作，效率较高。令牌环访问控制方法的主要优点是可调整性，令牌环网上的各个站点可以被设置成不同的优先级，较高优先级的站点可申请获得下个令牌权，具有很强的实时性。

令牌环的主要缺点是控制电路较复杂。使用令牌环访问控制方法的网络需要有维护数据帧和令牌的功能。例如，可能会出现数据帧未被正确移去而始终在环上循环传输的情况；也可能出现令牌丢失，或只允许一个令牌的网络中出现了多个令牌等异常情况。解决这类问题的常用办法是在环中设置监控器，对异常情况进行检测并消除。

尽管令牌传递机制和效率比以太网的冲突检测机制要好，但以太网的市场占有率非常高，而令牌环网所占的市场份额很低，其主要原因是以太网产品的价格低，具有较灵活的扩展性。

5.2.3　令牌总线访问控制方法

IEEE 802.4 标准规定了令牌总线（Token Bus）访问控制方法和物理层技术规范。采用 IEEE 802.4 标准协议的网络被称为令牌总线网。这种方式主要用于总线型或树形网络结构中。

CSMA/CD 访问控制方法是采用总线竞争方式，具有结构简单、扩展方便、成本低廉、在轻负载下延迟小等优点，但随着负载的增多，冲突的概率会增加，性能明显下降。令牌环访问控制方法虽然不会出现冲突，在重负载下效率较高，但这种方式控制和管理较复杂，成本较高，还存在着检错和可靠性问题。令牌总线访问控制方法是在综合了以上两种访问控制方法优点的基础之上形成的，在总线型局域网上采用的就是令牌访问控制方式。

从物理结构上看，令牌总线网是总线型局域网，各站点共享总线信道。可是从逻辑上看，它又是一种环形的局域网，如图 5-4 所示。连接在总线上的各站点组成了一个逻辑环。这种逻辑环通常按站点的地址的递减（或递增）顺序排列，与站点的物理位置无关。因此，令牌总线网上的每个站点都设置了标识寄存器来存储上一站、本站和下一站的逻辑

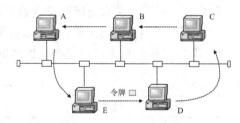

图 5-4　令牌总线结构示意图

地址或序号。这时，最后一站与第一站相连，上站地址和下站地址可以动态地设置和保持，利用站指针构成逻辑环。图 5-4 中的逻辑环站点的顺序为 E→D→C→B→A→E。

在令牌总线局域网中，只有在逻辑环上的站点才有机会获得令牌，而不在逻辑环上的站点只能通过总线接收数据或响应令牌保持时间。它的访问控制方式类似于令牌环，获得令牌是站点可以发送数据的必要条件。但它把总线型或树形网络中的各个工作站按一定顺序（如按接口地址大小）排列形成一个逻辑环。只有令牌持有者才能控制总线，才有发送信息的权力。信息是双向传送，每个站都可检测到其他站点发出的信息。在令牌传递时，都要加上目的地址，所以只有检测到并得到令牌的工作站才能发送信息。

这种控制方式的优点是：各工作站对介质的共享权力是均等的，可以设置优先级，也可以不设优先级；有极好的吞吐能力，且吞吐量随数据传输速率的增高而增加并随介质的饱和而稳定下来但并不下降，这是该方式最大的优点；各工作站不需要检测冲突，故信号电压容许较大的动态范围，连网距离较远；有一定实时性，在工业控制中得到了广泛应用。该方式

的缺点是控制电路较复杂，成本高，轻负载时线路传输效率低。

5.3 以太网

以太网（Ethernet）是一种产生较早、使用最为广泛的局域网。它最初是美国 Xerox（施乐）公司和斯坦福大学合作于 1975 年推出的一种局域网，其名称来源于 19 世纪的物理学家假设的电磁辐射介质——光以太（后来经研究证明光以太并不存在）。以后由 DEC、Intel、Xerox 3 家公司合作于 1980 年 9 月第一次公布 Ethernet 物理层和数据链路层的规范，也称 DIX 规范。IEEE 802.3 就是以 DIX 规范为主要依据而制定的标准。以太网的系列技术是目前局域网组网首选的网络技术。以太网以价格低廉、软件丰富、配置简单、管理方便成为局域网的事实标准，并占据了 90%以上的市场份额，成为校园网、企业网、城域网建设中日益重要的选择。

5.3.1 以太网概述

以太网是典型的总线局域网。该类网络中没有控制节点，网中节点都能平等地争用发送信息的时间。以太网的介质访问控制方法采用 CSMA/CD。

虽然以太网标准和 IEEE 802.3 标准在很多方面都非常相似，但是两种规范之间仍然存在着一定的差别，主要区别是以太网标准只描述了使用 50Ω 同轴电缆、数据传输率为 10Mbit/s 的总线局域网，而且包括 OSI/RM 中的第一层和第二层，即物理层和数据链路层的全部内容；IEEE 802.3 标准描述了运行在各种介质上，数据传输率为 1～10Mbit/s 的所有采用 CSMA/CD 协议的局域网，并且只定义了介质访问子层和物理层。

随着局域网技术的不断发展，以太网规范和 IEEE 802.3 标准也一直在不断修订和扩充。表 5-2 列出了一些以太网规范的发展情况。

表 5-2　　　　　　　　　　　　　　　以太网规范的发展

以太网规范	IEEE 标准	出台年份	传输速率
10 Base-5 粗缆以太网	802.3	1983 年	10Mbit/s
10 Base-2 细缆以太网	802.3a	1985 年	10Mbit/s
10Mbit/s 中继器技术规范	802.3c	1985 年	10Mbit/s
光缆与中继器之间的链路	802.3d	1987 年	10Mbit/s
10BROAD 宽带总线以太网	802.3b	1988 年	10Mbit/s
10 Base-T 双绞线以太网	802.3i	1990 年	10Mbit/s
10 Base-F 光缆以太网	802.3j	1993 年	10Mbit/s
100 Base-T 快速以太网	802.3u	1995 年	100Mbit/s
100 Base-T2 全双工操作和物理层规范	802.3x	1997 年	100Mbit/s
100 Base-T2 全双工以太网	802.3y	1997 年	100Mbit/s
1000 Base-X 吉比特以太网（光纤、铜缆）	802.3z	1998 年	1000Mbit/s
1000 Base-T 吉比特以太网（双绞线）	802.3ab	1999 年	1000Mbit/s
10GBase-X/R/W 10 吉比特以太网	802.3ae	2002 年	10Gbit/s

1．以太网的帧结构

局域网一般采用以数据块为单位的同步方式。这种方式下，待发送的数据会被加上一定的控制类信息构成帧。以太网帧结构如图 5-5 所示。

7字节	1字节	6字节	6字节	2字节	n字节	4字节
前导码	帧定界符	目的地址	源地址	长度	数据	校验位

图 5-5　以太网帧结构

图 5-5 中，帧内各字段的功能如下。

（1）前导码。前导码又称前同步信号，由 7 字节的 0、1 间隔代码组成，是"10101010"的比特串，用来通知目标站做好接收准备。

（2）帧定界符。帧定界符包括一字节，其位组合是 10101011，以两个连续的 1 结尾，表示一帧实际开始。

（3）目的地址。目的地址是发送帧的目的接收站地址，可以是单址，也可以是组播地址或广播地址，由 2 字节或 6 字节组成，10Mbit/s 的标准规定为 6 字节。如果目的地址是全 1，则目的站为网络上的所有站，即为广播地址。

（4）源地址。源地址标志发送站的地址，也由 6 字节组成。

（5）长度。长度字段由 2 字节组成，表示其后的以字节为单位的数据段的长度。

（6）数据。真正在收发两站之间要传递的数据块最多只能包括 1 500 字节，最少不能少于 46 字节，如果数据的实际长度小于 46 字节，则必须加以填充。

（7）校验位。帧校验采用 32 位 CRC 校验，校验范围是目的地址、源地址、长度及数据块。校验位由发送设备计算产生，在接收方被重新计算以确定帧在传送过程中是否被损坏。

2．帧的发送流程

如果一个站点要发送数据，它将以"广播"形式把数据通过总线上传。这时，连接到总线上的所有站点都可以接收到发送站点的数据信号。由于以太网中所有站点都可能利用总线发送数据，而且以太网中又不存在中心站点，因此有可能出现多个站点争抢总线的情况。为了尽量减少争抢现象或使争抢发生后能尽快解决，以太网采取了一些控制策略，其帧的发送流程如图 5-6 所示。

（1）一个站点在发送数据帧之前，首先要检测总线是否空闲，以确定总线上是否有其他节点正在发送数据。

（2）如果总线空闲，则可以发送；如果总线忙碌，则要继续检测，一直等到介质空闲时方可发送。

（3）在发送数据帧的同时，还要持续检测总线是否发生冲突。一旦检测到冲突发生，便立即停止发送，进入"冲突加强"阶段，即向介质上发出一串阻塞脉冲信号来加强冲突，以便让总线上的其他节点都知道已发生冲突。这样，总线带宽不致因传送已损坏的帧而被白白地浪费。

（4）冲突发生后，应随机延迟一段时间，再去争用总线。这时，帧进入重发状态。进入重发状态的第一件事就是计算重发次数。以太网规定一个帧最多可以重发 16 次，否则就认为线路发生故障。

3．帧的接收流程

以太网中不发送数据信息的站点一直处于接收状态，当有信号发送时，各站点将启动帧接收过程。每个接收站点对接收到的帧必须进行如下的帧有效性检查。

（1）滤除因冲突而产生的"帧碎片"，即当接收的数据帧长度小于最小帧长限制（46 个字节）时，则认为它是不完整的帧而将它丢弃掉。

（2）检查帧的目的地址字段（DA）是否与本节点的地址相匹配。地址匹配分为两种情况：如果 DA 为单地址，两个地址必须完全相同；如果 DA 为组地址或广播地址，则认为地址相匹配。如果地址不匹配，则说明帧不是发送给本站点的，需将帧丢弃掉。

（3）对帧进行 CRC 校验。如果 CRC 校验有错，则丢弃该帧。

（4）对帧进行长度检验。接收到的帧长必须是 8 位的整数倍，否则丢弃掉。

（5）保留有效的数据帧，去除帧头和帧尾后，将数据提交给逻辑链路控制子层。

帧的接收流程如图 5-7 所示。

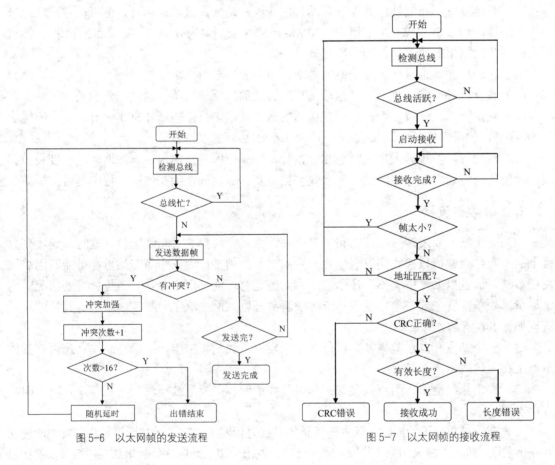

图 5-6 以太网帧的发送流程　　　　图 5-7 以太网帧的接收流程

5.3.2 传统以太网组网技术

目前，以太网的数据传输速率已达到 10Gbit/s，因此常用"传统以太网"来表示最早进入市场的 10Mbit/s 以太网。在 IEEE 802.3 标准中，以太网可以采用 3 种传输介质进行组网：细同轴电缆、粗同轴电缆、双绞线。

1．细同轴电缆以太网

细同轴电缆以太网也称 10 Base-2，其中，10 是指网络的数据传输速率为 10Mbit/s，Base 是指基带传输，2 是指最大的干线段为 185m。图 5-8 所示为有两个网段和一个中继器的细同轴电缆以太网。

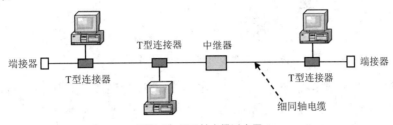

图 5-8　细同轴电缆以太网

10 Base-2 所使用的网络硬件如下。

（1）网卡：每个站点需要至少一块带有 BNC 接口的以太网卡。它被置于计算机中。

（2）BNC T 型连接器：这是一个三通插头，两端插头用于连接细同轴电缆，而中间插头用于连接网卡。

（3）BNC 连接器头：用于细同轴电缆与 T 型连接器之间的连接。

（4）电缆：直径为 1/4 英寸（0.635cm）的 50Ω 细同轴电缆。

（5）端接器：信号在到达总线的端点时发生反射，反射回来的信号又要传输到总线的另一端，这将阻止其他的计算机发射信号。为了防止总线端点的反射，10 Base-2 网络设置了端接器，即在总线的两端安装了吸收到达端点信号的元件。这样，当一台计算机发送的数据到达目的地之后，其他的计算机就可以占有总线继续发送数据。

（6）中继器：一根细缆的总长度不超过 185m，细缆以太网最多允许加入 4 个中继器，连接 5 段干线，但仅允许在 3 个干线上接工作站，其余的两个网段只能用于延长距离，最大网络干线的长度 925（185×5）m，一个干线上最多可接 30 台工作站。

细同轴电缆以太网的网络拓扑结构为总线型，介质访问控制协议为 CSMA/CD，工作站间的最小距离为 0.5m。

细同轴电缆以太网的优点是造价比较低、安装容易，但由于各连接头容易松动，可靠性受到一定影响，多用于小规模的网络环境。

2．粗同轴电缆以太网

粗同轴电缆以太网也称 10 Base-5，其中，5 是指最大的干线段为 500m。该网是标准以太网。图 5-9 所示为有两个网段和一个中继器的粗同轴电缆以太网。

10 Base-5 所使用的网络硬件如下。

（1）网卡：每个站点需要至少一块带有 AUI 接口的以太网卡，其被插在工作站的插槽上，可实现数据链路层及部分物理层的功能（如数据封装、链路管理、编码与解码）。

（2）收发器：收发器沿电缆发送和接收信号，另外还完成载波侦听和冲突检测的工作。

粗同轴电缆以太网中的每个节点都需要一个安装在同轴电缆上的外部收发器。它有三个端口，一端（AUI）用来连接工作站，另两个侧端口（BNC）连接粗同轴电缆。收发器与工作站间的距离小于 50m，两个收发器间的距离不小于 2.5m。

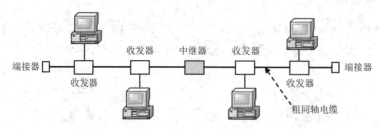

图 5-9　粗同轴电缆以太网

（3）收发器电缆：把网卡连接到收发器的电缆被称为连接单元接口（Attachment Unit Interface，AUI）电缆，网卡和收发器上的连接器被称为 AUI 连接器。

（4）电缆：粗缆用 1/2 英寸（1.27cm）的 50Ω 粗同轴电缆作干线。

（5）端接器：在电缆的两端。

（6）中继器：一根粗缆的总长度不超过 500m，粗缆以太网最多允许加入 4 个中继器，连接 5 段干线，但仅允许在 3 个干线上接工作站，最大网络干线长度为 2 500m。一个干线上最多可接 100 台工作站。

粗同轴电缆以太网的网络拓扑结构为总线型，介质访问控制方法为 CSMA/CD，工作站间的最小距离为 2.5m。

粗缆网的抗干扰能力比细缆好，但造价较高，安装较为复杂。

3．双绞线以太网

双绞线以太网也称 10 Base-T，其中，T 表示采用双绞线。一个基本的双绞线以太网如图 5-10 所示。

双绞线以太网的硬件配置如下。

（1）网卡：每个站点需要至少一块支持 RJ-45 接口的网卡。

（2）RJ-45 连接器：电缆两端各压接一个 RJ-45 插头，一端连接网卡，另一端连接集线器。

（3）双绞线：以太网标准规定只能使用 3 类以上的 UTP 或 STP 双绞线。

（4）集线器：10 Base-T 集线器是 10 Base-T 网络技术的核心。它是一个具有

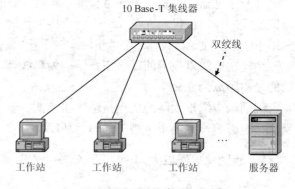

图 5-10　双绞线以太网

中继器特性的有源多口转发器，其功能是接收从某一端口发送来的信号并进行重新整形，之后将信号再转发给其他的端口。集线器还具有故障自动隔离功能，即当网络出现异常情况（如冲突次数过多或某个网络分支发生故障）时，集线器会自动阻塞相应的端口，删除特定的网络分支，使网络的其他分支不受其影响，仍能维持正常的工作。虽然双绞线以太网从外观上

像星形网络，但从数据流动的情况上看，它仍然是一个总线型网。因此，我们往往说双绞线以太网是物理上星形、逻辑上总线型的局域网。这种连接法使网络的建立变得极为容易，而且 RJ-45 插头不像同轴电缆中的插口容易松动，它的牢固性极好。

集线器有 8 口、12 口、16 口和 24 口等多种类型，有些集线器除了提供多个 RJ-45 端口外，还提供 BNC 和 DIX（即 AUI）插座，支持 UTP、细同轴电缆和粗同轴电缆的混合网络连接。

（5）中继器：一根双绞线的总长度不超过 100m，双绞线以太网最多允许加入 4 个中继器，连接 5 段干线，但仅允许在 3 个干线上接工作站。这时，最大网络干线的长度为 500m，一个干线上最多可接 30 台工作站。

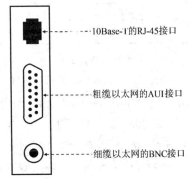

图 5-11 3 种连接器示意图

- 10Base-T的RJ-45接口
- 粗缆以太网的AUI接口
- 细缆以太网的BNC接口

双绞线以太网的网络拓扑结构为星形或总线型，介质访问控制方法为 CSMA/CD，站点数由 Hub 的端口数而定。

10 Base-T 的优点是安装方便，价格比粗缆和细缆以太网的成本都要低许多，管理和连接方便，扩充性好，升级容易。

双绞线、粗缆和细缆 3 接口的外观形式如图 5-11所示。

5.3.3 高速以太网

进入 20 世纪 90 年代，多媒体信息技术的发展对网络的传输速率和传输质量提出了更高的要求，原有的 10Mbit/s 传输速率的局域网已难以满足通信要求。为此，国际上的一些著名企业和科研机构联合起来研究和开发新的高速网络技术，相继开发并公布的高速以太网技术有 100Mbit/s 以太网、1 000Mbit/s 以太网、10Gbit/s 以太网和 100Gbit/s 以太网技术。IEEE 802 委员会对这些技术分别进行了标准化工作。

通常情况下，100Mbit/s 的以太网被称为快速以太网，而 1000Mbit/s 及以上速率的以太网被称为高速以太网。

1. 100Mbit/s 以太网

100Mbit/s 以太网（100 Base-T）被 IEEE 列为正式标准，代号为 IEEE 802.3u。它是 IEEE 802.3 标准的扩充协议。

（1）100 Base-T 技术规范。100 Base-T 继承性地直接拓展了 10 Base-T 以太网。100 Base-T 的数据包格式、包长度、差错控制及信息管理方式均与 10 Base-T 相同，MAC 层仍采用 CSMA/CD 介质访问控制方式，但信息传输速率比 10 Base-T 提高了 10 倍，拓扑结构采用星形。

由于 100 Base-T 的 MAC 层采用 CSMA/CD 控制方法，与传输速率无关，因此 100 Base-T 技术规范主要是指物理层规范，其定义了 3 种物理层标准，如表 5-3 所示。

表 5-3   100 Base-T 的 3 种物理层标准

物理层协议	线缆类型	线缆对数	编码方式	主要优点
100 Base-T4	3/4/5 类 UTP	4 对（3 对用于数据传输，每对速率为 33.3Mbit/s，1 对用于冲突检测）	8B/6T	在原有 3 类 UTP 基础上，由 10 Base-T 升级到 100 Base-T，保护用户已有的投资
100 Base-TX	5 类 UTP/RJ-45 接头 1 类 STP/DB-9 接头	2 对（2 针用于发送数据，2 针用于接收数据）	4B/5B	支持全双工通信
100 Base-FX	多模光纤/单模光纤 ST 或 SC 光纤连接器	2 芯	4B/5B	支持全双工、长距离通信

（2）10/100Mbit/s 自适应功能。100 Base-T 具有通过 10/100Mbit/s 自动协商算法来实现 10Mbit/s 和 100Mbit/s 两种速率的自适应功能。自动协商算法允许一个站点的网卡或集线器自动适应 10Mbit/s 和 100Mbit/s 两种传输速率，自动确定当前的速率并以该速率进行通信。

10/100Mbit/s 自适应功能需要 10/100Mbit/s 双速以太网卡的支持，例如，有一个 10/100Mbit/s 网卡与一个 10 Base-T 集线器连接，自动协商算法会自动驱动 10/100Mbit/s 网卡以 10 Base-T 模式操作。该网段就会以 10Mbit/s 速率进行通信。如果把 10 Base-T 集线器升级为 100 Base-T 集线器，则自动协商算法会自动驱动 10/100Mbit/s 网卡以 100 Base-T 模式操作。该网段就会以 100Mbit/s 速率进行通信，在速率升级过程中不需要人工或软件干预。

（3）100 Base-T 的特点。100 Base-T 的性价比高，升级容易，移植方便，易于扩展。例如，组网成本约为 10 Base-T 价格的两倍，但可取得 10 倍性能的提高。它与 10 Base-T 有很好的兼容性，许多硬件线缆、接头不必重新投资，10 Base-T 上的一些管理软件、网络分析工具都可在 100 Base-T 上使用。

与其他高速局域网络技术相比（如 100VG，FDDI），100 Base-T 的缺点是信道利用率比较低，不适合重负荷通信；另一个缺点是对传输介质的访问采用竞争机制，网络时延难以确定，因而不适合那些对时延敏感的应用。

2. 1 000Mbit/s 以太网

1 000Mbit/s 以太网也称为吉比特以太网。1995 年，IEEE 802.3 委员会成立了一个高速研究组，对吉比特以太网格式传送分组的技术进行研究，1997 年确定了吉比特以太网的核心技术，1998 年正式通过了基于光纤信道的吉比特以太网标准 802.3z，1999 年又通过了基于 5 类双绞线运行吉比特以太网的 IEEE 802.3ab 标准，即 1000 Base-T。吉比特以太网的分层结构模型如图 5-12 所示，其中新增的 GMII（Gigabit Medium Independent Interface）层是吉比特介质无关接口，其具有 8bit 宽的通道，运行频率在 125MHz，提

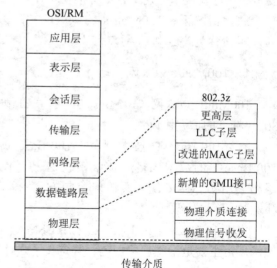

图 5-12 吉比特以太网分层结构模型

供了不同物理介质的连接接口。

吉比特以太网使用原有以太网的帧结构、帧长及 CSMA/CD 协议解决共享媒体的争用，只是在低层将数据速率提高到了 1Gbit/s。因此，它与标准以太网（10Mbit/s）及快速以太网（100Mbit/s）兼容。用户能在保留原有操作系统、协议结构、应用程序及网络管理平台与工具的同时，通过简单的修改，使现有的网络工作站升级到吉比特速率。

吉比特以太网具有技术过渡的平滑性、可管理性和可维护性，网络可靠性高，支持新应用与新数据类型。吉比特以太网的物理层协议主要包括以下 4 种。

（1）1 000 Base-SX：SX 表示短波长的多模光纤，其以短波激光作为信号源；收发器上配置了波长为 700～860nm 的激光器；其采用 8B/10B 编码方式，主要适用于建筑物中的短距离通信的主干网。

（2）1 000 Base-LX：LX 表示长波长的多模光纤，其以长波激光作为信号源；收发器上配置了波长为 1 270～1 355nm 的激光器；其采用 8B/10B 编码方式，主要用于园区的主干网。

（3）1 000 Base-CX：CX 表示铜线，其以一种特殊规格的高质量平衡双绞线（STP）作为传输介质；其最长有效传输距离为 25m，采用 8B/10B 编码方式；其传输速率为 1.25Gbit/s（有效数据传输速率为 1.0Gbit/s），主要用于集群设备的连接或一个交换机房的设备互连。

（4）1 000 Base-T：使用 4 对五类非屏蔽双绞线，传输距离为 100m，主要用于结构化布线中同一层建筑中的通信，从而可以利用以太网或快速以太网已铺设的 UTP 线缆。此外，也可以用于大楼内的主干网络中。

吉比特以太网的速度是快速以太网的 10 倍，但其价格只有快速以太网的 2～3 倍，具有较高的性价比，是高速以太网的主流技术。例如，3Com 公司率先推出了 1 000Mbit/s 以太网的系列产品，包括 1 000Mbit/s 以太网交换机、1 000Mbit/s 以太网网络模块、1 000Mbit/s 以太网分配器和 1 000Mbit/s 以太网网卡等，提供了从共享式 10Mbit/s 以太网过渡到 1 000Mbit/s 以太网的完整解决方案。

3．10Gbit/s 以太网

随着全双工快速以太网和吉比特以太网的成熟，特别是因特网和多媒体技术的发展应用，网络数据流量的迅速增加，原有的速率已难以满足要求。IEEE 组织了一个由 3Com、Cisco 和 Intel 等著名企业组成的联盟，进行了 10Gbit/s 以太网技术的开发，2002 年 IEEE 公布了 10Gbit/s 以太网的正式标准 IEEE802.3ae。

10Gbit/s 以太网也叫 10 吉比特以太网或万兆以太网。它并不只是简单地将吉比特以太网的速率提高 10 倍，而是把目标定位于扩展以太网，使其能够超越局域网，以进入城域网和广域网。IEEE 正在为 10Gbit/s 以太网制定两个分离的物理层标准：一个是为局域网制定的，另一个是首次为广域网制定的。

10Gbit/s 以太网的主要技术特点如下。

（1）保留了 IEEE 802.3 以太网的帧格式、最大帧长和最小帧长。

（2）只用全双工工作方式，不用 CSMA/CD 协议，改变了传统以太网的半双工的广播工作方式，进入了 MAN 和 WAN 的范畴。

（3）只使用光纤作为传输介质而不使用铜线。

（4）使用点对点链路，支持星形结构的局域网。

（5）10Gbit/s 以太网数据传输率非常高，不直接与端用户相连。

（6）创造了新的光物理媒体相关（PMD）子层。

10Gbit/s 以太网的应用前景非常广阔，例如，可作为主干网或经波分复用提供广域网入口，意味着以太网将具有更高的带宽、更远的距离，提供更多、更新的功能。目前，用于局域网的光纤 10Gbit/s 以太网主要定义了三种标准，如表 5-4 所示。

表 5-4　　　　　　　　　　　　　　10Gbit/s 以太网物理层标准

物理层协议	线缆类型	网段最大长度	编码方式	主要优点
10GBase-SR	光纤	300m	64B/66B	使用 850nm 短波多模光纤
10GBase-LR	光纤	10km	64B/66B	使用 1310nm 长波多模光纤
10GBase-ER	光纤	40km	64B/66B	使用 1550nm 超长波多模光纤

除以上物理层标准外，IEEE 还制定了使用铜缆的称为 10GBase-CX 4 和使用双绞线的称为 10GBase-T 的 10Gbit/s 以太网物理层标准。在 10Gbit/s 以太网之后又制定了 40Gbit/s 以太网和 100Gbit/s 以太网物理层标准。这些更高速的以太网均以全双工方式工作，且主要采用光纤作为传输介质。

以太网从 10Mbit/s 到 10Gbit/s 的演进，证明了以太网具有扩展性强、灵活性好、易于安装和稳健性高等特点，所覆盖的地理范围也扩展到了城域网和广域网。因此，现在人们正在尝试使用以太网进行宽带接入。以太网接入的重要特点是它可提供双向的宽带通信，并且可根据用户对带宽的需求灵活地进行带宽升级。采用以太网接入可实现端到端的以太网传输，中间不需要再进行帧格式的转换，提高了数据的传输效率，降低了传输的成本。

5.3.4　交换式以太网

局域网可分为共享式局域网和交换式局域网两种。在任何时刻，共享的广播式信道中只允许一个站点的单向信息流。其他站点都能收到该信息流，并根据帧头的目标地址对此信息流做出判断。由此可见，共享式以太网的信道始终处于"分享"和"共享"的状态。比如，带宽为 10Mbit/s 的以太网，有 100 个站点上网，理论分析表明，每个站点分享的带宽仅为 0.1Mbit/s。随着网络规模的扩大，若考虑冲突和解决冲突等必要的开销，网络实际可用的带宽还会更低。这进一步导致网络效率下降，发送延迟上升。

局域网可采用百兆比特和吉比特以太网组合架构的高速以太网结构，一个典型的百兆比特/吉比特以太网的应用架构如图 5-13 所示。通常，吉比特以太网交换机被作为核心交换机提供高速主干连接；若干百兆比特/吉比特交换机被作为工作组交换机。它们既支持吉比特的链路，也支持百兆比特的链路。所谓工作组，就是将功能类似或一个部门（如大公司的一个部门）的用户组成一个工作组，工作组之间以及工作组服务器与主服务器之间通过快速交换器相连。

1. 以太网的交换原理

以太网、快速以太网等传统局域网都属于共享介质局域网。在共享式局域网中，整个网络系统都处在一个冲突域（Collision Domain）中。所谓冲突域，是指由网络连接起来的这样一组站点的集合：当其中任意两个或两个以上站点同时发送数据时，发送的数据就会产生冲突。与冲突域相关的另一个概念是广播域（Broadcast Domain）。所谓广播域，也是一组由网络连接起来的站点的集合，如果其中一个站点发送了一个广播帧，则广播帧就会被其他所有站点接收。目前，许多网络协议都采用广播的方式交换数据，但如果在一个广播域中的广播帧数量太多，就会严重降低网络的性能。这种现象被称为"广播风暴"。需要注意的是，冲突域属于物理层的概念，而广播域属于数据链路层的概念；一个冲突域一定是一个广播域，反之则不然。

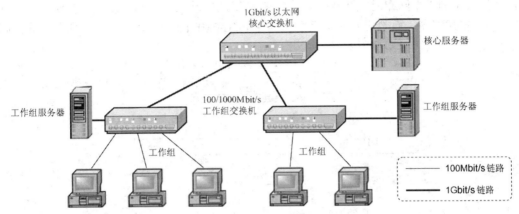

图 5-13　百兆比特/吉比特以太网的应用架构

共享式以太网的整个网络系统都处于一个冲突域中，当网络规模不断扩大时，冲突就会大大增加，网络整体性能就会大大下降，如图 5-14（a）所示。为了解决共享式以太网存在的问题，通常采用"分段"的方法，就是把一个大的冲突域划分成若干个较小的冲突域，减少冲突发生的概率，即把一个大型的以太网分成多个小型的以太网，"段"与"段"之间通过网桥、交换机或路由器进行通信，将一个"段"接收的数据进行简单的处理后再转发给另一段。

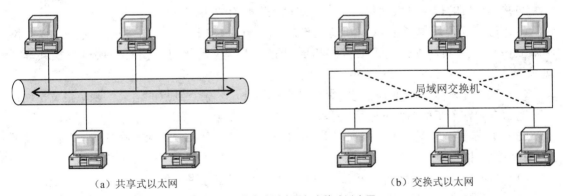

（a）共享式以太网　　　　　　　　　　（b）交换式以太网

图 5-14　共享式以太网与交换式以太网

使用以太网交换机（Switch）作为中央连接设备的以太网被称为交换式以太网。交换式以太网的核心组成部件是交换机。以太网的交换原理就是：采用拥有一个共享内存交换矩阵和多个端口的以太网交换机，将局域网分为多个独立的网段，允许同时建立多对收发信道进行信息传输，如图 5-14（b）所示。在图 5-14（b）中，能够允许 3 对站点同时进行通信。一般来讲，网段规模越小，即网段内站点数越少，每个站点的平均带宽相对越高。若每个网段只含有一个站点，则该站点占用的带宽达到最大值，即由共享带宽变为独享带宽。使用交换技术而形成的交换式以太网可以使网络的带宽问题得到有效解决，其核心设备交换机摆脱了 CSMA/CD 的约束，提高了网络的效率。

在实际应用中，并不是所有的站点都需要采用独享带宽的方式。比如，少数实时性要求比较高的工作站和服务器需要独享带宽，普通的站点往往通过集线器共享一个端口的带宽。这是目前常见的以太网布局。图 5-15 所示的共享交换式以太网中，A 组站点和 B 组站点分别共享 100Mbit/s 带宽，而 C 站点和服务器分别独占 100Mbit/s 带宽。这样各取所需，既提高了网络性能，又降低了组网费用。

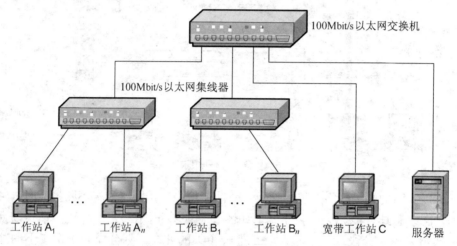

图 5-15　共享交换式以太网

2. 交换式以太网技术的优点

与共享介质的传统以太网相比，交换式以太网具有以下优点。

（1）可继续使用原有的以太网基础设施，节省用户网络升级的费用。交换式以太网不需要改变网络其他硬件，包括电缆和用户的网卡，仅需要用交换式交换机替换共享式集线器。

（2）独占传输信道和独享带宽，每个站点都能独占一条点到点的信道，独享带宽，网络总带宽通常为各个交换端口的带宽之和。

（3）实现网络分段，均衡负荷，同时提供多个通道，允许多对站点同时通信，比传统的共享式集线器提供更多的带宽。

（4）提供全双工模式操作，提高了处理效率，时间响应快。

（5）灵活的端口速率，用户可以按需要选择端口速率，例如，可在交换机上配置 10Mbit/s、100Mbit/s、10/100Mbit/s 等自适应端口，用于连接不同速率的站点。

（6）高度的可扩充性，大容量的交换机具有很高的网络扩展能力，适用于大规模网络，如企业网、校园网和城域网等。

（7）可互联不同标准的局域网，交换机具有自动转换帧格式功能，例如，可在一台交换机上集成以太网、FDDI 和 ATM。

3．交换模式

以太网交换机的端口接收到一个帧时的处理方式和效率与局域网的交换模式有关，有 3 种以太网交换模式，即存储转发、直通和不分段模式，如图 5-16 所示。

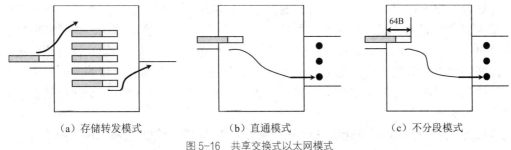

|（a）存储转发模式|（b）直通模式|（c）不分段模式|

图 5-16 共享交换式以太网模式

（1）存储转发模式。存储转发交换是一种基本的局域网交换类型，应用比较广泛。这种模式下，局域网交换机将整个帧存储到它的缓冲器中，并且计算循环冗余校验（CRC）。如果这个帧有 CRC 差错或者帧长度不对，那么这个帧将被丢弃。如果帧没有任何差错，则以太网交换机将在转发或交换表中查找其目的地址，从而确定输出端口，并将帧发往其目的端。

存储转发方式在数据处理时延时大，这是它的不足，但是它可以对进入交换机的数据包进行错误检测，尤其重要的是它可以支持不同速率的输入/输出端口间的转换，保持高速端口与低速端口间的协同工作，比较适合于大型网络或有多种传输速率的环境。

（2）直通模式。直通型交换是另一种主要的局域网交换模式。这种模式下，局域网交换机仅将目的地址存到它的缓冲器中，然后在交换表中查找该目的地址，从而确定输出接口，并将帧发往其目的端。直通模式减少了延迟，交换机一读到帧的目的地址并确定输出接口，就可将帧转发。由于不需要存储，延迟非常小，所以交换速度非常快。但这种方式也存在一些问题，如果有些帧在传输过程中已出现了差错，进入交换机后并没有进行 CRC 校验就将其转发了，就会产生无效的转发，增加网络开销。此外，由于没有缓存，不能将具有不同速率的输入/输出端口直接接通，而且当以太网络交换机的端口增加时，交换矩阵就会变得越来越复杂，实现起来较困难，所以直通式交换机比较适合于小型网络。

（3）不分段模式。不分段模式是介于存储转发模式和直通模式之间的一种解决方案。这种模式下，交换机在转发之前等待 64 字节（512bit）的冲突窗口。如果一个帧有错，那么差错一般都会发生在前 64 字节中。不分段模式较直通模式提供了较好的差错检验，可检查到帧的数据域。

5.4 虚拟局域网

近年来，随着网络技术的飞速发展，交换式局域网由于具有较高的性价比而获得了广泛应用，逐步取代了共享介质局域网而成为网络发展的主流，而交换技术的发展为虚拟局域网（Virtual Local Area Network，VLAN）的实现奠定了技术基础。

5.4.1 虚拟局域网的概念

在传统的局域网中，各站点共享传输信道所造成的信道冲突和广播风暴是影响网络性能的重要因素。为了解决这些问题，网桥和路由器被广泛应用于局域网中。由网桥连接的网络属于同一逻辑子网，由路由器将不同的逻辑子网连接在一起，逻辑子网的通信必须经路由器进行。由集线器、网桥或交换机等网络设备连接各工作站点所构成的物理网络与逻辑子网相对应，因此，网络中的广播域是根据物理网络来划分的。但是，网络在应用中的发展给这种网络结构提出了两方面的问题。第一，网络用户的大量增加和子网间的数据传输量增大，意味着第三层路由操作的大量增长；第二，信息社会的发展造就了许多处于分散地理位置的相关组织，这就产生了一个称为"虚拟逻辑工作组"的新实体，即在逻辑上相关而在物理上分散的人群，他们处于不同的物理网络中，既需要大量的网间带宽，也希望自己的信息只在自己的工作组中共享和广播。为了解决这些问题，基于交换技术的虚拟局域网应运而生。

虚拟局域网不是物理结构上存在的一种网络类型。它是一种通过将局域网内的设备逻辑地而不是物理地划分成一个个网段而实现虚拟工作组的技术，是根据某种服务目的而划分的逻辑网段的组合。在 IEEE 802.1Q 标准中是这样定义 VLAN 的："虚拟局域网是局域网中由一些具有某些共同需求的网段构成的与物理位置无关的逻辑组，网络中的每一个帧都带有明确的标识符以指明其源发站是属于哪个 VLAN 的。"

由于虚拟局域网是建立在交换技术基础上的，因此，如果将一个网络上的站点按照工作的需要和性质划分成若干个不同的"逻辑工作组"，那么一个工作组就是一个虚拟局域网。虚拟局域网的物理结构和逻辑结构如图 5-17 所示。

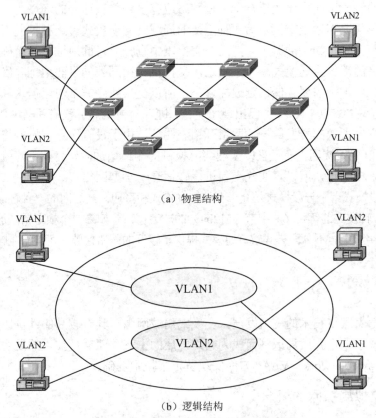

（a）物理结构

（b）逻辑结构

图 5-17　虚拟局域网的物理结构与逻辑结构

　　从一般意义上来讲，虚拟局域网是指在物理网络上通过软件策略根据用途、工作组等将用户从逻辑上划分为一个相对独立的局域网，在逻辑上其等同于 OSI/RM 第二层的广播域。同一个 VLAN 的成员能共享广播，而不同 VLAN 之间广播是相互隔离的。这样将整个网络分割成多个不同的广播域。如果要将广播发送到其他的 VLAN，就要用到提供路由支持的第三层网络设备，如三层交换机或路由器。虚拟局域网的工作原理相当于对网络进行了逻辑分段，一个网段相当于一个广播域。传统局域网使用网桥、交换机等物理设备从物理地点上形成广播域，如图 5-18（a）所示；属于同一个虚拟局域网的一些节点设备不必存在于同一个交换机的各个端口上，如图 5-18（b）所示。网络管理员可以根据不同的服务目的，通过相应的软件灵活地建立和配置虚拟局域网，为网络的各种应用提供了更加灵活、方便的网络平台。

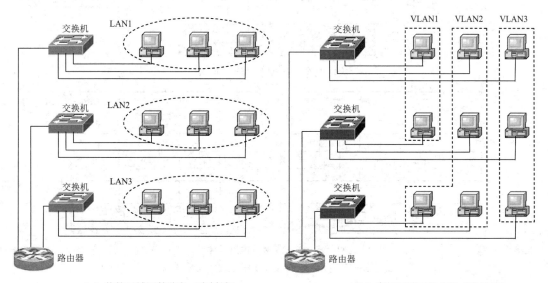

（a）传统局域网的分段（广播域）　　　　　　　　　　（b）虚拟局域网的分段（广播域）

图 5-18　传统局域网与虚拟局域网的分段示意图

　　虚拟局域网与传统局域网的主要区别在于"虚拟"二字上，两者的组网方式有着本质的不同。也就是说，虚拟局域网的一组站点可以位于不同的物理网段上，不受物理位置的约束，但相互间通信却好像它们在同一个局域网中一样。此外，虚拟局域网可以自动跟踪站点位置的变化，当站点物理位置发生改变时，无须人工重新配置。

5.4.2　虚拟局域网的组网方法

　　虚拟局域网的组网方法涉及在一个物理局域网上如何从逻辑上划分出虚拟局域网成员组。目前，虚拟局域网的交换机能提供多种虚拟局域网成员组的划分方法，主要有以下几种方法。

1. 基于交换机端口的虚拟局域网

　　可通过对虚拟局域网的交换设备的端口进行分组来划分虚拟局域网。早期的虚拟局域网都是根据局域网的交换机的端口号来定义虚拟局域网成员的。这些交换机端口分组可以在一台交换机上，也可以跨越几台交换机，如图 5-19 所示。例如，在图 5-19（a）中，虚拟局域网交换机上的端口 1、2、4、7、8 所连接的工作站可以构成 VLAN1，而端口 3、5、6 则构成 VLAN2；在图 5-19（b）中，1 号交换机的 1、2、4、7、8 端口和 2 号交换机的 2、4、5、7、8 端口构成 VLAN1，1 号交换机的 3、5、6 端口和 2 号交换机的 1、3、6 端口构成 VLAN2。

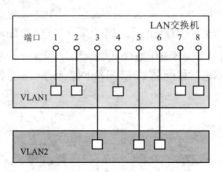

（a）单个交换机划分虚拟子网

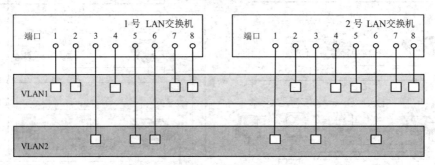

（b）多个交换机划分虚拟子网

图 5-19　按交换机的端口划分的虚拟局域网

按交换机的端口来划分 VLAN 成员组的配置过程简单方便，因此它是比较常用的一种方法，其主要缺点是不支持用户移动，一旦用户移动至一个新的位置，网络管理员就必须配置新的虚拟局域网。不过这一不足可通过灵活的网络管理软件来弥补。该方法属于物理层组网。

2. 基于硬件 MAC 地址的虚拟局域网

在这种虚拟局域网中，交换机对终端的 MAC 地址和交换机端口进行跟踪，由网络管理人员指定属于同一个虚拟局域网中的各站点的 MAC 地址。该方法属于 MAC 层组网。MAC 地址是连接在网络中的每个设备的网卡的物理地址。世界上没有两块 MAC 地址相同的网卡。从某种意义上说，这是一种基于用户的网络，因为网卡是在工作站上，即使站点移动到其他物理网段，也能自动保持虚拟局域网成员资格。但这种方式要求网络管理者将每个站点都逐一划归到某个虚拟局域网中，在对大型网络进行初始配置时会比较麻烦。

3. 基于网络层的虚拟局域网

虚拟局域网中最高级、最为复杂的是基于网络层的虚拟局域网划分，也叫作基于策略

（Policy）的划分。基于网络层的虚拟局域网使用协议（如果网络中存在多协议）组网时，可按网络层协议类型划分虚拟局域网，如可以分为 IP、DECNET 等虚拟局域网。当采用 TCP/IP 协议组网时，按网络层地址即 IP 地址组成虚拟局域网。这时，每个虚拟局域网都和一段独立的 IP 网段相对应。这样，IP 广播组就与 VLAN 域是一一对应的关系。这种组网方式有以下几点优势：第一，可以按传输协议划分网段；第二，有利于组成基于具体应用或服务的虚拟局域网，用户成员可以随意移动工作站而无须重新配置网络地址；第三，这种类型的虚拟局域网可以减少协议转换造成的网络延迟。但是，这种组网方式对设备要求较高，还要防止 IP 盗用。

4．基于 IP 广播组的虚拟局域网

这种组建虚拟局域网的方式是动态的。在该方式下，虚拟局域网代表一组 IP 地址，即该方式认为一个广播组就是一个虚拟局域网，将虚拟局域网扩大到了广域网。IP 广播中的所有节点属于同一个虚拟局域网，但它们只是特定时间段内、特定 IP 广播组的成员。IP 广播组虚拟局域网的动态特性具有很高的灵活性，可以根据服务灵活地组建，而且它可以跨越路由器，与广域网互联。但是，这种方法并不太适合局域网，其主要缺点是效率不高。

5.4.3　虚拟局域网的优点和应用

1．虚拟局域网的优点

总体来说，通过合理地划分虚拟局域网来管理网络具有以下优点。

（1）广播控制。虚拟局域网可将某个交换机端口划分到某个虚拟局域网中，而一个虚拟局域网的广播风暴不会影响到其他虚拟局域网的性能。

（2）安全性好。共享式局域网只要用户插入一个活动端口，就能访问网络，因此难以确保网络的安全。而虚拟局域网能限制个别用户的访问，控制广播域的大小和位置，甚至能锁定某台设备的 MAC 地址，不同的广播域成员不能互相访问，尽管与其他站点在同一个物理网段内，也不能通过虚拟局域网访问。此外，虚拟局域网间的通信如果经过路由器，则可利用传统路由器提供的保密、过滤等功能进行控制管理；如果经过网桥通信，则可利用传统网桥提供的过滤功能进行包过滤。

（3）性能提高。由于每个站点的通信大都在各自的虚拟局域网内，因此减少了网间的数据流量，提高了网络的整体效率。因为缩小了广播域，所以有利于控制广播风暴，提高了网络带宽的利用率和网络性能。在不改动网络物理连接的情况下可任意将工作站在工作组之间移动。

（4）管理简单。网络管理员能够借助虚拟局域网技术轻松管理整个网络，打破了物理位置的约束，当站点变更时能快速便捷地处理，无须进行布线调整，减少了当逻辑组成员物理位置变迁时的复杂操作，降低了网络维护费用。当要为完成某个项目建立一个逻辑工作组（其成员可遍布全球）时，网络管理员只需几条命令，就能在几分钟内建立该项目的虚拟局域网，就像在本地使用局域网一样方便。

2．虚拟局域网的应用

下面结合一些案例来简单地介绍虚拟局域网的应用。

（1）局域网内部的局域网。现在很多企业已经具有一个相当规模的局域网，但是企业内部因为保密或者其他原因，要求各业务部门或者课题组独立成为一个局域网。另外，各业务部门或者课题组的人员不一定是在同一个办公地点，各网络之间不允许互相访问。根据这种情况，可以有几种解决方法，但是虚拟局域网解决方法可能是最好的。为了完成上述任务，网络管理人员所要做的工作主要是收集各部门或者课题组的人员组成、所在位置、与交换机连接的端口等信息，根据部门数量对交换机进行配置，创建虚拟局域网，设置中继，最后在一个公用的局域网内部划分出来若干个虚拟的局域网。这能减少局域网内的广播，并能提高网络传输性能。这样的虚拟局域网可以方便地被增加、改变、删除。

（2）共享访问——访问共同的接入点和服务器。在一些大型写字楼或商业建筑（如酒店、展览中心等），经常存在这样的现象：大楼被出租给各个单位，大楼内部已经构建好了局域网，提供给大楼内的用户使用。这些用户通过共同的出口访问因特网或者大楼内部的综合信息服务器。由于大楼的网络是统一的，其用户有物业管理人员、其他不同企业的客户。在这样一个共享的网络环境下，解决不同企业或单位对网络的需求的同时，还要保证各企业间信息的独立性。在这种情况下，虚拟局域网提供了很好的解决方案。大楼的网络系统管理员可以为入驻企业创建一个个独立的虚拟局域网，保证企业内部的互相访问和企业间信息的独立，然后利用中继技术，将提供接入服务的代理服务器或者路由器所对应的局域网接口配置成为中继模式，实现共享接入。这种配置方式还有一个好处，即可以根据需要设置中继的访问许可，灵活地允许或者拒绝某个虚拟局域网的访问。

（3）交叠虚拟局域网。交叠虚拟局域网是在基于端口划分虚拟局域网的基础上提出来的。最早的交换机上的一个端口只能同时属于一个虚拟局域网，而交叠虚拟局域网允许一个交换机上的端口同时属于不同的虚拟局域网。这种技术可以解决一些突发性、临时性的虚拟局域网划分。例如，一个科研机构已经划分了若干个虚拟局域网，但是因为某个科研任务，从各个虚拟局域网里面抽调出来的技术人员临时组成课题组，要求课题组内部通信自如，同时各科研人员还要保持和原来的虚拟局域网进行信息交流。这时如果采用路由和访问列表控制技术，则成本会较大，同时会降低网络性能。交叠技术的出现为这一问题提供了廉价的解决方法：只需要对加入课题组的人员所对应的交换机上的端口进行支持多个虚拟局域网设置操作，然后创建一个新虚拟局域网，将所有人员划分到新虚拟局域网，保持各人员原来所属虚拟局域网不变即可。

5.5　无线局域网

无线网络技术采用直接序列扩频、跳频、跳时等一系列无线扩展频谱技术，使得数据传递安全可靠；无线网络组网灵活，可随意增加和减少移动主机；无线网络维护成本低，尽管在搭建时投入成本高些，但后期维护方便，维护成本比有线网络低一半左右。

目前，无线网络技术的应用领域越来越广泛，与之相关的新技术层出不穷。例如，从无线局域网、无线个人网、无线城域网到无线广域网，从固定宽带无线接入到移动宽带无线接入等。

5.5.1　无线网络的发展和应用

目前，无线网络已经成为现代通信网的基本组成部分。它的最大优点是可以让人们摆脱有线的束缚，更便捷自由地沟通。1971 年时，夏威夷大学的研究员创造了第一个基于封包式技术的无线电通信网络 ALOHANET，其可称为早期的无线局域网络（WLAN）。无线通信网络在发展早期主要用于军事、司法、紧急业务等领域，到了 20 世纪 80 年代后期，才开始在商业性应用方面得以发展。

1. 音频无线化

世界影音生产商已经推出了各具特色的无线音响与无线家庭影院产品，为家庭影音娱乐提供了多元化的解决方案，让装备的空间组合更自由协调。这些无线发烧音响与无线 AV 产品配置无线发射及接收装置，用红外线、蓝牙和 Wi-Fi 无线信号传送替代了家庭影院主机与音箱之间的线缆连接。

VoIP（Voice over Internet Protocol）是指将模拟的声音信号经过压缩与封包之后，以数据封包的形式在 IP 网络的环境进行语音信号的传输，典型应用为因特网电话、网络电话，或者简称 IP 电话。无线 VoIP 主要利用 Wi-Fi、蓝牙等无线接入技术，提供小范围 IP 话音无线通信。无线 VoIP 的最大优势在于话费低廉，人们可以在无线网络覆盖到的任何地点使用 IP 电话，而且无线 VoIP 电话的通话质量正在快速提升，在很多地方，无线 VoIP 电话的质量已经达到或超过了普通手机的通话质量，但无线 VoIP 技术的可靠性和安全性还存在着一些不足。

2. 无线 USB 技术

无线 USB 技术是 UWB 超宽带无线技术的一种，其覆盖半径界于蓝牙与 Wi-Fi 之间，可让数码家庭应用中的计算机与家电产品或是周边设备相互以无线方式传输数据，替代 USB 2.0 和 IEEE 1394 等有线传输技术和蓝牙低带宽传输技术。无线 USB 技术在 4m 内的数据传输率能够达到 480Mbit/s，是蓝牙的 100 倍左右，而在 10m 距离上能够实现 110Mbit/s 的数据传输率。无线 USB 最大的特色是"无线"，这是目前的 USB 2.0 和 IEEE 1394 设备无法比拟的。此外，无线 USB 技术与有线 USB 技术相比的特点是强化了对流媒体数据的传输性能，因而可以更快地进入此前属于蓝牙领地的笔记本电脑、数码相机、掌上电脑（Personal Digital Assistant，PDA）、打印机、键盘和鼠标产品领域。

3. Wi-Fi 技术

无线保真（Wireless Fidelity，Wi-Fi）符合 IEEE 802.11b 无线网络规范，其理论传输速率为 11Mbit/s。但在实际使用环境中，它的传输速率只有理论速率的一半左右。然而即便如此，用于音频传输也已经绰绰有余。在 802.11n 产品技术应用逐渐成为主流应用的情况下，基于 Wi-Fi 技术的无线网络产品在带宽、覆盖范围等技术上均取得了极大提升。

4. 无线个人网

无线个人网（Wireless Personal Area Network，WPAN）是在小范围内相互连接数个装置所形成的无线网络，如使用蓝牙连接耳机及笔记本电脑等。

WPAN 是用无线电（RF）或红外线代替传统的有线电缆，以个人为中心实现信息终端的智能化互连而组建的个人化信息网络，又称为电信网络"最后一米"的解决方案。从计算机网络的角度来看，WPAN 是一个局域网；从电信网络的角度来看，WPAN 是一个接入网。

5. 无线传感器网络

传感器是指包含了敏感元件和转换元件的检测设备，其能将检测和感知的信息变换成电信号，进一步转换成数字信息进行处理、存储和传输。无线传感器网络（Wireless Sensor Network，WSN）综合了传感器、嵌入式计算、分布式信息处理、无线通信、网络安全等技术，能协作地实时监控、感知和采集网络区域内的各种环境或被监测对象的信息，并予以处理和传输。WSN 节点结构主要由 4 个部分组成：负责监控区域内信息采集和数据转换的传感器模块；负责整个传感器节点的操作，存储和处理传感器采集的数据，以及其他节点传送的数据的处理器模块；负责与其他传感器节点进行无线通信，接收和发送手机的信息，交换控制信息的无线通信模块；采用微型电池为传感器节点提供运行所需要能量的能量供应模块。

WSN 被认为是信息感知和采集的一场革命，将会对人类的未来生活方式产生巨大影响，具有节点数目庞大、分布密、低功耗、低成本、可靠性高和动态性强等特点。

6. 无线城域网与无线广域网

基于 IEEE 802.16 标准的无线城域网（Wireless Metropolitan Area Network，WMAN），覆盖范围达几十公里，传输速率高，并提供灵活、经济、高效的组网方式，支持固定和移动的宽带无线接入方式。IEEE 802.16 标准能达到 30～100Mbit/s 或更高速率，移动性优于 Wi-Fi。WMAN 能有效解决有线方式无法覆盖地区的宽带接入问题，有完备的 QoS 机制，可根据业务需要提供实时、非实时的数据传输服务，为居民和各类企业的宽带接入业务提供新的方案。

无线广域网（Wireless Wide Area Network，WWAN）进一步扩展了传统无线网络范围，覆盖范围更大，提供更方便和灵活的无线接入，传输率通常低于 Wi-Fi、WiMax，用于卫星通信网络、移动通信（2G/3G/4G）等。

5.5.2　无线局域网的特点

无线局域网（Wireless Local Area Network，WLAN）是一种短距离无线通信组网技术。它是以无线信道为传输介质构成的计算机网络，其通过无线电传播技术传输数据，现已成为局域网应用领域的一个重要组成部分。无线局域网的室内应用场景包括大型办公室、车间、智能仓库、临时办公室、会议室、证券市场；室外应用场景包括城市建筑群间通信、学校校园网络、工矿企业厂区自动化控制与管理网络、银行金融证券城区网、矿山、水利、油田、港口、码头、江河湖坝区、野外勘测实验等。目前，越来越多的无线局域网产品投放市场，覆盖范围也不断增大。

无线局域网是近年来发展十分迅速的网络技术。利用无线局域网，人们可以随时、随地地访问网络资源。尽管目前无线局域网还不能完全独立于有线网络，但随着无线局域网的产品逐渐走向成熟，它在网络应用中将发挥日益重要的作用。

1. 无线局域网的优点

无线局域网是计算机网络与无线通信技术相结合的产物。它不受线缆束缚，可移动，能解决因有线网布线困难等带来的问题，并且组网灵活，扩容方便，与多种网络标准兼容，应用范围比较广泛。无线局域网既可满足各类便携机的入网要求，也可实现计算机局域网远端接入、图文传真、电子邮件等多种功能。与有线网络相比，无线局域网具有以下优点。

（1）使用灵活。在有线网络中，网络设备的安放位置受网络信息点位置的限制。而 WLAN 不受布线节点位置的限制，具有可移动性。

（2）经济节约。由于有线网络缺少灵活性，因此网络规划者需尽可能地考虑未来发展的需要。这往往需要预设大量利用率较低的信息点。而一旦网络的发展超出了设计规划，又要花费较多费用进行网络改造。而 WLAN 可以避免或减少以上情况的发生。

（3）易于扩展。WLAN 有多种配置方式，能够根据需要灵活选择，适应范围从只有几个用户的小型局域网到上千用户的大型网络，并且能够提供"漫游"等有线网络无法提供的特性。

（4）兼容性好。采用载波侦听多路访问/冲突避免（CSMA/CA）介质访问协议，遵守 IEEE 802.3 以太网协议。若与标准以太网及目前的主流网络操作系统完全兼容，则用户已有的网络软件不做任何修改即可在无线网上运行。

（5）安装便捷。一般在网络建设中，施工周期最长、对周边环境影响最大的就是网络布线施工工程。而 WLAN 最大的优势就是免去或减少了网络布线的工作量，一般只要安装一个或多个接入点（Access Point）设备，就可建立覆盖整个建筑或地区的局域网络。

（6）可靠性较高。有线网络用的有线设备容易发生故障，查找困难，且易受雷击、火灾等灾害影响，安全性差。无线网络受外界影响较小，容易设置备用系统，在一定程度上提高了网络的可靠性。

2．无线局域网的不足

无线局域网在给我们带来便捷和实用的同时，也存在着一些不足，主要体现在以下几个方面。首先是易受外界干扰，无线局域网依靠无线电波进行传输，这些电波通过无线发射装置发射出去，而外部自然环境中存在的障碍物有可能阻碍电磁波的传播，从而影响网络的性能。其次是传输速率，无线信道的传输速率与有线信道相比要低。最后是安全性，安全问题是自无线局域网诞生以来一直困扰其发展的重要因素，随着无线局域网应用领域的不断拓展，无线局域网受到越来越多的威胁，非法接入、数据传输的安全性等问题还有待于进一步解决。

5.5.3 无线局域网的基本技术

1．硬件设备

（1）无线网卡

无线网卡的作用和以太网中的网卡的作用基本相同。它是终端无线网络设备，是无线覆盖下通过无线连接网络上网使用的无线终端设备。作为无线局域网的接口，能够实现无线局域网各客户机间的连接与通信。无线网卡按照接口的不同可以分为多种，如台式机专用的 PCI 接口无线网卡、笔记本电脑专用的 PCMCIA 接口无线网卡、USB 接口无线网卡、笔记本电脑内置的 MINI-PCI 无线网卡等。

无线网卡主要包括网卡（NIC）单元、扩频通信机和天线 3 个功能模块。网卡单元属于数据链路层，由它负责建立主机与物理层之间的连接。扩频通信机与物理层建立了对应关系，它通过天线实现无线电信号的接收与发射。

（2）无线 AP

AP 是 Access Point 的简称，中文名称为接入点。无线 AP 就是无线局域网的接入点。它是用于无线网络的无线交换机，也是无线网络的核心。它的作用类似于有线网络中的集线器，是进行数据发送和接收的集中设备。无线 AP 如图 5-20 所示。

（3）无线网桥

无线网桥是为使用无线进行远距离数据传输的点对点网间互联而设计的，用于无线或有线局域网之间的互联。它可以联结两个或多个独立的网络段。这些独立的网络段通常可以相距几百米到几十千米。无线网桥如图 5-21 所示。

图 5-20 无线 AP　　　　　　　　　　图 5-21　无线网桥

（4）无线路由器

无线路由器是带有无线覆盖功能的路由器。它主要应用于用户上网和无线覆盖。它集成了无线 AP 的接入功能和路由器的第三层路径选择功能。目前，无线路由器产品支持的主要协议标准为 IEEE 802.11g，并且向下兼容 802.11b。无线路由器如图 5-22 所示。

（5）无线天线

当无线网络中各网络设备相距较远时，随着信号的减弱，传输速率会明显下降，以致无法实现无线网络的正常通信。此时就要借助于无线天线对所接收或发送的信号进行增强。无线天线有多种类型，常见的有两种：一种是室内天线，优点是方便灵活，缺点是增益小，传输距离短；另一种是室外天线，优点是传输距离远，比较适合远距离传输。

无线天线的类型比较多，一种是定向天线，另一种是全向天线。定向天线是对某个特定方向传来的信号特别灵敏，并且发射信号时也是集中在某个特定方向上；全向天线可以接收水平方向来自各个角度的信号和向各个角度辐射信号。两种无线天线如图 5-23 所示。

（a）定向天线　　（b）全向天线

图 5-22　无线路由器　　　　　　图 5-23　无线天线

2. 无线局域网的组成及结构

无线局域网由无线网卡、无线 AP、无线 Hub、无线网桥、计算机和有关设备组成，采用单元结构，即将整个网络系统分成许多单元，每个单元称为一个基本服务组（Basic Service Set，BSS）。BSS 通过 AP 与某个骨干网相连。骨干网可能是有线网，也可以是无线网。若干个 BSS

组成一个基本服务区（Basic Service Area，BSA），从而构成一个完整的无线局域网。其中，每个 BSS 的组成结构可分为分布对等式和集中控制式两种。

分布对等式：BSS 中任意两个移动站可直接通信，无须中心站转接。这种方式形成的 BSS 区域较小，但结构简单，使用方便。

集中控制式：BSS 中任意两个移动站都直接与中心站或无线 AP 连接，在该中心站（或 AP 站，以下统称为"中心站"）的控制下与其他移动站通信，由中心站进行无线通信的管理及与有线网络的连接工作。无线用户在中心站所覆盖的范围内工作时，无须为寻找其他站点而耗费大量的资源，是理想的低功耗工作方式。虽然这种方式形成的 BSS 区域较大，但建中心站的费用较高，而且一旦中心站发生故障将影响到整个 BSS。

目前无线局域网采用的结构主要有对等式、接入式和中继式 3 种。

（1）对等式

对等式的无线局域网如图 5-24 所示，包括多个装有无线网卡的计算机，放在有效距离内，组成对等网络。这类网络无须经过特殊组合或专人管理，任何两个移动式计算机之间不需中央服务器就可以相互对通。在这种网络结构中，没有专用服务器，每一个工作站既可以起客户机作用，也可以起服务器作用，网络结构相对比较简单。对等式网络的优点是配置简单，可实现点对点的多点连接；缺点是不能联结外部网络。对等式网络适用于用户数较少的网络。

（2）接入式

接入式的无线局域网以星形拓扑结构为基础，以无线 AP 为中心。所有的移动站之间的通信都要通过无线 AP 接转，如图 5-25 所示，可以在普通局域网基础上通过无线 Modem（调制解调器）等来实现。相应地，在 MAC 帧中，同时有源地址、目的地址和接入点地址。根据各移动站发送的响应信号，无线 AP 能在内部建立一个像"路由表"那样的"桥连接表"，将各个移动站与无线 AP 的各端口一一联系起来。当需要接转信号时，无线 AP 就通过查询"桥连接表"获得输出端口号，从而实现数据链路转接。

图 5-24　对等式网络结构

图 5-25　接入式网络结构

（3）中继式

中继式的无线局域网建立在接入式的原理之上，利用无线 AP 的无线接力功能，在两个无线 AP 间做点对点链接。中继式网络结构如图 5-26 所示。由于是独享信道，这种形式比较适合在两个局域网间实现远距离互联（架设高增益定向天线后，传输距离可达到 50km），被互联的局域网既可以是有线型的，也可以是无线型的。采用中继方式组建的无线网络被统称为无线分布系统。在这种系统下，MAC 帧中使用了 4 个地址，即源地址、目的地址、中转发送地址和中转接收地址。

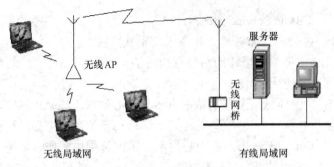

图 5-26 中继式网络结构

接入式和中继式都支持 TCP/IP 等多种网络协议，是 IEEE 802.11 做重点描述并极力推荐的主要无线网络结构形式。

3. 无线局域网的关键技术

无线局域网的关键技术主要集中在物理层，涉及传输介质的选择、接入和数据信号的传输技术方面。

（1）传输介质与传输技术

目前，无线局域网采用的传输介质主要有两种，分别为红外线和无线电波。红外线局域网使用小于 1μm 的红外线，支持 1～2Mbit/s 的数据速率，具有很强的方向性，受阳光干扰大，仅适合于较短距离的无线传输。而无线电波的覆盖范围较广，是常用的无线传输介质。

采用无线电波作为传输介质的无线网络通常采用扩频方式和窄带调制两种方式进行数据传输。所谓扩频（Spread Spectrum）方式，是指发送的信息被扩展到一个比信息带宽宽得多的频段上去，接收端通过相关接收将其恢复到原信息带宽的方法。扩频方式的特点是抗干扰能力强，其支持多址通信。扩频方式一方面使通信非常安全，基本可避免通信信号被偷听和窃取；另一方面也不会对人体健康造成伤害。使用无线电波作为传输介质的网络目前主要采用扩频通信方式。

（2）无线网络设备

要组建无线局域网，就必须要有相应的无线网络设备。几乎所有的无线网络设备中都包含无线发射/接收功能，且通常是一机多用。

无线网络设备主要包括无线网卡、无线 Hub、无线网桥、无线路由器、天线等。此外，无线 Modem 也可以用于无线接入，如 PDA 就可以通过外接无线 Modem 的方式来访问 Internet。

（3）CSMA/CA

无线网络的质量受外界环境干扰及障碍物的影响较大。这导致无线网络信号的强度并非是固定的。802.11 MAC 层所采用的介质访问控制方法是载波侦听多路访问/冲突避免（Carrier Sense Multiple Access/Collision Avoidance，CSMA/CA），可解决多路共享访问而引起的链路争用问题，保证某一时刻只有一个站点发送，实现了网络系统的集中控制。

载波侦听多路访问/冲突避免在网络中的标准是 IEEE 802.11，是在 IEEE 802.3 载波侦听多路访问/冲突检测技术 CSMA/CD 的基础上进行改进后形成的。该协议被称为带冲突避免的载波侦听多路访问协议，其在 CSMA/CD 的基础上增加了一个冲突避免（Collision Avoidance）

功能。它定义了一套"请求发送（Request to Send，RTS）""清除发送（Clear to Send，CTS）"和"接收确认（ACK）"的握手规则，按照冲突避免的原则将相互冲突减少到最小程度。CSMA/CA 的工作原理如下。

①首先，发送节点送出数据前必须进行载波检测。当信道上无任何节点发送数据时，维持一段时间，再等待一段随机的时间后，若依然没有人使用，则允许这个节点占用信道发送数据。这样可以减少冲突的机会。

②确定可以发送数据后，发送节点首先发送请求传送报文 RTS 控制帧给目标端。它包含前导码、源地址、目的地址，以及超时值等信息。

③接收节点收到 RTS 控制帧后，回送 CTS 控制帧进行响应。

④发送节点收到 CTS 控制帧后，启动一个时间片开始发送数据帧。在数据帧发送完成后，发送节点必须等待接收节点回送 ACK 控制帧进行确认。

⑤接收节点收到一个数据帧后，首先进行地址匹配、数据正确性和完整性等检查，在检查无误后，发送 ACK 控制帧。

4．IEEE 802.11

IEEE 802.11 是无线局域网通用的标准。该标准的制定是无线网络技术发展的一个里程碑。参照 ISO/RM 参考模型，IEEE 802.11 系列规范主要从 WLAN 的物理层和 MAC 层两个层面制定系列规范。IEEE 802.11 标准的物理层定义了两个射频（RF）传输方法，即跳频扩频（Frequency Hopping Spread Spectrum，FHSS）和直接序列扩频（Direct Sequence Spread Spectrum，DSSS），其中最核心的是 IEEE 802.11a、IEEE 802.11b 和 IEEE 802.11g，它们定义了最核心的物理层规范。IEEE 802.11 标准的不断完善推动着 WLAN 走向安全、高速、互联。IEEE 802.11 主要用于解决办公室局域网和校园网、用户与用户终端的无线接入等。IEEE 802.11 系列标准如表 5-5 所示。

表 5-5　　　　　　　　　　　　　　　　IEEE 802.11 系列标准

协议名称	发布时间	简要说明
IEEE 802.11	1997 年	定义了 2.4GHz 微波和红外线的物理层及 MAC 子层标准
IEEE 802.11a	1999 年	定义了 5GHz 微波的物理层及 MAC 子层标准
IEEE 802.11b	1999 年	扩展的 2.4GHz 微波的物理层及 MAC 子层标准（DSSS）
IEEE 802.11b+	2002 年	扩展的 2.4GHz 微波的物理层及 MAC 子层标准（PBCC）
IEEE 802.11c	2000 年	关于 IEEE 802.11 网络和普通以太网之间的互通协议
IEEE 802.11d	2000 年	基于国际间漫游的规范
IEEE 802.11e	2004 年	基于无线局域网的质量控制协议
IEEE 802.11F	2003 年	漫游过程中的无线基站内部通信协议
IEEE 802.11g	2003 年	扩展的 2.4GHz 微波的物理层及 MAC 子层标准（OFDM）
IEEE 802.11h	2003 年	扩展的 5GHz 微波的物理层及 MAC 子层标准（欧洲）
IEEE 802.11i	2004 年	增强的无线局域网安全机制
IEEE 802.11j	2004 年	扩展的 5GHz 微波的物理层及 MAC 子层标准（日本）
IEEE 802.11k	2005 年	基于无线局域网的微波测量规范

协议名称	发布时间	简要说明
IEEE 802.11m	2006 年	基于无线局域网的设备维护规范
IEEE 802.11n	2007 年	高吞吐量的无线局域网规范（100Mbit/s）
IEEE 802.11p	2010 年	车载环境的无线接入

目前，已经产品化的 IEEE 802.11 标准主要有以下几种。

（1）IEEE 802.11a

IEEE 802.11a 使用 5GHz 频段，传输速率范围为 6～54Mbit/s。该标准采用 OFDM（正交频分）调制技术，有 12 个传输信道。IEEE 802.11a 的数据速率较高，支持较多用户同时上网，但信号传播距离较短，易受阻碍。

（2）IEEE 802.11b

IEEE 802.11b 使用 2.4GHz 频段，采用补偿码键控（CKK）调制方式，有 3 个传输信道，可以根据实际情况在 11Mbit/s、5.5Mbit/s、2Mbit/s、1Mbit/s 间切换传输速率。IEEE 802.11b 所指定的最高数据速率较低，信号传播距离较远，不易受阻碍。

（3）IEEE 802.11g

IEEE 802.11g 使用 2.4GHz 频段，最高传输速率为 54Mbit/s，有 3 个传输信道。802.11g 能完全兼容 802.11b，即 802.11b 的设备在连接到一个 802.11g 的无线 AP 上时仍能工作，802.11g 的设备连接到一个 802.11b 的 AP 上时也仍能工作。同时，802.11g 的速率能达到 802.11a 的水平，也支持更多用户同时上网，信号传播距离较远，不易受阻碍。IEEE 802.11g 的兼容性和高数据速率弥补了 IEEE 802.11a 和 IEEE 802.11b 各自的缺陷，因此，IEEE 802.11g 一出现就得到了众多厂商的支持。

（4）IEEE 802.11n

一直以来，数据传输率低、网络的信号不稳定、信号传输范围小等种种问题一直困扰着无线局域网的大规模应用。而 802.11n 标准的出现，让无线局域网的应用范围得到扩展。

802.11n 标准将无线局域网的传输速率由目前的 54Mbit/s 提高到 108Mbit/s，甚至高达 500Mbit/s 以上的数据传输率，即在理想状况下，802.11n 将可使无线局域网的传输速率达到目前传输速率的 10 倍左右。

小　　结

本章主要介绍了局域网的相关原理及其应用技术，国际化标准组织推荐的局域网国际标准是 IEEE 802 标准。局域网的主要介质访问控制方法主要有带有冲突检测的载波侦听多点访问方法（CSMA/CD）、令牌环访问控制方法（Token Ring）和令牌总线访问控制方法（Token Bus）。

局域网是目前应用最为广泛的计算机网络，主要工作在物理层和数据链路层。在局域网的发展历程中，随着 100Mbit/s 以太网、1 000Mbit/s 以太网和 10GMbit/s 以太网相继投入市场，交换式以太网通过以太网交换机支持交换机端口的并发连接，实现多节点之间的数据并发传输，比共享介质式以太网具有更高的数据传输效率和带宽，以太网已经在局域网市场中占据了绝对优势。

虚拟局域网是为了满足人们特定需要而产生的一项新技术。它虽然不是物理结构上存在的一种网络类型，但可以在物理局域网上划分若干个子网。虚拟网络建立在局域网交换机或 ATM 交换机等设备的基础之上，交换机可以在它的多个端口之间建立多个并发连接。

组建局域网时，常用的网络设备有网卡和传输介质，连接时还需要一些接插件。

无线局域网是近年来发展十分迅速的网络技术，已经在各种场合得到了广泛的应用。

习　题

一、填空题

1．局域网是一种在_____的地理范围内将大量计算机及其他各种设备互连在一起，实现数据_____和资源_____的计算机网络。

2．局域网的分类方法很多，通常按_____、_____、介质访问控制方式和网络操作系统等来进行分类。

3．局域网的基本技术是_____、_____和_____。这些技术能确定网络性能、数据传输类型和网络应用等，其中_____对网络特性有着重要的影响。

4．ISO 建议的局域网的国际标准为_____标准。

5．局域网的数据链路层由两个子层组成，分别是_____子层和_____子层。

6．IEEE 802.3 标准中指出以太网可以采用 3 种传输介质来进行组网。这 3 种传输介质分别是_____、_____和_____。

7．从介质访问控制方法的角度划分，局域网可分为_____和_____两种类型。

8．10 Base-5 中，"10" 代表_____，"Base" 代表_____。

9．若使用双绞线组网，则每个网段的最大长度是_____m。

10．采用交换技术形成的交换式以太网的核心设备是_____。网络管理员可以在它的多个端口之间建立多个_____连接。

11．交换机常用的交换技术有_____、_____和不分段式 3 种。

12．虚拟局域网以_____方式来实现逻辑工作组的划分和管理。逻辑工作组的节点组成不受_____限制。

13．802.11b 标准在理想情况下的传输速率为_____，802.11g 标准的理论传输速率也达到_____。

14．_____主要利用 Wi-Fi、蓝牙等无线接入技术，提供小范围 IP 话音无线通信。

15．IEEE 802.11a 使用_____频段，传输速率范围为_____。

二、选择题

1．局域网的体系结构包括_____。

　　A．物理层、数据链路层和网络层　　　B．物理层、LLC 和 MAC 子层

　　C．LLC 和 MAC 子层　　　　　　　　D．物理层

2．CSMA/CD 介质访问控制方法和物理层技术规范是由_____描述的。

A．IEEE 802.2　　B．IEEE 802.3　　　C．IEEE 802.4　　　D．IEEE 802.5

3．令牌环（Token Ring）的介质访问方法和物理技术规范是由_____描述的。

A．IEEE 802.2　　B．IEEE 802.3　　　C．IEEE 802.4　　　D．IEEE 802.5

4．令牌总线（Token Bus）的介质访问控制方法是由_____描述的。

A．IEEE 802.2　　B．IEEE 802.3　　　C．IEEE 802.4　　　D．IEEE 802.5

5．决定局域网特性的主要技术有 3 个，它们是_____。

A．传输形式、差错检测方法和网络操作系统

B．通信方式、同步方式和拓扑结构

C．传输介质、拓扑结构和介质访问控制方法

D．数据编码技术、媒体访问控制方法和数据交换技术

6．下面哪一项不是局域网的拓扑结构？_____

A．总线型　　　　B．星形　　　　C．环形　　　　D．全连通形

7．100Mbit/s 交换机中，每个端口的速率为_____。

A．100Mbit/s　　　　　　　　　　B．100Mbit/s 除以端口数

C．200Mbit/s　　　　　　　　　　D．100Mbit/s 乘以端口数

8．采用 CSMA/CD 介质访问控制方法的局域网中某一站点要发送数据，则必须_____。

A．立即发送　　　B．等到总线空闲　　C．等到空令牌　　D．等发送时间到

9．_____拓扑结构是目前常见的一种无线网络拓扑结构。

A．总线型　　　　B．环形　　　　C．网形　　　　D．星形

10．无线局域网的关键技术主要集中在_____。

A．物理层　　　　B．数据链路层　　　C．网络层　　　　D．应用层

11．IEEE 802.11g 使用_____频段。

A．2.4GHz　　　　B．2.6GHz　　　　C．2.8GHz　　　　D．5.6GHz

三、判断题

1．站点的 MAC 地址随其物理位置的变化可以改变。

2．按照 IEEE 802 标准布局的局域网的 LLC 层都是一样的。

3．基于集线器的网络属于交换式局域网。

4．10 Base-T 和 100 Base-T 具有不同的 MAC 层。

5．在重负荷时，令牌环网局域网的传输效率要比总线型和星形局域网的效率高。

6．所有以太网交换机端口既支持 10 BASE-T 标准，又支持 100 BASE-T 标准。

7．交换式以太网的关键设备是交换机。交换机为每个端口提供专用带宽。这时，网络总带宽是各端口带宽之和。

8．虚拟局域网是建立在局域网交换机或 ATM 交换机之上的，因此它也可以看作是新型的交换式局域网。

9．第二代无线局域网是基于 IEEE 802.11 标准的无线局域网。

四、简答题

1．什么是计算机局域网？它有哪些特点？

2．局域网最常用的介质访问控制方法有哪 3 种？各有什么特点？

3．简述以太网帧的发送流程。

4．交换式以太网技术具有哪些优点？

5．有 10 个站连接到以太网上。试计算以下 3 种情况下每一个站所能得到的带宽。

（1）10 个站都连接到一个 10Mbit/s 以太网集线器；

（2）10 个站都连接到一个 100Mbit/s 以太网集线器；

（3）10 个站都连接到一个 100Mbit/s 以太网交换机。

6．怎样用双绞线组建传统以太网 10 Base-T？

7．什么是 FDDI？FDDI 的主要特点是什么？

8．什么是虚拟局域网？虚拟局域网的优越性有哪些？虚拟局域网的组网方法主要有哪几种？用案例说明一下虚拟局域网是如何应用的。

9．常见的高速网络技术有哪些，其特征是什么？

10．假定一个以太网上的信息 80%是在本局域网上进行传输的，而其余的 20%的信息是在本局域网和因特网之间进行的。另一个以太网的情况则相反。这两个以太网中，一个使用以太网集线器，而另一个使用以太网交换机。你认为以太网交换机应当用在哪一个网络？理由是什么？

11．简述无线通信网络发展和应用。

12．简述无线局域网的优点和不足。

第 **6** 章 通信网与广域网

【本章内容简介】通信网和广域网是一种地域分布极其广大的网络，现在已经成为信息化社会的命脉和发展的重要基础。本章主要介绍通信网和广域网的基本构成、分类，典型的通信网和广域网的原理、结构、功能和业务应用，下一代网络和软交换的概念，以软交换为中心的网络结构。

【本章重点】读者应重点掌握 SDH/PDH、3G、FR、ATM 和软交换技术的基本原理和特点，了解广域网提供的服务，B-ISDN 交换网的网络结构与参考模型，NGN 中各设备之间使用的协议。

6.1 通信网概述

6.1.1 通信网的构成与分类

通信网是一种使用交换设备、传输设备将地理上分散的用户终端设备互连起来，以实现通信和信息交换的系统，即其是实现信息传输、交换的所有通信设备相互连接起来的整体。

1. 通信网的构成

通信网由硬件和软件系统构成。通信网的硬件系统一般由终端设备、传输系统和转接交换系统等 3 部分的通信设备构成，是构成通信网的物理实体。为了使全网协调、合理地工作，还要有各种规定，如信令方案、网络结构、路由方案、编号方案、资费制度与质量标准等，这些均属于软件系统。从另外一个角度来讲，现代通信网除了有传递各种用户信息的业务网之外，还需要有若干支撑网，如接入网、信令网、同步网和管理网等。

对通信网一般有以下 3 个通用的标准，即接通的任意性与快速性、信号传输的透明性与传输质量的一致性、网络的可靠性与经济合理性。

现代通信网的发展趋势可概括为通信技术数字化、通信业务综合化、网络互通融合化、通信网络宽带化、网络管理智能化和通信服务个人化。

2. 通信网的分类

通信网的分类方法很多，根据不同的划分方法，同一个通信网可以有多种分类形式。

（1）按业务种类，可划分为电话网、电报网、数据通信网、传真通信网、有线电视网和综合业务数字网等。

（2）按服务范围，可划分为本地网、长途网和国际网等。

（3）按传输介质，可划分为电缆通信网、光缆通信网、卫星通信网、微波通信网和无线通信网等。

（4）按交换方式，可划分为电路交换网、报文交换网、分组交换网和宽带交换网等。

（5）按拓扑结构，可划分为星形网、环形网、树形网和总线网等。

（6）按信号形式，可划分为模拟通信网、数字通信网、数字/模拟混合网等。

（7）按传递方式，可划分为同步传输模式（STM）和异步传输模式（ATM）等。

6.1.2　公共交换电话网

公共交换电话网（Public Switched Telephone Network，PSTN）最早是 1876 年由贝尔发明的电话开始建立的，是一种用于全球语音通信的电路交换网络。它是发展最为成熟、使用最为广泛的网络，也是实现数据通信的重要基础之一。

1．公共交换电话网的基本组成

公共交换电话网提供的主要服务是进行交互型话音通信，但也可兼容其他许多种非话音业务网，如采用数字用户线技术（DSL）提供因特网接入、远程站点和本地局域网之间互连、远程用户拨号上网、传真等服务。除了以传递电话信息为主的业务网外，一个完整的电话通信网还需要有若干个能保障业务网正常运行、增强网络功能、提高网络服务质量的支撑网络。支撑网中传送的是相应的监测和控制信号。支撑网包括同步网、公共信道信令网、传输监控网和管理网等。

公共交换电话网主要由用户终端设备、交换设备和传输系统组成，基本结构如图 6-1 所示。

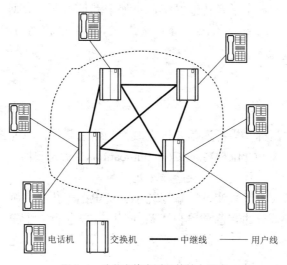

图 6-1　公共交换电话网的基本组成

（1）用户终端设备。用户终端设备主要是电话机，负责将用户的声音信号转换成电信号或将电信号还原成声音信号。同时，电话机还具有发送和接收电话呼叫的能力，用户通过电话机拨号来发起呼叫，通过振铃知道有电话呼入。用户终端可以是送出模拟信号的脉冲式或双音频电话机，也可以是数字电话机，还可以是传真机或计算机等。

（2）交换设备。交换设备主要是指交换机。自 1891 年史端乔发明自动交换机，电话交换机随着电子技术的发展经历了磁石交换、空分交换、程控交换、数字交换等阶段。交换机主要负责用户信息的交换工作。它要按用户的呼叫要求在两个用户之间建立交换信息的通道，即具有连接功能。此外，交换机还具有控制和监视的功能。例如，它要及时发现用户摘机、挂机，还要完成接收用户号码、计费等功能。

（3）传输系统。传输系统主要由传输设备和线缆组成，负责在各交换点之间传递信息。在电话网中，传输系统包括用户线和中继线。用户线负责在电话机和交换机之间传递信息，而中继线则负责在交换机之间进行信息的传递。这时，传输介质可以是有线的，也可以是无线的；传送的信息可以是模拟的，也可以是数字的；传送的形式可以是电信号，也可以是光信号。

2．话音业务的特点

电话网的主要业务是话音业务。话音业务具有的主要特点如下。

（1）速率恒定且单一，用户的话音频率在 300～3 400Hz，经过抽样、量化、编码后，都形成了 64kbit/s 的速率。

（2）话音对丢失不敏感，话音通信可以允许一定的丢失存在，因为话音信息的相关性较强，可以通过通信的双方用户来恢复。

（3）话音对实时性要求较高。在话音通信中，通话双方希望像面对面一样进行交流，较不能忍受较大的时延。

（4）话音具有连续性，通话双方一般是在较短时间内连续地表达自己的通信信息。

为了适应业务的发展，公共交换电话网已经从最初的固定线路模拟电话网络转化为现在具有高度冗余、多层次的数字话音传输网络，正处于满足语音、数据、图像等传送需求的转型时期，向下一代网络（Next Generation Network，NGN）的移动与固定融合的方向发展。

6.1.3　光纤通信

1．光纤通信系统的基本组成

光纤是光导纤维的简称。光纤通信是以光波作为信息载体，以光纤作为传输媒介的一种通信方式。光纤通信技术（Optical Fiber Communications）从光通信中脱颖而出，已成为现代通信的主要支柱之一，在现代通信网中起着举足轻重的作用。

光纤通信具有容量大、频段宽、传输损耗小、抗电磁干扰能力强、通信质量高等优点，与同轴电缆相比可以大量节约有色金属和能源。自从 1977 年世界上第一个光纤通信系统在美国芝加哥投入运行以来，光纤通信的发展极为迅速，新器件、新工艺、新技术不断涌现。光纤通信现已成为各种通信干线的主要传输手段。

由于激光具有高方向性、高相干性、高单色性等显著优点，所以光纤通信中的光波主要是激光。光纤通信系统主要由光发送机、光接收机、光缆传输线路、中继器和各种无源光器件构成。光纤通信系统的基本组成如图 6-2 所示。

（1）光发送机。光发送机是实现电/光转换的光端机。它由光源、驱动器和调制器等组成，作用是通过来自于电端机的电信号对光源发出的光波进行调制，然后再将已调的光信号耦合到光纤传输。所谓电端机，就是常规的电子通信设备。

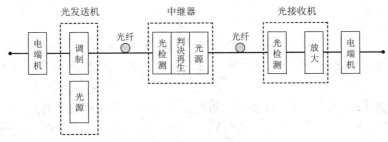

图 6-2 光纤通信系统的基本组成

（2）光接收机。光接收机是实现光/电转换的光端机。它由光检测器和光放大器等组成，作用是将光纤传来的光信号，经光检测器转变为电信号，然后再将这些微弱的电信号经放大电路送到接收端的电端机去。

（3）光纤。光纤构成光的传输通路，作用是将发信端发出的已调光信号，经过光纤的远距离传输后，耦合到收信端的光检测器上去，完成信息的传输任务。

（4）中继器。中继器由光检测器、光源和判决再生电路组成。它的作用有两个：一个是补偿光信号在光纤中传输时的衰减；另一个是对波形失真的脉冲进行整形。

（5）光纤连接器、耦合器等无源器件。由于光纤的长度受到光纤拉制工艺和光纤施工条件的限制，一条光纤线路上可能存在多根光纤的连接问题，因此，光纤间的连接、光纤与光端机的连接及耦合，对光纤连接器、光纤耦合器等无源器件的使用是必不可少的。

2．光纤通信的特点

光纤通信具有以下特点。

（1）通信容量大。理论上讲，一根光纤的潜在带宽可达 20THz。若采用这样的带宽，则只需 1s 左右即可将人类古今中外全部文字资料传送完毕。目前，400Gbit/s 系统已经投入商业使用，而一路普通电话的带宽约 4kHz，一路彩色电视的带宽约 6MHz。

（2）损耗极低，传输距离远。铜缆的损耗特性与缆的结构尺寸及所传输信号的频率特性有关，而光缆的损耗特性仅与玻璃的纯度有关。在光波长为 1.55μm 时，石英光纤的损耗可低于 0.2dB/km。这比目前任何传输媒质的损耗都低。

（3）信号串扰小，无辐射，难于窃听，保密性能好。

（4）抗电磁干扰能力强。电信号通信不能解决各种电磁干扰问题，唯有光纤通信不受各种电磁干扰。

（5）光纤尺寸小，重量轻，便于铺设和运输。

（6）材料来源丰富，有利于节约有色金属铜。

（7）光缆适应性强，寿命长。

（8）质地脆，机械强度差。

（9）光纤的切断和接续需要一定的工具、设备和技术。

（10）分路、耦合不灵活。

（11）光纤、光缆的弯曲半径不能过小（＞20cm）。

（12）在偏僻地区还存在着供电困难问题。

3．SDH/PDH

在数字通信系统中，传送的信号都是数字化的脉冲序列。这些数字信号流在数字交换设备之间传输时的速率必须完全保持一致。这样才能保证信息传送的准确无误。这就叫作"同步"。

在数字传输系统中，有两种数字传输系列，一种叫"准同步数字系列"（Plesiochronous Digital Hierarchy，PDH），另一种叫"同步数字系列"（Synchronous Digital Hierarchy，SDH）。

采用准同步数字系列的系统，会在数字通信网的每个节点上都分别设置高精度的时钟，且这些时钟的信号都具有统一的标准速率。尽管每个时钟的精度都很高，但总还是有一些微小的差别。为了保证通信的质量，这些时钟的差别不能超过规定的范围，即允许存在差别。因此，这种同步方式严格来说不是真正的同步，所以叫作"准同步"。

在以往的电信网中，多使用 PDH 设备。这种设备对传统的点到点通信有较好的适应性。而随着数字通信的迅速发展，点到点的直接传输越来越少，大部分数字传输都要经过转接，因而 PDH 设备便不能满足现代电信业务开发的需求以及现代化电信网管理的需求，而 SDH 就是适应新的需求而出现的传输体系。

美国贝尔通信研究所最早提出 SDH 概念，称为光同步网络（SONET）。它是高速、大容量光纤传输技术和高度灵活又便于管理控制的智能网技术的有机结合。SONET 标准规定了帧格式以及光学符号的特性，将比特流压缩成光信号在光纤上传输。它的高速和帧格式决定了它可以支持灵活的传输业务。1988 年，CCITT 接受了 SONET 的概念，将其重新命名为"同步数字系列（SDH）"，使它不仅适用于光纤，也适用于微波和卫星传输的技术体制，并且使其网络管理功能大大增强。在国际上，SONET 和 SDH 这两个标准是被同等对待的，SDH 已被推荐为 B-ISDN 的物理层协议标准。

SONET 定义了线路速率的等级结构，其传输速率以 51.84Mbit/s 为基础进行倍乘。这个 51.84Mbit/s 速率对应的电信号就被称为"第 1 级同步传送信号"，记为 STS-1；相应的光载波则被称为"第 1 级光载波"，记为 OC-1。SDH 的速率为 155.52Mbit/s，被称为"第 1 级同步传送模块"，记为 STM-1。表 6-1 列出了两种标准速率等级的对应关系。

表 6-1　　SDH/SONET 传输速率对照表

SONET 速率等级	SDH 速率等级	传输速率
STS-1/OC-1		51.84Mbit/s
STS-3/OC-3	STM-1	155.52Mbit/s
STS-9/OC-9		466.56Mbit/s
STS-12/OC-12	STM-4	622.08Mbit/s
STS-18/OC-18		
STS-24/OC-24	STM-8	
STS-36/OC-36	STM-12	
STS-48/OC-48	STM-16	2.5 Gbit/s
STS-192/OC-192	STM-64	10 Gbit/s

与 PDH 技术相比，SDH 技术具有以下优点。

（1）网络管理能力大大加强。

（2）提出了自愈网的新概念。用 SDH 设备组成的带有自愈保护能力的环网形式，可以在传输媒体主信号被切断时，通过自愈网自动恢复正常通信。

（3）统一的比特率，统一的接口标准，为不同厂家设备间的互连提供了可能。

（4）采用字节复接技术，使网络中的上下支路的信号变得十分简单。

若把 SDH 技术与 PDH 技术的主要区别用铁路运输类比，则 PDH 技术就如同散装列车，各种货物（业务）堆在车厢内。若想把某一包特定货物（某一项传输业务）在某一站取下，则需要把车上的所有货物先全部卸下，找到你所需要的货物，然后再把剩下的货物及该站新装货物一一堆到车上运走。因此，PDH 技术在凡是需上下电路的地方都需要配备大量的复接设备。而 SDH 技术就好比集装箱列车，各种货物（业务）贴上标签后再被装入集装箱，然后小箱子被装入大箱子，一级套一级。这样通过各级标签，就可以在高速行驶的列车上准确地将某一包货物取下，而不需将整个列车"翻箱倒柜"（通过标签可准确地知道某一包货物在第几车厢及第几级箱子内）。所以，在 SDH 中，可以实现简单上下电路。

由于 SDH 具有上述显著优点，它成为了实现信息高速公路的基础技术之一。但是在与信息高速公路相连接的支路和叉路上，PDH 设备仍将有用武之地。

4. 光纤通信新技术

（1）光放大器

为了能够适应光纤通信中不断提高的传输速率的要求，人们希望采用光放大的方法来替代传统的中继方式，并延长中继距离。光放大器能直接放大光信号，无须转换成电信号，信号的格式和速率具有高度的透明性，使得整个光纤通信传输系统更加简单和灵活。目前已成功研究出的光放大器有半导体光放大器和光纤放大器两类，其中，半导体光放大器是一个具有或不具有端面反射的半导体激光器，其机构和工作原理与半导体激光器类似；光纤放大器的性能与光偏振方向无关，器件与光纤的耦合损耗很小，因而得到广泛应用。

（2）光波分复用（WDM）技术

由于光纤具有很宽的带宽，因此可以在一根光纤中传输多个波长的光载波。这就是波分复用。它类似于无线电信道的频分复用。采用这种技术可以扩大光纤通信的容量，实现大容量的光纤通信系统。

在长距离光纤通信中，波分复用具有很高的经济性。因为线路的投资很大，占总投资的 70%～80%，采用波分复用，相当于成倍地增加光纤线路的传输总量，提高了线路的利用率。

（3）光孤子通信技术

对于常规的线性光纤通信系统而言，限制其传输容量和距离的主要因素是光纤的损耗和色散。随着光纤制作工艺的提高，光纤的损耗已接近理论极限，因此光纤色散成为实现超大容量光纤通信的瓶颈。利用光孤子进行通信可以很好地解决这个问题。它是一种很有前途的通信技术，是实现超大容量、超长距离通信的重要技术之一。它是靠不随传输距离而改变形状的一种相干光脉冲来实现通信的。这里的相干光脉冲即是光孤子。

（4）量子光通信系统

量子光通信是光通信技术的一种，是利用光子在微观世界的粒子特性，让一个个光了传输"0"和"1"的数字信息。理论上讲，量子通信可以传输无限量的信息，但由于光子的衰减特性，其传输的信息量受到限制。研究表明，量子通信的速度比目前光通信的速度高出1000万倍，可以应用在高速通信和大信息容量通信系统中。量子通信技术还可以开发出无法破译的密码，确保通信传输中的信息安全。

（5）全光通信网络

全光通信指网络中所有的信号都用光学的方法进行处理，不需要经过光/电转换设备的处理。随着光纤放大器和光波分复用技术的出现，其不仅具有巨大的传输容量，还可以在光路上实现类似SDH在电路上的分插功能和交叉连接功能。

6.1.4　MSTP、MSAP与PTN

SDH的相关技术大都在向基于SDH的MSTP、MSAP的方向转化，以实现多业务的接入和传送。

1. 基于SDH的多业务传送平台

基于SDH的多业务传送平台（Multi-Service Transfer Platform，MSTP）是指基于SDH平台同时实现TDM、ATM、以太网等业务的接入、处理和传送，提供统一网管的多业务节点。MSTP主要是为了适应城域网多业务的需求而发展起来的新一代SDH技术，其以SDH为基础平台，从单纯支持2Mbit/s、155Mbit/s等话音业务的SDH接口向包括以太网和ATM等多业务接口演进，将多种不同业务通过VC或VC级联方式映射入SDH时隙进行处理。目前，MSTP除具有所有标准SDH传送节点所具有的功能模块外，一般还包括ATM处理模块、以太网处理模块。MSTP的基本组成如图6-3所示。

图6-3　MSTP的基本组成

由图6-3可以看出，MSTP的实质和核心仍然是SDH。它是可以直接承载非话音业务的SDH。

（1）MSTP的功能特征

基于SDH的多业务传送节点除应具有标准SDH传送节点所具有的功能外，还具有以下主要功能特征。

① 具有TDM业务、ATM业务或以太网业务的接入功能。

② 具有TDM业务、ATM业务或以太网业务的传送功能，包括点到点的透明传送功能。

③ 具有ATM业务或以太网业务的带宽统计复用功能。

④ 具有ATM业务或以太网业务映射到SDH虚容器的指配功能。

（2）MSTP的工作原理

MSTP可以将传统的SDH复用器、数字交叉链接器（DXC）、WDM终端、网络二层交换机和IP边缘路由器等多个独立的设备集成为一个网络设备，即对基于SDH技术的多业务传送平台（MSTP）进行统一控制和管理。基于SDH的MSTP最适合作为网络边缘的融合节点来支持混合型业务，特别是以 TDM 业务为主的混合业务。以 SDH 为基础的多业务平台可以更有效地支持分组数据业务，有助于实现从电路交换网向分组网的过渡。

MSTP 的实现基础是充分利用 SDH 技术对传输业务数据流提供保护恢复能力和较小的延时性能，并对网络业务支撑层加以改造，以适应多业务应用，实现对二层、三层的数据智能支持，即将传送节点与各种业务节点融合在一起，构成业务层和传送层一体化的 SDH 业务节点（称为融合的网络节点或多业务节点，主要定位于网络边缘）。

（3）MSTP 的技术优势

MSTP 的技术优势在于解决了 SDH 技术对数据业务承载效率不高的问题；解决了 ATM/IP 对 TDM 业务承载效率低、成本高的问题；解决了 IP QoS 不高的问题；解决了 RPR 技术组网限制的问题，实现双重保护，提高业务安全系数；增强数据业务的网络概念，提高网络的监测、维护能力；降低业务选型风险；实现降低投资、统一建网、按需建设的组网优势；适应全业务竞争需求，快速提供业务。

在现实应用中，SDH 和 MSTP 设备一般不是单独存在的，一般主流厂家的 SDH 设备现在都支持 MSTP 功能（有一定的硬件和软件版本要求）。

（4）SDH/MSTP 网络在客户接入中存在的问题

① 接入网统一管理难度大，对接入层整体规划考虑少，接入层网络布局零散，网络建设主要是项目驱动，设备种类繁杂。

② 接入电缆多，后期维护困难。

③ 可靠性较低，无法真正实现客户的差异化服务。

2. 基于 SDH 的多业务接入平台

由于 MSTP 平台接入层存在前述的问题，需要一种能使接入网络更加灵活、更易于管理、具备更强的可扩展性并且能降低运营成本、提高运维效率的接入平台。多业务接入平台（Multi-Service Access Platform，MSAP）由此产生。

MSAP 是一种在接入层面为用户提供多业务接口的新型接入设备，其以 SDH 技术为内核，采用模块化设计，提供多个业务扩展槽，通过集成多种接入方案，实现对用户需求的按需提供。上行可以通过 155M 接口或 622M 接口直接接入现有的 SDH 传输网和 MSTP 传输网，下行可以根据业务的需要随时插入以太网接口板、PDH 模式光板等多种业务接口板，通过以太网光口直接接入用户分支点的收发器设备，或者通过 PDH 模式光口接入用户分支点 PDH 模式并直接提供 V35、E1 接口的远端接入设备，从而提供不同的 V35、以太网、E1 接口，省去原有接入方式上的接口转换部分。MSAP 的基本组成如图 6-4 所示。

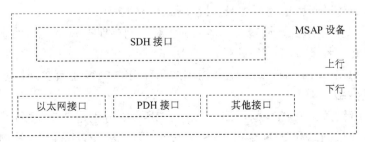

图 6-4　MSAP 的基本组成

总体来说，MSAP 是接入层综合组网技术，是满足大客户组网需求而出现的一种融合性技术，其技术优势如下。

（1）通过 PDH、光纤收发器、SDH 设备的高度集成化，统一接入平台，减少接入层边缘局端设备的种类。

（2）简化了接入层网络设备，减少了 E1、以太网电接口点，降低了故障发生概率；大量的 E1 电缆、双绞线被光纤所替代。

（3）提高了机架、机房空间的利用率。

（4）提高了网络的可靠性，简化了维护工作，业务调度效率高。

（5）可网管设备的引进，减少了网络管理盲点。

MSAP 产品是 MSTP 的有益补充，弥补了主流厂家在配线层两端产品方面的不足之处。

3. 分组传送网

分组传送网（Packet Transport Network，PTN）是基于分组交换的、面向连接的多业务统一传送技术，其不仅能较好地承载电信级以太网业务，满足标准化业务、高可靠性、灵活扩展性、严格服务质量（QoS）和完善的运行管理维护（OAM）5 个基本属性，而且兼顾了支持传统的时分复用（TDM）和异步传输模式（ATM）业务，继承了同步数字体系（SDH）网管的图形化界面、端到端配置等管理功能。

PTN 技术继承了 MSTP 的理念，融合了 Ethernet 和 MPLS 的优点，因此得到了广泛运用。

（1）PTN 技术的实现

就实现方案而言，在目前的网络和技术条件下，PTN 可分为以太网增强技术和传输技术结合 MPLS 两大类，前者以 PBB-TE 为代表，后者以 MPLS-TP 为代表。

① PBB-TE。PBB-TE 是从以太网发展而来的面向连接的以太网传送技术，基于 IEEE 802.1Qay 规范的运营商骨干桥接-流量工程（PBB-TE）在 IEEE 802.1ah 运营商骨干桥接（PBB，即 MAC in MAC）的基础上进行了改进，取消了媒体访问控制（MAC）地址学习、生成树等以太网无连接特性，并增加了流量工程（TE）来增强 QoS 能力，目前主要支持点到点和点到多点的面向连接的业务传送和线性保护，暂不支持面向连接的多点到多点的业务传送和环网保护技术。

② MPLS-TP。MPLS-TP 是从因特网协议/多协议标记交换（IP/MPLS）发展来的传送多协议标记交换（MPLS-TP）技术，其抛弃了基于 IP 地址的逐跳转发机制并且不依赖于控制平面来建立传送路径，保留了多协议标记交换（MPLS）面向连接的端到端标签转发能力，去掉了其无连接和非端到端的特性，从而具有确定的端到端传送路径，增强了满足传送网的需求的能力，并具有传送网风格的网络保护机制和 OAM 能力。

这两类 PTN 实现技术在数据转发、多业务承载、网络保护和 OAM 机制上有一定差异。从产业链、标准化、设备商产品及运营商应用情况来看，MPLS-TP 技术发展趋势都要优于 PBB-TE 技术，因此，MPLS-TP 是目前业内关注和应用的 PTN 主流实现技术。

（2）PTN 的网络架构

分组传送网络包括 3 个 PTN 层网络，如图 6-5 所示，分别是 PTN 虚通道（VC）层网络、PTN 虚通路（VP）层网络和 PTN 虚段（VS，可选）层网络。PTN 的底层是物理媒介层网络，可采用 IEEE 802.3 以太网技术或 SDH、OTN（光传送网）等面向连接的电路交换技术。

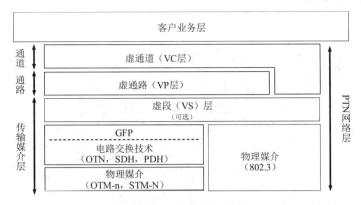

图 6-5　PTN 的网络分层结构

（3）PTN 网络应用

4G 网络建设和全业务运营对运营商城域传送网提出了宽带化、分组化、高质量的要求，而传统的 SDH/MSTP 技术存在一定的局限性，因此城域传送网正逐步向分组化方向发展，使传送网具有灵活、高效和低成本的分组传送能力。

近年来，分组传送网（PTN）设备已在我国运营商的城域传送网规模应用，主要承载 4G 无线回传、企事业专线、PON 回传等业务。随着 PTN 的应用推广，对 PTN 网络的互通需求日益明显，不仅要求实现不同 PTN 厂家设备之间的业务互通、OAM 互通、保护互通和同步互通，还需要研究跨不同地市的 PTN 互通模型（UNI 和 NNI 方式）和功能要求，以及 PTN 和其他多个网络之间的互通功能要求。

6.1.5　移动通信

移动通信网是通信网的一个重要分支。近年来，移动通信以其显著的特点和优越性，获得了长足的发展，其被广泛应用在社会的各个领域。所谓移动通信，是指通信的一方或双方可以在移动中进行的通信过程，即至少有一方具有可移动性，例如，可以是移动台与移动台之间的通信，也可以是移动台与固定用户之间的通信。

1．移动通信网的系统基本组成

移动通信的种类繁多，例如，陆地移动通信系统可分为蜂窝移动通信、无线寻呼系统、无绳电话、集群系统等。同时，移动通信和卫星通信相结合产生了卫星移动通信，可以实现国内、国际大范围的移动通信。一个典型的移动通信网的基本组成如图 6-6 所示。

（1）移动业务交换中心。移动业务交换中心（Mobile-services Switching Centre，MSC）是蜂窝通信网络的核心，负责本服务区内所有用户的移动业务的实现，如为用户提供终端业务、无线资源的管理、越区切换和通过关口 MSC 与公用电话网相连等。这时，GMSC 是网关。

（2）基站。基站（Base Station，BS）负责和本小区内移动台通过无线电波进行通信，并与 MSC 相连，以保证移动台在不同小区之间移动时也可以进行通信。

（3）移动台。移动台（Mobile Station，MS）是移动通信网中的终端设备，如手机或车载台等。它要对用户的话音信息进行变换并以无线电波的方式进行传输。

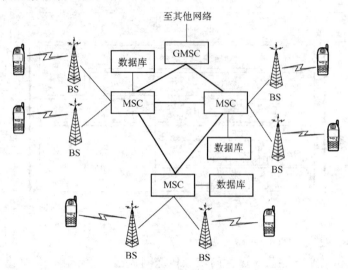

图 6-6　移动通信网的基本组成

（4）中继传输系统。在移动业务交换中心（MSC）之间、移动业务交换中心 MSC 和基站 BS 之间的传输线均采用有线方式。

（5）数据库。移动通信网中的用户是可以自由移动的，因此，要对用户进行接续，就必须要掌握用户的位置及其他的信息，数据库就是用来存储用户的有关信息的。

2. 移动通信的特点

移动通信要给用户提供与固定通信一样的通信业务，但其管理技术、信号传播环境等要比固定网复杂得多，因此，移动通信有许多与固定通信不同的特点。

（1）用户的移动性。要保持用户在移动状态中的通信，就要用到无线通信，或将无线通信与有线通信结合。因此，系统中要有完善的管理技术来对用户的位置进行登记、跟踪，以使用户在移动时也能进行通信，不因为位置的改变而中断。

（2）电波传播条件复杂。移动台 MS 可能在各种环境中运动，如建筑群或障碍物等，因此电磁波在传播时不仅有直射信号，还会产生反射、折射、绕射、多普勒效应等现象，从而产生多径干扰、信号传播延迟和展宽等问题。因此，必须充分研究电波的传播特性，使系统具有足够的抗衰落能力，才能保证通信系统正常运行。

（3）噪声和干扰严重。移动台 MS 在移动时不仅受到城市环境中的各种工业噪声和天然电噪声的干扰，同时，由于系统内有多个用户，移动用户之间还会有互调干扰、邻道干扰、同频干扰等。这就要求在移动通信系统中对信道进行合理的划分和对频率进行再用。

（4）系统和网络结构复杂。移动通信系统是一个多用户通信系统和网络，必须使用户之间互不干扰，能协调一致地工作。此外，移动通信系统还应与其他固定通信网互联，即整个网络结构是很复杂的。

（5）有限的频率资源。在有线网中，可以依靠多铺设电缆或光缆来提高系统的带宽资源。而在无线网中，频率资源是有限的，ITU 对无线频率的划分有严格的规定。如何提高系统的频率利用率始终是移动通信系统的一个重要课题。

移动通信网按覆盖方式可分为"大区制"和"小区制"。所谓大区制，是指由一个基站覆盖整个服务区，该基站负责服务区内所有移动台的通信与控制，覆盖半径一般为 30~50km，只适用于用户较少的专用通信网。小区制是指将整个服务区划分为若干小区，在每个小区设置一个基站，负责本小区内移动台的通信与控制。小区制的覆盖半径一般为 2~10km，基站的发射功率一般限制在一定的范围内，以减少信道干扰，同时还要设置移动业务交换中心，负责小区间移动用户的通信连接及移动网与有线网的联结，保证移动台在整个服务区内，无论在哪个小区都能够正常进行通信。目前，公用移动通信系统的网络结构一般为数字蜂窝网结构，最常用的小区形状为正六边形。这是目前最经济的一种方案。由于正六边形的网络形同蜂窝，因此称这种小区形状的移动通信系统为蜂窝网移动通信系统。蜂窝状服务区的示意图如图 6-7 所示。

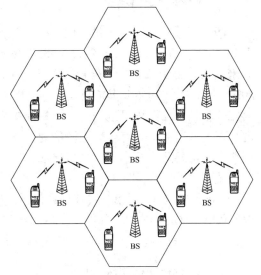

图 6-7　蜂窝状服务区的示意图

自 20 世纪 40 年代发展至今，移动通信网按其发展过程可分为第一代（1G）、第二代（2G）、第三代（3G）、第四代（4G）、第五代（5G）移动通信技术。1G 主要是基于模拟的 FDMA 技术，现已基本被淘汰。目前，移动通信技术正向第五代（5G）发展。

3．2G 移动通信系统

第二代移动通信系统主要包括 GSM 和 CDMA。

（1）GSM 数字移动通信系统。GSM 起源于欧洲，随着设备的开发和数字蜂窝移动通信网的建立，GSM 逐渐成为全球移动通信系统的简称，是第二代移动通信技术的典型代表。GSM 标准对该系统的结构、信令和接口等给出了详细的描述，而且符合公用陆地移动通信网（Public Land Mobile Network，PLMN）的一般要求，为用户提供了较大的业务平台，能适应与其他数字通信网（如 PSTN 和 ISDN）的互联。

GSM 通信系统采用的多址技术是：频分多址（FDMA）、时分多址（TDMA）、跳频技术。在 GSM 系统中，漫游是在 SIM 卡识别号和被称为 IMSI 的国际移动用户识别号的基础上实现的。这就意味着用户不必带着终端设备，而只需携带 SIM 卡进入其他国家和地区即可。通过租借终端设备，仍可实现用户号码不变、计费账号不变的目的。

（2）CDMA 数字移动通信系统。CDMA 即码分多址（Code Division Multiple Access）。它最先是由美国高通公司开发出来的。CDMA 技术的标准化经历了几个阶段：IS-95 是 CDMA 系列标准中最先发布的标准，而真正在全球得到广泛应用的第一个 CDMA 标准是 IS-95A，后者支持 8kbit/s 编码话音服务，后来又推出 13kbit/s 话音编码器。随着移动通信对数据业务需求的增长，1998 年，IS-95B 标准被用在 CDMA 基础平台上，并提供对 64kbit/s 数据业务的支持。

CDMA 是与 GSM 并列的移动通信技术。它是由扩频、多址接入、蜂窝组网和频率再用等几种技术结合而成的，因此它具有抗干扰性好、保密安全性高和同频率可在多个小区内重复使用等优点。第二代移动通信技术的 CDMA 又称窄带 CDMA。

4．3G 移动通信系统

1985 年，ITU 提出了第三代移动通信系统（简称 3G 系统）的概念。3G 系统最初被命名为 FPLMTS（Future Public Land Mobile Telecommunication System，未来公共陆地移动通信系统），后来因为其将于 2000 年左右进入商用市场，工作的频段在 2000MHz，且最高业务速率为 2000kbit/s，所以 1996 年其被正式更名为 IMT-2000（International Mobile Telecommunication-2000）。第三代移动通信系统可定义为：一种能提供多种类型的高质量、高速率的多媒体业务，能实现全球无缝覆盖，具有全球漫游能力，与其他移动通信系统、固定网络系统、数据网络系统相兼容，主要适用于小型便携式终端，能在任何时间、任何地点进行任何种类通信的移动通信系统。

2000 年，ITU 为第三代移动通信系统确定了 3 个无线接口标准，分别是 CDMA2000、WCDMA、TD-SCDMA，其中，TD-SCDMA（Time Division-Synchronous Code Division Multiple Access，时分同步码分多址）是由我国提出的标准。这在我国通信发展史上是一个重要的里程碑。

5．4G 移动通信系统

随着宽带业务需求的不断增长和移动互联网业务的兴起，3G 所能提供的服务难以满足人们的需求。为此，人们开始了第四代移动通信系统（简称 4G 系统）的研发。

2012 年，ITU 通过了 4G（IMT-Advanced）的 4 种标准，分别是 LTE（Long Term Evolution），LTE-Advanced、WiMAX 以及 WirelessMAN- Advanced（802.16m）。我国自主研发的 TD-LTE 则是 LTE-Advanced 技术的标准分支之一，在 4G 领域的发展中占有重要地位。4G 从概念到商用阶段，经历着不断演进的过程，使通信方式更加灵活多样；手机的设计更加智能化和人性化，符合不同的审美和实用的需求；兼容性好，能够适用于尽可能多的网络组织形式。4G 的关键核心领域技术概括起来有 OFDM（Orthogonal Frequency Division Multiplexing，正交频分复用）、智能天线以及 MIMO（Multiple Input Multiple Output，多输入多输出）等。

6．5G 移动通信系统

随着移动智能终端的大规模流行和移动互联网业务的强劲推动，加之物联网、车联网、智能城市等新兴领域的出现，用户终端类型、业务类型及通信场景呈现出复杂多样的特点。因此，在 4G 开始走向商用之时，第五代移动通信系统（简称 5G 系统）的研究列上日程。2013 年，欧盟在第七框架计划中启动了面向 5G 研究的项目，由包括我国华为公司在内的多个参加方共同承担。相对已有的移动通信系统，5G 移动通信更加关注用户的需求，并为用户带来了新体验。目前，ITU 已确定了 8 个关键能力指标，分别是峰值速率、用户体验速率、区域流量能力、网络能效、连接密度、时延、移动性、频谱效率。

5G 将满足人们在居住、工作和交通等方面的趋于多样化的业务需求，即便在密集住宅区、办公区、体育场、露天集会、地铁、高速公路、高铁等具有超高流量密度、超高链接数密度、超高移动性特征的场景中，也可以为用户提供超高清视频、虚拟现实、云桌面等业务体验。同时，5G 还将渗透到各种行业领域，与工业设施、医疗器械、交通工具等深度融合，实现真正的"万物互联"。为了满足 5G 的多样化应用需求，人们提出了各种各样的新技术，其中物理层技术领域的毫米波通信、大规模 MIMO（Massive MIMO）、同时同频全双工、新型多址、新型调制编码等技术已成为业界关注的焦点；而在网络层技术领域的超密集网络、设备到设备（D2D）、软件定义网络等技术已取得广泛共识。在 2019 年巴塞罗那世界移动通信大会上，中国厂商展示的 5G 手机受到瞩目，占领了先机。

7．移动通信与计算机网络通信的融合

随着科技发展和用户需求的引领，移动通信和以计算机技术为基础的计算机网络通信正在逐步融合，如图 6-8 所示。

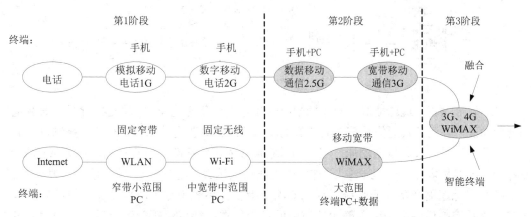

图 6-8　移动通信与计算机网络通信的融合示意图

在第 1 阶段，它们沿着各自的发展道路在前进，相互之间在网络和业务上是独立的，只是互相需要对方的技术来支撑。在第 2 阶段，它们之间出现了融合，实现了互连、互通。在第 3 阶段，3G 后期版本和 4G 的核心网目标是建立一个全 IP 网络，接入网也要逐步实现 IP 化；移动 WiMAX 需要在移动性、实时通信等方面进一步满足 4G 标准的要求。移动通信与计算机网络通信的融合主要体现在技术融合、业务融合和网络融合三个方面。

6.1.6　卫星通信

1．卫星通信网的基本组成

卫星通信是指利用人造地球卫星作为中继站来转发或反射无线电波，在两个或多个地球站之间进行的通信。根据与地面之间的位置关系，通信卫星可以分为静止通信卫星（或同步通信卫星）和移动通信卫星。静止通信卫星是轨道在赤道平面上的卫星。它离地面高度为 35 780 km。采用 3 个相差 120°的静止通信卫星就可以覆盖地球的绝大部分地域（两极盲区除外）。

卫星通信的实质是微波中继技术和空间技术的结合。一个卫星通信系统是由空间分系统、地球站群、跟踪遥测及指令分系统和监控管理分系统四大部分组成的，如图 6-9 所示。其中有的直接用来进行通信，有的用来保障通信的进行。

（1）空间分系统。空间分系统即通信卫星，通信卫星的主体是通信装置，另外还有星体的遥测指令、控制系统和能源装置等。通信卫星的作用是进行无线电信号的中继，最主要的设备是转发器（即微波收、发信机）和天线。一个卫星的通信装置可以包括一个或多个转发

器。它对来自一个地球站的信号进行接收、变频和放大，并转发给另一个地球站。这样就实现了信号在地球站之间的传输。

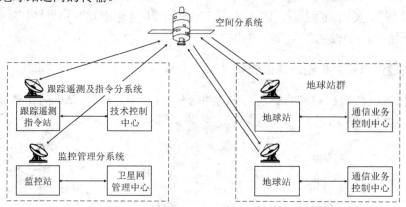

图 6-9　卫星通信系统的基本组成

（2）地球站群。地球站群一般包括中心站和若干个普通地球站。中心站除具有普通地球站的通信功能外，还负责通信系统中的业务调度与管理，对普通地球站进行监测控制以及业务转接等。地球站具有收、发信功能，用户通过它们接入卫星线路，进行通信。地球站有大有小，业务形式也多种多样。一般来说，地球站的天线口径越大，发射和接收能力越强，功能也越强。

（3）跟踪遥测及指令分系统。跟踪遥测及指令分系统也称为测控站。它的任务是对卫星跟踪测量，控制后者准确进入静止轨道上的指定位置；待卫星正常运行后，定期对卫星进行轨道修正和位置保持。

（4）监控管理分系统。监控管理分系统也称为监控中心。它的任务是对定点的卫星在业务开通前、后进行通信性能的监测和控制，例如，对卫星转发器功率、卫星天线增益，以及各地球站发射的功率、射频频率和带宽、地球站天线方向图等基本通信参数进行监控，以保证正常通信。

2. VSAT 卫星通信网

VSAT 是 Very Small Aperture Terminal 的缩写，指天线口径小于 1.8 米，可直接延伸到用户住地的地球站。另外，因为源于传统卫星通信系统，所以 VSAT 也称为卫星小数据站或个人地球站（IPES）。大量这类小站与主站协同工作，构成 VSAT 数字卫星通信网，后者能支持范围广泛的单向或双向数据、语音、图像、计算机通信和其他综合电信数字信息业务。

VAST 系统具有设备简单、体积小、重量轻、耗电省、造价低，以及安装、维护和操作简便的优点。在安装该系统时，只需要简单的工具和一般地基。VSAT 可以直接放在用户室内外，如用户庭院、屋顶、阳台、墙壁或交通工具上，且随着天线的进一步小型化，其还可以置于室内桌面上，只要天线能够通过窗口对准卫星而无遮挡即可。

VAST 从网络结构上分为星形网、网状网和混合网三种。典型的 VSTA 网主要由卫星、主站和大量的远端小站三部分组成，通常采用星形网络结构。

3. 卫星通信网的特点

与其他通信技术相比，卫星通信技术有着自己与众不同的特点。

（1）覆盖区域大，通信距离远。一颗同步通信卫星可以覆盖地球表面的 1/3 区域，因而利用 3 颗同步卫星即可实现全球通信。它是远距离越洋通信和电视转播的主要手段。

（2）具有多址连接能力。在通信卫星所覆盖的区域内，所有地面站都能进行卫星通信。卫星通信的这种能同时实现多方向、多个地面站之间的相互联系的特性被称为多址连接。

（3）频段宽，通信容量大。卫星通信采用微波频段，传输容量主要由终端站决定。卫星通信系统的传输容量取决于卫星转发器的带宽和发射功率，而且一颗卫星可设置多个转发器，因此通信容量很大。

（4）通信质量好，可靠性高。卫星通信的电波主要在自由（宇宙）空间传播，传输电波十分稳定，而且通常只经过卫星一次转接，其噪声影响较小，通信质量好，可靠性可达 99.8% 以上。

（5）通信机动灵活。卫星通信系统的建立不受地理条件的限制，地面站可以建立在边远山体、海岛、汽车、飞机和舰艇上。

（6）通信成本与通信距离无关。地面微波中继或光缆通信系统的建设投资成本和维护费用都随距离而增加。而卫星通信的地面站至空间转发器这一区间并不需要投资，因此线路使用费用与通信距离无关。

（7）其他特点。一是由于通信卫星的一次投资费用较高，在运行中难以进行检修，故要求通信卫星具备高可靠性和较长的使用寿命；二是卫星上能源有限，卫星的发射功率只能达到几十至几百瓦，因此要求地面站要有大功率发射机、低噪声接收机和高增益天线；三是由于卫星通信传输距离很长，使信号传输的时延较大，在通过卫星打电话时，延时约 540ms，通信双方会感到很不习惯。

卫星通信作为一种重要的通信方式，虽然曾因陆地光缆通信的迅速发展受到了较大的冲击，但到了 20 世纪 90 年代中后期，由于卫星通信技术的迅速发展，再加上卫星通信本身所具有的通信容量较大、广播式传送、接入方式灵活及应用的业务种类多等特点，卫星通信在因特网、宽带多媒体通信和卫星电视广播等方面得到了广泛应用。

6.2　广域网

6.2.1　广域网的构成和特点

当计算机之间的距离较远（如相距几十千米或更远）时，显然，单纯的局域网难以完成计算机之间的通信任务。这时就要借助于另一种结构的网络，即广域网。广域网（Wide Area Network，WAN）是一种跨地区或国界的数据通信网络。它包含想要运行应用程序的机器的集合。

从一般意义上讲，广域网是由一些节点交换机（又称通信控制处理机）和连接这些交换机的链路（通信线路和设备）组成的。节点交换机是配置了通信协议的专用计算机，如 X.25 交换机、帧中继交换机和 ATM 交换机等，以完成数据分组转发功能。广域网的拓扑结构可看作是由大量点到点的连接构成的网状结构，如图 6-10 所示。

广域网是由许多通信技术构成的复合结构，有些是标准的，有些是专用的，所以广域网可是公共网络或专用网络。广域网采用了许多新兴的通信技术，如 ATM、帧中继、SDH/PDH 等。目前，一个实际的网络系统常常是局域网、城域网和广域网的集成，三者之间在技术上也不断融合。

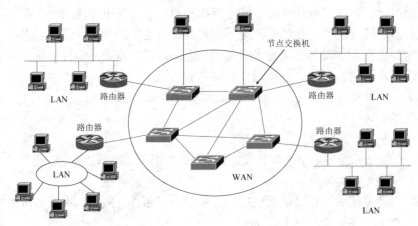

图 6-10　广域网的基本拓扑结构

由于广域网的投资成本高，覆盖地理范围广，所以其一般都是由国家或有实力的电信公司出资建造的，甚至由多个国家联合组建。广域网一般向社会公众开放，因而又被称为公共数据网（Public Data Network，PDN）。

广域网区别于其他类型的网络的特征如下。

1. 网络的覆盖和速率范围大

广域网的覆盖和作用范围很宽广，一般其跨度超过 100km。它所采用的传输介质、数据传输速率与网络应用和服务性质有密切的关系。比如，有直接租用电话网的低速网，其速率在 9 600bit/s 左右；有依托于 DDN 线路的中速网，其速率在 64kbit/s～2.048Mbit/s；也有采用光纤专门构建的 ATM 网作为高速网，其速率在 155Mbit/s 以上。中、低速网一般只适合中、小规模用户集团之间的纯数据业务的应用功能，而高速网适合于大规模用户集团的、综合业务的或多媒体的应用服务。

2. 网络组织结构复杂

广域网所作用和服务的对象是在大面积范围内随机分布的大量用户系统，所以要把这些用户组织在一个网络中，简单的网络拓扑结构是不适用的，基本上都是采用网状或其他拓扑形式的组合结构。

3. 具有多功能、多用途的综合服务能力

广域网具有多样化业务类型和信息结构特点，特别是高速数据服务和国家信息化程度日益增长的需求，使得一个地区或国家的广域网也必然是多功能多用途的网络系统。这与城域网的情况有些类似。因此，广域网的多种用途主要体现在以下几个方面。

（1）跨城、跨地区的局域网之间的联结。

（2）大型主机和密集用户集团之间的连接。

（3）为远程信息服务系统提供传输通道。

（4）提供与 Internet 的网际接口或作为接入网服务提供远程线路。

（5）提供区域范围内的宽带综合业务服务等。

4．多采用转接信道的交换型传输制式

广域网一般采用网状拓扑结构（卫星通信网除外），并在存储-转发传输方式（分组交换）下通过交换节点来转接信道。当分组很小并且大小相同时，分组交换就成为信元（Cell）交换。这是ATM 网的情况。在广域网中，一条端到端的数据通路由多段链路串接而成，信道的带宽资源被分段共享（复用方式），数据的传输则是逐段进行的。在这方面，广域网与局域网和城域网都有很大的差别。

6.2.2　广域网提供的服务

广域网的主要功能是实现远距离的数据传输，因此广域网一般用于主机之间或网络之间的互连。它实现了网络层及其以下各层的功能，并向高层提供面向非连接的网络服务或面向连接的网络服务。这两种服务的具体实现就是通常所谓的数据报服务和虚电路服务，如图 6-11 所示。

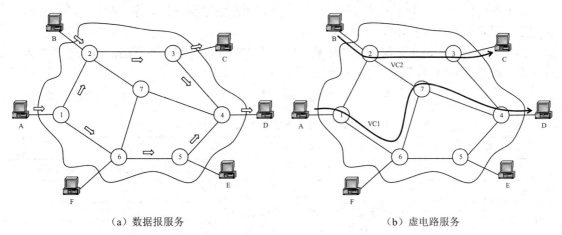

（a）数据报服务　　　　　　　　　　　　　　（b）虚电路服务

图 6-11　广域网提供的数据报服务和虚电路服务

数据报服务的特点是：主机可以随时发送分组（即数据报）；网络为每个分组独立地选择路由，并尽量将分组交付目的主机，但是对源主机网络不保证所传送的分组没有丢失，不保证按照源主机发送分组的先后顺序将分组交给目的主机，也不保证在某个时限内肯定能将分组交付给目的主机。简言之，数据报服务是不可靠的，其能保证服务质量，是一种"尽最大努力交付"的服务。

由于数据报服务没有在源主机和目的主机之间建立传输通道，因此报文中必须携带源主机和目的主机地址。此时，广域网中的节点交换机必须能够根据报文中的目的主机地址选择合适的路径转发报文。在图 6-11（a）中，主机 A 向主机 D 发送分组，有的分组可以经过节点①→⑥→⑤→④，而另外一些分组可能经过①→②→③→④。在同一网络中，还可以有多个主机同时发送分组，例如，主机 B 经过节点②→③与主机 C 通信。

虚电路服务的思路来源于传统的电信网，有永久虚电路和交换虚电路之分。永久虚电路由电信运营商设置，一旦设置将长期存在；交换虚电路由两个主机通过呼叫控制协议建立，在完成当前传输后即拆除。虚电路和物理电路的最大区别在于：虚电路只给出了两个主机之

间的传输通路，并没有把通路上的带宽固定分配给通路两端的主机，其他主机的信息流仍然可以共享传输通道上物理链路的带宽。

虚电路建立后，网络中的两个主机之间就好像有一对贯穿网络的数字通道，发送与接收各用一条，所有的分组都按发送顺序进入管道，然后按照先进先出的原则沿着该管道传送到目的主机。因为是全双工通信，所以每一条管道只沿着一个方向传送分组。相应地，到达目的主机的分组顺序与发送时的顺序一样。因此，虚电路对通信服务质量能提供较好的保证。在图 6-11（b）中，设寻找的路由是①→⑦→④，这样就建立了一条虚电路（Virtual Circuit），A→①→⑦→④→D，并记为 VC1，以后主机 A 向主机 D 传送的所有分组都沿着这条虚电路传送，在数据传送完成后，还要将这条虚电路释放掉。假如还有主机 B 和主机 C 通信，所建立的虚电路为 VC2，则它经过节点②→③。

数据报服务和虚电路服务的优缺点可以归纳为如下几点。

（1）采用虚电路时，交换设备（如路由器）需要维护虚电路的状态信息；采用数据报方式时，每个数据报都必须携带完整的源地址和目的地址，浪费了带宽。

（2）在连接建立时间与地址查找时间的权衡方面，虚电路在建立连接时需要花费时间，数据报每次路由时的过程较复杂。

（3）虚电路方式很容易保证服务质量，适用于实时操作，但比较脆弱；数据报不太容易保证服务质量，但是对通信线路的故障适应性强。

数据报服务和虚电路服务之间的主要区别如表 6-2 所示。

表 6-2　　　　　　　　　　虚电路服务与数据报服务的主要区别

对比项目	虚电路	数据报
思路	可靠通信应该由网络来保证	可靠通信应该由用户主机来保证
连接的建立	必须有	不要
目的站地址	仅在连接建立阶段使用，每个分组使用短的虚电路号	每个分组都有目的站的全地址
分组转发	属于同一条虚电路的所有分组按同一路由进行转发	每个分组独立选择路由进行转发
当节点交换机出现故障时	所有通过出故障的节点交换机的虚电路均不能工作	出故障的节点交换机可能会丢失分组，一些路由会发生变化
分组的顺序	总是按发送顺序到达目的站	到达目的站时可能会不按发送顺序
端到端的差错控制和流量控制	由通信子网负责，也可由用户主机负责	由用户主机负责

6.2.3　点对点协议

当计算机利用调制解调器通过电话线路或 ISDN 拨号接入 ISP 时，调制解调器或 ISDN 适配器只负责数据的传输信号的转换。从 OSI 参考模型来看，数据链路层的封装需要通过软件来完成。这和通过网卡连接到网络有所不同。

1．SLIP 与 PPP

20 世纪 80 年代，主要采用串行线路 Internet 协议（Serial Line Internet Protocol，SLIP）完成

网络拨号连接，SLIP 存在许多不足，如没有任何纠错、检错的功能，只支持 IP 分组。当 Internet 不断发展和扩大且包括很多非 IP 网络时，SLIP 就不再适用，因为其不能动态分配 IP 地址，且不提供任何身份验证。

为克服 SLIP 的不足，因特网工程任务组（Initernet Engineering Task Force，IETF）制定了点对点协议（Point-to-Point Protocol，PPP）。PPP 是 TCP/IP 协议簇中的一个子协议，具有多种身份验证、数据压缩和加密等功能，支持多种不同的网络层协议。PPP 工作在数据链路层，是远程接入服务器（RAS）中的关键技术。在 PC 上，用户通过配置操作系统中的拨号连接属性和调制解调器（Modem），使 PC 和 RAS 之间可通过有线或移动电话建立 PPP 链路。

PPP 主要包括三部分，即提供链路控制协议（Link Control Protocol，LCP）、网络控制协议（Network Control Protocol，NCP）和 PPP 有扩展协议。链路控制协议用于建立、拆除和监控 PPP 数据链路；网络控制协议用于协商在数据链路上传输的数据包的格式和类型，它可以支持不同的网络层协议，如 IP、DECNet 协议、Appletalk 协议等。此外，PPP 还提供用于网络安全方面的验证协议，如鉴权协议 CHAP，使得 PPP 的功能非常完善。PPP 既支持异步的链路，如无奇偶检验的数据，也支持面向字符的同步链路。

2．PPP 的应用

PPP 是目前广域网上应用最广泛的协议之一。它的主要优点在于简单、具备用户验证能力、可以解决 IP 分配等。拨号上网就是通过 PPP 在用户端和 ISP 运营商的接入服务器之间建立通信链路。随着宽带接入技术的发展，拨号上网也正在逐步被取代，PPP 也衍生出新的应用，典型的应用是在非对称用户环线 ADSL 接入方式中，PPP 与其他的协议共同派生出了符合宽带接入要求的新协议，如 PPPoE（PPP over Ethernet）、PPPoA（PPP over ATM）等。

利用以太网资源，在以太网上运行 PPP 来进行用户认证接入的方式称为 PPPoE。PPPoE 既保护了用户的以太网资源，又完成了 ADSL 的接入要求，是目前 ADSL 接入方式中应用最广泛的技术标准。

6.2.4　帧中继

1．帧中继的概念

帧中继（Frame Relay，FR）是 20 世纪 80 年代发展成熟的一种广域网技术，也是分组交换的一种形式。1991 年末，美国第一个帧中继网投入运行，其覆盖了全美 91 个城市。X.25 分组交换技术产生的背景是针对过去质量较差的传输环境，为提供高可靠性的数据服务保证端到端传送质量。所以它采用逐段链路差错控制和流量控制，由于协议多，每台 X.25 交换机都要进行大量的处理。这样就使传输速率降低，时延增加。近年来，由于光缆线路的铺设大大提高了数据传输的可靠性，再加上用户终端设备的处理速度和处理能力都有很大的增强，所以帧中继技术吸纳了 X.25 的优点，以分组交换技术为基础，综合 X.25 统计复用、端口共享等技术，采用分组交换把数据组成不可分割的帧，以帧为单位进行信息的发送、接收和处理。由于帧中继在许多方面非常类似于 X.25，因此它又被称为第二代 X.25 或快速分组交换。

CCITT 在 1972 年开始相继提出 X 系列建议，其中，X.25 协议是用于分组交换的协议，可作为不同类型的计算机之间进行远距离数据传送的公共通信平台，是在公用数据网上分组交换网络接口的规范。在制定 X.25 协议时，由于技术条件限制，终端和网络节点都没有很强的计算能力，数据线路速率低、误码率高，因此，X.25 不得不设计或执行繁重的差错控制的协议。虽然今天已经有了性能更好的网络来代替 X.25 分组交换网，但是回顾它对于了解分组交换广域网的起源和发展是非常有益和必要的，而且 X.25 网络目前仍应用于要求传输费用少、传输速率不高的广域网应用环境。

　　帧中继的工作原理比较简单：当帧中继交换机收到一个帧的首部时，只要一查出帧的目的地址就立即开始转发该帧。显然，这种转发机制大大减少了节点对每个分组的处理时间。相应地，帧中继网络的吞吐量比 X.25 网络提高了一个数量级以上。

　　如果出现差错，帧中继网络规定一旦检测到有误码则立即中止该次传输，并将中止传输指示告知下一个节点。在收到中止传输的指示后，下一个节点也立即中止该帧的传输，并丢弃该帧。这种丢弃出错帧的方法不会引起很大的损失。在该方法下，源节点将用高层协议请求重传出错帧。从差错处理角度来看，帧中继网纠正一个比特差错所用的时间要多于 X.25 网络。因此，仅当帧中继网络本身的误码率非常低时，帧中继技术才是可行的。

　　对于一般的分组交换网，其数据链路层具有完全的差错控制功能。但对于帧中继网络，不仅其网络中的各节点没有网络层，并且其数据链路层也只具有有限的差错控制功能，只有在通信两端的主机中的数据链路层才具有完全的差错控制功能，如图 6-12 所示。在图 6-12（b）中，带阴影的部分表示帧中继只有最低的两层。

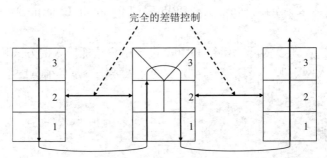

（a）具有完全差错控制功能的分组交换网的示意图

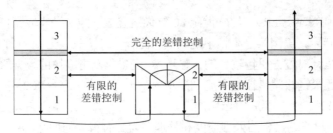

（b）具有有限差错控制功能的帧中继网络的示意图

图 6-12　帧中继网络的差错控制功能

2. 帧中继协议

（1）协议结构

帧中继只使用两个通信层，即物理层和数据链路层。这两个通信层分别对应于 OSI/RM 的物理层和数据链路层。帧中继协议（Link Access Procedures to Frame，LAPF）的体系结构如图 6-13 所示，它包括两个操作平面，即控制平面和用户平面。控制平面也称为 C 平面，用于建立和释放逻辑连接，平面协议在用户和网络之间操作。用户平面也称 U 平面，用于传送用户数据。U 平面协议则提供端到端的功能。

帧中继的有关标准在 ITU-T 的 I 系列和 Q 系列建议书中都有详细的规定。I 系列建议书提供了有关帧中继的服务、协议和操作的框架。Q 系列建议书则定义了更加详细的操作，如有关信令、运输和实现的问题。U 平面协议用于控制平面与用户平面之间的信息传送。这点与电路交换中的共路信令相似。帧中继的呼叫控制信令在与用户数据分开的另一个逻辑连接上传送（即共路信令或带外信令）。这一点与 X.25 明显不同。X.25 使用随路信令（或称带内信令），即呼叫控制分组与数据分组在同一条虚电路上传送。

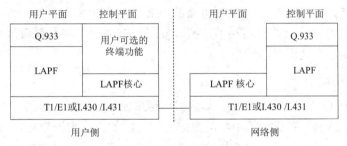

图 6-13　帧中继协议的体系结构

LAPF 的作用是在 ISDN 用户-网络接口的 B、D 或 H 通路上以帧方式承载业务，在用户平面上的数据链路（DL）业务用户之间传递数据链路层服务数据单元（SDU）。LAPF 可以使用物理层业务，并允许兼容 HDLC 程序在 ISDN 用户-网络接口的 B、D 或 H 通路上为一个或多个帧方式承载链接，也可以使用其他类型接口支持的物理层服务。

LAPF 应用于点对点信令方式的帧中继网络。它定义在 ITU Q.922 中，而帧中继只用到了其中的下列核心功能。

① 帧界定、对准和标志字段的透明传输。

② 用地址字段实现虚电路复用技术和解除复用技术。

③ 信息流的字节取整，保证在 0 bit 插入前和抽出后的帧长是整数倍的字节。

④ 有效长度检测，以保证其长度不超长或过短。

⑤ 检测传输差错。

⑥ 拥塞控制。

在图 6-13 中，物理层的方框中的 I.430 和 I.431 分别是 ISDN 基本用户网络接口和 ISDN 基群速率用户网络接口的第 1 层规格说明。帧中继常用的用户接入电路的速率是 64kbit/s 和 E1 速率 2.048Mbit/s（或 T1 速率 1.544Mbit/s）。

（2）帧结构

帧中继在数据链路层传输的帧结构如图 6-14 所示。

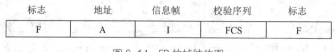

标志	地址	信息帧	校验序列	标志
F	A	I	FCS	F

图 6-14　FR 的帧结构图

由图 6-14 可见，帧中继的帧由 4 个字段组成，分别为标志字段 F、地址字段 A、信息帧字段 I 和帧校验序列字段 FCS，各字段内容及作用如下。

① 标志字段 F 是一个特殊的比特组 01111110。它的作用是标志一帧的开始和结束。

② 地址字段 A 的主要用途是标识同一通路上的不同数据链路的连接。它的长度默认为 2 个字节，可以扩展到 3 或 4 个字节。在地址字段里通常包含地址字段扩展比特 EA、命令/响应指示比特 C/R、帧丢弃指示比特 DE、前向显式拥塞通知比特 FECN、后向显式拥塞通知比特 BECN、数据链路连接标识符 DLCI，以及 DLCI 扩展/控制指示比特 D/C。

③ 信息帧字段 I 包含的是用户数据，可以是任意的比特序列，其长度必须是整数个字节。

④ 帧校验序列 FCS 字段是一个 16 bit 的序列，用于检测数据传输过程中的差错。

帧中继的帧结构和 HDLC 帧有两点重要的不同：一是前者的帧不带序号，其原因是帧中继不要求接收证实，也就没有链路层的纠错和流量控制功能；二是前者没有监视（S）帧，因为帧中继的控制信令使用专用通道（DLCI=0）传送。

3．帧中继的特点

X.25 协议包括 OSI/RM 的低三层，其数据传送单元为分组，分组的寻址和选路由第三层通过逻辑信道号（LCN）完成。帧中继的数据传送阶段的协议大为简化，只包含 OSI 模型的最低两层，而且第二层只保留了核心协议，即数据链路核心协议；其传送数据单元为帧，帧的寻址和选路由第二层通过数据链路连接标识（DLCI）完成。

X.25 交换沿着分组传输路径，每段都有严格的差错控制机制，网络协议处理负担很重，而且为了重发差错，发送出去的分组在尚未证实之前必须在节点中暂存。帧中继则十分简单，各节点无须具有差错处理功能，数据帧发送后无须保存。X.25 和帧中继的分层协议功能分别如图 6-15（a）、图 6-15（b）所示。

帧中继的数据链路层没有流量控制能力，其流量控制由高层协议来完成。帧中继的逻辑连接复用与交换都在第二层进行，而 X.25 在第三层进行处理。

帧中继网络提供面向连接的虚电路服务，可以提供交换式虚电路，也可以提供永久虚电路，但它通常为相隔较远的一些局域网提供链路层的永久虚电路服务。永久虚电路最大的益处是在通信时可省去建立连接的过程。

帧中继所提供的虚电路服务如图 6-16 所示。在图 6-16（a）中，帧中继网络与局域网相连的交换机相当于 X.25 网络中的 DCE，而帧中继网的路由器则相当于 X.25 网络中的 DTE。在图 6-16（b）中，当帧中继网络提供虚电路服务时，对于通信两端用户而言，帧中继网络所提供的虚电路就像是在两个用户之间的一条直通的专用电路，用户感觉不到帧中继网络中的帧中继交换机存在。

帧中继是一种简化的分组交换技术，在保留传统分组交换技术优点（如带宽和设备利用率）的同时，大幅度提高了网络的通过量，并减少了网络延时，比较适合于构造专用或公用数据通信网。帧中继业务兼有 X.25 分组交换业务和电路交换业务的长处，实现上又比 ATM 技术简单。下面是帧中继业务与几种传输业务的简单比较。

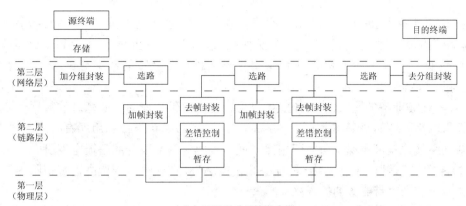

（a）X.25 的分层协议功能

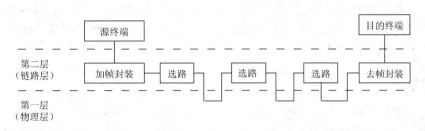

（b）帧中继的分层协议功能

图 6-15　X.25 和帧中继的分层协议功能

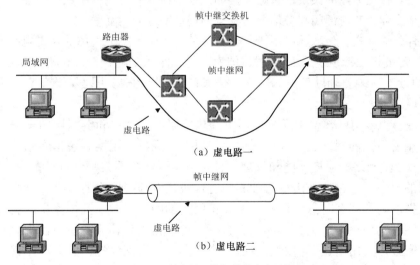

图 6-16　帧中继网络提供的虚电路服务

（1）与电路交换业务的比较。帧中继和电路交换业务都能为用户提供高速率、低时延的数据传输服务。由于用户使用电路交换业务时要独占带宽资源，因此通信费用昂贵。帧中继采用动态分配带宽技术，允许用户占用其他用户的空闲带宽来传送大量的突发性数据，实现带宽资源共享，使用户的通信费用低于专线。

（2）与 X.25 分组交换业务的比较。帧中继和 X.25 分组交换业务都采用虚电路交换技术，以充分利用网络带宽资源，降低用户通信费用。但在业务质量上，由于帧中继网络对数据帧不进行差错处理，简化了通信协议，使帧中继交换机处理每帧所需的时间大大缩短，端到端数据传送延时低于分组交换网，整个网络的业务吞吐量高于分组交换网。帧中继还具有一套有效的带宽管理和阻塞管理措施，在带宽的动态分配技术上比分组交换网更具优越性。

（3）与 ATM 业务的比较。ATM 业务也可为用户提供高速率、低延时的数据传输业务，但需要大量网络硬件的更新，其代价十分昂贵。帧中继技术可直接利用现有的网络硬件资源，只需更新网络软件就可实现，所需费用比较低，因此对网络运营部门很有吸引力。例如，我国的帧中继网络就是以 DDN 为物理传输基础的。ATM 比较适合构造高速宽带网的骨干网，而帧中继网可作为宽带业务的接入网。

我国的国家帧中继骨干网于 1997 年初步建成，至 1998 年，各省帧中继网络也相继建成。目前的路由器都支持帧中继协议。帧中继可承载流行的 IP 业务。IP 加工帧中继已成了广域网应用的最佳选择之一。随着多媒体业务和 IP 技术的发展，作为数据通信基础网络技术的帧中继技术将越来越多地被应用。

4．帧中继网络的应用

（1）局域网间互联。在帧中继出现之前，局域网通过广域网互联的方法一般只有两种，一种是租用专线，另一种是利用 X.25。租用专线比较昂贵，采用 X.25 则会降低网络的吞吐量。利用帧中继网络进行局域网互联是帧中继业务典型的一种应用，因为帧中继网络比较适合为局域网用户传送大量的突发性数据。例如，帧中继业务可应用于银行、证券、金融等行业，以及大型企业、政府部门与各地分支机构的局域网之间的互联。

（2）文件传输。文件传输一般用于传输大文件。由于帧中继使用的是虚电路，信号通路及带宽可以动态分配，特别适用于突发性的使用，因此它在远程医疗、金融机构及 CAD/CAM（计算机辅助设计/计算机辅助生产）的文件传输、计算机图像、图表查询等业务方面有着特别好的适用性。

（3）组建虚拟专用网。帧中继只使用了通信网络的物理层和链路层的一部分来执行其交换功能，有着很高的网络利用率，利用它可以构成虚拟专用网。虚拟专用网是一种逻辑网络。利用帧中继网络的交换功能和管理软件可以将网络中的某些节点设置成一个虚拟网。虚拟专用网的"专用"指的是由相对独立的管理机构对虚拟网内的数据流量和各种资源进行管理。虚拟网内的各个节点可以共享本虚拟网内的网络资源，数据流量限制在本虚拟网内，对虚拟网外的用户不产生任何影响。它不仅可以提高传输服务质量，也有利于信息传输的安全保密性。采用虚拟专用网比建造一个实际的专用网要经济合算，尤其适合于大中型企业用户。

6.2.5　数字数据网

数字数据网（Digital Data Network，DDN）是由专用线路（如铜缆、光纤、数字微波或卫星等数字传输通道）连接所构成的数据传输网。它可以在任意两个端点之间建立起永久性或半永久性连接的专用数字传输通道，以便为用户建立自己的专用数据网创造条件。这种专用的数字信道既可用于计算机之间的通信，也可用于传送数据、传真、数字语音、数字图像信号或其他数字信号。

我国 DDN 的建设始于 20 世纪 90 年代初，到目前为止，已覆盖全国的大部分地区。我国 DDN 网络规模大、数量多。DDN 主要是为了适应金融、海关和证券等集团用户租用数据专线业务而建立起来的一种传输网络。

DDN 主要由本地传输系统、交叉连接/复用系统、局间传输系统和网络管理系统等部分组成，如图 6-17 所示。本地传输系统由用户设备、用户线和网络接入单元 NAU 组成，其中把用户线和网络接入单元称为用户环路。交叉连接/复用系统主要由数字交叉连接（DXC）设备组成，DXC 是 DDN 中的主要节点设备，是对数字群路信号及其子速率信号进行交换的设备。局间传输系统是指 DDN 中的各节点通过数字信道连接组成的局间网络拓扑结构。局间传输的数字信道是指数字传输系统中的一次群信道。网络管理系统包括用户接入管理、路由的选择、网络资源调度、网络状态的监控、网络故障的诊断、网络运行数据的收集与统计、计费的统计等。如网管中心可以方便地进行网络结构和业务的配置，实时地监视网络运行情况，进行网络信息、网络节点告警、线路利用情况等的收集和统计。

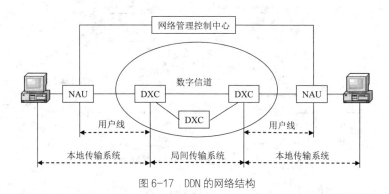

图 6-17　DDN 的网络结构

6.3　综合业务数字网

综合业务数字网（Integrated Service Digital Network，ISDN）是一种通用的全数字式通信网络，主要用作构建包括计算机网络在内的各种信息网络的通信基础设施。ISDN 的主要特点是在其所接入的各端系统之间可进行话音、文字、数据和图像等的通信，或者是融合话音、数据和图像等信息的多媒体业务通信。这样，就使网络通信建立在一个更为广泛的基础之上。比如，只需一个用户号码，使用者就可以自由选用其所希望使用的话音、文字、图像或数据等业务项目。

ISDN 技术的发展经历了以 64kbit/s 速率为基础的窄带 ISDN（N-ISDN）和面向多媒体业务的宽带 ISDN（B-ISDN）两个重大的技术发展阶段。N-ISDN 主要实现以数字话音业务和各类普通数据业务为主的综合传输。但是，尽管采用了数字压缩技术，但它仍不能从根本上解决对各类宽带业务（如多媒体业务）满足不同服务质量的传输问题，在确认了 ATM 作为 B-ISDN 的主流交换技术之后，对 B-ISDN 的研究成为网络与通信领域中的热门课题。

6.3.1　N-ISDN

N-ISDN 从 20 世纪 70 年代开始起步，于 20 世纪 80 年代开始研究和试验，目前它的各项技术已经非常成熟。

1. N-ISDN 简介

N-ISDN 在现有数字电话网的基础上实现用户到用户的全数字连接，使用单一的网络、统一的全新的用户-网络接口，为用户提供包括话音、文字、图像、数据等内容的综合电信业务。因此，在现有全数字电信网或综合数字网的基础上就可以很容易地实现 N-ISDN。

N-ISDN 的基本连接结构如图 6-18 所示。从图 6-18 中可以看出，N-ISDN 将与现有的各种专用或公用的通信网相连，并将连接的各种类型的服务设施（如计算中心、数据库等）作为 N-ISDN 内部的网络设施，向用户开放综合的电信业务、数据处理业务等。

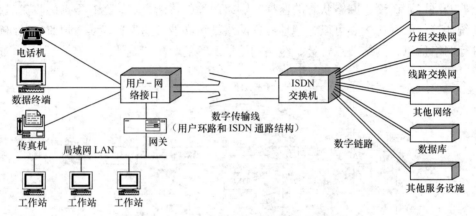

图 6-18　N-ISDN 的基本连接结构

N-ISDN 的网络模型如图 6-19 所示。该网络使用统一的智能的公共信令系统来控制并完成用户终端之间的连接。另外，该网络不仅提供传统的电路交换，而且还提供分组交换能力。这些是网络得以支持综合通信能力的基础。因此，N-ISDN 能有效地利用网络资源，向用户提供方便和广泛的服务。

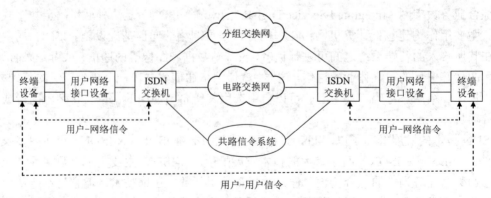

图 6-19　N-ISDN 网络整体模型

N-ISDN 具有 3 种不同的信令，即用户-网络信令、网络内部信令和用户-用户信令。这 3 种信令的工作范围是不同的。

用户-网络信令是用户终端设备和网络之间的控制信号；网络内部信令是交换机之间的控制信号；用户-用户信令则透明地穿过网络，在用户之间传送，是用户终端设备之间的控制信号。

N-ISDN 的全部信令都采用公共信道信令方式，因此在用户-网络接口及网络内部都存在单独的信令信道。该信道和用户信道完全分开。

相关知识　信令是通信网的神经系统，信令系统是在通信网的各节点（如交换机、用户终端、操作中心和数据库等）之间传送控制信息，以便在各设备之间建立和终止连接，达到传送通信信息的目的。

2．N-ISDN 的信道类型和接口结构

N-ISDN 用户-网络接口中有两个重要因素，即信道（或称通路）类型和接口结构。信道表示接口信息传送的能力。信道根据速率、信息性质以及容量又可以分成几种类型，称为信道类型。信道类型的组合称为接口结构，它规定了在这个结构上最大的数字信息传送能力。

（1）信道类型。信道是提供业务用的具有标准传输速率的传输通路。在对承载业务进行标准化的同时，需要相应地对用户-网络接口上的信道加以标准化。信道有两种主要类型：一种类型是信息信道，为用户传送各种信息流；另一种是信令信道，它是为了进行呼叫控制而传送信令信息。根据 CCITT 的建议，N-ISDN 定义了一些标准化的信道，并分别用一个英文字母来表示，在用户-网络接口处向用户提供的信道有以下类型。

B 信道：64kbit/s，供传递用户信息用。它可以利用已经和正在形成的 64kbit/s 交换网络传递语言、数据等各类信息，还可以作为用户接入分组数据业务的入口信道。B 信道是负载信道，可支持电路交换的数字电话和数据等业务。一个 B 信道就像一根管道，多个 B 信道可以被捆绑在一起以非常快的速度下载文件。显然，B 信道使用最普遍。

D 信道：16kbit/s 或 64kbit/s，是一种控制信道，主要用于传输控制信号，比如，建立和终止 B 信道，检查是否有可用的 B 信道，提供一些有用的用户信息（如对方的电话号码）。

H 信道：384kbit/s、1 536kbit/s 或 1 920kbit/s，用于传递用户信息（如立体声节目、图像和数据等）。

（2）接口结构。已经标准化的 N-ISDN 用户-网络接口有两类，一类是基本速率接口，另一类是一次群速率接口。

① 基本速率接口。基本速率接口（Basic Rate Interface，BRI）的基本速率＝2B+D=144kbit/s，其中 D 信道的速率为 16kbit/s。这种速率是为了给家庭或小单位用户提供服务。这里的一个 B 信道用于电话，另一个 B 信道用于传送数据。

基本速率接口是 N-ISDN 最常用、最基本的用户-网络接口。它与二线用户线双向传输系统相配合，可以满足千家万户对 N-ISDN 业务的需求。使用这种接口，用户可以获得各种 N-ISDN 的基本业务和补充业务。

② 一次群速率接口。一次群速率接口传输的速率与 PCM 的基群相同，因此又称为基群速率接口。由于国际上有两种规格的 PCM 基群，即 1.544Mbit/s 和 2.048Mbit/s，所以 ISDN

用户-网络接口也有两种速率。

一次群速率用户-网络接口的结构根据用户对通信的不同要求可以有多种安排，其中一种典型的结构是 $nB+D$：n 的数值对应于 2.048Mbit/s（E1 系统）和 1.544Mbit/s（T1 系统）的基群，分别为 30 或 23。这种接口的 B 信道和 D 信道的速率都是 64kbit/s，当用户需求的通信容量较大时（如大企业或大公司的专用通信网络），一个一次群速率的接口可能不够用。这时可以多装备几个一次群速率的用户-网络接口，以增加信道数量。在存在多个一次群速率接口时，不必在每个一次群接口上都分别设置 D 信道，而可以让 n 个接口合用一个 D 信道。

此外，对于那些需要使用高速率通路的用户可以采用不同于 $nB+D$ 的接口结构。例如，可以采用 mH_0+D、$H_{11}+D$ 或 $H_{12}+D$ 等结构，还可以采用既有 B 信道又有 H_0 信道的结构 $nB+mH_0+D$。这里的 $m\times6+n\leqslant30$ 或 23，在可以合用其他接口上的 D 通路时，$(m\times6+n)$ 可以是 31 或 24。

3. N-ISDN 的应用

ITU-T 将 N-ISDN 提供的业务分为基本业务和补充业务。补充业务是对基本业务的改变或增添，通常可与多个基本业务结合供用户使用。基本业务可分为承载业务和用户终端业务两类，其中，承载业务是网络向用户提供的低层（对应 OSI/RM 的 1～3 层）信息传递能力；用户终端业务不仅包含信息传递功能，同时还包含高层功能（对应 OSI/RM 的 4～7 层），可由 ISDN 网内或网外的节点实现，或由终端来实现。

N-ISDN 的应用比较广泛，主要的应用有 Internet 接入、远程局域网互联、组建虚拟专用网、商业销售点系统、证券交换等，下面简单介绍其中两种。

（1）Internet 接入。由于 N-ISDN 线路使用数字信号，不必像传统拨号上网那样需要进行数字/模拟信号的转换，可满足家庭网络或小型办公网络对 WWW、FTP 等 Internet 服务的要求。

（2）远程局域网互联。使用 N-ISDN 可以使位于不同地理位置的远端局域网互联，形成一个大的网络，使远端局域网中的终端通过 ISDN 来共享本地网络中的信息资源，如图 6-20 所示。

图 6-20　利用 ISDN 进行远程局域网互联

利用 ISDN 实现远端局域互联非常简单，只需在局域网服务器一侧增加 ISDN 路由器，然后通过 2Mbit/s 的传输线路与电话局的 ISDN 交换机的一次群接口相连即可。当用户需要进入某个远端局域网中查询信息时，只需采用拨号方式建立与远端局域网的服务器的连接，就可以与远端局域网的计算机开展文件传送等工作。

6.3.2　B-ISDN 与 ATM 网络

1. B-ISDN 与 N-ISDN 的比较

尽管 B-ISDN 和 N-ISDN 的名称相似，但两者之间有许多差别。除了在传输带宽方面的差别外，还有如下一些重要差别。

（1）N-ISDN 的网络是以数字电话网体制作为基础的，并仍采用传统的电路交换方式。而 B-ISDN 则是采用各种高速、宽带传输与交换体制来构建其网络结构，例如，目前比较普遍采用的传输制式是 SDH（Synchronous Digital Hierarchy），交换制式是 ATM（Asynchronous Transfer Mode）。

（2）N-ISDN 采用固定的实通道速率，主要是 64kbit/s 的 B 信道和 16kbit/s 的 D 信道，以及它们不同的组合。而 B-ISDN 没有实通道，只有虚通道，且虚通道的速率不能预先确定，其上限取决于用户网络接口的实际传输速率，如 155.52Mbit/s 或 622.08Mbit/s。

（3）N-ISDN 主要以数字电话为主要业务，辅以计算机数据业务和一些可视业务。而 B-ISDN 能够承载的业务要宽广得多，除了一般的话音、数据和可视业务外，更重要的是实时的可视的交换业务（如电视会议）、高清晰度电视、高保真音响和多媒体业务等。

2．B-ISDN

N-ISDN 采用同步时分复用的方法将用户信道分割成 2B＋D，传输速率为 144kbit/s。但是，数字化的电视信号的速率达 140Mbit/s，压缩后也有 34Mbit/s。高清晰度电视经压缩后的信息量约为 140Mbit/s。N-ISDN 可以同时传输电话、传真、数据等多种不同的信息，却不能传送图像信号。因此，在 20 世纪 80 年代后期，当 N-ISDN 在北美、欧洲和日本趋于成熟和实用时，宽带 B-ISDN 出现了。在 B-ISDN 中，用户线上的信息传输速率可达 155.52Mbit/s，是窄带 ISDN 的 800 倍以上。

图 6-21 所示为 B-ISDN 发展初期的网络结构。在发展的初期阶段，B-ISDN 的用途在于进一步实现话音、数据和图像等业务的综合。由图 6-21 可以看出，初期的 B-ISDN 由 3 个网组合而成。第一个网是以电话的交换接续为主体，并把静止图像和数据综合为一体的电路交换网。当前以电话业务为主，即以传输速率 64kbit/s 作为此网的基础，称为 64kbit/s 网。第二个网是以存储交换型的数据通信为主体的分组交换网。第三个网是以异步传输模式（ATM）构成的宽带交换网，是电路交换与分组交换的组合，能实施话音、高速数据和活动图像的综合传输。

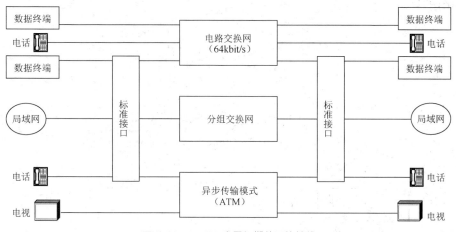

图 6-21　B-ISDN 发展初期的网络结构

图 6-22 所示为 B-ISDN 发展后期的网络结构。后期 B-ISDN 中引入了智能管理网，由智能网络控制中心管理的是 3 个基本网。第一个网是由电路交换与分组交换组成的全数字化综合传输的 64kbit/s 网；第二个网是以异步传输模式（ATM）构成的全数字化综合传输的宽带数字网；第三个网是采用光交换技术组成的多频道广播电视网。这 3 个网络将由智能网络控制中心管理。因此这一 ISDN 可被称为智能宽带 ISDN。在智能宽带 ISDN 中，有智能交换机和用于工程设计或故障检测与诊断的各种智能专家系统。

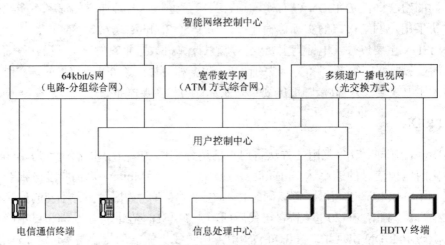

图 6-22　B-ISDN 发展后期的网络结构

从 B-ISDN 的发展及 B-ISDN 的网络结构可以看出，实现 B-ISDN 的关键在于宽带交换技术。从目前的研究成果和研究方向来看，光交换技术和 ATM 技术是实现 B-ISDN 的主要技术。

3. ATM 网络

1989 年，ITU 在综合了已有研究成果的基础上，提出了一种新的信息传递方式，即异步传输模式（ATM），并将 ATM 作为实现 B-ISDN 的一个解决方案。

（1）ATM 的网络结构。ATM 的网络结构如图 6-23 所示。它包括公用 ATM 网络和专用 ATM 网络两部分。

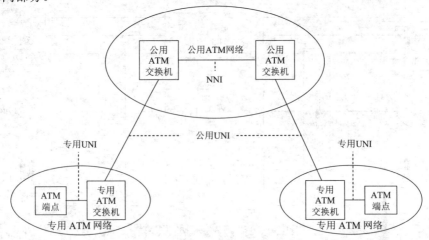

图 6-23　ATM 网络结构

公用 ATM 网络属于公用网，由电信部门建立、管理和运营，可以连接各种专用 ATM 网及 ATM 终端，作为骨干网使用。

公用 ATM 网络中的内部交换机之间的接口称为网络-节点接口（NNI），公用网和专用 ATM 网络及用户终端之间的接口称为公用用户-网络接口（Public UNI，公用 UNI）。专用 ATM 网络中的内部交换机和用户终端之间的接口称为专用用户-网络接口（Private UNI，专用 UNI）。该类接口所使用的标准与公用 UNI 的标准不尽相同，其线路速率、物理介质及信令系统更加多样化，同时在网络维护、管理以及计费等方面较公用 UNI 更为简化。

除了专用网的 ATM 交换机外，还可以通过 ATM 集线器、ATM 路由器、ATM 网桥、ATM 复接器等多种网络设备实现与现有各种终端（如电视、电话、计算机等）及各种网络（如电话网、以太网、FDDI、帧中继）的适配和接入。专用 UNI 与用户可以在近距离使用双绞线连接，在较远距离使用同轴电缆或光纤连接。公用 UNI 通常使用光纤为传输介质。网络节点通常采用光纤形式，接口种类简单，传输速率高，具有很强的网络管理和维护功能。

归纳起来，ATM 网络具有如下几个主要特点。

① 支持一切现有通信业务及未来的新业务。

② 有效地利用网络资源。

③ 减小了交换的复杂性。

④ 减少了中间节点的处理时间，支持高速传输。

⑤ 减小延迟及网络管理的复杂性。

⑥ 保证现有及未来各种网络应用的性能指标。

（2）ATM 的信元格式。ATM 信元及其标头的结构如图 6-24 所示。信元标头（简称信头）由 5 字节的内容组成，主要用来标明在异步时分复用上属于同一虚拟通路的信元，并完成适当的选路功能。具体来说，信头用来表示这个信元来自何处、到何处去、是什么类型等。信元标头中的各个符号的意义如下。

GFC：一般流量控制，用来控制共享介质的多个终端接入，处理多个终端的发送请求，进行入网流量控制。

VPI：虚拟通道标识，用来识别属于哪一条路径的信元。

VCI：虚拟通路标识，用来区分不同业务流的信元。VPI 和 VCI 主要用于路由选择。

PTI：净荷类型标识，标明后面 48 字节的类型，如是否是用户数据单元、网络是否拥挤等。

CLP：信元丢失优先级，为 0 时表示优先级高。

HEC：信头差错控制，为信头误码控制，仅对信元标头进行差错控制。

剩余的 48 字节的信息段则是净荷的数据信息。

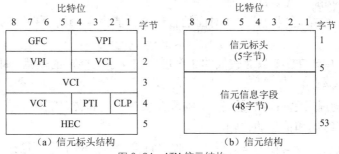

图 6-24　ATM 信元结构

由于 ATM 有信头，所以会有一部分线路传输能力用在信头上。

（3）虚信道和虚通路。虚信道是两个或多个端点之间运送 ATM 信元的信道，其与分组交换的虚电路相似。虚信道由信头中的虚信道标识符来标识。虚信道标识符是指链路端点之间虚信道的逻辑联系。在传输过程中，虚信道是在给定的参考点上具有同一虚信道标识符（VPI）的一群虚信道。ATM 还采用了虚通路的概念。一条虚通路连接是具有相同端点的一组虚通道连接。一个传输通路可以保持多条虚通路，每一个虚通路可以有多个虚信道。虚信道与虚通路如图 6-25 所示。

在信元的数据流中，信元不占用固定的位置。在一条物理线路上，每个报文流中的信元由一个虚信道来传送；具有相同源和目的的报文汇聚成一个业务；传送这些报文流的虚信道汇聚成虚通路。可以这样比喻，物理线路相当于一条高速公路，虚通路相当于公路上的双向道路，虚信道相当于公路上的车道，信元相当于车道上行驶的车辆。

每个虚通路中的几条不同的虚信道，可分别用于不同的通信业务，例如，在传一条图像的同时，另一条可以传电话或数据等。此外，这样的通路和信道的划分不是固定不变的，而是随时可以根据用户的要求进行重新定义。这一过程就是 VCI 和 VPI 的建立和拆除过程。

（4）ATM 网络的分层参考模型。ATM 提供了一套网络用户服务，但与网络上传输的信息类型无关。这些服务由 ATM 网络的分层参考模型定义。ATM 网络的分层参考模型是一个立体模型，如图 6-26 所示。

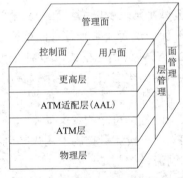

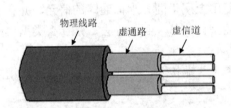

图 6-25　ATM 的虚信道和虚通路

图 6-26　ATM 网络的分层参考模型

ATM 在逻辑上可按以下 3 个层面进行描述。

① 用户平面：是具有分层结构的功能平面，包括了与用户信息和控制信息传送有关的各个功能层的集合，是用户协议之间的接口。

② 控制平面：也是具有分层结构的功能平面，包括了为建立呼叫和控制连接所需的信令处理和有关的各个功能层的集合。

③ 管理平面：包括对层的管理和对面的管理的功能集合。这两种管理共同完成整个网络的维护和营运功能。

在分层的结构中，ITU-T 只对较低的 3 个层次定义了功能层的规范，即物理层、ATM 层和 ATM 适配层（AAL）。

① 物理层。物理层包括两个子层，由物理介质相关层和传输汇聚子层组成。物理层的功能是进行物理线路编码和信息的传输。

物理介质相关层完成与在物理媒体上接收比特信号有关的工作，包括对信号的线路编码和解码、比特信号的位定时、光电转换等功能。

传输汇聚子层完成比特流与 ATM 信元流之间的转换，包括速率适配、信元定界与同步、传输帧的产生与恢复等。

② ATM 层。ATM 层主要完成与交换和复用 ATM 信元有关的功能，包括信元的复用与解复用、信元的虚通路与虚通信之间的转换、信元头部的生产和提取，以及一般的流量控制。

ATM 层生成信元的过程是接收来自 ATM 适配层的 48 字节载体并附加上相应 5 字节信元标头。ATM 层支持连接的建立，并汇集到同一输出端口的不同应用的信元，同样也分离从输入端口到各种应用或输出端口的信元。当 ATM 层看到信元载体时，它并不知道也不关心载体的内容，载体只不过是要被传输的 "0" 或 "1" 符号，所以它与服务无关，只负责为载体生成信元标头并附给载体，以形成信元标准格式。跨越 ATM 层到物理层的信息单元只能是 53 字节的信元。

③ ATM 适配层。ATM 适配层（AAL）的主要作用是增强 ATM 层所提供的服务，即向上面的高层提供 B-ISDN 所需的与用户有关的功能，包括对用户信息进行分段与重装、对比特差错进行监控和处理、处理信元时延的变化、处理丢失和错误投递的信元等。同时，把来自协议栈高层的用户通信业务量转换成可以纳入 ATM 信元的定长字节与格式，并在目的地把它转换成原来形式，也可以完成不同速率和特性的业务入网适配。

送给 ATM 网络的信息可有多种格式。ATM 网可以传输数据、语音以及视频信息。每一种信息都要求 ATM 网络有不同的适配。为此，ATM 定义了不同类型的 AAL 服务。

ITU 定义的 5 种类型的 AAL 如下。

AAL1：传输数字话音、视频之类比特率恒定的通信业务。AAL1 适用于对信元丢弃与时延均敏感的场合，并用来仿真常规的租用线路，但要耗去有效负荷中的 48 字节的 1 字节，即为信头信息增加 1 字节，以供编排序列号码之用，信元中的有效负荷只剩下 47 字节。

AAL2：用于分组话音之类对时间参数敏感的可变比特率通信业务。

AAL3/4：开始时，ITU 为 C 类和 D 类业务制定了不同的协议（C 类和 D 类分别是对数据丢失或出错敏感，但不具有实时性的面向连接和非连接的数据传输服务类），后来 ITU 发现没有必要制定两套协议，于是将它们合二为一，形成了一个单独的协议，即 AAL3/4，处理面向突发性连接 AAL3 和无连接 AAL4 的数据通信业务，如差错消息或变速率无连接业务、文档传送业务。它可用于容许延时但不容许信元丢弃的业务。为保证尽可能少他丢弃信元，AAL3/4 对每一信元实施差错检测，并采用一种较复杂的纠错机制。这要耗去有效负荷中的每 48 字节中的 4 字节。

AAL 5：适用于处理开销比 AAL3/4 小的突发性 LAN 数据流，是 AAL3/4 的改进型适配层，其更加高效，故也被称为简单、有效的自适应层。

6.4 NGN

6.4.1 NGN 概述

下一代网络（Next Generation Net，NGN）是一种开放、综合的网络架构，提供语音、数据和多媒体等业务。NGN 通过优化网络结构，既实现了网络融合，又实现了业务的融合。

软交换是 NGN 中的关键技术。NGN 采用分层体系结构，将网络分为业务层、控制层、承载层和接入层 4 层结构。软交换设备位于控制层。它独立于传送网络，主要完成呼叫控制、资源分配、协议处理、路由、认证和计费等功能。

软交换网络可以通过多种网关设备与其他现有网络相连，包括 PSTN、No.7 信令网、智能网和 H.323 网络等，保证了软交换网络的兼容性。软交换网络是一个开发的体系结构，各个功能模块之间采用标准的协议进行互通。这些协议包括 MGCP 协议、H.248/MEGACO 协议、SIGTRAN 协议、SIP 协议、H.323 协议等。

1. 下一代网络的定义

NGN 是 20 世纪 90 年代末提出的一个概念。广义上的 NGN 是一个非常宽泛的概念，涉及的内容十分广泛，涵盖了现代电信新技术和新思想的方方面面。从传输网络层面看，NGN 是下一代网络智能光传输网 ASON；从承载网层面看，NGN 是下一代因特网 NGI；从接入网层面上看，NGN 是各种宽带接入网；从移动通信网络层面看，NGN 是 3G 与后 3G；从网络控制层面看，NGN 是软交换网络；从业务层面看，NGN 是支持话音、数据和多媒体业务，满足移动和固定通信，具有开放性和智能化的多业务网络。总之，NGN 包容了所有的新一代网络技术。

（1）广义的概念

NGN 泛指一个不同于现有网络，大量采用当前业界公认的新技术，可以提供语音、数据及多媒体业务，能够实现各网络终端用户之间的业务互通及共享的融合网络。

NGN 包含下一代传送网、下一代接入网、下一代交换网、下一代互联网和下一代移动网。

（2）狭义的概念

从狭义来讲，NGN 特指以软交换设备为控制核心，能够实现语音、数据和多媒体业务的开放的分层体系架构。在这种分层体系架构下，能够实现业务控制与呼叫控制分离，呼叫控制与接入和承载分离，各功能部件之间采用标准的协议进行互通，能够兼容各业务网（PSTN、IP 网、移动网等）技术，提供丰富的用户接入手段，支持标准的业务开发接口，并采用统一的分组网络进行传送。

下一代网络包含两个主要的技术。

① 所有的业务都通过统一的 IP 网络传输。

② 呼叫控制与传输网络分离，业务控制与呼叫控制分离。

（3）ITU-T 对 NGN 的定义

2004 年 2 月，ITU-TSG13 会议给出的 NGN 的基本定义为：NGN 是基于分组的网络，能够提供电信业务；利用多种宽带能力和 QoS 保证的传送技术，其业务相关功能与其传送技术相独立；NGN 使用户可以自由接入到不同的业务提供商；NGN 支持通用移动性。

我国信息产业部电信传输研究院给出的软交换定义：软交换是网络演进和下一代分组交换网络的核心设备之一，其独立于传输网络，主要完成呼叫控制、资源分配、协议处理、路由、认证、宽带管理、计费等功能，同时可以向用户提供现有电信交换机所能够提供的所有业务，并向第三方提供可编程能力。

2．下一代网络的特点

从 NGN 的定义可以看出，它是可以提供包括语音、数据、多媒体等各种业务的综合开放的网络构架，有以下 3 个主要特征。

（1）将传统交换机的功能模块分离成为独立的网络部件，各个部件可以按相应的功能划分，各自独立发展。部件间的协议接口基于相应的标准。

（2）下一代网络是业务驱动的网络，应实现业务控制与呼叫控制分离、呼叫控制与承载分离。分离的目标是使业务真正独立于网络，以便灵活、有效地实现各种业务。

（3）下一代网络是基于统一协议的分组的网络，能利用多种宽带能力和有 QoS 保证的传送技术，使 NGN 能够提供通信的安全性、可靠性和保证服务质量。

6.4.2　以软交换为中心的 NGN 结构

1．NGN 分层结构

下一代网络 NGN 在功能上可分为接入层、承载层、控制层和业务层 4 层，其结构如图 6-27 所示。

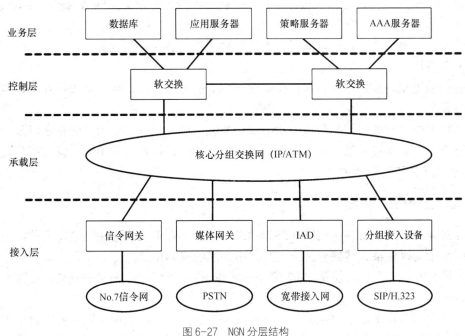

图 6-27　NGN 分层结构

（1）接入层

接入层为各类终端和网络提供访问 NGN 网络资源的入口功能。这些功能主要通过网关或智能接入设备完成。

接入层的主要作用是利用各种接入设备实现不同用户的接入，并实现不同信息格式之间的转换。接入层的设备没有呼叫控制的功能。它必须和控制层设备相配合，才能完成所需要的操作。接入层的设备主要有中继网关、信令网关、综合接入媒体网关、网络边界点 NBP、用户接入边界点 ABP、媒体服务器。

综合接入设备（Integrated Access Devices，IAD）正逐步由简单设备（支持线速度为 T1 和 E1 的访问）发展到高层设备，诸如 ATM 边缘集中器和通用复用器。随着信息即时存取命令的增加，带宽命令也同步增加，并且灵活性服务也不断变化。如今 IAD 观念也随着那些命令的增加而提升，以满足终端客户和服务供应商对综合 WAN 接入的需求。

（2）承载层

承载层又称为传送层，主要完成信息传输。目前，人们的共识是采用分组交换技术（包括 IP 技术和 ATM 技术）作为承载层的主要传输技术。

承载层主要完成数据流（媒体流和信令流）的传送工作，一般适用于 IP 网络或 ATM 网络，其中，IP 网络采用的是无连接的控制方式，ATM 网络采用的是面向连接的控制方式。NGN 的承载层主要采用 IP 网络。

（3）控制层

控制层主要完成呼叫控制功能，对网络中的交换资源进行分配和管理，并为业务层设备提供业务能力或特殊资源。

控制层是 NGN 的核心控制设备。该层设备一般被称为软交换机（呼叫代理）或媒体网关控制器（Media Gateway Controller，MGC）。软交换设备是软交换网络的核心控制设备。它独立于底层承载协议，主要完成呼叫控制、媒体网关接入控制、资源分配、协议处理、路由、认证、计费等主要功能，并可以向用户提供各种基本业务和补充业务。

（4）业务层

业务层的主要功能是创建、执行和管理 NGN 的各项业务，包括多媒体业务、增值业务和第三方业务等。

在 NGN 中，业务与控制分离，业务部分单独组成应用层。应用层的作用就是利用各种设备为整个 NGN 体系提供业务能力上的支持，其主要设备包括应用服务器、用户数据库、业务控制点 SCP 和应用网关。

2．软交换的主要设备

（1）媒体网关是现有各种网络（PSTN/ISDN）与 NGN 网络连接的接口设备，主要完成将一种网络中的媒体格式转换为另一种网络所要求的媒体格式。

（2）信令网关的主要功能是 No.7 信令系统和 NGN 网络之间消息的互通，主要完成信令格式的转换。

（3）综合接入设备是小容量的综合接入网关，提供语音、数据和视频的综合接入能力。

（4）无线接入网关负责无线用户的接入，完成无线用户的接入和语音编解码以及媒体流的传送工作。

（5）应用服务器提供业务逻辑执行环境，负责业务逻辑的生成和管理。

（6）媒体服务器用于提供专用媒体资源功能。

（7）路由器服务器为软交换提供路由消息查询功能。

（8）AAA 服务器主要完成用户的认证、授权和鉴权等功能。

6.4.3　NGN 的协议

1．NGN 的协议架构

在 NGN 中，各个功能模块分离成为独立的网络部件，各个部件之间通过标准的协议通信，共同配合完成各种业务。为了实现这一目标，IETF、ITU-T 制定并完善了一系列的标准协议，如媒体网关控制协议 H.248、会话启动协议 SIP 等。NGN 中各部分设备之间采用的协议如图 6-28 所示。

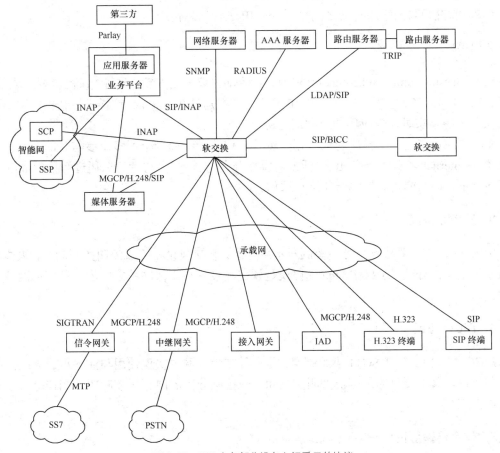

图 6-28　NGN 中各部分设备之间采用的协议

（1）软交换与信令网关（SG）间的接口使用 SIGTRAN 协议，信令网关（SG）与 7 号信令网络之间采用 7 号信令系统的消息传递部分 MTP 的信令协议。信令网关完成软交换和信令网关间的 SIGTRAN 协议到 7 号信令网络之间消息传递部分 MTP 的转换。

（2）软交换与中继网关（TG）间采用 MGCP 或 H.248/Megaco 协议，用于软交换对中继网关进行承载控制、资源控制和管理。

（3）软交换与接入网关（AG）和 IAD 之间采用 MGCP 或 H.248 协议。

（4）软交换与 H.323 终端之间采用 H.323 协议。

（5）软交换与 SIP（会议启动协议）终端之间采用 SIP。

（6）软交换与媒体服务器（MS）之间接口采用 MGCP 或 H.248 协议或 SIP。

（7）软交换与智能网 SCP 之间采用 INAP（CAP）。

（8）软交换设备与应用服务器间采用 SIP/INAP，业务平台与第三方应用服务器之间的接口可使用 Parlay 协议。

（9）软交换设备之间的接口主要实现不同软交换设备间的交互，可使用 SIP-T 和 ITU-T 定义的 BICC 协议。

（10）媒体网关之间采用 RTP/RTCP 进行信息传送。

（11）软交换与 AAA 服务器之间采用 RADIUS 协议进行信息传送。

（12）软交换与网络服务器之间采用 SNMP 进行信息传送。

2．SIP

SIP（Session Initiation Protocol）称为会话启动协议，是 NGN 系列协议的重要组成部分。它是由 IETF 于 1999 年提出的一个在 IP 网络中，特别是在 Internet 这样一种结构的网络环境中，实现多媒体实时通信应用的一种信令协议。

SIP 是应用层的信令控制协议，用于创建、修改和释放一个或多个参与者的会话。这些会话类似 Internet 多媒体会议、IP 电话或多媒体分发，会话的参与者可以通过组播（multicast）、网状单（unicast）或两者的混合体进行通信。

3．H.248 协议

NGN 的一个重要特点是呼叫控制与承载分离：软交换设备完成呼叫控制功能，媒体网关完成媒体信息的处理。H.248/Megaco 协议是软交换设备与媒体网关之间的一种媒体网关控制协议。

4．BICC 协议

BICC 协议由 ITU-T SG11 小组制定，是一种在骨干网中实现使用与业务承载无关的呼叫的控制协议，其主要目的是解决呼叫控制和承载控制分离的问题，使呼叫控制信令可以在各种网络上承载。

5．信令传输协议

信令传输协议是实现用 IP 网络传送电路交换网信令消息的协议栈。它将标准的 IP 传送协议作为底层传输，通过增加自身功能来满足信令传送的要求。

小　　结

通信网是实现信息传输、交换的所有通信设备连接起来的整体。随着社会信息化的发展，数据通信网的应用也在不断地扩大和普及。

光纤通信技术已成为现代通信的主要支柱之一，目前主要采用的是 SDH/PDH 技术，以及在 SDH/PDH 基础上发展的 MSTP、MSAP 和 PTN 技术；移动通信网采用的是 2G、3G、4G 和 5G 技术；卫星通信在因特网、宽带多媒体通信和卫星电视广播等方面也得到了广泛应用。

公共交换电话网（PSTN）和窄带综合业务数字网（N-ISDN）是两种主要的基础传输设备。分组交换广域网主要有 X.25 和帧中继（FR）网。这两种分组交换概念都用于可变长度的分组交换业务。ATM 技术结合了电路交换和分组交换的优点，通过专用网或公用网传送一种短且长度固定的信元，是一种高速分组交换技术。

综合业务数字网（ISDN）的出现，将话音、数据和图像等信息融合在同一网络中传输，但 B-ISDN 与 N-ISDN 有着本质上的差别。B-ISDN 是目前最高性能的网络类型，已经逐渐确立了其在未来高速信息基础设施中的重要地位。

数字数据网（DDN）是同步数据传网，其通过数字电路管理设备，利用以光纤为主体的数字电路，构成了一个速率高、时延小、质量好、全透明、高流量的数据传输基础设施。

下一代网络中（NGN）最基本的技术主要体现在所有业务都通过统一的 IP 网络传输，以 IP 技术为核心的互联网增长趋势是爆炸性的，基于 H.323 的 IP 电话系统的大规划商用有力地证明了 IP 网络承载电信业务的可行性。下一代网络的概念就是在这样的背景下提出来的。

习　题

一、填空题

1. 通信网的硬件系统一般由_____、_____和转接交换系统等 3 部分通信设备构成。这是构成通信网的物理实体。

2. 现代通信网除了有传递各种用户信息的业务网之外，还需要有若干支撑网，如_____、_____、_____和管理网等。

3. SONET 定义了线路速率的等级结构，其传输速率以_____为基础进行倍乘。这个速率对应的电信号被称为"第 1 级同步传送信号"，记为 STS-1；SDH 的速率为_____，被称为"第 1 级同步传送模块"，记为 STM-1。

4. ITU 对第三代移动通信系统确定 3 个无线接口标准，分别是_____、_____和_____，其中，_____是由我国所提出的标准。

5. ITU 在 2012 年 1 月通过了 4G（IMT-Advanced）的 4 种标准，分别是_____、_____、_____和_____。

6. 为了支持 5G 的多样化应用需求，人们提出了各种各样的新技术，其中物理层技术领域的_____、_____、_____、_____、_____等技术已成为业界关注的焦点。

7. 广域网为用户所提供的服务可以分为两大类，即_____的网络服务和_____的网络服务。这两种服务的具体实现就是通常所谓的数据报服务和虚电路服务。

8. 帧中继是在 OSI/RM 的_____层上使用_____的方式传送和交换数据单元的一种方式。

9. 帧中继是一种简化的_____技术，帧中继业务兼有_____业务和_____业务的长处，实现上又比 ATM 技术简单。

10. ISDN 定义了一些标准化的信道，并分别用一个英文字母来表示，其中最常见的是_____信道（64kbit/s 的数字 PCM 话音或数据信道）和_____信道（16kbit/s 或 64kbit/s 用作公共信道信令的信道）。

11. ISDN 有两种接口方式，即_____（BRI）接口和_____（PRI）接口。

12. ISDN 一次群速率的结构是 $nB+D$，其中，n 的数值对应于 2.048Mbit/s（E1 系统）和 1.544Mbit/s（T1 系统）的基群，分别为_____或_____。

13. ATM 的分层参考模型是一个立体模型，在逻辑上可按以下 3 个层面进行描述：_____平面、_____平面和_____平面。

14. DDN 是由专用线路连接所构成的数据传输网。它可以在任意两个端点之间建立起_____或_____连接的专用数字传输通道，以便为用户建立自己的专用数据网创造条件。

15. DDN 主要由_____系统、_____系统、_____系统和_____系统等部分组成。

16. 软交换网络可以通过多种网关设备与其他现有网络相连，包括_____、_____、_____和 H.323 网络等，保证了软交换网络的兼容性。

二、选择题

1. 广域网是指利用_____连接各主机而构成的网络。
　　A. 节点交换机　　B. 路由器　　　　　C. 网关　　　　　　D. 网桥

2. 帧中继技术主要涉及 OSI/RM 的_____。
　　A. 物理层　　　　　　　　　　　　B. 物理层和数据链路层
　　C. 网络层　　　　　　　　　　　　D. 数据链路层和网络层

3. 2B+D 中的 D 信道用于传输_____。
　　A. 信令数据　　　B. 用户数据　　　C. 模拟数据　　　D. 语音数据

4. ITU 定义了 5 种类型的 AAL，其中用于传输数字话音、视频之类比特率恒定的通信业务采用的适配是_____。
　　A. AAL1　　　　　B. AAL2　　　　　C. AAL3/4　　　　D. AAL 5

5. NGN 采用分层体系结构，将网络分为 4 层。软交换设备位于_____。
　　A. 接入层　　　　B. 承载层　　　　C. 控制层　　　　D. 业务层

三、判断题

1. 在国际上，SONET 和 SDH 这两个标准是被等同对待的，其中 SONET 已被推荐为 B-ISDN 的物理层协议标准。

2. 话音对丢失不敏感。在话音通信中，可以允许一定的丢失存在，因为话音信息的相关性较强。

3. 光纤通信中的光波是激光。

4. 5G 移动通信发展的主要驱动力是未来移动互联网和物联网业务。

5. 卫星通信的通信成本与通信距离无关。

6. 一个实际的网络系统常常是局域网、城域网和广域网的集成，但三者之间在技术上差异较大，很难融合。

7．ISDN 一次群速率接口传输的速率与 PCM 的基群速率相同，因此前者又称为基群速率接口。由于国际上有两种规格的 PCM 基群，所以 ISDN 的接口也有两种速率。

8．ATM 技术既可以用于广域网，又可以用于局域网。这是因为它的工作原理与 Ethernet 基本上是相同的。

9．软交换设备位于业务层。它独立于传送网络，主要实现呼叫控制、资源分配、协议处理、路由、认证和计费等功能。

四、简答题

1．常见的通信网主要有哪些？

2．光纤通信包括哪些新技术？

3．什么是 MSTP 和 MSAP？MSTP 和 MSAP 有何技术优势？

4．什么是 PTN？PTN 技术是如何实现的？

5．什么叫广域网，广域网的主要特点有哪些？

6．常见的广域网技术有哪些？

7．广域网提供的数据报服务和虚电路服务的区别是什么？

8．什么是分组交换网的交换式虚电路和永久式虚电路？

9．帧中继网如果发生重传，它的过程如何？

10．B-ISDN 与 N-ISDN 有何主要区别？

11．ATM 网络有哪些主要特点？

12．什么是 DDN？与传统的模拟数据网相比具有哪些优点？

13．NGN 网络有哪些主要特征？

第 **7** 章 **Internet**

【本章内容简介】Internet 是目前世界上规模最大和最具影响力的计算机互联网络，而 TCP/IP 协议是 Internet 发展的基础。本章主要介绍 Internet 和 TCP/IP 协议的基本概念、网际层协议、传输层协议、Internet 提供的服务及应用、IPv6 及物联网等内容。

【本章重点】读相应重点掌握网际层和传输层协议，特别是 IP 协议、IP 地址和子网划分技术；熟悉 TCP/IP 协议体系结构、IPv4 与 IPv6 的特点及应用；了解物联网、移动互联网的相关技术和发展前景。

7.1 Internet 概述

7.1.1 Internet 的发展历程

1. Internet 和 TCP/IP 的概念

Internet 有多种解释，通常被称为"因特网""互联网"和"网际网"等。它是全球性的、最具有影响力的计算机互联网络。与传统的书籍、报刊、广播、电视等传播媒体相比，Internet 使用更方便，查阅更快捷，内容更丰富。今天，Internet 已在世界范围内得到了广泛的普及与应用，并正迅速地改变人们的工作方式和生活方式。

从基本结构角度来看，Internet 是一个使用路由器，通过各种通信线路，将分布在世界各地的、数以千万计的规模不一的计算机网络互联起来的大型网际网。

从网络通信的角度来看，Internet 是一个用 TCP/IP 协议把各个国家（或地区）、各个部门、各种机构的内部网络联结起来的超级数据通信网。

从网络管理的角度来看，Internet 是一个不受政府或某个组织管理和控制的、包括成千上万互相协作的组织和网络的集合体。

从拓扑结构上看，Internet 使大大小小、成千上万个不同拓扑结构的局域网、城域网和广域网相连。Internet 的拓扑结构只是一种虚拟拓扑结构，无固定形式。

从应用的角度来看，它是大量计算机连接在一个巨大的通信系统平台上而形成的一个全球范围的信息资源网。接入 Internet 的主机既可以是信息资源及服务的使用者，也可以是信息资源及服务的提供者。Internet 的使用者不必关心 Internet 的内部结构。使用者们面对的只是 Internet 所提供的信息资源和服务。通过使用 Internet，用户可以获取全球范围的收发电子邮件、WWW 信息查询与浏览、文件传输、语音与图像通信等服务。也就是说，全世界范围内的 Internet 用户，既可以互通消息、交流思想，又可以从中获得各方面的知识、经验和信息。

综上所述，Internet 是一个网络的网络。它以 TCP/IP 将各种不同类型、不同规模、位于不同地理位置的物理网络连成一个整体。它也是一个国际性的通信网络集合体，融合了现代通信技术和现代计算机技术，集各个部门、领域的各种信息资源为一体，从而构成网上用户共享的信息资源网。Internet 的基本结构如图 7-1 所示。

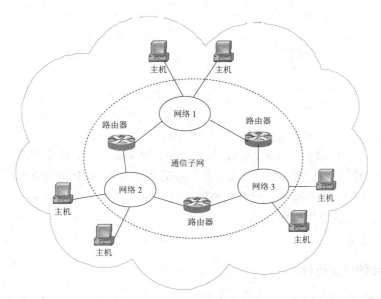

图 7-1　Internet 的基本结构

如图 7-1 所示，用户并不是将自己的计算机直接连接到因特网上，而是连接到其中的某个网络上，该网络通过网络干线与其他网络相连。网络干线通过路由器互连，使得各个网络上的计算机都能相互连接进行数据和信息传输。

Internet 网络协议采用的是 TCP/IP。所谓 TCP/IP（Transmission Control Protocol/Internet Protocol），实际上是一个协议簇，因协议簇中的两个主要协议即传输控制协议（TCP）和网际协议（IP）而得名。TCP/IP 是 Internet 上所有网络和主机之间进行交流所使用的共同"语言"，是 Internet 上使用的一组完整的标准网络连接协议。通常所说的 TCP/IP 实际上包含了大量的协议和应用，且由多个独立定义的协议组合在一起。因此，更确切地说，应该称其为 TCP/IP 协议簇（集）。

TCP/IP 是 Internet 信息交换规则的集合体。它是当今技术最成熟、应用最广泛的网络传输协议，并拥有完整的体系结构和协议标准。TCP/IP 已广泛应用于各种网络中，不论是局域网还是广域网都可以用 TCP/IP 来构造网络环境。

OSI/RM 研究的初衷是希望为网络体系结构与协议的发展提供一种国际标准，但由于Internet 的飞速发展，TCP/IP 得到了广泛的应用。TCP/IP 现在是一种事实上的国际标准，并形成了 TCP/IP 参考模型。TCP/IP 具有以下几个特点。

（1）开放的协议标准，可以免费使用，并且独立于特定的计算机硬件与操作系统。

（2）独立于特定的网络硬件，可以运行在局域网、广域网中，更适用于 Internet。

（3）统一的网络地址分配方案，使得整个 TCP/IP 设备在网络中都具有唯一的 IP 地址。

（4）标准化的高层协议，可以提供多种可靠的用户服务。

TCP/IP 的层次结构虽然包括 4 个层次，但实际上只有 3 个层次包含了实际的协议。TCP/IP 参考模型中的各层对应的主要协议如图 7-2 所示。

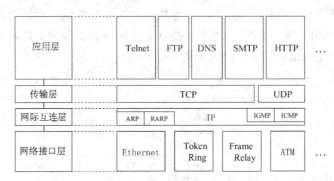

图 7-2　TCP/IP 参考模型中的协议与网络

TCP/IP 参考模型的最低层是网络接口层，也称为网络访问层，用于实现主机与传输媒介的物理接口，为网络层发送和接收 IP 数据报，包括能使用 TCP/IP 与物理网络进行通信的协议，且对应着 OSI/RM 的物理层和数据链路层。TCP/IP 并没有定义具体的网络接口协议，旨在使网络更灵活，以适应各种网络类型（如 LAN、MAN 和 WAN）。这也说明了 TCP/IP 可以运行在任何网络之上。

2．Internet 的发展历程

Internet 是在美国较早的军用计算机网络 ARPANET 的基础上经过不断发展变化而形成的，其起源可以追溯如下。

1969 年，美国国防部研究计划管理局 ARPA 开始建立一个命名为 ARPANET 的网络，当时建立这个网络只是为了将美国的几个军事及研究用计算机的主机连接起来。这是 Internet 的雏形。

1985 年，美国国家科学基金会（简称 NSF）开始建立 NSFNET。NSF 规划建立了 15 个超级计算中心及国家教育科研网，用于支持科研和教育的全国性规模的计算机网络 NSFNET，并以此作为基础，实现同其他网络的联结。NSFNET 成为 Internet 上用于科研和教育的主干部分，代替了 ARPANET 的骨干地位。

1989 年，MILNET（由 ARPANET 分离出来）在实现和 NSFNET 的联结后，就开始被称为 Internet。自此以后，其他部门的计算机网相继并入 Internet，ARPANET 宣告解散。

20 世纪 90 年代初，商业机构开始进入 Internet，使 Internet 开始了商业化的新进程，也成为 Internet 发展的强大推动力。1995 年，NSFNET 停止运作，Internet 彻底商业化了。

随着商业网络和大量商业公司进入 Internet，网上商业应用取得高速的发展，同时也使 Internet 能为用户提供更多的服务。因此，Internet 迅速普及和发展起来。

网络的出现改变了人们使用计算机的方式，而 Internet 的出现又改变了人们使用网络的方式。Internet 使计算机用户不再被局限于分散的计算机上，同时也使他们脱离了特定网络的约束。

随着社会、科技、文化和经济的发展，特别是计算机网络技术和通信技术的迅猛发展，人们越来越重视开发和使用信息资源，Internet 覆盖了社会生活的方方面面，构成了一个信息社会的缩影。

Internet 在中国的发展可分为两个阶段。

第一阶段是 1986 年—1993 年。这一阶段，我国通过拨号（X.25 协议）实现了和 Internet 电子邮件转发系统的连接，并在小范围内为国内的单位提供 Internet 电子邮件服务（即 E-mail 功能）。1987 年 9 月，北京计算机应用技术研究所正式建成我国第一个 Internet 电子邮件节点，通过拨号 X.25 线路，连通了 Internet 的电子邮件系统，并于 1987 年 9 月 20 日 22 点 55 分在北京通过 Internet 向全世界发出了第一封电子邮件："越过长城，通向世界（Over the Great Wall，We can reach each corner on the world）"。此事标志着中国和世界开始通过 Internet 联系在一起。1990 年 11 月 28 日，中国向 Internet 网管中心注册了我国的顶级域名 CN，并在国外建立了我国第一台 CN 域名服务器。从此，中国有了自己的域名，中国的网络有了自己的标识。

第二阶段从 1994 年开始，实现了和 Internet 的 TCP/IP 连接，开通了 Internet 的全功能服务，完成了我国最高域名 CN 的主服务器的设置。在这个阶段中，数个全国范围的计算机信息网络项目相继启动，Internet 在我国得到了迅速的发展。

近年来，随着互联网应用日益普及，中国互联网的发展主题已经从"普及率提升"转换到"使用程度加深"，国家政策支持和网络环境变化对互联网使用深度的提升提供了有力保障，互联网与传统经济结合更加紧密，互联网应用塑造了全新的社会形态，改变了人们的工作方式和衣食住行。例如，互联网在网络教学、购物、物流、支付和金融等各方面均有良好应用。

7.1.2　Internet 的组成

Internet 主要由通信线路、路由器、主机与信息资源等部分组成。

1．通信线路

通信线路是 Internet 的基础设施。它负责将 Internet 中的路由器与主机连接起来。Internet 中的通信线路可以分为有线通信线路与无线通信信道。

通信线路的最大传输速率与它的带宽成正比，即通信线路的带宽越宽，它的传输速率也就越高。

2．路由器

路由器是 Internet 中最重要的设备之一。它负责将 Internet 中的各个局域网或广域网联结起来。

当数据从一个网络传输到路由器时，它需要根据数据所要到达的目的地，通过路径选择算法为数据选择一条最佳的传输路径。如果路由器选择的输出路径比较拥挤，则路由器负责管理数据传输的等待队列。在从源主机出发后，数据往往需要经过多个路由器的转发，经过多个网络才能到达目的主机。

3．主机

主机是 Internet 中不可缺少的成员，是信息资源与服务的载体。Internet 中的主机可以是大型计算机，也可以是普通的微机或便携式计算机。

按照在 Internet 中的用途，主机可以分为服务器与客户机两类。服务器是信息资源与服务的提供者。它一般是性能较高、存储容量较大的计算机。服务器根据它所提供的服务功能的不同，又可以分为文件服务器、数据库服务器、WWW 服务器、FTP 服务器、E-mail 服务器和域名服务器（Domain Name Server，DNS）等。客户机是信息资源与服务的使用者。它可以是普通的微机或便携机。服务器使用专用的服务器软件向用户提供信息资源与服务，而用户使用各种 Internet 客户机软件来访问信息资源或服务。

4．信息资源

信息资源是用户最关心的问题。信息是网络的灵魂，没有信息，网络就没有任何价值。Internet 的发展方向是更好地组织信息资源，并使用户快捷地获得信息。WWW 服务的出现使信息资源的组织方式更加合理，而搜索引擎的出现使信息的检索更加快捷。网络系统好比公路交通系统，修建公路和立交桥（物理网）、设立交通规则（协议）、使用汽车（应用软件）是为了运输货物（信息），物理网、协议和应用软件为信息传送提供服务。

在 Internet 中存在很多类型的信息资源，如文本、图像、声音与视频等多种信息类型，涉及社会生活的各个方面。通过 Internet，我们可以查找科技资料，获得商业信息，下载流行音乐，参与联机游戏或收看网上直播等。

7.1.3 Internet 的管理组织

Internet 的一个主要特点就是管理上的开放性。它没有一个集中的管理机构。为了保证 Internet 运行所需的多个标准间的兼容，确保 Internet 的持续发展，人们先后成立了一些机构，自愿承担必需的管理职责，并且遵循自下而上的结构原则。下面简要介绍几个重要的 Internet 组织。

1．Internet 协会

在 Internet 中，最具权威的管理机构是 Internet 协会（Internet Society，ISOC）。ISOC 成立于 1992 年，总部在美国。它是一个完全由志愿者组成的组织，目的是推动 Internet 技术的发展与促进全球化的信息交流。ISOC 通过领导标准、议题和培训等工作来发展 Internet 的相关技术。

2．Internet 体系结构委员会

Internet 体系结构委员会（Internet Architecture Board，IAB）是原美国国防部创建的信息委员会更名而设立的。随着因特网的不断发展，IAB 于 1989 年进行重组，设立了因特网工程任务组（Internet Engineering Task Force，IETF）和因特网研究任务组（Internet Research Task Force，IRTF）。IETF 负责现有因特网上待解决的课题，而 IRTF 则侧重因特网长远的研究规划。

3．Internet 草案与 RFC

Internet 技术管理的核心是制定网络连接和应用的协议标准。在 Internet 上，任何一个用户都可以对 Internet 某一领域的问题提出自己的解决方案或规范，作为 Internet 草案（Internet Drafts）提交给 IETF。Internet 标准称为请求评论（Request For Comments，RFC），所有 RFC 文档都可以从 Internet 上免费下载，但并不是所有的 RFC 文档都是 Internet 标准，其间要经过草案、建议标准、标准草案和标准几个阶段，最后只有一小部分能成为标准。

4．InterNIC 与域名管理

Internet 网络信息中心（InterNIC）成立于 1993 年，其主要任务是负责所有以 org、com、net 和 edu 结尾的国际顶级域名的注册与管理。各国的二级、三级域名由各国自己管理。

5．WWW 协会

WWW 协会是除 ISOC 以外的另一个国际性的 Internet 组织，其任务是确定和颁布有关 WWW 的应用标准。

6．Internet 网络中心的日常管理

Internet 网络中心的日常管理工作由网络运行中心（Network Operating Center，NOC）与网络信息中心（Network Information Center，NIC）承担，其中，NOC 负责保证 Internet 的正常运行与监督 Internet 的活动，NIC 负责为 ISP 与广大用户提供信息方面的支持。

7．中国互联网络信息中心

中国互联网络信息中心（China Internet Network Information Center，CNNIC）是经国家主管部门批准，于 1997 年 6 月 3 日组建的管理和服务机构，行使国家互联网络信息中心的职责。作为我国信息社会重要的基础设施建设者、运行者和管理者，CNNIC 负责管理维护中国互联网地址系统，引领中国互联网行业的发展，权威发布中国互联网统计信息，代表中国参与国际互联网社群。

7.2 Internet 网络层协议

前面所介绍的局域网、城域网、广域网的体系结构以及协议大都属于 OSI/RM 中的物理层和数据链路层协议，由它们构成网络硬件支撑环境，也称为网络基础结构（Network Infrastructure）。在此基础之上，还要通过高层传输协议来提供更高级、更完善的服务，才能构成完整的网络环境，为网络应用提供充分的支持。

网络层是在 Internet 标准中正式定义的第 1 个层，包含的协议主要有网际协议（Internet Protocol，IP）、网际控制报文协议（Internet Control Message Protocol，ICMP）、网际主机组管理协议（Internet Group Management Protocol，IGMP）、地址解析协议（Address Resolution Protocol，ARP）和逆向地址解析协议（Reverse Address Resolution Protocol，RARP）等。其中，最主要的协议是网际协议，其他一些协议用来协助网际协议的工作。

7.2.1　IP

网际协议简称 IP。它和 TCP（传输控制协议）是整个 TCP/IP 协议组中最重要的部分。Internet 上的所有系统都使用或兼容 IP。IP 的基本任务是屏蔽下层各种物理网络的差异，向上层提供统一的 IP 数据报。由 IP 控制传输的协议单元称为 IP 数据报。各个 IP 数据报之间是相互独立的。

1．IP 的主要功能

IP 的基本功能是对数据包进行相应的寻址和路由，并从一个网络转发到另一个网络。IP 在每个发送的数据包前加入一个控制信息，其中包含了源主机的 IP 地址和其他一些信息。IP 的另一项工作是分割和重编在传输层被分割的数据包。由于数据包要从一个网络转发到另一个网络，因此，当两个网络所支持传输的数据包的大小不相同时，IP 就要在发送端将数据包分割，然后在分割的每一段前再加入控制信息进行传输。在接收端接收到数据包后，IP 将所有的片段重新组合形成原始的数据。

2．IP 的特性

IP 是一个无连接的协议。无连接是指主机之间不建立用于可靠通信的端到端的连接，源主机只是简单地将 IP 数据包发送出去。这时，IP 数据包可能会丢失、重复、延迟时间长或者顺序混乱。因此，要实现数据包的可靠性传输，就必须依靠高层的协议或应用程序，如传输层的 TCP。

IP 的重要特性是非连接性和不可靠性。非连接性是指经过 IP 处理过的数据报是相互独立的，可按不同的路径传输到目的地，到达顺序可不一致。不可靠性是指 IP 没有提供对数据流在传输时的可靠性控制（IP 是"尽力传送"的数据报协议）。它没有重传机制，对底层子网也没有提供任何纠错功能，可能出现用户数据报丢失、重复甚至失序到达的问题。IP 无法保证数据报传输的结果，而 IP 服务本身不关心这些结果，也不将结果通知收发双方。尽力的数据报传送服务是指 IP 数据报的传输利用了物理网络的传输能力，指定网络接口模块将 IP 数据报封装成具体网络（LAN）的帧或者分组（X.25 网络）中的信息字段。事实上，IP 只是单纯地将数据报分割成包（分组）发送出去，利用 ICMP 所提供的错误信息或错误状况，再配合上层的 TCP 和 UDP，则可以对数据进行可靠性控制。对于一些不重要或非实时的数据传输，如电子邮件，则可利用不可靠的 UDP 传输方式；而对于重要和实时数据，必须利用可靠的 TCP 传输方式。

3．IP 数据报的格式

IP 数据报被封装到以太网的 MAC 数据帧中的格式，与一般网络层的分组格式相似。IP 数据报也分为两部分：首部和数据。首部又分成两部分：固定部分 20 字节，可变部分的长度可变。规定首部的总长度是 60 字节。数据报的格式以 4 字节（32 bit）为单位。这是 TCP/IP 统一格式的描述。这样，首部固定为 5 个单位，首部总长度为 15 个单位。在首部后，也是以 4 字节为单位的数据部分，数据报最长为 65 536 字节。IP 数据报的格式如图 7-3 所示。

<table>
<tr><td>4bit</td><td>4bit</td><td>8bit</td><td>16bit</td><td>32bit</td></tr>
<tr><td>版本</td><td>首部长</td><td>服务类型</td><td colspan="2">总长度</td></tr>
<tr><td colspan="3">标识符</td><td>标志</td><td>片偏移</td></tr>
<tr><td colspan="2">生存时间</td><td>协议</td><td colspan="2">首部校验和</td></tr>
<tr><td colspan="5">源地址</td></tr>
<tr><td colspan="5">目的地址</td></tr>
<tr><td colspan="4">选项字段</td><td>填充字段</td></tr>
<tr><td colspan="5">…</td></tr>
<tr><td colspan="5">数据</td></tr>
<tr><td colspan="5">…</td></tr>
</table>

图 7-3 IP 数据报格式

（1）版本（Version）：版本字段占 4bit，指 IP 的版本号。通信双方使用的 IP 的版本必须一致，目前一般使用版本 4（IP Version 4，IPv4）。

（2）首部长（Internet Header Length，IHL）：首部长占 4 bit，可表示的最大数值是 15 个单位，共 60 字节，典型的头部长为 20 字节。若 IP 数据报首部长度不是 4 字节的整数倍，则必须利用首部的最后一个填充字段加以填充。

（3）服务类型（Type of Service）：服务类型字段共 8 bit，主要指 IP 包的传输时延、优先级和可靠性，其格式如图 7-4 所示。

<table>
<tr><td>0 1 2</td><td>3</td><td>4</td><td>5</td><td>6</td><td>7</td></tr>
<tr><td>优先级</td><td>D</td><td>T</td><td>R</td><td>C</td><td></td></tr>
</table>

图 7-4 服务类型字段

其中，前 3bit 用来表示优先级，可以使数据报具有 8 个优先级。比特 3 是 D 比特，表示要求有更低的时延；比特 4 是 T 比特，表示要求有更高的吞吐量；比特 5 是 R 比特，表示要求有更高的可靠性；比特 6 是 C 比特，表示要求选择更低廉的路由；最后一个比特目前未使用。

（4）总长度（Total Length）：总长度指数据报分段后首部和数据所占字节数之和，单位为字节。总长度字段为 16 bit，因此，数据报最大长度为 65 536 字节。

（5）标识符（Identification）：在分片数据报重组时使用。长的数据段在传送时会被分割成多个包。接收端会将相同来源及识别符号值的包收集起来重新组合成原来的数据。它是数据报的唯一标识，用于数据报的分段和重组。

（6）标志（Flag）：标志字段占用 3 bit，但目前只使用前两位，其格式如图 7-5 所示。标志字段也是用于控制数据报分段。MF（More Fragment）位表示后面是否还有分片的数据报片；DF（Don't Fragment）表示是否允许数据报分段。

MF	DF	未用

图 7-5 标志字段

（7）片偏移（Fragment Offset）：表示分片后，本片在原来数据报中的位置，以 8 字节为 1 个单位。

（8）生存时间（Time To Live，TTL）：占 8 bit，以秒（s）为单位，用来设置本数据报的最大生存时间。在包开始传送时设置为 255。TTL 字段的作用体现了 IP 对数据报在传输过程中的延迟控制作用。路由器总是从 TTL 中减去数据报消耗的时间。每当包经过一个路由器时，该字段自动减 1，直到 0 为止。当 TTL 字段值减少为 0 时，该数据报便被从网络中删除。

（9）协议（Protocol）：占 8 bit，范围为 0～255，指数据报数据区数据的高级协议的类型，如 TCP、UDP、ICMP 等。该字段表示哪一个上层协议准备接收 IP 包中的数据。

（10）首部校验和（Header Check Sum）：用于校验数据报首部，不检验数据部分，可确保 IP Header 标头的完整性和正确性。

（11）源地址（Source Address）：指送出 IP 包的主机地址，占 4 字节。

（12）目的地址（Destination Address）：占 4 字节，指接收 IP 包的主机地址。

（13）选项（Option）字段：大小不确定，用来提供有选择性的服务。

（14）填充（Padding）字段：IP Header 标头的大小一定是 32bit 的整数倍，当选项字段不是整数倍时，就用该字段填充字段来补充，通常用 0 来填补。

7.2.2　IP 地址

1．物理地址与逻辑地址

Internet 通过路由器使各个物理网络互联。物理网络内的节点上存在一个物理地址。这是各节点的唯一标识。例如，以太网的物理地址是 6 字节的地址。还有一些有层次的地址，如 ARPANET 的地址形式为（P.N），其中 P 代表分组交换节点号，N 代表与该交换节点相连的主机号。

物理地址又称 MAC 地址或链路地址。物理地址与网络无关，即无论将带有这个地址的硬件（如网卡、集线器或路由器等）接入网络的哪个地点，这个物理地址都不会改变。它由生产厂商写在网卡的 ROM（Read-Only Memory，只读存储器）里。

在 Internet 中，不同的物理地址连成虚拟网后必须有一个统一的地址，以便在整个网络上有唯一的节点标识。这就是 IP 地址（即逻辑地址），指 IP 里使用的地址。每个 Internet 包必须带有 IP 地址，每个 Internet 服务商（ISP）必须向有关组织申请一组 IP 地址，然后再分配给其用户。逻辑地址和物理地址是没有什么必然联系的。IP 地址对各个物理网络地址的统一是通过上层软件进行的。这种软件没有改变任何物理地址，而是屏蔽了它们，然后建立了一种 IP 地址与物理地址之间的映射关系。这样，在 Internet 的网络层使用 IP 地址，到了底层，通过映射得到物理地址。

IP 地址作为 Internet 的逻辑地址也是层次型的。IP 地址是一个 32 位的地址，理论上可以表示 2^{32} 个地址。也就是说，Internet 给每一台上网的计算机分配一个 32 位长的二进制数字编号。这个编号就是所谓的 IP 地址。它是运行 TCP/IP 的唯一标识。

IP 地址由地址类别、网络号与主机号 3 部分组成，其结构如图 7-6 所示。其中，地址类别用来标识网络类型；网络号用来标识一个逻辑网络；主机号用来标识网络中的一台主机。一台 Internet 主机至少有一个 IP 地址，而且这个 IP 地址在 Internet 中是唯一的。

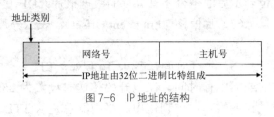

图 7-6　IP 地址的结构

用二进制数表示 IP 地址的方法不便阅读和记忆，所以，一般采用一种"点分十进制"法来表示 IP 地址。以字节为单位，将 IP 地址分为 4 字节，且每个字节用十进制表示，再用符号"."分隔，就得到了一个用十进制数表示的 IP 地址，如某服务器的 IP 地址是 11011010.00011110.00001100.101001000，转换成点分十进制数则为 218.30.12.168。

2．IP 地址的分类

IP 把 IP 地址分成 5 类，包括 A 类、B 类、C 类、D 类和 E 类，其中常用的是 A、B、C 3 类。5 类 IP 地址的格式如图 7-7 所示。

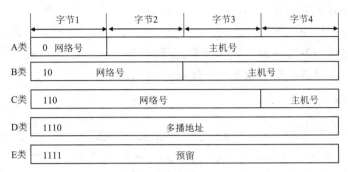

图 7-7 IP 地址的分类

A 类地址适用于大型网络，B 类地址适用于中型网络，C 类地址适用于小型网络，D 类地址用于组播，E 类地址用于实验。地址的类别可从 IP 地址的最高 8 位进行判别，如表 7-1 所示。

表 7-1 IP 地址分类表

IP 地址类型	高 8 位数值范围	最高 4 位的值
A	0～127	0xxx
B	128～191	10xx
C	192～223	110x
D	224～239	1110
E	240～255	1111

例如，清华大学的 IP 地址 166.111.4.120 是 B 类地址，贵州大学的 IP 地址 210.40.0.58 是 C 类地址。

（1）A 类地址。A 类地址用高 8 位的最高 1 位"0"表示网络类别，余下 7 位表示网络号，用低 24 位表示主机号。通过网络号和主机号的位数就可以知道，A 类地址的网络数为 $2^7=128$ 个，每个网络包含的主机数为 $2^{24}=16\,777\,216$ 个，A 类地址的范围是 0.0.0.0～127.255.255.255。

由于网络号全为 0 和全为 1 有特殊用途，主机号全为 0 和全为 1 也有特殊用途，所以，A 类地址有效的网络数为 126 个，其范围是 1～126。每个网络号包含的主机数应该是 $2^{24}-2=16\,777\,214$ 个。

（2）B 类地址。B 类地址用高 16 位的最高 2 位（"10"）表示网络类别号，余下 14 位表示网络号，低 16 位表示主机号。因此，B 类地址中有效的网络数是 $2^{14}-2=16\,382$ 个，每个网络中所包含的有效的主机数为 $2^{16}-2=65\,534$ 个。

（3）C 类地址。C 类地址用高 24 位的最高 3 位（"110"）表示网络类别号，余下 21 位表示网络号，用低 8 位表示主机号。因此，C 类地址中的有效网络个数为 $2^{21}-2=2\,097\,150$ 个，每个网络号所包含的主机数为 $2^8-2=254$ 个。

（4）D 类地址。D 类地址第一字节的前 4 位为 "1110"。D 类地址用于组播。组播就是同时把数据发送给一组主机，只有那些已经登记且可以接收多播地址的主机才能接收多播数据包。D 类地址的范围是 224.0.0.0～239.255.255.255。

（5）E 类地址。E 类地址的第一字节的前 4 位为 "1111"。E 类地址是为将来预留的，同时也可以用于实验目的，但它们不能被分配给主机。

此外，从上网用户的地址角度来看，IP 地址又可分为动态地址和静态地址两类。动态地址就是在一台计算机与 Internet 连接后，网络会动态分配一个 IP 地址给这台计算机。这样，网络的地址资源可以节省，利用效率可以提高。

3. 特殊 IP 地址

除了给每台计算机分配一个 IP 地址外，用 IP 地址来表示网络或一组计算机也很方便。IP 定义了一组特殊地址，又称为保留地址。例如，对于任何一个网络，其全为 "0" 或全为 "1" 的主机地址均为特殊的 IP 地址。特殊的 IP 地址有特殊的意义，不分配给任何用户使用，主要包括以下几种。

（1）网络地址。网络地址又被称为网段地址。网络号不空而主机号全 "0" 的 IP 地址表示网络地址，即网络本身。例如，地址 211.213.18.0 表示其网络地址为 211.213.18。

网络地址就是指网络本身，而不是连接在该网上的主机，所以，网络地址不允许作为目的地址在分组中出现。

（2）直接广播地址。网络号不空而主机号全 "1" 的 IP 地址表示直接广播地址，表示这一网段下的所有用户。例如，211.213.18.255 就是直接广播地址，表示 211.213.18 网段下的所有用户。

为了确保每个网络都有直接广播，IP 保留了所有位全 "1" 的主机地址。网络管理员不能分配全 0 或全 1 的主机地址给任何一台计算机，否则将会导致软件功能失常。如果网络硬件支持广播，那么直接广播就用硬件来实现这个功能。在此情况下，分组的一次发送就可到达网络中所有的计算机。当遇到不支持硬件广播的网络时，软件必须为网络上的每一台主机发送一个该分组的副本。

（3）有限广播地址。有限广播是指在本地网络内的广播，网络号和主机号都是全 "1" 的 IP 地址是有限广播地址，即 255.255.255.255。在启动时，系统在不知道网络地址的情形下对本地物理网络进行广播时所使用的地址就是这种地址。有限广播地址只能作为目的地址。

（4）本机地址。由于每个 Internet 分组都要包括源地址和目的地址，因此，计算机要知道它自己的 IP 地址才能发送或接收 Internet 分组。TCP/IP 协议组中包含启动协议。当计算机启动时，要这个协议来自动获得它的 IP 地址。有趣的是，启动协议也要使用 IP 来通信，而在使用这个启动协议时，计算机还有一个正确的 IP 源地址。为了处理这一情况，IP 保留了网络号和主机号都为全 "0" 的 IP 地址表示本台计算机，即 0.0.0.0。

（5）回送地址。IP 定义了一个回送地址，用于测试网络应用程序。网络号为 "127" 的 IP 地址为回送地址。最常用的回送地址为 127.0.0.1。

特殊 IP 地址的格式及主要用途如表 7-2 所示。

表 7-2   特殊 IP 地址

网络地址	主机地址	地址类型	用途
全 0	全 0	本机地址	启动时使用
有网络号	全 0	网络地址	标识一个网络
有网络号	全 1	直接广播地址	在特殊网上广播
全 1	全 1	有限广播地址	在本地网上广播
127	任意	回送地址	回送测试，不在网上传播

在考虑了上述特殊情况之后，实际运用中的各类 IP 地址可以使用的范围如表 7-3 所示。

表 7-3   IP 地址的使用范围

IP 地址类型	网络地址范围
A	1.0.0.0～126.0.0.0 有效 0.0.0.0 和 127.0.0.0 保留
B	128.1.0.0～191.254.0.0 有效 128.0.0.0 和 191.255.0.0 保留
C	192.0.1.0～223.255.254.0 有效 192.0.0.0 和 223.255.255.0 保留
D	224.0.0.0～239.255.255.255 用于组播 224.0.0.0 和 255.255.255.254 保留
E	255.255.255.255 用于广播

A、B、C 3 类地址中的绝大部分地址可在 Internet 上分配给用户使用，但表 7-4 所示的这几部分为内网专用 IP 地址，也称私有地址。

表 7-4   内网专用 IP 地址范围

IP 地址类型	网络地址范围
A	10.0.0.0～10.255.255.255（1 个 A 类地址）
B	172.16.0.0～172.31.255.255（16 个连续的 B 类地址）
C	192.168.0.0～192.168.255.255（256 个连续的 C 类地址）

内网专用 IP 地址可不经申请直接在内部网络中分配使用，不同的私有网络可以有相同的私有网段，但私有网段不能直接出现在 Internet 的公共网上。当私有网络内的主机要与位于 Internet 的公共网上的主机进行通信时，必须经过地址转换，将其私有地址转换为合法的公网地址才能对外访问。

7.2.3 子网和子网掩码

不同类型的 IP 地址之间的差异造成了 IP 地址的浪费。此外，出于对管理、性能和安全方面的考虑，许多单位把单一网络划分为多个物理网络，并使用路由器将它们连接起来。子网划分技术能够使单个网络地址横跨几个物理网络，如图 7-8 所示，这些物理网络统称为子网。

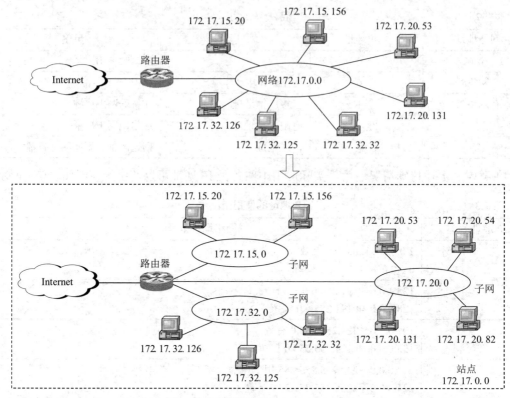

图 7-8　一个大型网络可划分为若干个互联的子网

1．划分子网的原因

划分子网的原因很多，主要涉及以下 3 个方面。

（1）充分使用地址。A 类网络和 B 类网络的地址空间太大，造成在不使用路由设备的单一网络中无法使用全部地址。例如，某公司需要 300 个 IP 地址，一个 C 类地址不够用，但若使用两个 C 类地址则还有较大的冗余。如果使用一个 B 类地址，则浪费 65 234 个 IP 地址。

（2）划分管理职责。在一个网络被划分为多个子网后，每个子网的管理可由子网管理人员负责，使网络变得更易于控制。每个子网的用户、计算机及其子网资源可以让不同子网的管理员进行管理，减轻了由单人管理大型网络的管理职责。

（3）提高网络性能。在一个网络中，随着网络用户的增长、主机的增加，网络通信也将变得非常繁忙。繁忙的网络通信很容易导致冲突、丢失数据包以及数据包重传，降低主机之间的通信效率。而如果将一个大型的网络划分为若干个子网，并通过路由器将其联结起来，就可以减少网络拥塞，如图 7-9 所示。这些路由器就像一堵墙一样把子网隔离开，使本地的信息不会被转发到其他子网中，使同一子网之间进行广播和通信。路由器的隔离功能还可以将网络分为内外两个子网，并限制外部网络用户对内部网络的访问，以提高内部子网的安全性。

2．划分子网的方法

IP 地址实际上是一种层次型的编址方案。对于标准的 A 类、B 类和 C 类地址来说，它们只具有两层结构，即网络号和主机号。划分子网是因为基于 Internet 的层次结构需要一个第三层。随着 Internet 技术的发展和成熟,这种应用越来越广泛。RFC 950 中规范的划分子网方法能使任何一类(A 类、B 类、C 类)IP 地址再细分为更小的网络号。一个被子网化的 IP 地址实际包含 3 部分,即网络号、子网号和主机号。子网具体的划分方法如图 7-10 所示。

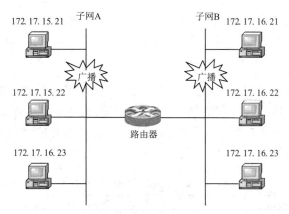

图 7-9　划分子网以提高网络性能

由图 7-10 可见,为了划分子网,单个网络的主机号可被分为两个部分。其中,一部分用于子网号编址,另一部分用于主机号编址。

单一网络下的组成形式:

IP 地址=网络地址+主机地址

分割成若干个子网时的形式:

IP 地址=网络地址+子网地址+主机地址

原先的主机地址=子网地址+主机地址

网络号	主机号	
	⇩	⇩
网络号	子网号	主机号

图 7-10　子网的划分

例如,将 213.95.XXXXXXXX.XXXXXXXX(C 类网络地址)划分为两个子网的方法如下。

213.95.X.X=168.95+1 位+15 位

213.95.0XXXXXXX.XXXXXXXX

213.95.1XXXXXXX.XXXXXXXX

上面的例子是将一个 C 类网络划分为 2 个子网,从主机号域中借用 1 位;若划分 4 个子网,则应借用 2 位;若划分 8 个子网,则应借用 3 位;以此类推。划分子网号的位数取决于具体的需要。子网所占的比特越多,可以分配给主机的位数就越少,即在一个子网中所包含的主机越少。假设有一个 B 类网络 172.16.0.0,其主机号被分为两部分,其中 8bit 用于子网号,另外 8bit 用于主机号,那么这个 B 类网络就被分为 254 个子网,每个子网可以容纳 254 台主机。值得注意的是,无论如何划分子网,一个网络中可容纳的主机总数都不会增多。

3.子网掩码

一个 IP 网络有没有划分子网,子网号有几位,是通过子网屏蔽码来标识的。子网屏蔽码也被称作子网掩码(Subnet Mask)。图 7-11 给出了两个地址,其中一个是未划分子网的主机 IP 地址,而另一个是子网中的 IP 地址。这两个地址从外观上没有任何差别,但可以利用子网掩码区分这两个地址。

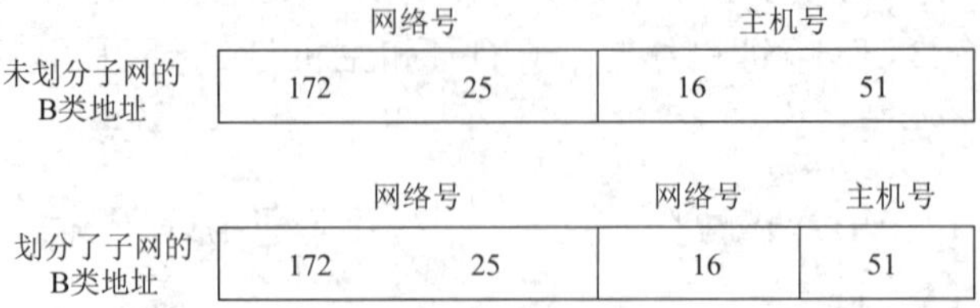

图 7-11 使用和未使用子网划分的 IP 地址

子网掩码为网络及子网地址部分置 1、主机地址置 0 形成的 IP 地址，其被用来区分 IP 地址中的网络和主机地址，可将网络划分为多个子网。标准的 A 类、B 类、C 类地址都有一个默认的子网掩码，如表 7-5 所示。通过子网掩码，可以指出一个 IP 地址中的哪些位对应于网络地址（包括子网地址），哪些位对应于主机地址。

表 7-5   A、B、C 类地址默认的子网掩码

地址类型	十进制表示	子网掩码的二进制位			
A	255.0.0.0	11111111	00000000	00000000	00000000
B	255.255.0.0	11111111	11111111	00000000	00000000
C	255.255.255.0	11111111	11111111	11111111	00000000

子网掩码涉及的另一个重要概念是网络号码。网络号码用于标识一个网络或子网，形式上是 IP 地址中的网络地址和子网地址部分，而实际上是主机地址部分为 0 的 IP 地址，即：

网络号码=IP 地址　　AND　　子网掩码

为了识别网络地址，TCP/IP 采用对子网掩码和 IP 地址进行"按位与"的操作。图 7-11 显示了如何使用子网掩码来识别它们之间的不同：标准的 B 类地址，其子网掩码为 255.255.0.0；而划分了子网的 B 类地址，其子网掩码 255.255.255.0。经过按位与运算，可以将每个 IP 地址的网络地址取出，从而知道两个 IP 地址所对应的网络。

以上例子中，得到的子网掩码属于边界子网掩码，也就是说使用主机号中的整个一字节用于划分子网，因此，子网掩码的取值不是 0 就是 255。在实际的子网划分中，还会使用非边界子网掩码，使用主机号的某几位用于子网划分。因此，子网掩码除了 0 和 255 外，还有其他数值。

【例 7-1】某台 HOST 的 IP 地址为 168.95.116.39，子网掩码为 255.255.128.0，求网络号码和主机号码。

解：168.95.116.39 二进制数为 10101000 10111111 01110100 00100111

IP 地址　10101000 10111111 01110100 00100111

子网掩码 <u>11111111 11111111 10000000 00000000</u>

按位与结果　10101000 10111111 00000000 00000000

可得网络号码为 168.95，主机号码为 116.39。

4．子网划分实例

要想将网络划分为不同的子网，就必须为每个子网分配一个子网号。在划分子网之前，需要确定所需要的子网数和每个子网的最大主机数。有了这些信息后，就可以定义每个子网

的子网掩码、网络地址（网络号+子网号）的范围和主机号范围。划分子网的步骤如下。

（1）确定需要多少子网号来唯一标识网络上的每一个子网。

（2）确定需要多少主机号来标识每一个子网上的每一台主机。

（3）定义一个符合网络要求的子网掩码。

（4）确定标识每一个子网的网络地址。

（5）确定每一个子网所使用的主机地址范围。

【例 7-2】 一个公司申请到一个 C 类网络地址 198.95.2.0。假定该公司由 6 个部门组成，每个部门的子网中有不超过 30 台的机器，试为公司规划 IP 地址分配方案。

解： 由于该公司是 6 个部门组成，还是一个 C 类的网络地址，所以要在主机部分中划分出 3 位作为网络地址。划分后的子网掩码是 168.95.2.224。每个子网 IP 地址除两个特殊的外正好有 30 个 IP 可用。

部门 1 可用的 IP 地址为 198.95.2.33～198.95.2.62

部门 2 可用的 IP 地址为 198.95.2.65～198.95.2.94

部门 3 可用的 IP 地址为 198.95.2.97～198.95.2.126

部门 4 可用的 IP 地址为 198.95.2.129～198.95.2.158

部门 5 可用的 IP 地址为 198.95.2.161～198.95.2.190

部门 6 可用的 IP 地址为 198.95.2.193～198.95.2.222

【例 7-3】 设子网掩码为 255.255.255.240，判断计算机甲（IP 地址为 203.66.47.50）和计算机乙（IP 地址为 203.66.47.49）是否在同一子网中。

解： 将计算机甲和计算机乙的 IP 地址与子网掩码相与，看网络号码是否相同。

计算机甲：11001011 01000100 00101111 00110010　　　203.66.47.50

子网掩码：11111111 11111111 11111111 11110000　255.255.255.240

与的结果：11001011 01000100 00101111 00110000　　　203.66.47.48

计算机乙：11001011 01000100 00101111 00110001　　　203.66.47.49

子网掩码：11111111 11111111 11111111 11110000　255.255.255.240

与的结果：11001011 01000100 00101111 00110000　　　203.66.47.48

与的结果都为 203.66.47.48，也就是说计算机甲和乙的网络号码相同，故它们在一个子网中。

7.2.4　控制报文协议

IP 中报文分组通过路由器被一步一步地送到目的主机。但如果一个数据报到达某个路由器后，该路由器不能为它选择路由（如路由表故障），或者不能递交数据报（如目的节点没有开机），或者该路由器检测到某种不正常状态(如网关超负荷，到达的数据报太多来不及处理)，那么它就有必要将这些信息通知主机，让主机采取措施避免或者纠正这类问题。由于 IP 是无连接的，且不进行差错检验，故当网络上发生错误时不能检测错误。网际控制报文协议作为 IP 协议的补充，为 IP 协议提供差错报告，用于传送这方面的控制信息或差错信息。因为这些信息可能需要穿过几个物理网络才能到达它们的最终报宿，所以不能只靠物理层传递，而需要将它们封装在 IP 数据报中进行传递。这时，被封装在 IP 数据报中的 ICMP 报文不能被看作是高层协议，而只是 IP 需要的一部分。显然载有 ICMP 报文的 IP 数据报也有可能产生错误，为此规定，载送 ICMP 报文的数据报若出现差错，不产生 ICMP 报文，否则就要引起递归了。ICMP 报文被封装成 IP 数据报的形式传送，其格式如图 7-12 所示。

ICMP 能够报告一些普通错误，如目标无法到达、阻塞、回波请求和回波应答等。它的消息格式如图 7-13 所示。

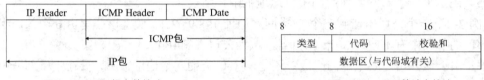

图 7-12 ICMP 报文的格式　　　　　　图 7-13 ICMP 的消息格式

8 bit 类型和 8 bit 代码字段一起决定了 ICMP 报文的类型。各种类型的 ICMP 报文如表 7-6 所示。16 bit 校验和字段，包括数据在内的整个 ICMP 数据包的校验和，其计算方法和 IP 头部校验和的计算方法是一样的。

表 7-6　　　　　　　　　　　类型字段的值与 ICMP 报文的类型

ICMP 报文的类型	类型的值	ICMP 报文的类型
差错报告报文	3	终点不可达
	4	源点抑制
	11	超时
	12	参数问题
	5	路由重定向
询问报文	8 或 0	回声请求或问答
	13 或 14	时间戳请求或问答
	17 或 18	地址掩码请求或问答

ICMP 各类报文的含义如下。

（1）终点不可达：如果路由器判断不能把 IP 地址数据报送达目的主机，就会向源主机返回这种报文。此外，目标主机找不到有关的用户协议或上层访问服务点时也会返回这种报文。出现这种情况的原因可能是 IP 头中的字段不正确，或是数据报中说明的源路由无效等。

（2）源点抑制：提供了一种流量控制的初等方式。在该方式下，如果路由器或目标主机缓冲资源耗尽而必须丢弃数据报，则每丢失一个数据报就向源主机发回一个源点抑制报文。另一种情况是系统的缓冲区用完，并预感到将会发生拥挤，也会发出源点抑制报文。

（3）超时：路由器发现 IP 数据报的生存期已超时，或者目标主机在一定时间内无法完成重装配，则向源主机返回这种报文。

（4）参数问题：如果路由器或主机判断出 IP 头中的字段或语义出错，则返回这种报文，报文头中包含一个指向出错字段的指针。

（5）路由重定向：路由器向直接相连的主机发出这种报文，向主机发送一个更短的路径。

（6）回声（Echo）请求或问答：用于测试两个节点之间的通信线路是否畅通。收到回送请求的节点必须发出回答报文。

（7）时间戳（Timestamp）请求或问答：用于测试两个节点的通信延迟时间。请求主机发出本地的发送时间，回答报文返回自己的接收时间和发送时间。

（8）地址掩码（Address Mass）请求或问答：主机可以利用这种报文获得它所在的局域网的子网掩码。

例如，许多操作系统都提供了 ping 命令，用来检查路由是否能够到达某站点，也用来测试一帧数据从一台主机传输到另一台主机所需的时间，从而判断网络和主机的响应时间。Ping 命令就是利用 ICMP 回声请求报文和回声应答报文来测试目标系统是否可达的。

ICMP 回声请求和 ICMP 回声应答报文是配合工作的。在向目标主机发送了 ICMP 回声请求数据包后，源主机期待着目的主机的回答。目的主机在收到一个 ICMP 回声请求数据包后，会交换源、目的主机的地址，然后将收到的 ICMP 回声请求数据包中的数据部分原封不动地封装在自己的 ICMP 回声应答数据包中，发回给发送 ICMP 回声请求的一方。如果校验正确，则发送者认为目的主机的回声服务正常，表示物理连接畅通。

7.2.5　互联网组管理协议

IP 只是负责网络中点到点的数据包传输，而点到多点的数据包传输则要依靠互联网组管理协议（Internet Group Managemet Protocol，IGMP）来完成。它主要负责报告主机组之间的关系，以便相关的设备（路由器）可支持多播发送。

同 ICMP 一样，IGMP 报文也被封装成 IP 数据报的形式传送。它的消息格式如图 7-14 所示。

图 7-14　IGMP 的消息格式

第 1 个字段是类型，长度是 8 bit，用于定义 IGMP 报文的类型。IGMP 报文有 3 种报文类型，即查询报文（通用或特殊）、成员关系报告和退出报告。

第 2 个字段是最大响应时间，长度是 8 bit，用于定义查询报文必须在多长时间内得到应答，以 1/10s 为计算单位。

第 3 个字段是校验和，长度是 16bit，包括数据在内的整个 IGMP 数据包的校验和。

第 4 个字段是组地址，长度是 32bit，定义了一个 D 类组播地址。

7.2.6　地址解析协议

IP 地址到物理地址的变换是通过地址转换协议来实现的。当一个节点用 IP 地址发送一个报文分组时，它首先要决定这个 IP 地址代表的节点的物理地址。为此，这个节点首先向全网广播一个包含目的节点 IP 地址和本节点物理地址的地址解析协议（Address Resolution Protocol，ARP）分组。该 ARP 分组用于寻找 IP 地址对应的节点。在收到 ARP 分组后，对应的节点即将自己的物理地址送回给发出 ARP 分组的节点，于是目的节点的物理地址也就确定了。若目的节点在别的网络中，则由网络间的路由器来进行上述的响应。值得注意的是，ARP 只适用于具有广播功能的网络，不适用于点到点网络。

7.2.7　逆向地址解析协议

主机节点的 IP 地址与硬件是无关的，因此一般是保存在磁盘中的。机器启动后即从磁盘中取出 IP 地址，然后与别的主机进行通信。但如果这个节点是一个无盘工作站，则它无处保存自己的 IP 地址。这就要依靠无盘工作站的物理地址了。因为这个节点知道无盘工作站的物理地址，因此就可以广播一个报文分组给本地的文件服务器，让文件服务器给出它的 IP 地址。这就是由物理地址向 IP 地址的转换过程。描述该转换的协议是逆向地址解析协议（PARP）。例如，无盘工作站在启动时可发送广播请求来获得自己的 IP 地址信息，而 RARP 服务器则响应 IP 请求消息，为无盘工作站分配一个未用的 IP 地址（通过发送 RARP 应答包）。

目前，RARP 协议基本被 BOOTP、DHCP 所替代，后面这两种协议对 RARP 的改进是可以提供除 IP 地址外的其他更多的信息，如默认网关、DNS 服务器的 IP 地址等信息。

7.2.8　移动 IP

移动用户希望能在任何地点、任何时间将移动主机（如便携式计算机）以更加灵活的方式接入因特网。移动 IP 技术是一种能够支持移动用户与因特网连接的互连技术。这种技术能够使移动主机在移动自己位置的同时无须中断正在进行的网络通信。1992 年，IETF 制定移动 IPv4 标准草案，并于 1996 年正式公布移动 IPv4 标准。

移动 IP 需要解决采用一个永久的 IP 地址的移动主机在切换网络时仍然能够保持和与之通信的用户进行正常通信的问题。为此，IETF 成立了移动 IP 工作组，并确定了移动主机在任何地方均使用它永久不变的 IP 地址（又称家乡地址）、不允许改变从不移动位置的固定主机的软件、不改变路由器软件和各类表格、发送给移动主机的大多数分组不应绕道而行和移动主机在家乡时不应有任何开销 5 个目标。

移动 IPv4 为了支持移动 IP 业务，通信节点（在移动主机移动过程中与之通信的节点，它既可以是固定节点，也可以是移动节点）与移动主机之间的通信要经历代理发现、注册和数据传送三个阶段。隧道技术是移动 IP 通信的重要手段。移动 IP 协议应该具有的基本特征包括：与现有的互联网协议兼容，与底层所采用的物理传输介质类型无关，对传输层及以上的高层协议透明，良好的可扩展性、可靠性和安全性等。

7.3　Internet 传输层协议

数据通信的本质活动是完成两个进程之间信息的传递。IP 协议可以使信息从一台计算机传送到另一台计算机。在此基础上，传输层的作用便是提供进程到进程的通信服务。由于它通常支持端节点的应用进程之间的通信，因此传输层的协议有时也被称为端到端协议。

TCP/IP 协议组在传输层主要包括两个协议：传输控制协议（Transmission Control Protocol，TCP）和用户数据报协议（User Datagram Protocol，UDP）。它们都为应用层提供数据传输服务。TCP 提供了一种在节点上运行的进程之间传输信息的可靠的数据流传送服务，UDP 则提供了一种不可靠的无连接传送机制。

7.3.1 传输控制协议

传输控制协议（TCP）是传输层的一种面向连接的通信协议。它向高层提供了面向连接的可靠报文段的传输服务。该服务建立在 IP 所提供的不可靠报文分组传输服务的基础上。可靠性的问题由 TCP 解决。每当发送数据段之前，TCP 都必须保证先建立可靠的连接，然后通过确认重发和窗口机制等对传输的数据段进行有效控制，以达到高可靠性的目的。传输层的数据单元称为段，段不定长。TCP 以一种字节流的方式传输数据段。所谓字节流，就是一个字节、一个字节地按照字节序号传输。此外，TCP 还要完成流量控制和差错检验的任务，以保证可靠的数据传输。

1. 端口

在端到端协议中，传输层实现主机应用进程间的通信。实际运用中，往往有多个应用进程需要传输层提供服务。这时，首先需要解决的就是如何识别通信双方不同的应用进程的问题。在 TCP/IP 中，用端口号识别不同的应用进程。这时需为每一端口分配一个端口号。端口号是应用进程的唯一标识。TCP 和 UDP 中规定端口采用 16 bit 二进制数表示，因此一台主机同时可使用 2^{16} 个端口号。UDP 和 TCP 分别使用各自独立的端口号，互相没有关联。一些常用的应用层服务，都有一个固定的端口号与之对应。这种端口号通常称为熟知端口（Well Known Port），取值范围为 0～255，例如，21 为 FTP 服务端口，23 为 TELNET 服务端口，25 为 SMTP 服务端口，80 为 HTTP 端口，110 为 POP3 端口，53 为 DNS 端口，69 为 TFTP 端口。其他由用户应用程序申请的端口称自动端口。这类端口的数量可以达到 65 536 个。

不同的主机如果申请到了同一个应用服务端口号，为了在通信时不致发生混乱，就必须把端口号和主机的 IP 地址结合在一起使用。在图 7-15 中，主机 A 和 B 的端口号都是 1028，作为 TCP 中的端口，要与主机 C 端口 21 建立连接，以便访问 FTP 系统。虽然端口号相同，但是它们具有不同的 IP 地址，因此完全可以区分是哪个主机的通信报文。在 TCP/IP 体系结构中，32 位的 IP 地址和一个 16 位的端口号被连接在一起构成一个套接字（Socket）。在图 7-15 中的（11.0.0.2,1028）、（213.1.0.2,1028）和（30.0.0.2,21）是不同的套接字，一对套接字唯一确定了一个 TCP 连接的两个端点。在图 7-15 中，连接 1 的一对套接字是（11.0.0.2,1028）和（128.1.0.2, 21），连接 2 的一对套接字是（213.1.0.2, 1028）和（128.1.0.2, 21）。也就是说，TCP 连接的端点是套接字，而不是 IP 地址。

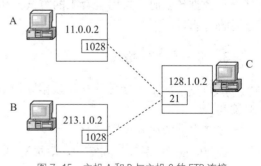

图 7-15 主机 A 和 B 与主机 C 的 FTP 连接

2. TCP 的主要机制

（1）编号、确认与重发

传输中常采用编号来保证信息的前后顺序。TCP 将所要传送的整个数据（传输时可能分成了许多个报文段）看成是一个个字节组成的数据流，然后对每一个字节编一个序号。在连接建立时，双方要商定初始序号。TCP 就将每一次所传送的报文段中的第一个数据字节的序号放在 TCP 首部的序号字段中。

TCP 对接收到的数据的最高序号（即收到的数据流中的最后一个序号）表示确认，但返回的确认序号是已收到的数据的最高序号加 1。也就是说，确认序号表示期望下次收到的第一个数据字节的序号。

由于 TCP 能提供全双工通信，因此通信中的每一方都不必专门发送确认报文段，而可以在传送数据时顺便把确认信息捎带传送。

发送方在规定的设置时间内收到了确认信息才能发送下一个数据段，若未收到确认信息，就必须重发。接收方收到有差错的报文段则将其丢弃，而不发送否认信息。接收方若收到重复的报文，也要将其丢弃，但要发回确认信息。因此，TCP 通过确认与重传机制完成数据段的可靠传输。

（2）拥塞控制

TCP 采用滑动窗口机制实施拥塞控制，拥塞发生时，路由器将抛弃数据。窗口可以被理解为发送与接收方设置的缓冲区。缓冲区的大小决定了窗口的大小。双方在进行连接时的协商参数中包括了窗口参数。但在通信的过程中，接收端可根据自己的资源情况，随时动态地调整自己的接收窗口，然后告诉对方，使对方的发送窗口和自己的接收窗口一致。这种由接收端控制发送端的做法，在计算机网络中经常使用。

TCP 通过 ICMP 抑制报文和报文丢失多少来了解网络发生拥塞的情况。为迅速抑制拥塞，TCP 采取以几何级数迅速减小拥塞窗口的方式，同时加大重传定时时间，直至拥塞结束，然后再按算术级数不断增大拥塞窗口，直至恢复到原来的传输速率。

（3）传输连接的管理

TCP 传输数据的过程与面向连接的传输过程相似，分为 3 个阶段：连接的建立、释放和数据传输。应用进程与传输层通过交互，在传输层完成 TCP 传输服务过程。为保证 TCP 的连接可靠，采用了 3 次握手的方法，连接的释放过程也有类似的方法。在连接过程中，TCP 解决了连接应用进程端点标识问题，即端口。在连接过程中，通过交互给出一定的协商参数。TCP 在数据传输时，采用全双工的方式。传输层对应用层的应用进程还可以提供多路复用及分用的功能。

3. TCP 的报文格式

TCP 定义的报文分为首部和数据区两部分，首部长度可变，用"数据偏移"字段指示首部长度。

TCP 报文的格式如图 7-16 所示。

首部的前 20 字节是固定的，后面有 $4N$ 字节是可有可无的选项（N 为整数）。因此 TCP 首部的最小长度是 20 字节。

各字段的意义如下。

信源端口：占 2 字节，发送端口号。

信宿端口：占 2 字节，接收端口号。

发送序号：占 4 字节，是发送数据第一个字节的序号。

确认序号：占 4 字节，期待接收的字节序号。

数据偏移：占 4 位，指出以 32 位为单位的首部长度。

0   31

信源端口	信宿端口
发送序号	
确认序号	

数据偏移	保留	码位	窗口

校验和	紧急指针
选项和填充	

图 7-16 TCP 报文的格式

保留：占 6 位，留作今后用，目前应设置为 0。

选项：长度可变，目前只规定了"最大报文段长度"选项。

窗口：占 2 字节，指接收窗口的大小，单位为字节。

码位：6 位，格式如图 7-17 所示。

URG	ACK	PSH	RST	SYN	FIN

图 7-17 码位字段的格式

紧急比特 URG（Urgent）：当 URG=1 时，表明此报文段应尽快传送而不必排队。此时，URG 要与首部中的紧急指针字段配合使用，其中，紧急指针指出在本报文段中的紧急数据的最后一个字节序号。

确认比特 ACK（Acknowledge）：只有当 ACK=1 时，确认序号字段才有意义。

急迫比特 PSH（Push）：当 PSH=1 时，表明请求远地 TCP 将报文段立即传送给其应用层，而不必等收集较多的字节数据在一段里。

重建比特 RST（Reset）：当 RST=1 时，表明出现严重错误，必须释放连接，然后再重新进行传输连接。

同步比特 SYN：当 SYN=1、ACK=0 时，表明这是一个连接请求报文段。若 SYN=1、ACK=1，表明这是一个连接确认报文段。

终止比特 FIN（Final）：当 FIN=1 时，表示报文字段发送完毕，要求释放连接。

7.3.2 用户数据报协议

用户数据报协议（UDP）是一种面向无连接的协议。因此，它不能提供可靠的数据传输，而且不进行差错检验。应用层的应用程序提供可靠性机制和差错控制，以保证端到端数据传输的正确性。虽然 UDP 与 TCP 相比显得非常不可靠，但在一些特定的环境下还是非常有优势的。例如，若发送的信息较短，就不值得在主机之间建立一次连接。另外，面向连接的通信通常只能在两个主机之间进行，若要实现多个主机之间的一对多或多对多的数据传输，即广播或多播，就需要使用 UDP。

由于 UDP 是一种无连接的传输服务，所以 UDP 非常简单，只是在 IP 数据报的基础上增加了一点端口的功能。UDP 除数据报文中的"校验和"功能外，没有连接，没有确认，未提供检测手段。UDP 的真正意义在于高效率，UDP 对数据的传输因为不需烦琐的连接、确认过程，所以可以得到非常高的传输效率。在 TCP/IP 中，FTP、DNS 等许多应用服务都使用 UDP。UDP 数据报文包括首部和数据字段两部分，其被封装在 IP 数据报中传输，如图 7-18 所示。图 7-19 所示为 UDP 报文的格式。

图 7-18 UDP 报文的封装   图 7-19 UDP 报文的格式

图 7-19 中，信源端口和信宿端口就是信源与信宿的端口号，各占两个字节。UDP 校验和字段用于防止 UDP 数据报在传输中出错。与 IP 数据报不同，UDP 校验和既校验首部，又校验数据，但 UDP 校验和是一个可选字段，效率要求较高的应用程序可以不选此字段。长度字段用于指示 UDP 数据报的长度。UDP 的校验和与长度字段各占 2 字节。

UDP 的基本工作过程如图 7-20 所示。

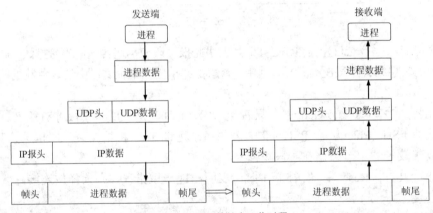

图 7-20 UDP 的基本工作过程

从图 7-20 可见，发送端的进程数据加上 UDP 头信息首先被封装成 UDP 报文，再加上 IP 报头封装成 IP 报文，最后再加上帧头和帧尾。这样就形成了一个能在 Internet 中传播的数据帧，而拆封的过程则相反。

虽然 UDP 是一个不可靠的协议，但它是分发信息的一个理想协议。例如，在屏幕上报告股票信息和显示航空信息，在路由信息协议中修改路由表等时，即使有一个消息丢失，在几秒之后另一个新的信息就会替换它。UDP 还被广泛用在多媒体应用中。例如，RealAudio 软件是在 Internet 上把预先录制或现场音乐实时传送给客户机的一种软件，该软件使用的协议就是运行在 UDP 之上的协议。视频电话会议和大多数 Internet 电话软件产品也都运行在 UDP 之上。

根据不同的环境和特点，TCP 和 UDP 这两种传输协议都将在今后的网络世界中发挥更重要的作用。

7.4 Internet 应用层协议

在 TCP/IP 体系结构中，应用层包括了所有的高层协议，为用户提供多种服务。例如，人们可以在 Internet 上迅速而方便地与远方的朋友交换信息，可以把远在千里之外的一台计算机上的资源瞬间复制到自己的计算机上，可以在网上直接访问有关领域的专家，针对感兴趣的问题与他们进行讨论。人们还可以在网上漫游、访问与搜索各种类型的信息库、图书馆甚至实验室。

7.4.1 WWW

WWW（World Wide Web，万维网）服务又称网络信息服务，Web 是万维网的简称，可译为全球信息网。WWW 主要提供信息服务和建立信息资源服务，已成为 Internet 上发展最快、应用最广泛、最实用的服务。WWW 将世界各地的信息资源以超文本或超媒体的形式组织成一个巨大的信息网络。它是一个全球性的分布式信息系统。WWW 的基本工作方式如图7-21 所示。

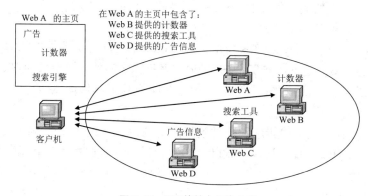

图 7-21　WWW 的基本工作方式

1．浏览器/服务器模式

WWW 系统为浏览器/服务器（Browser/Server，B/S）网络计算模式。这与电子邮件的客户机/服务器工作模式有所不同。B/S 是 Internet 关键技术成功应用的典型范例。它的出现和应用使传统的客户机/服务器（Client/Server，C/S）模式获得了新的活力和生机。

若想深入理解 B/S 模式，就应先熟悉分布式处理和计算的概念。分布式处理就是把计算任务分布到多台计算机上进行处理。在处理过程中，计算机之间彼此可以进行通信。分布式计算机是分布式处理的一个特例。在分布式计算环境中，一个具体的应用被分成多个协作的进程，由不同的处理机来处理。在执行应用时，进程间进行通信，彼此交流数据，给用户的印象是应用都在一台处理机上执行。

传统的分布式处理和计算模式采用 C/S 架构。它是一种两层结构的系统：第一层是在客户机系统上结合了表示逻辑与业务逻辑；第二层通过网络结合了数据库服务器。C/S 模式主要由客户（Client）应用程序、服务器（Server）管理程序和中间件（Middle-ware）3 个部件组成。客户应用程序是系统中用户与数据进行交互的部件；服务器程序负责有效地管理系统资源，如管理一个信息数据库，其主要工作是当多个客户并发地请求服务器上的相同资源时，对这些资源进行最优化管理；中间件负责连接客户应用程序与服务器管理程序，协同完成一个作业，以满足用户查询管理数据的要求。在 C/S 架构中，所有的客户端需要配置多层软件，如操作系统、网络协议软件、客户机软件、开发工具及应用程序等，因而变得很"肥"，故常被称为"肥"客户机。而在服务器端则是单纯的数据库服务器，称为"瘦"服务器。

B/S 模型简化了 C/S 中的客户端：只需装上操作系统、网络协议软件及浏览器即可。这时的客户机被称为"瘦"客户机，而服务器则集中了几乎所有的应用逻辑、开发、维护等工作。

2．WWW 的相关概念

（1）超文本与超链接

所谓"超文本"，就是指信息组织形式不是简单地按顺序排列，而是用由指针链接的复杂的网状交叉索引方式，对不同来源的信息加以链接。可以链接的有文本、声音或影像等，而这种链接关系则称为"超链接"。超文本与超链接的关系如图 7-22 所示。

（2）HTTP 与 WWW

超文本传输通信协议（Hyper Text Transfer Protocol，HTTP）是 WWW 客户端与 WWW 服务器之间的传输协议，定义了浏览器与 WWW 服务器之间的通信交换机制、请求及响应消息的格式等。通过这个协议，文本、图片、声音、影像等多媒体信息便可以在客户端与服务器之间传输。

HTTP 是在 Internet 上应用较广和非常重要的通信协议，采用请求/响应模型的客户机/服务器协议，一个 HTTP 客户机或用户通过使用 URL 与一个 HTTP 服务器相连接并请求资源，如一个 HTML 文档。

（3）URL 与 WWW

在 WWW 上，每一信息资源都有统一且唯一的地址。该地址就叫统一资源定位标志（Uniform Resource Locator，URL）。

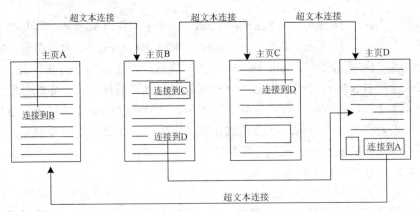

图 7-22　超文本与超链接

URL 是由资源类型、存放资源的主机域名及资源文件名组成的。它的标准格式如下。

Method://Host（DNS or IP）:[Port]/File_path/File_name

Method 表示资源类型，如 HTTP、FTP、TELENT。

:和//用来分隔资源类型与服务器地址。

Host 用来设置服务器的地址，可使用 DNS 或 IP 地址。

File_path 用来指定资源在服务器内存放的路径。

File_name 用来指定资源的文件名称和类型。

若省略 File_path 和 File_name，则当连到服务器时，就会自动连接到其首页（Home Page）。

例如，http://news.sina.com.cn/z/2011qglh/index.shtml 为新浪网新闻版块的一则新闻的 URL。其中，http 表示该资源类型是超文本信息，也表示采用的通信协议是 HTTP；www.sina.com.cn 表示新浪网的主机域名；/z/2011qglh/表示资源的存在路径；index.shtml 为资源文件名。http://www.sina.com.cn 是新浪网首页的 URL，省略了路径和文件名。

（4）WWW 与 HTML

超文本标记语言（Hyper Text Markup Language，HTML）是一种用来定义信息表现方式的格式。它告诉 WWW 浏览器如何显示文字和图像等各种信息以及如何进行链接。一份文件如果想通过 WWW 主机来显示，就必须符合 HTML 的标准。实际上，HTML 是 WWW 上用于创建和制作网页的基本语言，通过它就可以设置文本的格式、网页的色彩、图像与超文本链接等内容。

WWW 的文本采用标准化的 HTML 规范，不同厂商开发的 WWW 浏览器和 WWW 编辑器等各类软件可以按照同一标准对主页进行处理。这样，用户就可以自由地在 Internet 上漫游了。

（5）移动 Web

早期采用的是无线应用协议（Wireless Application Protocol，WAP），但随着网络带宽和设备计算能力的提高，目前常用的方法有以下几种。

一是移动版本网页。现在越来越多的 Web 网站针对移动电话用户开发和设计友好的 Web 页面内容。

二是内容转换技术。利用设置在移动电话和 Web 服务器之间的转码服务器，将页面内容转换后再发送给用户。

三是移动浏览器。手持设备的小型屏幕显示网页做了各种优化，通常与转码器技术配合使用，以减少产生的流量。

3. 基于 Web 的网络应用

（1）电子商务

电子商务是通过互联网 Web 技术开展的各种商务活动，可分为企业与企业（B2B）、企业与消费者（B2C）和消费者与消费者（C2C）三类。电子商务要实现保密、完整、防止抵赖三个目标，主要采用身份确认、数据加密、数字签名、第三方认证等网络安全技术。电子商务系统由客户、电子商店、收单银行、发卡银行、物流公司、认证中心等组成。

电子商务体系结构可分为网络平台层、信息发布层和电子商务层。网络平台层的硬件基础设施包括企业内网、企业外网、商业增值网、服务平台服务商；信息发布层包括商务信息和交易信息，如企业介绍、产品介绍、市场动态、促销信息和商品交易活动中的主要内容等；电子商务层包括网上商务活动服务功能等。

（2）电子政务

电子政务是在互联网上发布政府信息，方便公众了解政府信息；对政府与公众之间的事务进行互动处理，使政府能够直接听到群众的呼声；政府内部实现办公自动化，提高政府机构办公效率；公务员获得机构内外的工作业务信息，为政务工作和领导决策提供服务。电子政务可分为政府机关之间（G-to-G）、政府对企业（G-to-B）和政府对市民（G-to-C）三类。

电子政务在转变政府工作方式、提高政府工作效率和政府领导机构科学决策的水平、充分利用信息资源、降低管理和服务成本、促进政府机构改革等方面具有重要作用。

（3）MOOC

大规模在线开放课程（Massive Open Online Course，MOOC）是一种新的课程模式，具有比较完整的课程结构。MOOC 起源于加拿大。2008 年，加拿大阿萨巴萨卡大学的乔治·西门子和斯蒂芬·唐斯基于联通主义的学习理论模型，首次提出了 MOOC，并创建了全球第一个 cMOOC 类型的课程。我国的北京大学和清华大学等高校相继与美国 MOOC 平台签约，面向全球免费开放了在线课程。

MOOC 的主要优势如下：MOOC 上的课程建立了知识模块化的课程体系；MOOC 上的课程都配有在线测试辅助教学；名校名课免费向全球开放；MOOC 课程有众多的学生学习，从中产生了大量的学习数据；对 MOOC 课程的学习感受以及心得、问题，学习者可以利用社交软件展开广泛交流和探讨；MOOC 课程可与现有的教育课程体系灵活结合。

（4）远程医疗

远程医疗是新的医疗服务模式，其通过结合计算机、多媒体、互联网技术、医疗技术来提高诊断与医疗水平。远程医疗技术应用于远程医疗诊断系统、远程医疗会诊系统、远程医疗教育系统、远程病床监护系统等。

（5）搜索引擎

互联网中的信息量呈爆炸式增长，为了在网上方便地查找信息，用户可使用各种搜索工具（即搜索引擎）。搜索引擎实际上就是一个基于 B/S 结构的网络应用软件系统。从网络用户角度来看，它根据用户提交的类自然语言查询词或者短语，返回一系列很可能与该查询相关的网页信息，供用户进一步判断和选取。

搜索引擎要尽量提高响应时间、查全率、查准率和用户满意度四个指标，即用尽可能少的时间返回尽可能相关的网页信息列表，并将最可能满足用户需求的信息排在最前面，常用的搜索引擎有 Google、百度等。

7.4.2　DNS

1. DNS 的概念

域名系统（Domain Name System，DNS）是用字符串来表示的站点完整地址。这些字符串是分段书写的，段间用"·"隔开。从右向左各段名称分别叫顶级、二级、三级、四级域名，如 www.hit.edu.cn。

CNNIC 对域名的定义为：域名类似于互联网上的门牌号码，是用于识别和定位互联网上计算机的层次结构的字符标识，与该计算机的 Internet 地址（IP 地址）相对应。中文域名是含有中文的新一代域名，同英文域名一样，是 Internet 上的门牌号码。

在 TCP/IP 中，IP 地址是网络中主机的唯一标识。TCP/IP 网络上的计算机都是通过 IP 地址进行识别并通信的。虽然用 IP 地址对数据报标识源和目标很有效，但用户总希望用易于记忆的有意义的符号名字来标识 Internet 上的每个主机。为了达到这一目的，引入了主机名。用一个有意义的名字来指明互联网上的主机，并提供一个组织名字的命名系统来管理名字到 IP 地址的映射，这样就可以使用户使用有意义的名字。

TCP/IP 体系的命名系统分线性和分级两种。线性命名方法比较简单。主机名由一个字符串组成，且一般由主机自己管理。TCP/IP 体系中的每台主机都有 Hosts 文件。Hosts 文件记录的是名字与 IP 地址的对应关系。主机通过查找 Hosts 文件的记录数据获得通信目标主机的地址。但 Hosts 文件存在着很多缺陷。一是命名空间是平面的，主机不能重名。二是随着主机数的增加，文件规模越来越大，造成解析效率低的问题，使用这种方式的每台主机都要从一个固定位置下载这个文件，造成占用网络带宽的问题。此外，Hosts 文件不易维护和更新。但是这种方法对主机不太多的网络是比较有效的，因此 TCP/IP 体系仍然保留了这种解析方式。随着 Internet 的发展和用户剧增，现在通常采用分级命名系统。

分级命名系统又称为域名系统 DNS，采用 DNS 协议。与线性命名方法不同，它不要求每台主机都维护一个 Hosts 文件，而是把 Internet 上的一台或几台主机选作名称服务器，由名称服务器将符号名字转换成对应的 IP 地址。

DNS 的主要功能有两个，一是定义了域名的命名规则，二是能把域名高效率地转换成 IP 地址。与 IP 地址相同，域名与主机的物理位置无关，而且单从域名也判断不出它代表的是一台主机还是一个网络。

2．DNS 结构及其命名规则

DNS 主要包括了两个重要概念，一是层次化，二是采用分布式数据库管理。DNS 在结构上类似于操作系统中的文件系统。首先，命名空间按树形的层次结构划分"域"，最高层对应树的根节点，为顶级域，下面依次为二级域、三级域等；其次，每一级有相应的管理机构，被授权管理下一级子域的域名，顶级域名由 Internet 中心管理机构管理，每一级负责所管理域名的唯一性，这样就保证了所有域名的唯一性。另外，DNS 还规定了这种层次域名的语法结构，即一个完整域名是各级域名按低级到高级从左到右排列，中间用"."分隔，如（主机名）.（本地子域名）.（…）.（根域）的形式。每一级域名长度不超过 63 个字符，总长度不超过 255 个字符。DNS 层次式命名方式如图 7-23 所示。

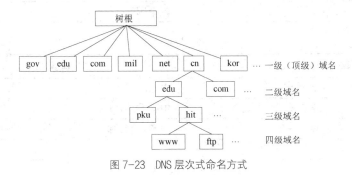

图 7-23　DNS 层次式命名方式

在图 7-23 中，每一层都有一个子域名，子域名之间用点号分隔，自右至左分别为最高层域名、机构名、网络名、主机名。例如，在 www.hit.edu.cn 中，最高域名为 cn，次高域名为 edu，最后一个域名为 hit，主机名为 www。

DNS 层次的树形结构有两种基本构成方式。一种是按组织机构，称之为机构域；另一种是按地理位置，称之为地区域。只有顶级域名是严格规定的，下级域名由各授权机构自行规定，可以按机构，也可以按地区，或两者的混合。

顶级域名或机构域名如表 7-7 所示，最先确定 com 等 7 个顶级域名，后又增加 aero 等 13 个通用顶级域名。地理域名如表 7-8 所示。

表 7-7 　　　　　　　　　　　　　顶级域名分配

顶级域名	适用范围
com	商业组织
edu	教育机构
gov	政府部门
int	国际组织
mil	军事部门
net	网络支持中心
org	各种非营利性组织
aero	航空运输业
asia	亚洲社区
biz	商业
name	个人
cat	供加泰罗尼亚语/文化使用
coop	联合会
travel	旅游业
info	提供信息服务的单位
jobs	求职网站
mobi	移动产品与服务的用户和提供者
museum	博物馆
pro	供部分专业使用
tel	供连接电话网络与因特网的服务使用
国家代码	各个国家

表 7-8 　　　　　　　　　　　　　部分地理域名

国家（地区）代码	国家和地区
cn	中国
hk	中国香港地区
tw	中国台湾地区
in	印度
uk	英国

国家（地区）代码	国家和地区
ru	俄罗斯
fr	法国
ca	加拿大
au	澳大利亚
kr	韩国
jp	日本

在 DNS 中，每个域分别由不同的组织进行管理。每个组织都可以将它的域再分成一定数量的子域，并将这些子域委托给其他组织进行管理。域名系统对下级域的个数和层数没有规定，但是整个域名的长度不得超过 255 个字符。域的命名由使用者自己决定，各级域的域名由其上一级的域名管理机构管理，而顶级域名由国际互联网代理成员管理局（Internet Assigned Numbers Authority，IANA）全权负责。在 1998 年之后，国际域名注册是由国际互联网名字与编号分配机构（Internet Corporation for Assigned Names and Numbers，ICANN）统一管理的。

顶级域名（Top Level Domain，TLD）有通用顶级域名和地理顶级域名之分。通用顶级域名为 gTLD。RFC 1591 最早规定的顶级域名有 6 个，分别为 edu、com、org、net、gov、int，每一个顶级域名都是为相应的机构创建的。地理顶级域名为 nTLD。地理顶级域名采用由 ISO-3166 标准规定的两位字母的国家或地区代码的形式，如 cn 表示中国等。在地理顶级域名之下的二级域名均由该国家或地区自行确定。

值得注意的是，虽然域名和 IP 地址都是以 "." 分隔的，但是二者的各层之间并没有对应的关系。域名是按名字组织关系来划分的，是一个逻辑概念，与计算机在网络中的物理位置和子网的划分没有任何关系，而且 "." 的数量不一定是 3 个；IP 地址是一个 32bit 的二进制数，点分十进制记法中的 "." 是为了提高可读性，在计算机和网络中处理的 IP 地址是没有 "." 的。

3. DNS 组件与域名解析

（1）域

域名的最后一部分称为域，如 hit.edu.cn 中的 cn 就是域。每个域还可以再细分为若干个子域，如 cn 域又可划分为 edu、com 等多个子域。

（2）域名

DNS 将域名定义成主机名和子域、域的一个序列。主机名和子域、域以 "." 分开，如 www.hit.edu.cn 等。

（3）域名服务器

在 DNS 系统中，存储有关域名及其二进制 IP 地址信息的程序运行在专门的网络节点上。这些节点被称为域名服务器，负责其主管范围的解析工作。

由于 Internet 用户发送和接收数据必须使用 IP 地址进行路由选择，因此必须将标识主机的域名转换为 IP 地址。这个转换过程称为域名解析。域名解析包括正向解析（域名到 IP 地址）和反向解析（IP 地址到域名）。域名解析是依靠一系列域名服务器完成的。这些域名服器构成了域名系统 DNS。实际上，整个域名系统可以看成一个庞大的分布式联机数据库，终端用户与域名服务器之间、域名服务器之间都采用客户机/服务器方式工作。

域名服务器与域名系统的层次结构是相关的，但并不完全对等。每一个域名服务器的本地数据库存储一部分主机域名到 IP 地址的映射，同时保存了到其他域名服务器的链接。最高层域名服务器是一个根服务器，管理到各个顶级域名服务器的链接。一般情况下，比较小的网络可以将它下辖的所有主机域名到 IP 地址的映射放在一个域名服务器上，大一些的网络则可以采用几个域名服务器来进行域名管理。

总之，通过某一后缀的域名服务器一定能够找到所有具有这个后缀的域名到其 IP 地址的映射。需要注意的是，域名服务器可以置于网络的任意位置。这与域名系统的逻辑结构无关。

（4）名称解析器

与名称服务器交互的客户软件，有时就被简单地称作 DNS 客户。在使用网络服务时，如何实现从域名到 IP 地址的转换，从而获得某个服务器的 IP 地址呢？通常，用户的主机属于某个域，因此，在配置该主机的 TCP/IP 协议时要指定默认的 DNS 服务器（通常是本域的授权服务器，也被称为本地名称服务器）。当该主机要访问网络中的另一个主机的服务器时，域名解析过程如下。

① 用户首先提交某主机域名解析请求给自己的本地名称服务器。假设一个在 A 大学的用户主机 t 要访问服务器 b.B1.B.edu，那么用户 t 的解析器会向本地名称服务器 DNS.A.edu 提交查询请求。

② 如果本地名称服务器 DNS.A.edu 能够从其系统中查询到该主机（b.B1.B.edu）的 IP 地址，则本次域名解析完成；如果待查域名不属于该域名服务器的管辖范围，也就是说域名服务器不能完全解析域名，则要进行一下处理工作，可采用递归和迭代两种处理方式（由客户机请求报文指明）。

③ 本地名称服务器以客户的身份向其他名称服务器转发该解析请求，如果查询不到结果，再向另一个名称服务器转发该解析请求，如此重复下去，直到找到能够完成解析的名称服务器。

④ 含有目标信息的名称服务器对该请求做出回应，将查询结果经本地名称服务器返回给用户。

（5）文件缓冲区

为了提高查询速度，在每一个 DNS 服务器中可以设置一个高速文件缓冲区，存放最近经它解析过的域名到 IP 地址的映射，以及最终得到这个映射的服务器的地址。每当客户机进行查询时，DNS 先查找这个文件缓冲区。从别的服务器查询来的数据除了返回给客户机以外，在缓冲区中也存放一份，以便下次再有 DNS 客户机要查询相同的数据时可以从高速缓存中获得。当然，存储的信息可能会因映射关系的改变而变得不正确。这可以通过对缓存的每一个域名信息附加生命期限制来解决，过时的信息将不再予以保留。

DNS 的工作过程就是一个域名解析的过程，如图 7-24 所示。

在图 7-24 中，网络中有 5 台主机，在这 5 台机器中，主机 B 被指定为名称服务器。B 中有一个数据库，其中有网络中各个主机的名称与 IP 地址的对应列表，主机名和 IP 地址一一对应。当主机 A 的用户要与主机 C 通信时，其名称解析器检查本地缓存。如果未找到匹配项，则名称解析器向名称服务器发送一个请求（也可以称作查询）。接下来，名称服务器在自己的缓存里寻找匹配项。如果没有找到，则检查自己的数据库。名称服务器在缓存和数据库中都找不到此名称的情况在图中没有示出，此时它必须向离它最近的另一个名称服务器转发此请求，然后再返回给主机 A。

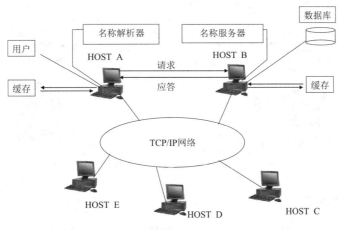

图 7-24　DNS 的工作过程

7.4.3　E-mail

电子邮件（E-mail）又称为电子信箱，电子信箱的地址在 Internet 上是唯一的。Internet 上的用户按你的信箱地址向你发送的电子信件，都会送到电子邮箱中。每个电子邮件都有一个标明寄件人的地址和收件人的信箱地址的"信封"。寄件人可以随时随地发送邮件。如果收件人正在使用计算机，那么其可以马上阅读邮件。如果收件人没有打开计算机，则邮件就存放在收件人的电子信箱中，收件人开机后，就可以打开信箱，阅读信件。使用电子邮件，同一个信件可以发给一个、多个或预定义的一组用户。接到信件后，收件人可以进行阅读、打印、转发、回复或删除操作。与传统的邮政系统相比，电子邮件具有速度快、信息量大、价格便宜、信息易于再使用等优点。如果需要，则用户还可以对邮件进行加密。

电子邮件服务采用客户机/服务器工作模式。电子邮件服务器是 Internet 邮件服务系统的核心。它的作用与人工邮政系统中的邮局的作用非常相似。邮件服务器一方面负责接收用户送来的邮件，并根据目的地址，将其传送到收件人的邮件服务器中；另一方面它负责接收从其他邮件服务器发的邮件，并根据收件人的不同将邮件分发到各电子邮箱中。

Internet 中存在着大量的邮件服务器，如果某个用户要利用一台邮件服务器发送和接收邮件，则该用户必须在该服务器中申请一个合法的账号，包括账号名和密码。一旦用户在一台邮件服务器中拥有了账号，便在该台邮件服务器中拥有了自己的邮箱。邮箱是在邮件服务器中为每个合法用户开辟的一个存储用户邮件的空间，类似邮递系统中的信箱。

用户发送和接收邮件需要借助电子邮件应用程序来完成。电子邮件应用程序一方面负责将用户要发送的邮件送到邮件服务器，另一方面负责检查用户邮箱，读取邮件。

用户 E-mail 地址的格式为用户名@主机域名，用户名和主机域名之间用@分隔，其中，用户名是用户在邮件服务器上的信箱名，通常为用户的注册名、姓名或其他代号；主机域名则是邮件服务器的域名。例如，在 abc@163.com 中，abc 表示用户名，163.com 表示主机域名。在电子信箱接收邮件时，POP3 服务器名为 POP.163.COM；在电子邮箱发送邮件时，SMTP服务器名为 SMTP.163.COM。电子邮件服务的工作过程如图 7-25 所示。由于主机域名在

Internet 上的唯一性，所以，只要 E-mail 地址中的用户名在该邮件服务器中是唯一的，则这个 E-mail 地址在整个 Internet 上也是唯一的。

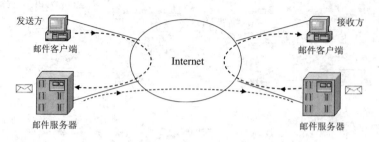

图 7-25　电子邮件服务的工作过程

1．简单邮件传输协议

向邮件服务器传送邮件时使用简单邮件传输协议（Simple Mail Transfer Protocol，SMTP）。该协议是由源地址到目的地址传送邮件的规则。在 Internet 中，电子邮件的发送是依靠 SMTP 进行的。SMTP 是 TCP/IP 协议簇中的一员。RFC 821 规定了该协议的所有细节。

SMTP 的通信模型如图 7-26 所示。针对用户发出的邮件请求，由发送 SMTP 建立一条连接到接收 SMTP 的双工通信链路。这里的接收 SMTP 是相对于发送 SMTP 而言的，实际上它既可以是最终的接收者，也可以是中间的传送者。发送 SMTP 负责向接收 SMTP 发送命令，而接收 SMTP 负责接收并反馈应答。

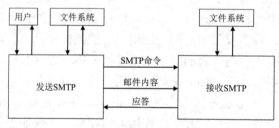

图 7-26　SMTP 的通信模型

2．邮件接收协议

从邮件服务器的邮箱中读取邮件时使用邮件接收协议（Post Office Protocol，POP）。目前，POP 已经发展到第 3 个版本，简称 POP3。POP3 规定了怎样将个人计算机连接到 Internet 邮件服务器和下载电子邮件，允许删除保存在邮件服务器上的邮件。它也是 Internet 电子邮件的第一个离线协议标准。POP3 服务器是遵循 POP3 协议的接收邮件服务器，用来接收电子邮件。一般情况下，邮件主机同时运行 SMTP 和 POP 协议程序，其中，SMTP 负责邮件的发送和在邮件主机上的分拣和存储工作，POP3 只负责接收工作。

服务器响应一般是由一个单独的命令行或多个命令行组成的，响应第一行以 ASCII 文本 +OK 或 -ERR 指出相应的操作状态是成功还是失败。POP3 协议中有认可、处理和更新 3 种状态；当客户机与服务器建立联系时，一旦客户机提供了自己的身份并成功确认，即由认可状态转入处理状态；在完成相应的操作后，客户机发出 QUIT 命令，则进入更新状态；更新状态完成之后重返认可状态。POP3 的工作过程如图 7-27 所示。

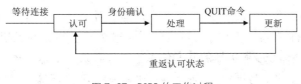

图 7-27　POP3 的工作过程

3．消息访问协议

消息访问协议（Internet Message Access Protocol，IMAP）是与 POP3 对应的另一种协议，其能够从邮件服务器上获取有关 E-mail 的信息或直接收取邮件，具有高性能和可扩展的优点。IMAP 的监听端口号为 143，可提供以下 3 种操作模式。

（1）在线方式：邮件保留在 Mail 服务器端，客户端可以对其进行管理，其使用方式与 WebMail 类似。

（2）离线方式：邮件保留在 Mail 服务器端，客户端可以对其进行管理，这与 POP 协议一样。

（3）分离方式：邮件的一部分在 Mail 服务器端，另一部分在客户端。这与一些成熟的组件包应用（如 LotusNotes/Domino）的方式类似。

在利用服务器磁盘资源方面，IMAP 不如 POP3。同时，由于用户查阅信息标题和决定下载哪些附件也需要一定时间，因此链接时间 IMAP 也比 POP 方式长。在应用方面，由于 IMAP 比较复杂，给开发者开发服务器和客户机的软件带来一些难题。对于 ISP 来说，采用 IMAP 意味着要付出高额技术支撑费用，因而商用的实现方案还不多。

7.4.4　FTP

1．FTP 的概念

在 Internet 中，文件传输服务提供了任意两台计算机之间相互传输文件的机制。它是广大用户获得丰富的 Internet 资源的重要方法之一。它通过网络可以将文件从一台计算机传送到另一台计算机。在网络中，不管这两台计算机相距多远，使用什么操作系统，采用什么技术与网络连接，文件传输服务都能在这两台计算机之间传输文件。所以，文件传输是实现网络上的计算机之间复制文件的简便方法。

文件传输协议（FiIe Transfer Protocol，FTP）是 Internet 上最早使用，也是目前使用最广泛的。它既允许从远程计算机上获取文件，也允许将本地计算机的文件复制到远程主机上。

在 FTP 的使用中，会遇到"下载"（Download）和"上载"（Upload）两个概念。"下载"文件就是从远程主机复制文件到自己的计算机上；"上载"文件就是将文件从自己的计算机中复制到远程主机上，"上载"文件也可称"上传"文件。用 Internet 语言来说，用户通过客户机程序向（从）远程主机上载（下载）文件。

2. FTP 的工作模式

FTP 基于客户机/服务器工作模式，在客户机与服务器之间通过 TCP 协议建立连接。但 FTP 与 Telnet 不同，FTP 在客户机与服务器之间需要建立双重连接：控制连接和数据连接。控制连接主要用于传输 FTP 命令及服务器的回送信息。一旦启动 FTP 服务器程序，服务器程序将打开一个专用的 FTP 端口（21 号端口），等待客户机程序的 FTP 连接。客户机程序主动与服务器程序建立端口号为 21 的 TCP 连接。在整个文件传输过程中，双方都处于控制连接状态。数据连接主要用于传输数据，即文件内容。在建立控制连接后，在客户机程序和服务器程序之间，一旦要传输文件就立即建立数据连接，而每传输一个文件就产生一个数据连接。在图 7-28 中，数据连接为双向的，表示 FTP 支持文件上载和文件下载，但必须是客户机主动访问服务器，而不能是服务器访问客户机。

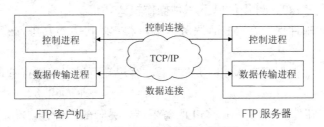

图 7-28 FTP 客户机/服务器模型

FTP 服务器将数字端口 21 用于控制连接，将端口 20 用于数据连接；在客户机一方则可以使用 1024 以上的任何端口。

3. FTP 的应用

Windows 系统提供了一个命令行形式的 FTP 程序。通过 FTP 命令，登录 FTP 主机后，可以使用 FTP 提供的约 60 个子命令实现数据传输。用户通过与 FTP 对话进行操作。在 FTP 提示符下输入 FTP 子命令，FTP 每执行一个子命令后都给出一个关于这个命令的执行结果，以便用户了解。

FTP 的客户机程序非常多，现在许多 FTP 程序都采用图形用户界面，使用起来非常方便。大部分软件都可以实现自动连接、断点传输功能。在这些图形界面的 FTP 程序中，程序可以开两个窗口，一个窗口显示远程主机的公共文件目录，另一个窗口显示本地用户文件目录。在窗口之间进行的文件下载或上传，就如同使用本地的两个文件夹复制文件那样方便。

7.4.5 Telnet

1. Telnet 的概念

远程登录 Telnet 协议提供了相对通用的、双向的、面向 8 位字节的通信机制。远程登录服务又被称为 Telnet 服务。Telnet 是 Internet 的远程登录协议。它也是 Internet 中最早提供的服务功能之一，也就是将用户本地的计算机通过网络连到远程计算机上，从而可以像坐在远程计算机面前一样使用远程计算机的资源，并运行远程计算机程序。一般来说，用户在使用的计算机为本地计算机，其系统为本地系统；而把非本地计算机看作远程计算机，其系统为远程系统。远程与本地的概念是相对的，不根据距离的远近来划分。远程计算机可能和本地计算机在同一个房间、同一校园，也可能远在数千公里以外。通过远程登录可以使用户充分利用各方面资源。这种将自己的计算机连接到远程计算机的操作方式叫作"登录"。这种登录技术称为 Telnet（远程登录）。

2. Telnet 的工作模式

Telnet 的工作模式是典型的客户机/服务器模式：在本地系统运行客户机程序，在远程系统需要运行 Telnet 服务器程序。Telnet 通过 TCP 协议提供传输服务，端口号是 23。当本地客户机程序需要登录服务时，Telnet 通过 TCP 建立连接。远程登录服务的过程基本上分为 3 个步骤。

（1）当本地客户机程序需要登录服务时，建立 TCP 连接。

（2）将本地终端上键入的字符传送到远程主机。

（3）远程主机将操作结果回送到本地终端。

用户在本地终端上对远程主机的操作就如同操作本地主机一样。用户可以获得在权限范围之内的所有服务。Telnet 为了适应不同计算机和操作系统的差异，定义了网络虚拟终端 NVT（Network Virtual Tenninal）。在进行远程登录时，用户通过本地计算机的终端与客户软件交互。Telnet 的工作模式如图 7-29 所示。

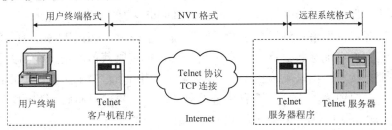

图 7-29 Telnet 的工作模式

3. Telnet 的应用

Telnet 服务虽然也属于客户机/服务器模式的服务，但它更大的意义在于实现了基于 Telnet 协议的远程登录（远程交互式计算）。你可在远程计算机上启动一个交互式程序，可以检索远程计算机的某个数据库，可以利用远程计算机强大的运算能力对某个方程式求解。

对于初学者来说，Telnet 使用起来不是很方便。现在 Telnet 的使用已经变少了，主要原因是目前个人计算机的性能越来越强，致使在别人的计算机中运行程序的要求逐渐减弱。Telnet 服务器的安全性欠佳，因为它允许他人访问其操作系统和文件。但是 Telnet 仍然有很多优点，比如，如果你的计算机中缺少某项功能，就可以利用 Telnet 连接到远程计算机上，利用远程计算机上的功能来完成你要做的工作。

7.4.6 DHCP

1. DHCP 的概念

动态主机配置协议（Dynamic Host Configuration Protocol，DHCP）提供了一种机制，允

许一台计算机加入新的网络和获取IP地址而不用手工参与，在TCP/IP网络中自动地为网络上的主机分配IP地址，以减轻网络管理员的负担，且避免手工配置时出错。

DHCP是TCP/IP协议的应用层标准协议，采用客户机/服务器模式，其支持的底层协议是UDP，使用UDP67和68端口的服务。

2. DHCP的工作模式

在TCP/IP网络中，每当客户机启动时，都要向网络上的DHCP服务器提出请求。DHCP服务器接受这个请求，并将它的数据库中选取的IP地址分配给客户机。在客户机与服务器之间就形成了一个租约，这个IP地址客户机默认的租期是8天。到一定时期，客户机还必须请求租约的更新。建立租约的过程可以分为4步。

（1）DHCP客户机在本地子网上广播一个探索（DHCP Discover）消息到一个广播地址（255.255.255.255），在这个消息中包括了计算机名及网卡的MAC地址。使用这个广播地址意味着这条消息将被网络上的所有主机和路由器接收。但路由器不转发这样的分组到其他网络，以防广播到整个因特网。客户机之所以使用广播消息是因为其不知服务器的IP地址，而且本身也没有IP地址。

（2）网络的DHCP服务器收到客户机的消息后，如果在其数据库（地址池）中有可以分配的IP地址，则会用一个提供（DHCP Offer）消息进行响应。在这个消息中包含所提供的IP地址、子网掩码、服务器的IP地址、租约有效时间和客户的MAC地址。

（3）DHCP客户机如果收到这个租约，则广播一个请求（DHCP Request）消息以便响应租约。DHCP客户机可能会收到网络上多个租约，选择它所获得的第一个租约给予响应。所以，在响应的消息中将给出被响应的DHCP服务器的IP地址。如果客户机在1s之内收不到响应，则会在一定时段内继续广播消息。若重复4次广播仍然没有收到租约，则客户机会在"保留地址"169.254.0.1～169.254.255.254中选择一个IP地址。

（4）被选择的DHCP服务器广播发送DHCP确认（DHCP Ack）消息表示批准租约。此后，客户机就可以利用这个租得的IP地址在网络中进行通信了。DHCP的工作模式如图7-30所示。

目前在许多系统中，DHCP已经取代了RARP和BOOTP。

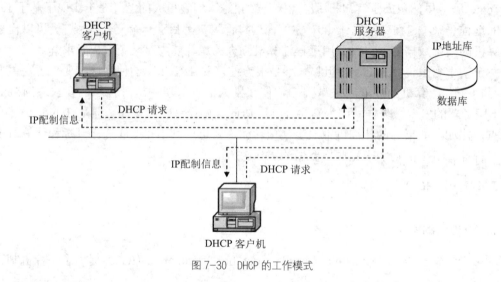

图7-30 DHCP的工作模式

7.4.7 P2P

1. P2P 与 C/S 模式的区别与联系

传统互联网资源共享采用的是以服务器为中心的 C/S 工作模式。在该模式下，服务提供者与服务使用者之间的界限是清晰的。基于 C/S 体系结构的应用要求有总是在运行着的基础设施服务器，如 DNS 服务器、万维网服务器、邮件服务器等。P2P（Peer to Peer，对等网络）淡化了服务提供者与服务使用者的界限，所有节点同时身兼服务提供者与服务使用者的双重身份。P2P 系统中的节点作为平等的个体参与到系统中，节点贡献自身的部分资源（处理能力、存储空间、网络带宽等），以供其他参与者利用，而不再需要提供服务器或者稳定主机。P2P 进一步扩大网络资源共享范围和深度，提高网络资源利用率，使信息共享达到最大化。

2．P2P 共享文件

基于 P2P 体系结构的应用在对等方之间直接进行通信，而且对等方主要运行于间断连接的主机上，如个人计算机上。目前，在因特网上流行的 P2P 应用主要包括 P2P 文件共享、即时通信、P2P 流媒体、分布式存储等。

3．P2P 体系结构

P2P 系统独立于物理网络拓扑，其在物理网络拓扑的基础上构造了抽象的网络覆盖层，用于索引或者发现节点。P2P 体系结构如图 7-31 所示。

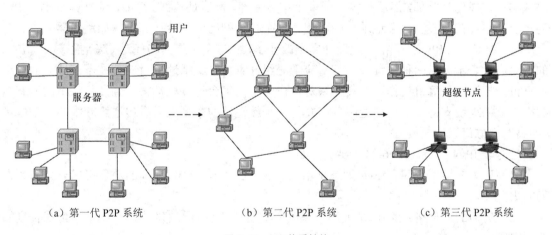

（a）第一代 P2P 系统　　　　　　（b）第二代 P2P 系统　　　　　　（c）第三代 P2P 系统

图 7-31　P2P 体系结构

第一代 P2P 属于集中控制的网络，由中心服务器提供资源索引功能，存在单一故障点和服务器压力大等缺点；第二代 P2P 是一种完全无中心的分布式网络，利用洪泛进行资源定位，存在通信开销大、效率不高等缺点；第三代 P2P 基于混合式的体系结构，同时具备前两代体系结构高效性和容错性的优点，由超级节点提供路由和资源定位等功能，普通节点只需提供资源共享的功能。

P2P 是基于对等网络的技术，已经在互联网上广泛应用。P2P 一方面为文件传输以及多媒体文件共享提供了无可比拟的方便途径，具有自组织、可扩展性好、鲁棒性好、容错性强以及负载均衡等优点；另一方面，这种基于端系统协作并能够自适应网络变化进行传输的技术无疑是最适应当前互联网环境的应用。

7.5 IPv6

7.5.1 IPv6 概述

IP 是 Internet 的关键协议。本书以 IPv4 和 IPv6 进行说明。

IPv4 是在 20 世纪 70 年代设计的，无论从计算机本身发展还是从 Internet 规模和网络传输速率来看，它已经有些不适用了，其中最主要的问题就是 32 bit 的 IP 地址不够用。为此，IETF 在 1992 年 6 月提出要制定下一代的 IP，即 IPng（IP next generation）。IPng 现正式称为 IPv6。1995 年以后，IETF 陆续公布了一系列与 IPv6 有关的协议、编址方法、路由选择以及安全等问题的 RFC 文档。IPv6 主要的特点是把地址长度扩大到 128 位，以支持更多的网络节点；简化了首部，减少了路由器处理首部所需要的时间，提高了网络的速度。IPv6 还对服务质量进行了定义，并且提供了比 IPv4 更好的安全性保证。这些都是对 IPv4 的重大改进。近年来，IPv6 协议基本框架已逐步成熟，并在广泛的范围内得到了实践和研究。

IPv6 保留了 IPv4 的很多概念，但是在具体的细节上都做了一些改变。例如，像 IPv4 那样，IPv6 提供无连接服务，两台计算机交换的报文叫数据报。然而，IPv6 不像 IPv4 数据报那样在首部中为第一个功能提供了相应的域，而是为每一功能定义了单独的首部。每个 IPv6 的数据报构成先是首部，然后是零个或多个扩展首部，最后是数据。再如，像 IPv4 那样，IPv6 为每个网络连接定义了一个地址，因而连着多个物理网络的一台计算机（如路由器）具有多个地址。但是，在 IPv6 中，特殊地址却完全改变了，它定义了组播和任意（簇）播来取代 IPv4 的网络广播表示。这两种地址表示都对应于一组计算机。组播地址对应处在不同地点的一组计算机，把这些计算机当作单个实体来对待，即组内每台计算机都将收到发往该组的所有数据报。簇播地址支持提供重复型服务，发往一个簇地址的数据报只会传递给簇中的一个成员（如离发送方最近的成员）。

相对于 IPv4 而言，IPv6 的主要变化如下。

（1）更大的地址空间。IPv6 把地址增大到了 128 bit，使 IP 地址的数量可以充分满足人们的需要。

（2）灵活的首部格式。IPv6 使用一系列固定格式的扩展首部取代了 IPv4 中可变长度的选项字段。

（3）扩展的地址层次。IPv6 使用更大的地址空间创建额外级别的地址层次。

（4）简化了协议，加快了分组的转发。例如，取消了首部检验和字段，分段只在源站点进行。

（5）引入流量标识位，可以处理实时业务。

（6）允许对网络资源的预分配，支持实时视频流等要求，保证一定的带宽和时延的应用。

（7）为了提高安全性，定义了实现协议认证、数据完整性和报文加密所需要的有关功能。

（8）允许协议继续演变和增加新的功能。IPv6 协议允许新增特性，使之适应未来技术的发展，摆脱了要全面指定所有细节的情况。

虽然 IPv6 具有许多良好的性能，但是把 IPv4 升级为 IPv6 可能还需要经过一个过渡过程，需要制定一些相应的策略。这样才能保证现有的网络应用不受任何影响。IPv6 的主要研究课题有域名服务器的构成、IPv6 路由器以及与 IPv4 的平滑过渡等。IPv6 和与之相配套的资源预留协议（RSVP）和实时传输协议（RTP）将使新一代 Internet 有选址和配置功能，可为某些应用预留带宽，再借助目前正在研究开发的宽带接入技术，将使 Internet 能提供功能更强大的多媒体业务。

7.5.2　IPv6 的报头

1. IPv6 的报头格式

IPv6 的数据报头与前面介绍的 IPv4 相比简化了许多，所需的字段少，而且长度固定。这些特点使路由器的硬件实现更加简单。与 IPv4 不同，在 IPv6 网络中路由过程不对数据包进行分割，从而进一步减少了路由负荷。

IPv6 数据包由一个 IPv6 报头、零个或多个扩展报头和一个上层数据协议组成。其中，IPv6 报头总是存在，其长度固定为 40 字节。IPv6 的数据包可以包含多个扩展报头。这些扩展报头可以具有不同的长度。IPv6 数据报的报头格式如图 7-32 所示。

图 7-32　IPv6 数据报的报头格式

版本：4 位，值为 6，表示 IP 协议的版本号。

优先级：8 位，定义了源发节点要求的拥塞处理功能和优先级别。该字段的功能类似于 IPv4 报头中的服务类型字段。

流量标签：20 位，IPv6 新增字段，标记需要 IPv6 路由器特殊处理的数据流。该字段用于某些对连接的服务质量有特殊要求的通信，如音频或视频等实时数据传输。在 IPv6 中，同一信源和信宿之间可以有多种不同的数据流，彼此之间以非"0"流标记区分。对于默认的路由器，流量标签的值为"0"。

负载长度：16 位。标识所有扩展域和后继的数据域的总长度。

下一标题：8 位，识别紧跟 IPv6 头后的包头类型，如扩展头（有的话）或某个传输层协议头，标识紧跟其后的扩展域的类型。

跳跃限制：8 位，限制数据报经过路由器的个数，其功能类似于 IPv4 的 TTL（生存时间）。数据包每经过路由器一次转发，该字段值就减 1，减到 0 时，这个数据包就被丢弃。

源地址：128 位，表示发送方主机地址。

目的地址：128 位，在大多数情况下，目的地址即信宿地址。但如果存在路由扩展报头，则目的地址可能是发送方路由表中下一个路由器接口。

2. IPv6 的扩展报头

IPv6 的扩展报头是一些定长的、小而简单的固定格式的扩展头链。IPv6 报头设计中对原 IPv4 包头所做的一项重要改进就是将所有可选字段移出 IPv6 报头，主要目的是提高数据包的转发效率。

通常，一个典型的 IPv6 数据包没有扩展报头，仅当需要路由器或目的节点做某些特殊处理时，才由发送方添加一个或多个扩展头。IPv6 基本报头及其扩展报头是以菊花链的形式组织在一起，即 IPv6 基本报头以及其后的零个或多个扩展报头中的下一个报头字段组成一个指针链，每个指针表示紧随在当前报头之后的扩展报头类型，直到遇到上层协议为止。

与 IPv4 不同，IPv6 扩展报头的长度任意，不受 40 字节的限制，以便于日后扩充新增选项。这一特征加上选项的处理方式使得 IPv6 选项能得到真正的利用。但是为了提高处理选项报头和传输层协议的性能，扩展报头总是 8 字节长度的整数倍。

目前，RFC 2460 规定所有的 IPv6 节点必须支持以下 6 种扩展报头。

（1）逐跳选项报头

逐跳选项报头用来携带在数据包传送过程中，每个路由器都必须检查和处理的特殊参数选项，以报头中的下一个报头字段的值为 0 来标识，格式如图 7-33 所示。

0	8	16　　　　31
下一个报头	扩展报头长度	选项

图 7-33　逐跳选项报头的格式

下一个报头：8 位，定义紧跟逐跳选项报头之后的扩展报头和协议报头的类型。

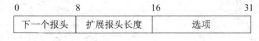

扩展报头长度：无符号 8 位整数，以 8 字节为单位表示逐跳选项报头的长度，不包括最初的 8 字节。

选项：逐跳选项报头可携带不定数量的选项，选项采用 TLV 编码方式，格式如图 7-34 所示。

选项类型	选项数据长度	选项数据

图 7-34　TLV 编码逐跳选项报头的格式

选项数据长度也是一个无符号 8 位整数，以字节为单位，表示选项数据的长度。

选项数据是可变长度域，包括“选项类型”的数据。

（2）目的地选项报头

目的地选项报头的格式与逐跳选项报头的格式相同，指明需要被中间目的地或最终目的地检查的信息。它以前一个报头的下一个报头字段值 60 来标识，有两种用法。

① 如果存在路由扩展报头，则每一个中转路由器都要处理这些选项。

② 如果没有路由扩展报头，则只有最终目的节点需要处理这些选项。

（3）路由报头

路由报头的格式如图 7-35 所示，由前一个报头中的下一个报头中的下一个报头字段值 43 来标识。

0	8	16	24　　　　31
下一个报头	报头扩展长度	路由类型	段剩余
路由特定类型字段			

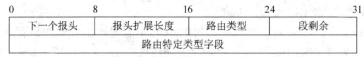

图 7-35　路由报头的格式

下一个报头：8 位，定义紧随其后在逐项选项报头之后的扩展报头和协议报头的类型。

报头扩展长度：8 位无符号整数，以 8 字节为单位表示逐项选项报头的长度，不包括起始的 8 字节。

路由类型：8 位，表示不同类型的路由报头。

段剩余：8 位无符号整数，表示剩余的路由段数量，即已经列出的在到达信宿之前尚有待访问的中间节点的数量。

路由特定类型字段：该字段长度可变，格式由路由类型决定。节点在处理接收到的数据包时，如果遇到一个包含不能识别的路由类型的路由，则节点要依据“段剩余”的值来采取措施。如果“段剩余”的值为 0，则节点忽略这个路由头，继续处理数据包中的下一个头（其类型由路由头的“下一个报头”字段的值标识）；如果“段剩余”的值不为 0，则节点必须丢弃这个数据报，并且向数据包的源节点发送一个 ICMP 参数错误消息，ICMP 指针指向不能识别的路由类型。

（4）片段报头

片段报头提供分段和重装服务。当分组大于链路最大传输单元时，源节点负责对分组进行分段，并在分段扩展报头中提供重装信息。片段报头的格式如图 7-36 所示。

0	8	16	29	31
下一个报头	保留	片段偏移量	保留	M
标识				

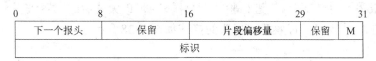

图 7-36 片段报头的格式

下一个报头：8 位，定义紧随其后在逐项选项报头之后的扩展报头和协议报头的类型。

保留：8 位，传输时初始值为 0，接收方忽略该字段。

片段偏移量：13 位，以 8 字节为单位，表示该报头后面的数据相对于初始数据包可分段部分的起始位置的数据偏移量。

保留：2 位，传输时初始值为 0，接收方忽略该字段。

M：1 位，为片段未完标志。M=1 表示还有更多的分段，M=0 表示这是最后一个分段。

标识：32 位，用于唯一标识需要分段的数据包。

（5）认证报头

认证报头提供数据源认证、数据完整性检查和反重播保护。由于认证报头不提供数据加密服务，需要加密服务的数据包，可以结合使用 ESP 协议来实现。通过不同的实现模式，认证报头既可以用来保护上层协议（传输模式），又可以保护一个完整的 IP 数据报（通道模式）。在任何情况下，认证报头都紧跟在一个 IP 报头之后。认证报头的格式如图 7-37 所示。

0		31
下一个报头	有效负载长度	保留
安全参数索引		
序列号		
验证数据（长度可变）		

图 7-37 认证报头的格式

下一个报头：该字段表示认证报头后面紧跟的是什么。这与认证报头的实现模式有关。在传输模式下，该字段将是受保护的上层协议的分配值，如 UDP 或 TCP 值。在通道模式下，该字段将是 4，表示 IP-in-IP。

有效负载长度：该域是从 32 位表示的报头长减 2 所得的值。

安全参数索引：该域用来识别对数据包进行身份认证的安全联盟。

序列号：是一个单向递增的计算器，主要用来提供抗重播攻击服务。

验证数据：是一个不固定长度的字段，是受保护的数据，其中包括完整性验证的结果。

（6）封装安全有效载荷报头

封装安全有效载荷（Encapsulating Security Payload，ESP）报头提供加密服务，同时也提供无连接的完整性、数据源认证以及抗重播攻击服务。它可以在两种不同模式下实现，但其要被插入 IP 头与上层协议（如 UDP 或 TCP 传输模式）之间，或者用它来封装整个 IP 数据报（通道模式）。

尽管封装安全有效载荷报头和认证报头都提供数据完整性安全服务，但具体实现还是有所不同。认证报头对外部的 IP 头各部分都要进行身份验证，以此检验数据的完整性。而封装安全有效载荷报头不对外部 IP 头进行验证，只对外部 IP 头之后的内容进行身份验证，以检验数据的完整性。封装安全有效载荷报头的格式如图 7-38 所示。

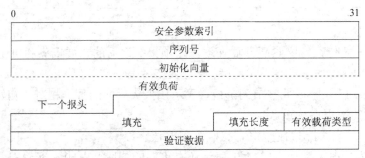

图 7-38　封装安全有效载荷报头的格式

安全参数索引（Safety Parameter Index，SPI）：该字段长度为 32 位，跟外部 IP 头的目的地址及协议结合在一起，用来标识用于处理数据包的特定的安全联盟（Sefety Alliance，SA）。

序列号：是一个独一无二的、单向递增的号码，用来使封装安全有效载荷报头具有抗重播能力。

载荷数据：包含实际要保护的数据字段。填充项的使用是为了保证封装安全有效载荷报头的边界适合加密算法的需要。

填充长度：定义又添加了多少填充，通过该字段，接收端可以恢复载荷的真实长度。该字段是必需字段。

验证数据：用来包含数据完整性的结果，其通常是一个经过密钥处理的散列函数值，具体值由安全联盟指定验证算法应用于封装安全有效载荷报头数据包（不包含验证数据）来确定。如果安全联盟没有指定验证器，就不需要验证数据。

7.5.3　IPv6 的编址方案

1．IPv6 地址空间表示方法

IPv4 与 IPv6 地址之间最明显的差别在于长度，IPv4 地址长度为 32 位，而 IPv6 地址长度为 128 位。RFC 2373 中不仅解释了这些地址的表现方式，同时还介绍了不同的地址类型及其结构。IPv4 地址可以被分为 2～3 个不同部分（网络标识符、节点标识符，有时还有子网标识符），而 IPv6 地址中拥有更大的地址空间，可以支持更多的字段。

IPv6 采用了冒分十六进制表示法，即将地址中每 16 位为一组，写成四位的十六进制数，两组间用冒号分隔。

例如，105.220.136.100.255.255.255.255.0.0.18.128.140.10.255.255（点分十进制）可转为 69DC:8864:FFFF:FFFF:0:1280:8C0A:FFFF（冒分十六进制）。

此外，还有一种优化的表示方法叫零压缩，这种方法进一步减少了字符个数。零压缩用两个冒号代替连续的零。例如，FF0C:0:0:0:0:0:0:B1 可以写成 FF0C::B1。但应注意，在一个给定的地址中只能使用一次零压缩，否则不能确定每个 "::" 代表多少位零。

IPv6 地址如图 7-39 所示。

3位	13位	8位	24位	16位	64位
FP	TLA ID	Res	NLA ID	SLA ID	Interface ID

图 7-39　IPv6 地址

FP 是地址前缀，又称为 "格式前缀"，用于区别其他地址类型。

TLA ID 是顶级聚集体 ID 号。

Res 是保留号，以备将来 TLA 或 NLA 扩展用。

NLA ID 是次级聚集体 ID 号。

SLA ID 是节点 ID 号。

Interface ID 是主机接口 ID 号。

TLA、NLA 和 SLA 构成了自顶向下排列的 3 个网络层次，并且依次向上一级申请 ID 号。这时，分层结构的最底层是网络主机。

由于 IPv6 地址被分成子网前缀和接口标识符两个部分，因此人们期待一个 IP 节点地址可以按照类似 CIDR 地址的方式被表示为一个携带额外数值的地址，其中指出地址中有多少位是掩码，即 IPv6 节点地址中指出了前缀长度。该长度与 IPv6 地址间以斜杠区分。例如，2051:0:0:0:C9B4:FF12:48AA:1A2B/60 中用于选路的前缀长度为 60 位。

相关知识 |　CIDR（Classless Inter-Domain Routing，无类型域间选路）是一个在 Internet 上创建附加地址的方法。这些地址提供给服务提供商 ISP，再由 ISP 分配给客户。CIDR 将路由集中起来，使一个 IP 地址代表主要骨干提供商服务的几千个 IP 地址，从而减轻 Internet 路由器的负担。

2. IPv6 地址类型

在 IPv6 中，地址不是赋给某个节点，而是赋给节点上的具体接口。根据接口和传送方式的不同，IPv6 地址有以下 3 种类型。

（1）单播地址

单播（Unicast）地址标识单个接口，数据报将被传送至该地址标识的接口上。对于有多个接口的节点，它的任何一条单播地址都可以用作该节点的标识符。IPv6 中的单播地址是用连续的位掩码聚集的地址，类似于 CIDR 的 IPv4 地址。

IPv6 的单播地址分配有多种形式，其中最主要的一种为可聚集全球单播地址（Aggregatable Global Unicast Address），是为点对点通信设计的一种具有分级结构的地址。单播地址中有下列几种特殊的地址。

① 未指定地址，即全"0"地址，0:0:0:0:0:0:0:0。它不能分配给任何节点。它的一个应用示例是初始化主机时，在主机未取得自己的地址以前，可在它发送的任何 IPv6 包的源地址字段放上未指定地址。

② 回送地址。0:0:0:0:0:0:0:1 或::1 为回送地址，它不能作为一种资源地址分配给任何一个物理接口，只能用于对自身发送数据包，主要用于测试软件和配置，类同于 IPv4 地址中的 127.0.0.1。

③ 嵌入 IPv4 的 IPv6 地址。将 IPv4 地址的编码过渡到 IPv6，可行的办法是在 IPv6 中嵌入 IPv4，前 80 位设为 0，紧跟的 16 位表明嵌入方式，最后的 32 位为 IPv4 地址。

（2）泛播地址

泛播（Anycast）地址标识一组接口（一般属于不同节点）。数据报将被传送至该地址标识的接口之一（根据路由协议度量距离选择"最近"的一个）。IPv6 泛播地址存在以下限制。

① 泛播地址不能用作源地址，而只能作为目的地址。

② 泛播地址不能指定给 IPv6 主机，只能指定给 IPv6 路由器。

（3）组播地址

组播（Multicast）地址标识一组接口（一般属于不同节点）。数据报将被传送至有该地址标识的所有接口上。以"11111111"开始的地址即标识为组播地址。IPv6 多点传送地址用于表示一组节点，一个节点可能会属于几个多点传送地址。这个功能被多媒体应用程序广泛应用。这些程序需要一个节点到多个节点的传输。RFC 2373 对多点传送地址进行了详细说明，并给出了一系列预先定义的多点传送地址。

IPv6 中没有广播地址。广播地址正在被组播地址所取代。此外，在 IPv6 中，除特殊地址外，任何全 0 和全 1 的字段都是合法值，其前缀可以包含 0 或以 0 为终结。

3. IPv6 地址配置

IPv6 支持无状态地址自动配置和有状态地址自动配置两种地址的自动配置方式。

在无状态地址自动配置方式下，需要配置地址的网络接口先使用邻居发现机制获得一个链路本地地址。网络接口得到这个链路本地地址之后，再接收路由器宣告的地址前缀，结合接口标识得到一个全球地址。而有状态地址自动配置方式，如动态主机配置协议（DHCP），需要一个 DHCP 服务器，通过客户机/服务器模式从 DHCP 服务器处得到地址配置的信息。

7.5.4　IPv6 的路由协议

IPv6 采用聚类机制，定义了非常灵活的层次寻址及路由结构，同一层次上的多个网络在上层路由中被表示为一个统一的网络。这样可以减少路由器必须维护的路由表项。IPv6 协议的另一个特点是提供数据流标签，即流量识别。路由器可以识别属于某个特定流量的数据包，并且这条信息第一次接收时就被记录下来。下一次接收到同样的数据包时，路由器采用识别的记录情况，不再需要查对路径选择表，进而减少了数据处理时间。

多点传送路由是指目的地址是一个多点传送地址的信息包路由。在 IPv6 中，多点传送路由与 IPv4 相似，但是功能有所加强，分别成为了 ICMPv6 和 OSPFv6 的一部分，而不是 IPv4 中的单独协议，从而成为了 IPv6 整体的一部分。

IPv6 是对 IPv4 的革新，尽管大多数 IPv6 的路由协议都需要重新设计或者开发，但 IPv6 路由协议相对 IPv4 只有很小的变化。目前，各种常用的单播路由协议（IGP、EGP）和组播协议都已经支持 IPv6。

1．IPv6 单播路由协议

IPv6 单播路由协议实现和 IPv4 中类似，有些是在原有协议上做了简单扩展（如 IS-ISv6、BGP4+），有些则完全是新的版本（如 RIPng、OSPFv3）。

（1）RIPng

下一代 RIP 协议（简称 RIPng）是对原来的 IPv4 网络中 RIP-2 协议的扩展。大多数 RIP 的概念都可以用于 RIPng。为了在 IPv6 网络中应用，RIPng 对原有的 RIP 协议进行了以下修改。

① UDP 端口号：使用 UDP 的 521 端口发送和接收路由信息。

② 组播地址：使用 FF02::9 作为链路本地范围内的 RIPng 路由器组播地址。

③ 路由前缀：使用 128bit 的 IPv6 地址作为路由前缀。

④ 下一跳地址：使用 128bit 的 IPv6 地址。

（2）OSPFv3

OSPFv3 是 OSPF 版本 3 的简称，主要提供对 IPv6 的支持，遵循的标准为 RFC 2740（OSPFforIPv6）。与 OSPFv2 相比，OSPFv3 除了提供对 IPv6 的支持外，还充分考虑了协议的网络无关性以及可扩展性，进一步理顺了拓扑与路由的关系，使得 OSPF 的协议逻辑更加简单清晰，大大提高了 OSPF 的可扩展性。

（3）IS-ISv6

IS-IS 是由国际标准化组织 ISO 为其无连接网络协议发布的动态路由协议。同 BGP 一样，IS-IS 可以同时承载 IPv4 和 IPv6 的路由信息。

为了使 IS-IS 支持 IPv4，IETF 在 RFC 1195 中对 IS-IS 协议进行了扩展，将其命名为集成化 IS-IS（IntegratedIS-IS）或双 IS-IS（DualIS-IS）。该 IS-IS 协议可同时应用在 TCP/IP 和 OSI 环境中。在此基础上，为了有效地支持 IPv6，IETF 在 draft-ietf-isis-ipv6-05.txt 中对 IS-IS 进一步进行了扩展，主要是新添加了支持 IPv6 路由信息的两个 TLV（Type Length Value）和一个新的 NLPID（Network Layer Protocol Identifier）。

（4）BGP4+

传统的 BGP-4 只能管理 IPv4 的路由信息，使用其他网络层协议（如 IPv6 等）的应用在跨自治系统传播时就受到一定限制。

为了提供对多种网络层协议的支持，IETF 对 BGP-4 进行了扩展，形成 BGP4+。目前的 BGP4+标准是 RFC 2858（MultiprotocolExtensionsforBGP-4，BGP-4 多协议扩展）。

为了实现对 IPv6 协议的支持，BGP4+需要将 IPv6 网络层协议的信息反映到 NLRI（Network Layer Reachable Information）及 Next_Hop 属性中。

2．IPv6 组播路由协议

IPv6 提供了丰富的组播协议支持，包括 MLDv1、MLDv1Snooping、PIM-SM、PIM-DM、PIM-SSM。

（1）MLDv1

Multicast Listener Discovery（简称 MLD）为 IPv6 组播监听发现协议。MLD 是一个非对称的协议。IPv6 组播成员（主机或路由器）和 IPv6 组播路由器的协议行为是不同的。MLD 的目的是使 IPv6 路由器采用 MLD 来发现与其直连的 IPv6 组播监听者，并进行组成员关系的收集和维护，将收集的信息提供给 IPv6 路由器，使组播包传送到存在 IPv6 监听者的所有链路上。MLD 有 MLDv1 及 MLDv2 两个版本。

MLDv1 与 IPv4 的 IGMPv2 基本相同。它们之间的区别有两点：一是 MLDv1 的协议报文地址使用 IPv6 地址；二是离开报文的名称不同，其中，MLDv1 的离开报文是 MulticastListenerDone，IGMP 的离开报文是 IGMPLeave。

（2）MLDv1Snooping

MLDv1Snooping 与 IPv4 的 IGMPv2Snooping 基本相同。两者唯一的区别在于前者的协议报文地址使用 IPv6 地址。

（3）PIM-SM

PIM-SM 称为基于稀疏模式的协议无关组播路由协议。它运用潜在的单播路由为组播树的建立提供反向路径信息，并不依赖于特定的单播路由协议。

IPv6 的 PIM-SM 与 IPv4 的 PIM-SM 基本相同，唯一的区别在于前者的协议报文地址及组播数据报文地址均使用 IPv6 地址。

（4）PIM-DM

PIM-DM 为密集模式的协议无关组播模式。

IPv6 的 PIM-DM 与 IPv4 的 PIM-DM 基本相同，唯一的区别在于前者的协议报文地址及组播数据报文地址均使用 IPv6 地址。

（5）PIM-SSM

PIM-SSM 采用 PIM-SM 中的一部分技术用来实现 SSM 模型。由于接收者已经通过其他渠道知道了组播源 S 的具体位置，因此 SSM 模型中不需要 RP 节点，无须构建 RPT 树，不需要源注册过程，同时也不需要 MSDP 来发现其他 PIM 域内的组播源。

7.5.5　IPv4 向 IPv6 过渡

IPv6 解决了 IPv4 地址空间不足的问题，提高了网络的处理效率，能够更好地处理流媒体业务，从而改善 QoS 特性，同时在可扩展性、安全性等方面都明显优于 IPv4 协议。但是，IPv6 与 IPv4 并不兼容，目前 Internet 对 IPv4 设备进行了巨大投资，在短时期内将这些设备更换为 IPv6 设备是不可能的。因此，从 IPv4 发展到 IPv6 是一个共存过渡、渐进演化的工作，而不是彻底改变的过程。

将 IPv4 向 IPv6 过渡的技术应重点解决如何利用现有的 IPv4 网络实现与 IPv6 网络的互操作及平滑过渡问题，目前比较成熟的过渡技术主要有双协议栈技术、隧道技术和地址/协议转换技术。

1．IPv4/IPv6 双协议栈技术

双协议栈技术是在指在终端设备和网络节点上既安装 IPv4，又安装 IPv6 的协议栈，从而实现使用 IPv4 或 IPv6 的节点间的信息互通。采用支持 IPv4/IPv6 双栈的路由器，作为核心层边缘设备支持向 IPv6 的平滑过渡。

双协议栈方式的工作机制可以简单描述为链路层解析出接收到的数据包的数据段，拆开并检查包头。如果 IPv4/IPv6 包头中的第一个字段（即 IP 包的版本号）是 4，则该包就由 IPv4 的协议栈来处理；如果版本号是 6，则该包由 IPv6 的协议栈处理。

双协议栈机制是使 IPv6 节点与 IPv4 节点兼容的最直接的方式，互通性好，易于理解。但是双协议栈的使用将增加内存开销和 CPU 占用率，降低设备的性能，也不能解决地址紧缺问题。同时，这种方式需要双路由基础设施，反而增加了网络的复杂度。

2．隧道技术

随着 IPv6 网络的发展，出现了许多局部的 IPv6 网络。为了实现这些孤立的 IPv6 网络之间的互通，可以采用隧道技术。隧道技术是在 IPv6 网络与 IPv4 网络间的隧道入口处，由路由器将 IPv6 的数据分组封装入 IPv4 分组中的技术。IPv4 分组的源地址和目的地址分别是隧道入口和出口的 IPv4 地址，在隧道的出口处拆封 IPv4 分组并剥离出 IPv6 数据包。

隧道技术的优点在于隧道的透明性。IPv6 主机之间的通信可以忽略隧道的存在。隧道只起到物理通道的作用。在 IPv6 发展初期，隧道技术穿越 IPv4 因特网实现了 IPv6 孤岛间的互通，从而逐步扩大了 IPv6 的实现范围，因而是 IPv4 向 IPv6 过渡初期最常采用的技术。

根据隧道节点的组成情况，隧道可分为路由器-路由器隧道、路由器-主机隧道、主机-主机隧道、主机-路由器隧道等。在实践中，根据隧道建立的方式不同，隧道技术可分为构造隧道、自动配置隧道、组播隧道以及 IPv6toIPv4 隧道等。

为简化隧道的配置，提供自动的配置手段，以提高配置隧道的扩展性，可采用隧道代理（TB）技术。隧道代理的主要功能是根据用户（双栈节点）的要求建立、更改和拆除隧道；在多个隧道服务器中选择一个作为 TEP（Tunnel End Point）IPv6 地址，以实现负载均衡；负责将用户的 IPv6 地址和名字信息存放到 DNS（域名服务器）里，实现节点 IPv6 的域名解析。从这个意义上说，TB 可以看作是一个虚拟的 IPv6 ISP。它为已经连接到 IPv4 网络上的用户即 TB 的客户提供了连接到 IPv6 网络的一种便捷方式。

3．地址/协议转换技术

地址/协议转换（Network Address Translation-Protocol Translation，NAT-PT）分为静态 NAT-PT 和动态 NAT-PT 两种。NAT-PT 的使用基于这样一个基本条件：当且仅当无其他本地

IPv6 或 IPv6 to IPv4 隧道可用时考虑使用该技术。它是 SIIT（Stateless IP/ICMP Translation）协议转换技术和 IPv4 网络中动态地址翻译（NAT）技术的结合与改进。该技术适用于 IPv4 向 IPv6 过渡的初始阶段，使得基于双协议栈的主机能够运行 IPv4 与 IPv6 应用程序互相通信。该机制要求主机必须是双栈的，同时要在协议栈中插入 3 个特殊的扩展模块：域名解析服务器、IPv4/IPv6 地址映射器和 IPv4/IPv6 翻译器。

NAT-PT 处于 IPv6 和 IPv4 网络的交界处，可以实现 IPv6 主机与 IPv4 主机之间的互通。协议转换的目的是实现 IPv4 和 IPv6 协议头之间的转换；地址转换则是为了让 IPv6 和 IPv4 网络中的主机能够识别对方。

当一台 IPv4 主机要与 IPv4 对端通信时，NAT-PT 从 IPv4 地址池中分配一个 IPv4 池地址标识 IPv6 对端。在 IPv4 与 IPv6 主机通信的全过程中，由 NAT-PT 负责处理 IPv4 池地址与 IPv6 主机之间的映射关系。在 NAT-PT 中，使用应用层网关（Application Level Gateway，ALG）对分组载荷中的 IP 地址进行格式转换。NAT-PT 技术广泛被应用于当前的 Internet：将 NAT 升级成 NAT-PT 进而实现 IPv4 和 IPv6 网络的互联和从 IPv4 向 IPv6 的平滑过渡。

若采用 NAT-PT 技术，则需要转换 IP 数据包的头标，带来的问题是破坏了端到端的服务，有可能限制业务提供平台的容量和扩展性，从而可能成为网络性能的瓶颈。

从前面 3 种过渡机制可以看出，每种机制都不是普遍适用的，都只适用于某一种或几种特定的网络情况，而且常常需要和其他技术组合使用。在实际应用时，要综合考虑各种实际情况，制定合适的过渡策略。

7.6 物联网

1. 物联网的概念

物联网（The Internet of Things）的概念是在 1999 年提出的，是指在"互联网概念"的基础上，将其用户端延伸和扩展到任何物品与物品之间，进行信息交换和通信的一种网络概念。物联网是通过射频识别、红外感应器、全球定位系统、激光扫描器等信息传感设备，按约定的协议，把任何物品与互联网相连接，进行信息交换和通信，以实现智能化识别、定位、跟踪、监控和管理的一种网络概念。

射频识别（Radio Frequency Identification，RFID）又称电子标签。射频识别技术是 20 世纪 90 年代兴起的一种自动识别技术，是一项利用射频信号通过空间耦合（交变磁场或电磁场）实现无接触信息传递并通过所传递的信息达到识别目的的技术。

物联网与互联网（Internet）是两个不同的概念，但 Internet 是物联网的基础，没有 Internet 的成熟发展就不会有物联网实现的可能。物联网是 Internet 发展的延伸，物联网的发展又将极大地促进 Internet 的发展。

ITU 在 2005 年的一份报告曾描绘"物联网"时代的前景：当司机出现操作失误时，汽车会自动报警；公文包会提醒主人忘带了什么东西；衣服会"告诉"洗衣机对颜色和水温的要求等。

物联网的技术意义在于突破了人们的传统思维。过去是将物理设施和 IT 设施分两路建设的，"一路"是机场、公路、建筑物等现实的世间万物，"另一路"是数据、计算机、宽带等虚拟的"互联网"。而在"物联"时代，"现实的世间万物"将与"虚拟的互联网"整合为统一的

"整合网络"。

2. 物联网的技术架构和应用

物联网是一项正在研究和开发的系统，目前并不存在 ITU 定义的物联网系统。一种物联网的技术架构如图 7-40 所示：上层是互联网络，主要功能是物联网的信息存储和计算决策；中层是接入网，主要包括无线网络（蜂窝、Wi-Fi 等）；下层是物物网络，主要包括智能嵌入式设备，感知、标识和通信，协同、互动等。

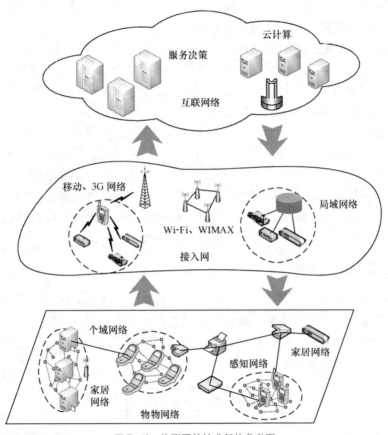

图 7-40 物联网的技术架构参考图

物联网需要建立信息高速公路。移动互联网的高速发展以及固话宽带的普及是物联网海量信息传输交互的基础。依靠网络技术，物联网将生产要素和供应链进行深度重组，成为信息化带动工业化的现实载体。物联网的发展，带动的不仅仅是技术进步，它通过应用创新进一步带动经济社会形态、创新形态的变革，塑造了知识社会的流体特性，推动面向知识社会的下一代创新形态的形成。移动及无线技术、物联网的发展，使得创新更加关注用户体验，用户体验成为下一代创新的核心。

物联网应用广泛，遍及智能交通、环境保护、政府工作、公共安全、平安家居、智能消防、个人健康、食品溯源和情报搜集等多个领域。例如，有人是这样描述下一代的网络冰箱的：它能监测冰箱里面的食物，当某些食物不足的时候会提醒你；它或许还可以监视各种美食网站，帮你收集菜谱，并向购物清单里自动添加配料；根据你对每一顿饭的评价，这种冰箱知道你喜欢吃什么东西；当你未发现冰箱的问题时，家电公司已经派人上门维修了。

7.7 移动互联网

1. 移动互联网的概念

移动互联网是以移动网络作为网络接入方式的互联网及服务，一般是指移动通信终端与互联网相结合所构成的网络。在移动互联网中，用户使用手机、上网本或其他无线终端设备，通过 3G、4G、5G 网络或 WLAN 等速率较高的移动网络，在移动状态下（如地铁、公交车等）随时随地访问 Internet，以获取信息，使用商务、娱乐等各种网络服务。移动互联网不是对传统桌面互联的完全替代，而是一个革命性的扩展。原有的 PC 在固定地点通过光纤等宽带有线线路上网的方式仍然得以保存，而在原来无法上网的室外、移动状态等情形下，相关设备通过移动和无线方式实现了互联网的连接。

相对传统互联网而言，移动互联网强调可以随时随地，并且可以在高速移动的状态中接入互联网并使用应用服务，主要区别在于终端、接入网络以及终端和移动通信网络的特性所带来的独特应用。此外，还有类似的无线互联网。一般来说，移动互联网与无线互联网并不完全等同，移动互联网强调使用蜂窝移动通信网接入互联网，因此常常特指手机终端采用移动通信网（3G、4G、5G）接入互联网并使用互联网业务；而无线互联网强调接入互联网的方式是无线接入，除了蜂窝网外还包括其他无线接入技术。

2. 移动互联网关键技术

移动互联网是一个全新的网络和业务形态。它有三大要素，即网络、终端和应用。网络和终端是应用的基础，并为应用提供服务，而应用直接服务于用户。新应用的不断推出激起了人们对网络和终端不断升级的需求。移动互联网三要素得到一个庞大的技术体系支撑，其关键技术涵盖信息技术领域的方方面面，如图 7-41 所示。

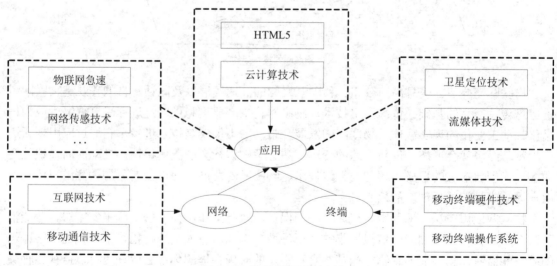

图 7-41 移动互联网的技术体系

移动互联网由传统互联网和作为网络接入手段的移动通信网（含其他无线通信网）融合而成，其关键技术包括互联网技术和移动通信技术。移动互联网终端实际上是一台计算机化的通信终端，其关键技术包括移动终端硬件技术和移动终端操作系统。硬件技术包括核心的智能终端芯片、终端基带处理器芯片，以及外围的触摸显示屏、高像素摄像头、大容量存储器、GPS 接收模块、多种传感器等。

移动互联网应用广泛，支撑移动互联网应用关键技术的，首先是由 WAP 和 HTML 演进而来的 HTML5，它是移动互联网终端和应用平台系统进行信息沟通的共同语言标准；其次是云计算技术，云计算技术为移动互联网应用提供强大的中心平台功能。此外，因为移动互联网应用的多样性，所以它还与物联网技术、网络传感技术、卫星定位技术和流媒体技术等有关联。因此，移动互联网涵盖了互联网技术、移动通信技术、移动终端硬件技术、移动终端操作系统、HTML5、云计算平台等多项关键技术。

虽然移动互联网与桌面互联网共享着互联网的核心理念和价值观，但移动互联网有实时性、隐私性、便携性、可定位等特点。日益丰富且智能的移动装置推动移动互联网的发展。从客户需求来看，移动互联网以运动场景为主，强调利用碎片时间，业务应用相对短小精悍。

小　　结

Internet 又称为"因特网"或"互联网"。它是全球性的、最具有影响力的计算机互联网络，也是世界范围的信息资源宝库。

Internet 的关键技术主要包括 TCP/IP 技术和标识技术。TCP/IP 是 Internet 的核心，利用 TCP/IP 协议可以方便地实现多个网络的无缝联结。通常所谓某台主机在 Internet 上，就是指该主机具有一个 Internet 地址（即 IP 地址），并运行 TCP/IP 协议，可以向 Internet 上的所有其他主机发送 IP 分组。标识技术包括 IP 地址、域名系统、统一资源定位器、用户 E-mail 地址。

TCP/IP 协议定义了 4 层的体系结构，但 TCP/IP 并没有对网络接口层进行定义，所以实际上只包括网际互联层、传输层和应用层。

网际互联层是实现网络互联的关键层，而 IP 地址实现了互联网络物理地址格式的统一，使得可以在统一的网络上进行寻址。IP 数据报则实现了 IP 层数据格式的统一。除此之外，IP 层的功能还包括差错控制功能、流量控制功能以及 IP 分组的路由选择的功能。

传输层包括两个可选的协议，既 TCP 和 UDP。TCP 是一个面向连接的、进行可靠数据传输的协议。UDP 是一个无连接的、不可靠的数据传输协议，但 UDP 是一个效率高的传输协议。高层根据传输信息的性质可以决定采用哪种传输层协议，如 FTP 使用 TCP 协议、DNS 使用 UDP 协议。高层协议的应用进程通过传输层的端口与网络进行交互，其中的熟知端口用于常用的应用层协议。

根据不同的应用，TCP/IP 定义了不同的应用层协议，如远程登录 Telnet 协议、文件传输 FTP 协议、超文本传输协议 HTTP、域名解析服务 DNS 和动态主机配置 DHCP 服务等。通过众所周知的端口，实现与传输层的交互，完成相应的功能。

IPv6 是下一代 Internet 采用的 IP 协议。相对于 IPv4 而言，它具有许多良好的性能，其把地址空间扩展到 128 位。但是把 IPv4 升级为 IPv6 可能还需要经过一个过渡过程，需要制定一些相应的策略。

物联网已经进入实践和发展阶段，并取得了良好的经济和社会效益。

移动互联网不仅让人们的生活和工作更加便捷，而且对社会、经济发展产生了极其深远的影响。

习　　题

一、填空题

1．Internet 是一个_____的网络。它以_____网络协议将各种不同类型、不同规模、位于不同地理位置的物理网络连成一个整体。

2．Internet 主要由_____、_____、_____与信息资源等部分组成。

3．_____是经中国国家主管部门批准组建的管理和服务机构，行使国家互联网络信息中心的职责。

4．IPv4 的 IP 地址是_____位，IPv6 的 IP 地址是_____位。

5．IP 协议具有两个基本功能，即_____和_____。它有两个很重要的特性，即_____性和_____性。

6．IPv4 的地址是由一个_____地址和一个_____地址组合而成的 32 位的地址，而且每个主机上的 IP 地址必须是唯一的。全球 IP 地址的分配由_____负责。

7．某 B 类网段子网掩码为 255.255.255.0，则该子网段最大可容纳_____台主机。

8．ping 命令就是利用_____协议的回声请求报文和回声应答报文来测试目标系统是否可达的。

9．IP 地址要通过_____协议翻译为物理地址。

10．所谓"地址解析"，就是主机在发送帧前将_____地址转换成_____地址的过程。

11．在 TCP 协议中，端口用一个长度为 2 字节的整数来表示，称为端口号。端口号和_____连接在一起构成一个套接字。

12．为保证可靠的 TCP 连接，采用了_____的方法。

13．TCP 数据传输分 3 个阶段，即_____、_____和_____。

14．简单地说，DNS 的功能就是通过名称数据库将_____转换为_____。

15．中国的地理顶级域名为_____。

16．edu 是_____的顶级域名。

17．商业组织的顶级域名为_____。

18．现在 Internet 上最热门的服务之一就是_____服务。它已经成为很多人在网上查找、浏览信息的主要手段。

19．WWW 系统采用的通信协议是_____。

20．E-mail 服务器主要采用_____协议来发送电子邮件。

21．WWW 系统由_____、浏览器和通信协议 3 部分组成。

22．FTP 服务主要用于两个主机之间的_____。

23．IPv6 采用了_____地址表示法。此外，还有一种优化的表示方法叫_____。

24．移动互联网的三大要素是_____、_____和_____。

二、选择题

1．网络中的计算机可以借助通信线路相互传递信息，共享软件、硬件与_____。

　　A．打印机　　　　B．数据　　　　　C．磁盘　　　　　D．复印机

2．Internet 是全球最具有影响力的计算机互连网络，也是全世界范围重要的_____。

　　A．信息资源库　　B．多媒体网　　　C．因特网　　　　D．销售网

3．Internet 主要由 4 个部分组成，包括路由器、主机、信息资源与_____。

　　A．数据库　　　　B．销售商　　　　C．管理员　　　　D．通信线路

4．主机号全 0 的 IP 地址是_____。

　　A．网络地址　　　B．广播地址　　　C．回送地址　　　D．0 地址

5．将一个 B 类网络划分为 16 个子网络，其子网掩码为_____。

　　A．255.255.255.0.0　　　　　　　B．255.255.0.0

　　C．255.255.240.0　　　　　　　　D．255.255.255.240

6．IPv6 的地址有_____位。

　　A．32　　　　　B．64　　　　　　C．128　　　　　　D．256

7．假设子网掩码为 255.255.252.0，主机 IP 地址为 190.168.151.100，则对应的网络号码为_____。

　　A．190.168.148.0　　B．190.168.151.0　　C．190.168.158.0　　D．190.168.151.100

8．IP 地址 190.233.27.13/16 的网络地址是_____。

　　A．190.0.0.0　　　B．190.233.0.0　　　C．190.233.27.0　　　D．190.233.27.1

9．一个 C 类网，需要将网络分为 9 个子网，每个子网最多 15 台主机，下列哪个是合适的子网掩码？_____

　　A．255.255.224.0　　　　　　　　B．255.255.255.224

　　C．255.255.255.240　　　　　　　D．没有合适的子网掩码

10．二进制 IP 地址表示法中，第一个八位组以 1110 开头的 IP 地址是_____。

　　A．D 类地址　　　B．C 类地址　　　C．B 类地址　　　D．A 类地址

11．网段 175.25.8.0/19 的子网掩码是_____。

　　A．255.255.0.0　　B．255.255.224.0　　C．255.255.240.0　　D．依赖于地址类型

12．某单位申请一个 C 类 IP 地址，需要分配给 8 个子公司，最大的一个子公司有 14 台计算机，每个子公司在一个网段中，则子网掩码应设为_____。

　　A．255.255.255.0　　B．255.255.255.128　　C．255.255.255.240　　D．255.255.255.224

13．网络层的_____协议提供了错误报告和其他回送给源点的关于 IP 数据包处理情况的消息。

　　A．TCP　　　　　B．UDP　　　　　C．ICMP　　　　　D．IGMP

14．下列关于 TCP 和 UDP 的描述正确的是_____。

　　A．TCP 和 UDP 均是面向连接的

　　B．TCP 和 UDP 均是无连接的

　　C．TCP 是面向连接的，UDP 是无连接的

D. UDP 是面向连接的，TCP 是无连接的

15. 在无盘工作站向服务器申请 IP 地址时，可使用的协议是_____。

    A. ARP   B. RARP   C. ICMP   D. IGMP

16. WWW 是 Internet 中的一种_____。

    A. 域名服务系统   B. 文件传输系统

    C. 信息检索系统   D. 多媒体信息服务系统

17. WWW 浏览器是用来浏览 Internet 上主页的_____。

    A. 数据   B. 信息   C. 硬件   D. 软件

18. www.ptpress.com.cn 不是 IP 地址，而是_____。

    A. 硬件编号   B. 域名   C. 密码   D. 软件编号

19. abc@hit.edu.cn 是一种典型的用户_____。

    A. 数据   B. 信息   C. 电子邮件地址   D. www 地址

20. _____的顶级域是 edu。

    A. 公司   B. 政府   C. 教育   D. 军事

21. 将文件从 FTP 服务器传输到客户机的过程称为_____。

    A. 下载   B. 浏览   C. 上载   D. 邮寄

22. FTP 服务器侦听用户连接请求的端口号是_____。

    A. 21   B. 23   C. 70   D. 80

23. 将用户计算机与远程主机连接起来，并作为远程主机的终端来使用，支持该服务的协议是_____。

    A. E-mail   B. Telnet   C. WWW   D. BBS

三、判断题

1. 203.18.257.3 是个有效的 IP 地址。
2. IP 数据首部校验和字段只校验 IP 首部的差错。
3. 子网掩码是 32 位二进制数。
4. IP 地址由 IEEE 组织进行分配。
5. ICMP 包封装在 IP 包内。它的使用是建立在 IP 协议的基础上，可以单独来运行。
6. MAC 地址是主机物理地址。
7. 同 IPv4 类似，IPv6 中也有广播地址。
8. IPv6 规定一个给定的地址中只能使用一次零压缩，否则不能确定每个 "::" 代表多少位零。
9. 在 TCP 协议中，一对套接字唯一确定了 TCP 连接的两个端点。也就是说，TCP 连接的端点是套接字而不是 IP 地址。
10. IP 地址是网上的通信地址，是运行 TCP/IP 协议的唯一标识。IP 地址也可以转换成域名，可以等价地使用域名或 IP 地址，但域名并不是唯一的。
11. IP 层的服务是一种不可靠的服务。
12. TCP 层屏蔽了不同物理子网的差别。
13. TCP 协议提供面向连接的服务。

14．UDP 协议不需要建立连接，所以也不需要端口号。

15．一个 A 类网络的子网掩码为 255.255.0.255。它是一个有效的子网掩码。

16．POP 是邮件服务器与接收用户间的邮件协议。

17．电子邮件程序从邮件服务器中读取邮件时，需要使用简单邮件传输协议（SMTP）。

18．POP 是邮件服务器与接收用户间的邮件协议。

19．FTP 在客户与服务器之间需要建立双重连接。

20．在用户访问匿名 FTP 服务器时，一般不需要输入用户名与用户密码。

21．Telnet 服务器程序起到了客户机程序与远程主机操作系统间的接口作用。

四、简答题

1．简述 Internet 的含义。

2．简述 Internet 的组成。

3．Internet 的管理组织主要有哪几个？

4．什么是 TCP/IP 协议？

5．简述 IP 协议的特性和主要的功能。

6．什么是子网掩码？它有什么作用？

7．子网掩码为 255.255.255.0 有几种含义？

8．若某网络的掩码为 255.255.255.248，则该网络能够连接多少个主机？

9．试说明 IP 地址与硬件地址的区别。为什么要使用这两种不同的地址？

10．UDP 协议和 TCP 协议有什么相同点和不同点？

11．DHCP 客户机为什么以广播方式请求 DHCP 的服务？

12．以某公司为例，假定其总公司有 100 台主机，下属的 2 个分公司各有 60 台机器，还有 10 个小型分公司各约 30 台机器，申请到 IP 地址 168.95.0.0。试给出该公司的 IP 地址分配方案。

13．什么是网际控制报文协议？

14．什么是地址解析协议和反向地址解析协议？

15．使用 TCP 进行实时话音数据的传输有没有什么问题？使用 UDP 在传送数据文件时会有什么问题？

16．什么是 DNS 域名系统？

17．简述 TCP 协议如何保证可靠的数据传输服务。

18．Internet 的服务和应用主要有哪些？

19．简述 P2P 与 C/S 模式的区别与联系。

20．相对于 IPv4 而言，IPv6 的主要变化有哪些？

21．IPv6 地址的类型有哪些？

22．如何实现 IPv4 向 IPv6 过渡？

23．什么是物联网？谈谈你对物联网的发展前景的认识。

第 8 章 网络互联与接入技术

【本章内容简介】计算机网络往往是由众多不同类型的网络互联而成。本章主要介绍网络互联技术，接入网的概念和接口技术，Internet 接入技术。

【本章重点】读者应重点掌握网络互联的形式和要求，以及 Internet 专线接入、Epon 技术和无线接入的原理及应用。

8.1 网络互联技术

8.1.1 网络互联的概念

1. 网络互联的定义

网络互联，是指利用一定的技术和方法，由一种或多种通信设备将两个或两个以上的网络，按照一定的体系结构模式联结起来，构成的一个更大规模的网络系统。网络互联可使用户在更大的范围内实现信息传输和资源共享。

互联的网络可以是同种类型的网络、不同类型的网络；互连的设备可以是运行不同网络协议的设备与系统。

网络互联的基本功能是指网络互联所必需的功能，包括不同网络之间传送数据时的寻址与路由功能选择等功能；扩展功能是指当互联的网络提供不同的服务类型时所需的功能，包括协议转换、分组长度变换、分组重新排序及差错检测等功能。

2. 网络的互联、互通和互操作

网络互联、互通与互操作 3 个概念是不同的。它们表示不同层次的含义，但三者之间又有密切关系。

互联（Interconnection）是指在两个物理网络之间至少有一条在物理上连接的线路，但不能保证两个网络一定能进行数据交换。这取决于两个网络的通信协议是否相互兼容。

互通（Intercommunication）是指两个网络之间可以交换数据。

互操作（Interoperability）是指网络中不同计算机系统之间具有透明访问对方资源的能力。

网络互联是基础，互通是网络互联的手段，互操作是网络互联的目的。

3．网络互联设备

将网络联结起来的设备称为网络互联设备，包括中继器、集线器、网桥、路由器和网关。网络互联设备在本书第 4 章已经做了比较详细的讲解，在此不再介绍。

4．网络互联层次

为了屏蔽底层网络的差异，可以在不同的层次上完成同构或者异构网的互联。通常可以采用两种方式实现网络互联：一种是利用应用程序，即应用级互联，在应用层实现；另外一种是利用操作系统，根据 OSI/RM 的层次设计理论来进行网络互联，即网络级互联，网络级互联在通信子网的网络层和数据链路层实现。

在分层的模型中，对等是一个很重要的概念，因为只有对等层才能进行相互通信，一方在某个层次上的协议必须与另一方在同一层次的协议相同。从不同的网络体系结构上选定一个相应的协议层次，使得从该层开始，被互联的网络设备中的高层协议都是相同的，其底层的硬件差异可以通过该层次来屏蔽，从而使多个网络得以互通。

要使通过互联设备联结起来的两个网络之间能够通信，两个网络上计算机使用的通信协议必须在某协议层上是一致的。根据实际需要，在进行通信的两个网络之间选择一个相同的协议为基础，如果两个网络的第 N 层以上的协议都相同，那么网络互联设备可以在该层上工作，即称该设备为第 N 层互联设备。例如，根据网络层次的结构模型，网络互联的层次可以分为数据链路层互联，采用的互联设备是网桥；网络层互联采用的互联设备是路由器；高层互联，传输层及以上各层协议不同的网络之间的互联属于高层互联，高层互联的设备是网关。

8.1.2　网络互联的目的和要求

1．网络互联的目的

网络互联是为了将两个或者两个以上具有独立自治能力、同构或异构的计算机网络联结起来，扩大联网距离和资源共享范围，提高网络的使用效率和网络管理能力。网络互联的主要目的如下。

（1）扩大联网距离和资源共享范围。可突破网络覆盖范围的物理限制（如端点最远距离、最多站点数等），扩大网络用户之间资源共享和信息传输的范围，使更多的资源可以被更多的用户共享。

（2）降低成本和分散负荷。当某一地区的多台主机要接入另一个地区的某个网络时，采用主机先行连网（局域网或广域网），再通过网络互联技术接入，可以大大降低成本。例如，某个部门有 30 台主机需要接入 Internet，如果向电信部门申请 30 个端口，虽然可以达到目的，但成本比 30 台主机先连成局域网，再通过一条或几条线路接入 Internet 要高得多。

此外，采用网络互联可分散负荷，分散处理使局域网的负载轻、工作站少，并使内部通信速度得以提高。

（3）提高安全性和可靠性。将各个性质不同的部门的网络自然地分隔开来，将具有相同权限的用户主机组成一个网络，在网络互联设备上严格控制其他用户对该网络的访问，可以增强安全保密性。

部分设备的故障可能导致整个网络的瘫痪，而通过网络互联技术可以有效地限制设备故障对网络的影响范围，如当任何一个局域网发生故障时不会影响到全网，从而提高了可靠性。

（4）可使不同网络中的节点互通互操作。现实中，不同体系结构的网络并存是一个普遍现象。不同网络之间的差异主要表现在拓扑结构、编址方案、最大分组尺寸、网络访问机制、超时机制、差错恢复、状态报告、路由选择、用户访问控制、连接、无连接服务等。另外，还要将不同厂家的网络产品融入一个大的复杂系统中。因此，必须为网络用户建立一个统一的平台，使得不同网络用户之间可以进行互通和互操作。

2．网络互联的基本要求

为了保证网络互联顺利进行，实施网络互联时，需满足以下要求。

（1）在要求互联的网络之间至少要有一条物理通路。网络互联首先要使用传输介质和网络互联设备，实现网络之间的物理连接。物理连接的目的是在网络之间建立一条物理通路，以及对这条物理链路控制规程。

（2）在不同网络进程之间提供合适的路由。不同网络间的通信可能要经过多个中间的互联设备。当在网络之间传输信息时，网间互联设备必须知道向哪里转发这些信息，即具有路径选择的功能，以便交换数据。

（3）保持原有网络的结构和协议。不要对参与互联的某个网络的硬件、软件或网络结构和协议做大的修改，甚至不应做丝毫的修改。

（4）保持原有的网络性能指标。不能为提高整个网络的传输性能而影响各子网的传输性能。

所有网络互联的基本需求可归纳为：在网络之间提供一种物理链路控制的连接；在不同网络的处理机之间提供数据传输路由；提供一种统计服务，以便跟踪显示网络及其网络设备的运行情况。

8.1.3　网络互联的形式

在实际应用中，网络互联有4种类型，即局域网和局域网互联、局域网和广域网互联、广域网和广域网互联、局域网通过广域网互联。网络互联的类型如图8-1所示。

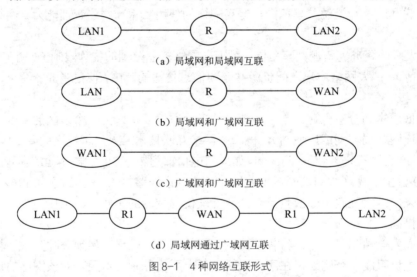

（a）局域网和局域网互联

（b）局域网和广域网互联

（c）广域网和广域网互联

（d）局域网通过广域网互联

图8-1　4种网络互联形式

1．局域网和局域网互联

局域网所覆盖的范围有限，支持连网的计算机数量有限，传输的信息量有限。此外，当不同体系结构的局域网需要互联时，需要解决异构网互联的问题。计算机局域网的迅速发展使得网络化的计算机集成环境得以实现。一方面，越来越多的局域网之间或局域网与主机之间要求相互通信、信息资源共享，以及要求扩大联网距离，并要求与广域网互联；另一方面，在组建局域网时，往往把一个大系统分成几个局域网，然后再通过互联方式将其连成一个整体。

（1）相同类型的局域网互联。例如，有两个以太网需要互联，可能会有两种情况：一种是要联结的两个以太网在同一建筑物内，位置很靠近，这时可采用一个互联设备将这两个网络直接联结；另一种是要联结的两个局域网相距很远，则需要公共通信链路，如采用租用线路或拨号方式，将两个互联设备分别接到公共通信链路的两端。上述两种情况的局域网互联方案如图 8-2 所示。

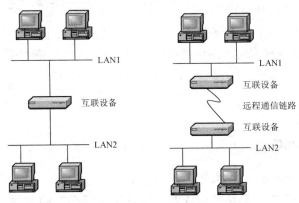

图 8-2　两种局域网互联方案

（2）不同类型的局域网互联。例如，要将不同地点的以太网和令牌环网互联，使它们能互相存取数据和访问有关应用。这种互联比起相同类型的局域网互联要复杂些，同样也有本地连接和远程连接两种方式。

（3）通过主干网将局域网互联。例如，通过光纤分布式数据接口（Fiber Distributed Data Interface，FDDI）实现局域网互联，如图 8-3 所示。这种连接方法具有连接距离远、连接设备数量多、通信量大等优点。

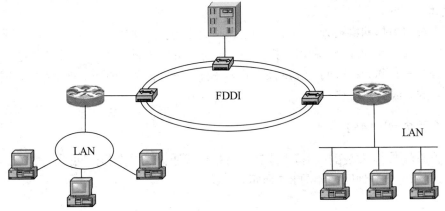

图 8-3　通过 FDDI 实现局域网互联

（4）通过广域网将局域网互联。广域网可和众多的局域网互联，也可以连接主机。这种互联方式需要专门的互联设备。例如，通过网关或路由器将局域网和广域网互联，如图 8-4 所示。在图 8-4 中，广域网采用的是 X.25 通信协议，而网关的作用是实现局域网协议和 X.25 协议的转换。

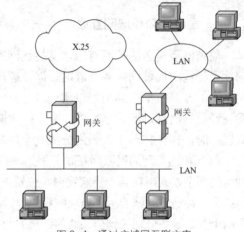

图 8-4　通过广域网互联方案

2．广域网和广域网互联

广域网之间的互联通常由政府电信部门或大的电信公司规划实施，一般的应用中不会涉及。广域网的互联分为无连接和面向连接两种形式。

在无连接互联方式下，通过 IP 路由器实现网络互联。将若干分组交换网通过一些路由器或网关互联起来组成互联网络时，路由器或网关相当于分组交换网中的交换节点。

8.2　接入网

8.2.1　接入网的概念

公用电信网络至今已有 100 多年的历史。它是一个几乎可以在全球范围内向住宅和商业用户提供接入的网络。随着通信技术飞速发展和用户新的需求，电信业务也从传统的电话、电报业务向视频、数据、图像、语言、多媒体等非话音业务方向拓展，使电信网络的规模和结构扩大化、复杂化。为此，ITU-T 现已正式采用用户接入网（简称为接入网）的概念，并在 G.902 中对接入网的结构、功能、接入类型、管理等方面进行了规范，以促进对这一问题的研究和解决。例如，对于 Internet 来说，任何一个家庭用的计算机、机关企业的计算机只有连到本地区的主干网，才能通过地区主干网、国家级主干网与 Internet 相连。可以形象地将家庭、机关和企业用户计算机接入本地区主干网的问题叫作信息高速公路中的"最后一千米"问题。解决最终用户接入本地区主干网的技术就是接入网技术。

传统上公用电信网络被划分为 3 个部分：长途网（长途端局以上部分）、中继网（长途端局与市局或市局之间的部分）和用户接入网（端局与用户之间的部分）。而现在通常将长途网和中继网合在一起称为核心网（Core Network，CN）或骨干网，其他部分称为接入网（Access Network，AN）或用户环路。

1．"全程全网"结构

按照服务范围、网络拓扑和接入逻辑，可把现代通信网的全程全网划分为核心网（骨干网）、接入网和用户驻地网，如图 8-5 所示。

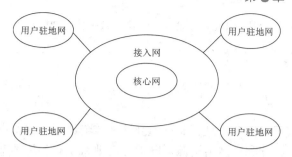

图 8-5　现代通信网的全程全网结构

核心网由宽带、高速骨干传输网和大型交换节点构成，包括传输网和交换网两大部分。用户驻地网（Customer Premises Network，CPN）一般是指用户终端至用户-网络接口（User-Network Interface，UNI）所含的设备，由完成通信和控制功能的用户布线系统组成，以使用户终端可以灵活、方便地进入接入网。按照 ITU G.902 定义，接入网由业务节点接口（Service Node Interface，SNI）和用户-网络接口（UNI）之间一系列传送实体（如网络和传输设备等）组成，是为通信业务提供所需传送能力的系统。接入网可经由管理接口（Q3）配置和管理。它就是本地局与用户设备间的信息传送实施系统，可以部分或全部替代传统的用户本地线路，含复用、交叉连接和传输功能。

2. 接入网的接口定界

ITU G.902 对接入网所覆盖的范围由 3 种接口来定界，如图 8-6 所示。用户侧由用户-网络接口（UNI）与用户（或用户驻地网）相连，网络则经由业务节点接口（SNI）与业务节点（Service Node，SN）相连，而管理侧则是通过 Q3 接口与电信管理网（Telecommunication Management Network，TMN）相连。业务节点是提供业务的实体，以交换业务而言，提供接入呼叫和连接控制信令，以及接入连接和资源管理。按不同业务的接入类型，业务节点可以是本地交换机、IP 路由器或特定的视频点播设备等。一般情况下，接入网对其所支持的 UNI 和 SNI 的类型与数目并不做限制，允许接入网与多个业务节点相连，以确保接入网可灵活地按需接入不同类型的业务节点。

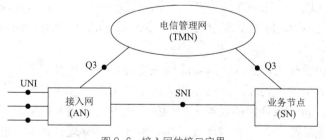

图 8-6　接入网的接口定界

不同的 UNI 支持不同的业务（如模拟电话、数字或模拟租用线业务等）。顺便指出，对于 PSTN 而言，ITU-T 尚未建立通用的 UNI 综合协议，故而 UNI 目前只能采用相关网商的标准。

SNI 可分为支持单一接入的 SNI（如 V5 系列接口）和综合接入的 SNI（如 ATM 接口）。

维护管理接口 Q3 是电信管理网与电信网各部分的标准接口。接入网作为电信网的一部分，也应通过 Q3 接口与 TMN 相连，以便于 TMN 实施管理功能。

8.2.2　接入网的接口技术

1．接入网的功能模型

接入网不解释（用户）信令，具有业务独立性和传输透明性的特点。为与其他交换和传送技术的发展相适应，充分利用网络资源，既能经济地将现有各种类型的用户业务综合地接入到业务节点，又能对未来接入类型提供灵活性，ITU-T 提出了功能性接入网概貌的框架建议（G.902）。图 8-7 所示为接入网的功能模型。

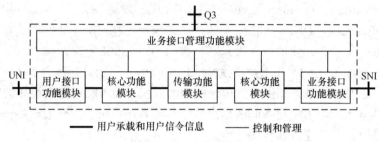

图 8-7　接入网的功能模型

接入网有 5 个功能模块，分别是用户接口功能模块、核心功能模块、传输功能模块、业务接口功能模块及业务接口管理功能模块。

（1）用户接口功能模块。用户接口功能模块可将特定 UNI 的要求适配到核心功能模块和管理模块，其功能包括终结 UNI 功能、A/D 转换和信令转换（但不解释信令）功能、UNI 的激活和去活功能、UNI 承载通路/承载能力处理功能以及 UNI 的测试和用户接口的维护、管理、控制功能。

（2）核心功能模块。核心功能模块位于用户接口功能模块和业务接口功能模块之间，其功能包括进入承载通路的处理功能、承载通路的集中功能、信令和分组信息的复用功能、ATM 传送承载通路的电路模拟功能、管理和控制功能。

（3）传输功能模块。传输功能模块在接入网内的不同位置之间为公共承载体的传送提供通道和传输介质适配，其功能包括复用功能、交叉连接功能（包括疏导和配置）、物理介质功能及管理功能等。

（4）业务接口功能模块。业务接口功能模块将特定 SNI 定义的要求适配到公共承载体，以便在核心功能模块中加以处理，并选择相关的信息用于接入网中管理模块的处理，其功能包括终结 SNI 功能、将承载通路的需要、应急的管理和操作需求映射进核心功能、特定 SNI 所需的协议映射功能以及 SNI 的测试和业务接口的维护、管理、控制功能。

（5）业务接口管理功能模块。通过 Q3 接口或中介设备与电信管理网连接，协调接入网各种功能的提供、运行和维护，包括配置和控制、故障检测和指示、性能数据采集等，同时还因采用 SNI 协议而具备业务节点操作功能，因采用 UNI 协议而具备操作用户终端的功能。

2．接入网的接口技术

新技术和新业务在接入网中的应用促使用户终端和交换机系统发生了很大的变化。这些变化集中体现在接入网的界定接口上。接入网根据各种类型的业务从用户端接入到各个电信业务网。在不同的配置下，接入网有不同的接口类型，如图 8-8 所示。

图 8-8　接入网的接口

接入网用户侧的 UNI 支持模拟电话、ISDN 接入、无线通信等接入。用户网络中的 Z 接口用于传输 300～3400Hz 模拟音频信号，T 接口用于传输数据和视频信号。

接入网业务侧的 SNI 将各种用户业务与交换机连接，交换机的用户接口有模拟接口（Z 接口）和数字接口（V 接口），其中的 V 接口是指符合 ITU-T V5 建议的接口。V5 接口是用数字传输系统和程控交换机结合的新型数字接口，以取代交换机原有的模拟接口和各种专线及 ISDN 用户接口，为数字技术在接入网的应用提供了新的标准接口。

V5 接口是目前一种较成熟的用户信令和用户接口，用统一的标准实现了数字用户的接入。该接口能支持公用电话网、ISDN（窄带）、帧中继、分组交换、DDN 等业务。ITU-T 开发的本地交换机支持接入网的开放的 V5 接口（SNI），已通过支持窄带业务（≤2Mbit/s）的 V5.1 和 V5.2 接口建议（G.964 和 G.965），制定支持宽带业务（传输速率大于 2Mbit/s）的 V5.B 接口技术规范。我国以 ITU-T 建议 G.964 和 G.965 为主要根据，编制了《本地数字交换机和接入网之间的 V5.1 接口技术规范》和《本地数字交换机和接入网之间的 V5.2 接口技术规范》。

V5.3 接口支持 SDH 速率接入交换机。V5.B 接口协议支持 ATM 形式。这样可使将来的宽带交换机接入的标准统一。用户接口侧的接口速率有 155.52Mbit/s 和 622.08Mbit/s，适用于光纤传输系统，即 FTTH 系统和金属传输线的速率为 1.5Mbit/s、2Mbit/s、51.84Mbit/s 的系统，同时支持窄带 ISDN 的基本用户系统。

V5 接口是一个综合化的数字用户接口，也是一个开放的接口，可以选择多个交换机和接入设备供应商。通过开放的 V5 接口，同一 AN 的多个 V5 接口既可连到一个交换机也可连到多个交换机，同一用户的不同用户端口既可指配给一个 V5 接口，也可指配给多个 V5 接口，不仅组网方式灵活，使网络向有线/无线相结合的方向发展，而且提高了网络的安全性、可靠性。

8.2.3　接入网的特点与分类

1. 接入网的特点

由于在电信网中的位置和功能不同，接入网相对核心网而言，其环境、业务量密度、技术手段等均有很大的差别。

接入网的用户线路在地理上星罗棋布，建设投资一般比核心网大，在传送内容上是图像等高速数据与语音低速数据并存，在方式上是固定或移动各有需求。接入网业务种类多，组网能力强，网络拓扑结构多样，但一般不具备交换功能，网径大小不一，线路施工难度大，其主要特点如下。

（1）综合性强。接入网是迄今为止综合技术种类最多的一个网络。例如，传送部分就综合了 SDH、PON、ATM、HFC 和各种无线传送技术等。

（2）直接面向用户。接入网是一个直接面向用户的敏感性很强的网络。例如，其他网络发生问题时，有时用户还感觉不到，但接入网发生问题，用户肯定会感觉到。

（3）和其他网络关系密切。接入网是和其他业务网关系最为密切的网络。它是本地电信网的一部分，和本地网的其他部分关系密切。

（4）发展速度快。接入网是一个快速变化发展的网络，一些可用于接入网的新技术还将不断出现，特别是宽带方面的技术发展更快。因此，对接入网的认识、作用和建设方法都存在一个变化的过程。

（5）适应性要求高。接入网是一个对适应性要求较高的网络，比起其他网络，接入网对各方面适应性的要求都要高，如容量的范围、接入带宽的范围、地理覆盖的范围、接入业务的种类、电源、环境的要求等在其他业务网中可能不存在的问题，在接入网中都变成问题被提出了。

此外，接入网的情况相当复杂，已有的体制种类繁多，如电信部门的铜缆话路通信模式、有线电视的同轴电缆单向图像通信模式以及蜂窝通信的移动通信模式等。在当今核心网已逐步形成以光纤线路为基础的高速信道的情况下，国际权威专家把宽带综合信息接入网比作信息高速公路的"最后一千米"，并认为它是信息高速公路中难度最高、耗资最大的一部分，是信息基础建设的"瓶颈"。

接入网是电信网的重要组成部分，其发展正日益受到各国的重视，其目标就是建立一种标准化的接口方式，用一个可监控的接入网络，为用户提供话音、文本、图像、有线电视等综合业务。

2. 接入网的分类

接入网研究的重点是围绕用户对话音、数据和视频等多媒体业务需求的不断增长，提供具有经济优势和技术优势的接入技术来满足用户的需求。接入网的分类方法多种多样，可以按传输介质、拓扑结构、使用技术、接口标准、业务带宽、业务种类等进行分类。

接入网根据用户-网络接入方式可分为有线接入（铜线接入）、无线接入、以太网接入、光纤接入等。以上这些接入方式既有窄带的，也有宽带的，其中，宽带无线接入及光纤接入是未来接入网技术的两个发展方向。

（1）有线接入方式

有线接入方式是在原有铜质导线的基础上通过采用先进的数字信号处理技术来提高传输容量，从而提供多种业务的接入，主要有用普通 Modem 经公用电话网的拨号接入、ISDN 用户线路接入、xDSL 数字用户线接入，以及通过 X.25 分组交换网、数字数据网 DDN、帧中继网 FR 的专线接入，也可以使用 Cable-Modem 经有线电视网络接入等。

（2）无线接入方式

无线接入技术是指接入网的某一部分或全部使用无线传输介质，向用户提供移动或固定接入服务的技术。无线接入系统主要由用户无线终端、无线基站、无线接入交换控制器以及固定网的接口网络等部分组成，其基站覆盖范围分为 3 类：大区制 5～50km，小区制 0.5～5km，微区制 50～500m。无线接入网技术按照通信速率可以分为低速接入和高速接入，采用超短波、微波、毫米波、卫星通信等多种传输手段和点对点、一点多址、蜂窝、集群、无绳通信等多种组网技术体制，可以构成多种多样的应用系统。

（3）以太网接入方式

如果有光纤铺设到办公大楼或居住小区，那么采用以太网接入方式最为方便和优越。该方式一般将五类非屏蔽双绞线作为接入线路。目前大部分的商业大楼都进行了综合布线，而且将以太网接口安装到桌上和墙脚，给用户提供了较好的宽带接入手段。它能给每个用户提供 10/100 Mbit/s 的接口速率，能够满足用户接入的需要。由于以太网接入具有高带宽和低成本，所以它是一种很有前途的宽带接入方式。

（4）光纤接入方式

光纤通信具有通信容量大、质量高、性能稳定、防电磁干扰、保密性强等优点，在干线通信中，光纤扮演着重要角色。使用光纤将用户终端接入 Internet 将是实现宽带接入网的最佳手段。光纤接入示意图如图 8-9 所示。

近几年，接入网大量采用光纤作为传输介质。根据光纤网络单元（Optical Network Unit，ONU）的位置，光纤接入可分为光纤到路边（FTTC）、光纤到大楼（FTTB）、光

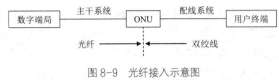

图 8-9 光纤接入示意图

纤到家（FTTH）等几种。ONU 的功能是终接光配线网接来的光纤、处理光信号并为用户提供接口。ONU 需要完成光/电转换，并处理话音信号的模/数转换、复用、信令和实现维护管理。

①光纤到家。光纤到家（FTTH）是一种全光网络结构。它是接入网的最终解决方案。FTTH 的带宽、传输质量和运行维护都十分理想。由于整个用户接入网完全透明，对传输制式、波长和传输技术没有严格限制，因而 FTTH 适合于各种交互宽带业务。另外，光纤直接到家不受外界干扰，也无泄漏问题，室外设备可以做到无源，以避免雷击，供电成本较低。FTTH 的缺点是目前成本太高，尚不能大量推广应用。

②光纤到路边。光纤到路边（FTTC）用光纤代替主干馈线铜缆和局部配线铜缆，将 ONU 设置在路边，然后通过双绞铜线或电缆接入用户。FTTC 适合于居住密度较高的住宅区。

③光纤到大楼。光纤到大楼（FTTB）用光纤将 ONU 接到大楼内，再用线缆延伸到各用户。FTTB 特别适用于给一些智能化办公大楼提供高速数据以及电子商务和视频会议等业务。将 FTTB 与目前已在许多办公大楼使用的以五类线为基础的大楼综合布线系统结合起来，能够较好地提供多媒体交互式宽带业务。

FTTC/FTTB 的成本比 FTTH 低，容易过渡到 FTTH，可提供宽的对称带宽，省掉了大部分铜缆，但它们的成本比一般铜缆高，传输模拟信号分配业务困难。

8.3 Internet 接入技术

Internet 的接入可分为拨号接入方式、专线接入方式和无线接入方式 3 种。通常拨号接入的方式适用于小型子网和个人用户，专线接入的方式适合于中型子网，无线接入的方式适合于在城市和市郊进行中远距离联网。

8.3.1 拨号接入

拨号入网是一种利用电话线和公用电话网 PSTN 接入 Internet 的技术。

1. PSTN 拨号接入

公用电话交换网 PSTN 拨号接入方式如图 8-10 所示，用户利用一条电话线和普通的

Modem，再向 ISP（Internet Service Provider，互联网服务提供商）申请一个账号即可接入因特网，其基本原理是将用户计算机的数字信号通过调制解调器 Modem 转换为模拟信号，然后通过电话线进行传输，最后经过 ISP 接入服务器接入到 Internet。

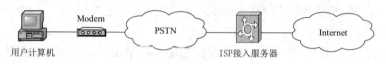

图 8-10　PSTN 拨号接入 Internet

由于 PSTN 很普及，Modem 很便宜，而且不用申请就可以开户，所以这种接入方式具有设备简单和覆盖面广等特点。但是，这种接入方式的速率在理论上最高只能达到 56kbit/s，不能满足宽带多媒体信息传输的需求，而且易受电话线路通信质量的影响，在拨号上网的时候不能进行话音通信。因此，与其他接入方式相比，近年来所占的用户比例越来越小。

2．窄带 ISDN 拨号接入

窄带综合业务数字网 ISDN 接入技术俗称一线通，能在一根普通电话线上提供语音、数据、图像等综合业务。它可以提供一条全数字化的连接，其所提供的两个 64kbit/s 的 B 信道用于通信，用户可同时在一条电话线上上网和打电话，或者以最高为 128kbit/s 的速率上网。当有电话打入和打出时，可以自动释放一个 B 信道接通电话。窄带 ISDN 的接入方式如图 8-11 所示。

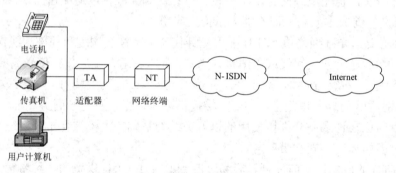

图 8-11　窄带 ISDN 的接入方式

窄带 ISDN 与拨号上网方式相比，提高了上网速度，而且除了终端设备外，不需要改变电话线路和大规模的投资。窄带 ISDN 客户端的设备包括终端适配器 TA、ISDN 代理服务器、专用 ISDN 路由器和带 ISDN BRI 或 BRI 口的路由器等。

窄带 ISDN 的基本接入设备就是 TA，又称为 ISDN Modem，其作用主要是将用户计算机或模拟语音信号调制成 ISDN 标准的帧，使现有的非 ISDN 标准终端（如模拟电话机、传真机及用户计算机等）能够在 ISDN 上运行，为用户在现有终端上提供 ISDN 服务。ISDN 终端适配器 TA 分为内置式和外置式两种。内置式适配器俗称适配器卡，其与普通的计算机卡一样可以直接插入计算机的 ISA 或 PCI 插槽中。外置式适配器是一个独特的 ISDN 终端设备，其除了具备内置式适配器的功能外，还提供两个模拟接口，用于接插模拟电话机和普通传真机。外置式适配器特别适合于既要利用 ISDN 上网，又要用模拟电话机进行通信的地方。

NT 为网络终端，是电话局程控交换机和用户终端设备之间的接口设备。网络终端设备分为基本速率网络终端 NT1 和基群速率网络终端 NT2 两种，一般个人用户使用的是 NT1。

3. ADSL 拨号接入

不对称数字用户线（Asymmetrical Digital Subscriber Line，ADSL）是 20 世纪 90 年代提出的一种通过现有普通电话线为家庭、办公室提供宽带数据传输服务的技术。所谓"不对称"，是指上行方向和下行方向的信息速率是不对称的，理论上它能够在普通电话线上提供高达 8Mbit/s 的下行速率和 1Mbit/s 上行速率，传输距离达 3～5km。ADSL 技术的主要特点是可以充分利用现有的电话线网络，在线路两端加装 ADSL 设备即可为用户提供宽带接入服务。

在访问 Internet 时，用户主要是从网上下载信息，一般用户传送给 Internet 的信息并不多，因此不对称传输带宽并没有妨碍 ADSL 作为用户网和公共交换网的接入线路。ADSL 所支持的主要业务包括：Internet 高速接入服务；多种宽带多媒体服务，如视频点播 VOD、网上音乐厅、网上剧场、网上游戏、网络电视等；点对点的远地可视会议、远程医疗、远程教学等服务。ADSL 接入方式如图 8-12 所示。

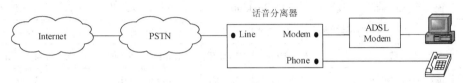

图 8-12　ADSL 接入方式

ADSL 适用于人口密度大、高层建筑多、网络节点密集的地段，具有系统结构简单、使用维护方便和性价比高等特点。但 ADSL 标准中规定的速度仅是一个推荐值，在实际应用中，用户能达到的速率与线路的长度、线径、质量及电信运营商的资费政策有关。我国大多数 ADSL 接入的下行速率被限制在 2Mbit/s 以内。

数字用户线路（Digital Subscriber Line，DSL）是以铜电话线为传输介质的点对点传输技术，包括 HDSL、SDSL、VDSL、ADSL、RADSL 等，一般称之为 xDSL。其中 ADSL 应用较为广泛，是最具前景及竞争力的一种。

有几种调制技术为不同的 DSL 所使用，如离散多音调（Discrete Multi-Tone，DMT）、无载波振幅调制、多虚拟线路等。DSL 调制解调器遵循北美与欧洲标准规定的数据速率倍数。我国采用的是 DMT 调制技术。所谓"多音调"就是"多载波"或"多子信道"的意思，使用 0～4kHz 的频段来传输语音信号，使用 40kHz～1.1MHz 的频段传输数据信号，划分为许多子信道，其中 25 个子信道用于上行信道，249 个子信道用于下行信道，每个子信道占据 4.3125kHz 带宽，并使用不同的载波进行数字调制，如图 8-13 所示。

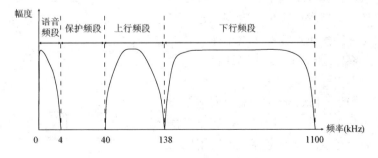

图 8-13　ADSL 中 DMT 技术的频谱分配

DSL 不要求对数字数据进行模拟转换，即数字信号仍作为数字数据传送到计算机。这使电信公司可以将更大的带宽用于用户传输数据。同时，只要需要，还可以将信号分离，将一部分带宽用于传输模拟信号。这样就可以在一条线路上同时使用电话和计算机。

xDSL 技术是一种点对点的接入技术，实施起来灵活、方便。xDSL 技术是设计用来在普通电话线上传输高速数字信号，以双绞线为传输介质的传输技术组合，其中 x 代表不同种类的数字用户线路技术，包括非对称（ADSL、RADSL、VDSL）技术和对称（HDSL、SDSL）技术。各种数字用户线路技术的不同之处主要表现在信号的传输速率和距离以及对称或非对称速率的区别上。xDSL 的各种主要性能参数如表 8-1 所示。

表 8-1   xDSL 的各种主要性能参数

名称		上行速率（MAX）	下行速率（MAX）	线对	最大传输距离
ADSL	不对称数字用户线	16～640kbit/s	1.5～8Mbit/s	1	5.5km
RADSL	速率自适应数字用户线	128～768kbit/s	384kbit/s～9.2Mbit/s	1	≥5.5km
VDSL	甚高数据速率数字用户线	1.5～20Mbit/s	13～52Mbit/s	1	300m～1.3km
HDSL	高比特率数字用户线	2Mbit/s 或 5Mbit/s	2Mbit/s 或 5Mbit/s	2	4～7km
SDSL	单线对数字用户线	2Mbit/s 或 5Mbit/s	2Mbit/s 或 5Mbit/s	1	3.7km

总体来讲，拨号接入具有价格便宜、可随时连接网络、随时断开连接、能够根据连网时间计费等特点。

8.3.2 专线接入

专线接入方式主要有通过路由器经 DDN 专线接入、通过有线电视网接入、通过 LAN 接入和无源光网络（光纤）接入方式等。

1. DDN 专线接入

数字数据网 DDN 是利用数字信道传输数据信号的数据传输网。它是随着数据通信业务的发展而迅速发展起来的一种新型网络。它的传输介质有光纤、数字微波、卫星信道以及用户端可用的普通电缆和双绞线。DDN 专线接入 Internet 的网络结构如图 8-14 所示。

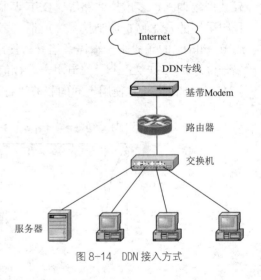

DDN 将数字通信技术、计算机技术、光纤通信技术以及数字交叉连接技术有机地结合在一起，可为用户提供不同速率的高质量数字专用电路和其他业务，满足用户多媒体通信和组建中高速计算机通信网的需求。

采用 DDN 专线接入 Internet 时，需要向电信部门申请 DDN 专线，除了基本费用以外，还要根据所租用的 DDN 的带宽或流量等来计费，费用比较高，目前主要是一些企事业单位来使用。

图 8-14   DDN 接入方式

2. 有线电视网接入

CATV 和 HFC 是一种电视电缆技术。有线电视（Cable Television，CATV）网是由广电部门规划设计的用来传输电视信号的网络，其覆盖面广，用户多。但有线电视网是单向的，只有下行信道。如果要将有线电视网应用到 Internet 业务，则必须对其进行改造，使之具有双向功能。

混合光纤同轴电缆（Hybrid Fiber Coax，HFC）网是在 CATV 网的基础上发展起来的，除可以提供原 CATV 网提供的业务外，还能提供数据和其他交互型业务。HFC 是对 CATV 的一种改造，在干线部分用光纤代替同轴电缆作为传输介质。CATV 和 HFC 的一个主要区别是 CATV 只传送单向电视信号，而 HFC 提供双向的宽带传输。

Cable Modem（电缆调制解调器）是一种通过有线电视网络进行高速数据接入的设备，其通常有 3 个接头，一个接有线电视插座，一个接计算机，一个接普通电话。大部分 Cable Modem 是外置式的，通过标准 10 Base-T 以太网卡和双绞线与计算机相连。计算机和 LAN 通过 Cable Modem 接入 Internet，如图 8-15 所示。

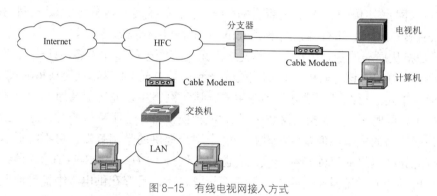

图 8-15 有线电视网接入方式

Modem 一般用来描述电话调制解调器，其功能是调制信号和解调信号。而 Cable Modem 的功能却不限于此。它实际上是一系列功能的复合体，包含调制解调器、转换器、NIC 和 SNMP 代理。

3. LAN 接入

目前，采用局域网 LAN 接入 Internet 的方式比较普遍，特别是在以太网技术飞速发展和光纤已经到小区或大楼的前提下，人们考虑将它作为高速宽带接入的首选方案。

基于以太网技术的宽带接入网由局侧设备和用户侧设备组成。局侧设备一般位于小区内，用户侧设备一般位于居民楼内。局侧设备提供与 IP 骨干网的接口，用户侧设备提供与用户终端计算机相接的 10/100 Base-T 接口。局侧设备具有汇聚用户侧设备网管信息的功能。例如，FTTx（光纤到 x）+LAN 方案是以以太网技术为基础的，可用来建设智能化的园区网络，在用户的家中安装以太网 RJ-45 信息插座作为接入网络的接口，可提供 10M/100Mbit/s 的网络速度。通过 FTTx+LAN 接入技术能够实现"千兆到小区、百兆到居民大楼、十兆到桌面"，为用户提供信息网络的高速接入。以 FTTx+LAN 的方式接入 Internet 的示意图如图 8-16 所示。

以太网接入具有性价比好、可扩展、容易安装开通以及高可靠性等特点，现已成为企事业单位和个人用户接入的主要方式之一。

此外还有采用宽带路由器接入方式。宽带路由器是专门供宽带接入用户共享访问 Internet 的产品，集成了路由器、防火墙、带宽控制和管理等功能，具备快速转发、灵活的网络管理和丰富的网络状态等特点。

宽带路由器一般具备 1～4 个 WAN 接口，能自动检测或手工设定宽带运营商的接入类型，可支持 ADSL Modem、Cable Modem 的以太网口接入 Internet，也支持以太网直接连接小区宽带。

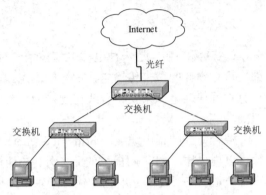

图 8-16　以 FTTx+LAN 的方式接入 Internet

4. 光纤接入

根据接入网室外传输设施中是否含有源设备，光纤接入网分为无源光网络（Passive Optical Network，PON）和有源光网络（Active Optical Network，AON）。

AON 是指从局端设备到用户分配单元之间采用有源光纤传输设备，即光/电转换设备、有源光器件、光纤等。该方式的一种形式是光纤到远端单元 FTTR，从交换机通过光纤用 V5 接口连接远端单元，再经过铜线分配到各用户。这种网络中以光纤代替原有的铜线主干网，复用率提高了，同时采用 V5 接口又省去了数/模转换设备。当距离较长时，这种结构的成本反而低于铜线线路的成本，但是这种网络为每个用户提供的带宽有限，仍不能适应高速业务的需要。有源光纤网络的另外一种形式是有源双星结构 FTTC（ADS-FTTC）。该结构中采用有源节点，可以降低对光器件的要求，但初期投资较大，且存在供电、维护等问题。

PON 指光传输段采用无源器件实现点对多点拓扑的光纤接入网。该方式采用无源光分路器将信号分送至用户。由于采用无源分路器，所以初期投资较小，大量的费用将在所有宽带业务发展以后支出，但必须采用性能较好、带宽较宽的光设备。PON 包括窄带无源光纤网络和以 ATM 为基础的宽带无源光纤网络（APON）。前者提供 2Mbit/s 及以下速率的数据传输通道，后者可以提供最高速率达 622Mbit/s 的数据传输通道。

目前光纤接入网几乎都采用 PON 结构。PON 成为光纤接入网的发展趋势，其接入设备主要由光线路终端、ONT 或 ONU 组成，由无源光分路器件将光线路终端（Optical Line Terminal，OLT）的光信号分到树状网络的各个光网络单元（Optical Network Unit，ONU）。一个 OLT 可接 32 个 ONT 或 ONU，一个 ONT 可接 8 个用户，而 ONU 可接 32 个用户，因此，一个 OLT 最大可负载 1024 个用户。PON 技术的传输介质采用单芯光纤。在该技术中，局端到用户端的最大距离为 20km，接入系统总的传输速率为上行和下行各 155Mbit/s，每个用户使用的带宽可以从 64kbit/s 到 155Mbit/s 灵活划分，一个 OLT 上所接的用户共享 155Mbit/s 带宽。例如，富士通的 OLT 设备有 A550，ONT 设备有 A501。A550 最大有 12 个 PON 口，每个 PON 口下行至每个 A501 是 100M 带宽，而每个 PON 口上所接的 A501 上行带宽是共享的。PON 接入技术如图 8-17 所示。

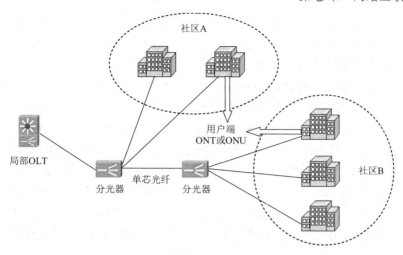

图 8-17 PON 接入技术

　　PON 具有节省光纤资源、对网络协议透明的特点，在光接入网中扮演着越来越重要的角色。同时，以太网（Ethernet）技术经过多年的发展，以其简便实用、价格低廉的特性，几乎已经完全统治了局域网，并在事实上被证明是承载 IP 数据包的最佳载体。随着 IP 业务在城域和干线传输中所占比例的不断攀升，以太网也在通过传输速率、可管理性等方面的改进，逐渐向接入网、城域网甚至骨干网上渗透。而以太网与 PON 结合，便产生了以太网无源光网络（Ethernet Passive Optical Network，EPON）。它同时具备了以太网和 PON 的优点，正成为光接入网领域中的热门技术。

　　EPON 是一种新兴的宽带接入技术，现已成为主流宽带接入技术之一。它通过一个单一的光纤接入系统，实现数据、语音及视频的综合业务接入，并具有良好的经济性。EPON 网络结构的特点，宽带入户的特殊优越性与计算机网络天然的有机结合，以及下一代网络将以 IP 网络为核心传输网的发展趋势，要求接入网演进成以以太网技术为核心的全业务综合接入网，以适应未来网络的发展方向。

　　EPON 系统的结构如图 8-18 所示，一般由局端的光线路终端 OLT、用户端的光网络单元 ONU 和光配线网 ODN 组成，其中，ODN 全部由无源器件组成。EPON 采用单纤波分复用技术（下行 1490nm，上行 1310nm），下行数据流采用广播技术，上行数据流采用 TDMA 技术。OLT 至 ONU 间只需一根光纤。这时，局端至用户端的传输距离可达 20km。

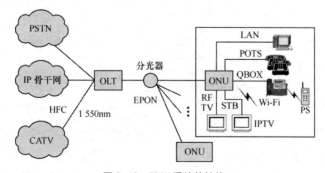

图 8-18 EPON 系统的结构

EPON 具有同时传输语音、IP 数据和视频广播的能力，其中，语音和 IP 数据采用 IEEE 802.3 以太网帧格式进行传输，数据业务给用户提供的最大带宽为 1000Mbit/s，通过扩展第三个波长（通常为 1550nm）还可以实现视频广播传输业务。

OLT 位于局端，是整个 EPON 系统的核心部件之一，其作用是为光接入网提供网络侧与电话网、IP 骨干网和有线电视网的接口，并经过一个或多个 ODN 与用户侧的 ONU 通信。

ODN 是由无源光元件（如光纤光缆、光连接器和光分路器等）组成的光配线网，为 OLT 与 ONU 之间提供光传输手段，其主要功能是让分光器进行光信号功率的分配，分发下行数据并集中上行数据。EPON 系统采用 WDM 技术，下行数据采用 1490nm 波长，上行数据采用 1310nm 波长，实现单纤双向传输。一般情况下，EPON 系统在下行方向采用广播方式，下行方向的光信号被广播到所有的 ONU，通过过滤的机制，ONU 仅接收属于自己的数据帧；上行方向采用 TDMA（时分多址）方式，上行方向的每个 ONU 根据 OLT 发送的带宽授权发送上行业务。

EPON 系统对传统以太网协议栈中的 MAC 控制层功能进行了扩展。EPON 系统中的多点 MAC 控制协议（MPCP）增加了对点到多点（P2MP）网络中多个 MAC 客户层实体的支持，并提供对额外的 MAC 控制功能的支持。MPCP 主要处理 ONU 的发现和注册、多个 ONU 之间上行传输资源的分配、用于动态带宽分配和统计复用的 ONU 本地拥塞状态的报告等。

在 EPON 系统中的点到多点网络中，每个 ONU 都包含一个 MPCP 实体。它和 OLT 中的 MPCP 实体按照 MPCP 进行消息交互。MPCP 规定了 ONU 和 OLT 之间的控制机制。PON 网络在任何一个时刻都只允许一个 ONU 在上行方向发送数据。在 OLT 中，MPCP 负责对 ONU 的传输和准确定时，各 ONU 的拥塞报告可以优化 PON 网络内的带宽资源分配。此外，MPCP 还要实现对 ONU 的发现和注册处理。

MPCP 的一个重要功能就是在一个点到多点的 EPON 系统中实现点到点的仿真。EPON 系统将每个以太网帧的前导码（Preamble）中的第 6、第 7 字节（原来的保留字节）用于逻辑链路标识（LLID，Logical Link Identifier），特定的 LLID 表示特定的 ONU 与 OLT 之间的点到点链路，其帧格式如图 8-19 所示。

此外，EPON 系统利用其下行广播的传输方式，定义了广播 LLID（LLID=0xFF）作为单复制广播（SCB，Single Copy Broadcast）信道，用于高效传输下行视频广播业务。

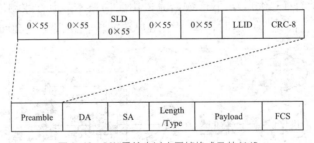

图 8-19 PON 系统中以太网帧格式及其 LLID

由于 EPON 系统在下行方向采用广播方式，所以存在数据安全性问题，在需要的时候应对下行方向的信息进行加密处理。

ONU 位于用户端，为接入网提供直接的或远端的用户侧接口。ONU 的主要功能是终结光纤链路，并提供对用户业务的各种适配功能，负责综合业务接入。由于 ONU 用户侧是电接口,而网络侧是光接口,因此,ONU 具有光/电和电/光转换功能,还要完成对信号的数字化处理、信令处理以及维护管理功能。当需要提供不同的业务时,在 ONU 中要配置不同的接口电路。在 EPON 系统中,语音和 IP 数据采用扩展的 IEEE 802.3 以太网帧格式进行传输,因而在通信的过程中,承载 IP 业务就不再需要协议转换,从而实现了高速的数据转发。

8.3.3 无线接入

无线接入技术是指接入网的某一部分或全部使用无线传输介质,向用户提供移动或固定接入服务的技术。无线接入与任何其他接入方式相类似,首先必须有公共设施无线接入网。无线接入网对实现通信网的"五个 W"意义重大,即要保证任何人(Whoever)随时(Whenever)随地(Wherever)能同任何人(Whoever)实现任何方式(Whatever)的通信。无线接入要求在接入的计算机上插入无线接入网卡,得到无线接入网 ISP 的服务,便可实现 Internet 的接入。

无线接入技术按照使用方式可以分为两种。一种是固定接入方式,如利用微波、卫星、短波的接入形式等。微波接入的典型方式是建立卫星地面站,租用通信卫星的信道与上级 ISP 通信,其单路最高速率为 27kbit/s,可以多路复用,其优点是不受地域限制。卫星通信传输技术是利用卫星通信的多址传输方式,为全球用户提供大范围和远距离的数据通信。与微波技术类似,卫星通信传输技术利用专用的设备也可以接入 Internet,且接入速率和距离都比较理想,但是由于微波有绕射力,所以这种技术适合用于在城市及市郊进行中远距离连网。在固定接入方式中,以本地多点分配业务(Local Multipoint Distribution Service,LMDS)为代表的宽带无线固定接入技术是近年来新兴的无线接入技术,越来越受到广泛关注。

在 LMDS 接入方式中,一个基站可覆盖 2~10km 的区域,其工作频段在 24~31GHz,可用带宽为 1GHz 以上,在较近的距离双向传输话音、数据和图像等信息。它的出现大大缓解了目前接入网环境下带宽不足的问题。LMDS 将点对多点微波通信(PMP)技术和 ATM 技术有效结合,采用快速动态容量分配(FDCA)的 TDM/TDMA 技术,可以动态地为每个用户提供高达 37Mbit/s 的瞬时速率。

LMDS 采用一种类似蜂窝的服务区结构,将一个需要提供业务的地区划分为若干服务区,每个服务区内设基站,基站设备经点到多点无线链路与服务区内的用户端通信。每个服务区覆盖范围为几千米至十几千米,并可相互重叠。

LMDS 可支持的业务主要面向商业用户和集团用户,适用于业务量集中和用户群集中的地区。目前可提供的主要业务类型包括高质量话音业务、高速数据业务、模拟和数字视频业务、Internet 接入业务。

另一种是移动接入方式,除利用手机上网可以进行网页浏览、收发电子邮件等常规的 Internet 服务外,还可以发送短消息、下载铃声、屏保等。由于移动通信技术的快速发展,手机上网的速度快速提升。

在无线接入网中,应用最为广泛的是无线局域网 WLAN,采用 IEEE 802.11 通信标准,又称无线保真(Wireless Fidelity,Wi-Fi),接入方式采用的波段是 2.4GHz,最高带宽为 11Mbit/s,在信号较弱或有干扰的情况下,带宽可调整为 5.5Mbit/s、2Mbit/s 和 1Mbit/s,以保障网络的稳定性和可靠性。Wi-Fi 技术与蓝牙技术一样,同属于在办公室和家庭中使用的短距离无线技术。该技术的突出优势在于无线电波的覆盖范围广，传输速度比较快，厂商进入该领域的门槛比较低，因而目前应用也较为广泛。现在，各大电信运营商都广泛部署了自己的 WLAN，只要开启计算机的无线局域网，或开启智能手机的 Wi-Fi 功能，用户可以随时随地地检测到各种无线网络。

8.3.4 Internet 几种接入方式的比较

如果用户想使用 Internet 所提供的服务，则首先必须将自己的计算机接入 Internet，然后才能访问 Internet 中提供的各类服务与信息资源。网络接入技术是指计算机主机和局域网接入广域网技术，即用户终端与 ISP 的互连技术，也泛指"三网"融合后用户的多媒体业务的接入技术。这与电信网体系结构中的接入网既有概念上的不同，又有技术上的联系。例如，美国拥有完善的 CATV 网和庞大的铜缆资源，在网络接入技术应用方面就充分考虑了发挥现有设施和资源的作用，目前已有相当数量的 CATV 改造为双向传输网。在欧洲，数字用户线方式已得到广泛应用，面向全业务的无源光网络技术开始进入实用推广阶段，但是在"最后一千米"仍倾向于使用 ADSL 和 VDSL 技术。

各种网络接入技术因本身的特点分别有着不同的应用场合和前景。目前，用户可以选择的 Internet 接入方式有 PSTN 模拟接入、ISDN 接入、ADSL 接入、Cable Modem 接入、DDN专线接入、卫星无线接入等。PSTN、ISDN 和 ADSL 接入都是基于电话线路的，而 Cable Modem接入则是基于有线电视 HFC 线路的。PSTN 模拟接入速率低，ISDN 尽管可以达到 128kbit/s，但也没有成为主流的接入方式。DDN 专线接入以及卫星无线接入费用高昂，非个人用户所能接受。各种接入技术的比较如表 8-2 所示。

表 8-2　　　　　　　　　　　　　　　　接入技术的比较

接入方式	优点	缺点
拨号	接入成本低，简单方便	带宽偏低，缺乏严格的 Qos 保证
ISDN	充分利用电信现有网络资源，接入成本低，业务开展灵活	带宽较低；传输质量受传输距离影响较大，易受外界影响
xDSL	充分利用电信现有网络资源，对各种业务的支持能力强，能较好地保证 Qos	传输质量受传输距离影响较大，易受外界影响
以太网	简单方便，带宽高	缺乏严格的 Qos 保证，且受距离限制
Cable Modem	利用宽带的有线电视网，带宽高，普及性高	双向改造投资大
无线	非常适合于布线不方便的场合、移动多媒体，可随时随地获取信息	带宽比以太网接入方式小，易受环境影响

用户在选择 Internet 接入方式时，可以从带宽、抗干扰能力、网络基础和国际标准等几方面进行比较。下面以 Cable Modem 与 ADSL 为例进行介绍。

1. 带宽的比较

有线电视系统所用的 Cable Modem 上/下行速率为对称的 10Mbit/s，有较大的带宽优势。这在 Internet 接入应用方面具有特殊的优势。不仅 Cable Modem 接入速率高，有线电视网络中的接入同轴电缆的带宽也达几百兆赫兹，在上下行通道中具有极好的均衡能力。这种带宽优势使得接入 Internet 的过程可在一瞬间完成，不需要拨号和等待登录，用户可以随意发送和接收数据。不发送或接收数据时不占用任何网络和系统资源。

ADSL Modem 在一对铜质电话线上的上行速率达 640kbit/s～1.54Mbit/s，下行速率达到 1.5～8Mbit/s，但在实际使用过程中下行速率在线路质量不太理想的情况下还可能更低些。由于只要有 1.5Mbit/s 的数据传输速率即可达到 MPEGl 视频压缩质量要求，因此 ADSL 技术也是基于 Internet 的视频点播（VOD）应用、高速冲浪、远程局域网访问的理想技术。

Cable Modem 速率虽高，但也存在一些问题。有线电视线路不像电话系统那样采用交换技术，所以无法获得一个特定的带宽，它就像一个非交换型的以太网，即在理想状态下，有线电视网只相当于一个 10Mbit/s 的共享式总线型以太网络。Cable Modem 用户们是共享带宽的，当多个 Cable Modem 用户同时接入 Internet 时，数据带宽就由这些用户均分，速率也就会下降。ADSL 接入方案在网络拓扑结构上可以看作是星形结构，每个用户都有单独的一条线路与 ADSL 局端相连，每一用户独享数据传输带宽。

2．抗干扰能力的比较

有线电视系统接入 Internet 的介质同轴电缆有其优于电话线的特殊物理结构：芯线传送信号，外层为同轴屏蔽层，对外界干扰信号具有相当强的屏蔽作用，不易受外界干扰，只要在线缆连接端或器件上做好相应的屏蔽接地工作即可抑制外来干扰。

ADSL 接入的接入线为铜电话线，传输频率为 30kHz～1MHz，传输过程中容易受到外来高频信号的串扰。而高频信号的串扰是影响 ADSL 性能的一个主要原因。ADSL 技术通过不对称传输、利用频分复用技术使信号分为上/下行信道，通过回波抵消技术来减小串扰的影响，实现数字信号的高速传送。在工程实践过程中，为了减轻来自空调、日光灯、马达等干扰源的串扰，工程人员总尽量避免电话线悬空、分叉，有针对性地避开各类干扰源，以获得稳定的 ADSL 接入质量。

3．网络基础的比较

ADSL 技术是专门为普通电话线而设计的一种高速数字传输技术，充分利用了已有的电话线资源。在用户端设备没有普及之前，ADSL 技术成了优选的 Internet 高速、数字接入技术。只要在现有的电话线两端接入 ADSL Modem，不仅可以打电话，还可以进行高速 Internet 接入，互不干扰。而有线电视传输系统大部分网络为单向结构，要满足 Internet 接入，必须进行升级、改造，使过去的单向广播方式转变为双向的数据传输方式。

4．国际标准的比较

目前，国际电信联盟（ITU）通过了 G.LiteADSL 标准，为基于该技术的 Modem 的发展铺平了道路。新标准将确保不同厂家的 ADSL Modem 能互联互通。而 Cable Modem 的标准 DOCSIS 虽得到了国际电信联盟的认可成为国际标准，但真正得到实施还需时日。

总之，Cable Modem 和 ADSL 在性能上各有优势。但在中国，有线电视系统中同轴电缆的高频特性是适应用户密集型小区的，尽管几百兆赫兹范围内均衡性能很好，但同轴电缆的传输距离却是一大限制。因此，有线电视 Internet 接入适用于用户密集型小区，而远距离单独用户则应采用 ADSL 接入。

小　　结

　　网络互联是将分布在不同地理位置的网络联结起来，以构成更大规模的互联网络系统，实现更大范围内互联网络资源的共享。网络互联类型主要有局域网-局域网互联、局域网-广域网互联、局域网-广域网-局域网互联，以及广域网-广域网互联等。根据网络层次的结构模型，网络互联的层次可以分为在数据链路层实现互联、在网络层实现互联，以及在传输层及以上的各层实现互联。

　　解决最终用户接入地区性网络的技术就是接入网技术。接入技术可分为有线接入、无线接入、以太网接入和光纤接入等。

　　Internet 接入就是把计算机连接到 Internet 上并且获取信息。当前应用及研究中的网络接入技术大致分为 5 类：一是调制解调器的改进技术；二是基于电信网用户线的数字用户线（Digital Subscriber Line，DSL）接入技术；三是基于有线电视 CATV 网传输设施的电缆调制解调器接入技术；四是基于光缆的宽带光纤接入技术；五是基于无线电传输手段的无线接入技术。

习　　题

一、填空题

　　1. 网络互联设备包括_____、_____、_____、_____和网关。

　　2. 按照服务范围、网络拓扑和接入逻辑，现代通信网的全程全网划分为_____、_____和用户驻地网。

　　3. 接入网有 5 个功能模块，分别是_____、_____、_____、_____及_____功能模块。

　　4. 根据光纤网络单元 ONU 的位置，光纤接入可分为_____、_____、_____等几种。

　　5. 在 xDSL 技术中，HDSL 和 SDSL 提供对称带宽传输，即双向传输带宽相同，而_____和_____提供非对称带宽传输，其中又以_____技术应用最多。

　　6. 在 Wi-Fi 接入方式下，最高带宽为_____Mbit/s，在信号较弱或有干扰的情况下，带宽可调整为_____Mbit/s、_____Mbit/s 和_____Mbit/s，以保障网络的稳定性和可靠性。

　　7. Internet 接入方式一般可分为_____接入、_____接入和_____接入。

　　8. EPON 采用单纤波分复用技术，下行数据流采用_____技术，上行数据采用_____技术。

二、选择题

　　1. 网络互联的层次在数据链路层互联，采用的互联设备是_____。
　　　A. 中继器　　　　　B. 路由器　　　　　C. 网桥　　　　　D. 网关

2．ADSL 通常使用_____。
 A．ATM 网进行信号传输　　　　　　B．电话线路进行信号传输
 C．DDN 网进行信号传输　　　　　　D．有线电视网进行信号传输
3．不以电话线为传输媒介的接入技术是_____。
 A．Cable Modem　B．DDN　　　　C．N-ISDN　　　　D．xSDL
4．选择 Internet 接入方式时可以不考虑_____。
 A．接入计算机或计算机网络与 Internet 之间的距离
 B．用户对网络接入速度的要求
 C．用户所能承受的接入费用和代价
 D．Internet 上主机运行的操作系统
5．EPON 系统采用 WDM 技术，下行数据采用_____波长。
 A．1 310nm　　　B．1 490nm　　　C．1 550nm　　　D．以上都不是

三、判断题

1．网络互联是基础，互通是网络互联的手段，互操作是网络互联的目的。
2．以太网接入具有的高带宽和低成本的特点，适合各种条件的 Internet 接入。
3．CATV 和 HFC 是一种网络。
4．Cable Modem 的功能包含调制解调器、NIC 和 SNMP 代理等。
5．目前光纤接入网几乎都采用 PON 或 EPON 结构。

四、简答题

1．什么是网络互联？网络互联有哪些基本要求？
2．网络互联主要有哪些方式？
3．接入网的接口定界是如何定义的？
4．简述接入网的功能模块及其功能。
5．简述 xDSL 的工作原理和种类。
6．试比较 PON 与 AON 的异同点。
7．什么是 EPON？简述 EPON 系统的特点和结构。
8．简述无线接入的概念。无线接入方式有哪几种？
9．目前 Internet 接入网在技术上比较成熟的主流技术有哪些？现在你上网主要用的是哪种接入方式？

第 9 章 网络管理与网络安全

【本章内容简介】网络操作系统是网络的心脏和灵魂，网络管理是对组成网络的各种软硬件设施的综合管理，网络安全是保障计算机正常工作的基础。本章主要介绍网络操作系统的功能、特点和组成，网络管理的内容、功能域和 SNMP 协议，网络安全的需求特性、防火墙技术、密码与信息加密、网络病毒防治和 VPN 技术等。

【本章重点】读者应重点学习网络操作系统的基本功能，Windows NT 操作系统和 Windows Server，OSI 网络管理功能域，网络安全系统的功能、加密算法和密钥，防火墙的体系结构，病毒的检测和防治。

9.1 网络操作系统概述

9.1.1 网络操作系统的基本概念

单机操作系统是计算机系统中的一个系统软件，由一些程序模块组成，管理和控制计算机系统中的硬件及软件资源，合理地组织计算机工作流程，以便有效地利用这些资源为用户提供一个功能强、使用方便的工作环境，从而在计算机与用户之间起到接口的作用。

网络操作系统（Network Operating System，NOS）是利用局域网低层提供的数据传输功能，为高层网络用户提供共享资源管理服务以及其他网络服务的操作系统软件。由于网络操作系统运行在服务器上，因此，有时它也被称为服务器操作系统。

单机操作系统只能为本地用户使用本机资源提供服务，不能满足网络开放环境的要求。网络操作系统除了具有单机操作系统的功能，如内存管理、CPU 管理、I/O 管理、文件管理等，还应提供可靠的网络通信能力和多种网络服务功能，如远程管理、文件传输、电子邮件、WWW 等专项服务。总之，网络操作系统的基本任务是屏蔽本地资源与网络资源的差异性，为用户提供各种基本网络服务功能，管理网络共享系统的资源，并提供网络系统的安全性服务。

网络操作系统的发展经历了由对等型结构向非对等型结构的演变过程，如图 9-1 所示。

1. 对等结构网络操作系统

对等结构局域网操作系统的特点是网络上的所有连接站点地位平等，安装在任何一个站点的系统软件都相同，每一个站点都具有自主权，并可以相互交换文件。在对等网络中，网络上的计算机平等地进行通信。每一台计算机都负责提供自己的资源，供网络上的其他计算机使用。可共享的资源可以是文件、目录、应用程序等，也可以是打印机、调制解调器等硬件设备。此外，每一台计算机还负责维护自己资源的安全性。对等结构网络操作系统的结构如图 9-2 所示。Windows 系列的操作系统都可以用于构造这种网络系统。

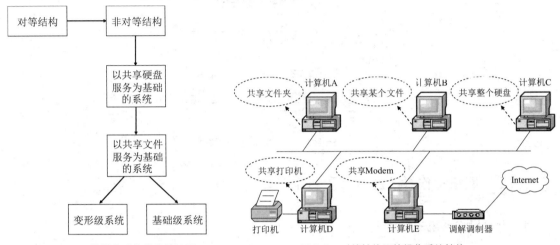

图 9-1　网络操作系统的发展经历　　　　图 9-2　对等结构网络操作系统结构

对等结构网络操作系统的优点是结构相对简单，网中任何两个节点之间都可以直接实现通信。对等结构网络操作系统的缺点是每台连网节点既要完成工作站的功能，又要完成服务器的功能。节点除了要完成本地用户的信息处理任务，还要承担较重的网络通信管理与共享资源管理任务。这将加重连网计算机的负荷。由于同时要承担繁重的网络服务与管理任务，因此连网计算机的信息处理能力就会降低。所以，对等结构网络操作系统的规模一般比较小。

2．非对等结构网络操作系统

非对等结构网络操作系统的设计思想是将网络节点分为服务器节点和客户机（工作站）节点两类。客户机和服务器通过网络硬件系统相互连接，构成一个网络系统。

网络服务器主要负责管理共享网络资源（如目录/文件、打印机等）、协调网络中各个客户机的操作、响应客户机命令请求、执行命令、返回执行结果等。服务器不仅是一台安装有网络操作系统核心软件的具有高性能处理器、速度更快的计算机，它还有更多的存储空间，以容纳客户机需要共享使用的数据和软件资源，通常它不再在网络中兼做工作站。在网络服务器上运行的网络操作系统的功能与性能，直接决定了网络服务功能的强弱以及系统性能与安全性。

工作站一般只需要能共享网络资源即可，其是安装有客户操作系统的计算机。用户使用网络传输系统向服务器发布操作命令请求，要求服务器提供网络服务。由客户机系统负责将用户的命令请求通过网络传输系统传送给服务器，以及将服务器返回的处理结果提交给用户。这种网络系统也称为客户机/服务器系统。它代表着网络操作系统的主流技术。Windows NT Server、NetWare 等操作系统都可以用于构造这种网络系统。图 9-3 所示为一种基于客户机/服务器模型的网络结构。

非对等结构网络操作系统的特点是管理集中，可靠性高，处理能力强，服务器和工作站运行不同的软件，但管理较为复杂。

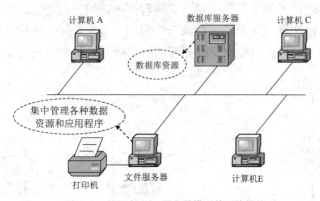

图 9-3　基于客户机/服务器模型的网络结构

9.1.2　网络操作系统的特点和功能

1. 网络操作系统的特点

网络操作系统是网络用户与计算机网络之间的接口。网络用户通过网络操作系统请求网络服务。网络操作系统具有处理机管理、存储器管理、设备管理、文件管理、作业管理、网络管理等功能。一个典型的网络操作系统一般具有以下特征。

（1）硬件独立。网络操作系统可以在不同的网络硬件上运行，即它应当独立于具体的硬件平台，如用户使用不同类型的网卡。

（2）共享资源。网络操作系统为多用户多任务共享资源的操作系统，能提供良好的用户界面，管理共享资源，包括打印机处理、网络通信处理等。

（3）网络管理。网络操作系统支持网络实用程序及其管理功能，如用户注册、系统备份、网络状态监视、服务器性能控制等。

（4）多任务、多用户支持。网络操作系统应能同时支持多个用户对网络的访问。

（5）系统容错。容错是指在网络服务器出现故障后，整个网络系统不会瘫痪或用户数据不会丢失。网络服务器的硬盘是最容易出现故障的部件，因此，服务器的可靠性往往表现在磁盘的容错性能上。为防止服务器因故障而影响网络正常运行，可采用 UPS 电源监控保护、双机热备份、磁盘镜像、热插拔等措施。

（6）安全性和存取控制。网络操作系统提供的安全管理功能不同于普通的"桌面操作系统"。除了注册和登录外，一个突出的安全管理措施是对系统内的文件设置访问控制表，使得不同类型的用户对同一资源的访问可以受到控制。一般的网络操作系统安全性分为登录安全性、资源访问权限的控制和文件服务器安全性几个方面。

（7）支持不同类型的客户端。一个网络可能包含使用不同类型的操作系统的用户，如 Windows、UNIX 或 Linux 客户端，为方便用户访问网络，要求网络操作系统支持的网络类型越多越好。

（8）广域网连接。网络操作系统还可以通过网卡、网桥、路由器等设备与其他网络连接，并支持 DHCP、IP 路由、DNS 等广域网功能。

2. 网络操作系统的基本功能

虽然不同的网络操作系统具有不同的特点，但它们提供的网络服务功能有很多相同点。一般来说，网络操作系统都具有以下基本功能。

（1）文件服务。文件管理服务是网络操作系统所提供服务中应用最为广泛的，负责文件存储、文件安全保护和文件访问控制。文件服务器以集中方式管理共享文件，网络工作站可以根据所规定的权限对文件进行读写以及其他各种操作。文件服务器为网络用户的文件安全与保密提供必需的控制方法。

（2）打印服务。打印服务也是网络操作系统提供的最基本的网络服务功能之一。打印服务可以通过设置专门的打印服务器完成，或者由工作站或文件服务器来担任。通过网络打印服务功能，在局域网中可以安装一台或几台网络打印机，这时，网络用户就可以远程共享网络打印机。打印服务提供对用户打印请求的接收、打印格式的说明、打印机的配置、打印队列的管理等功能。网络打印服务在接收用户打印请求后，本着先到先服务的原则，将多用户需要打印的文件排队来管理用户打印任务。

（3）数据库服务。随着 Internet 与 Intranet（又称为企业内部网，是 Internet 技术在企业内部的应用）的广泛使用，网络数据库应用变得越来越重要、越来越普及了。基于 C/S 工作模式，开发出客户端与服务器端数据库应用程序是数据库应用的重要方面。这样，客户端可以使用结构化查询语言 SQL 向数据库服务器发送查询请求，服务器进行查询后将查询结果传送到客户端。

（4）通信服务。局域网提供的通信服务主要有工作站与工作站之间的对等通信服务、工作站与网络服务器之间的通信服务等。

（5）信息服务。目前，信息服务已经发展为文本、图像、数字视频与语音数据的同步传输服务。

（6）分布式服务。网络操作系统为支持分布式服务功能，提出了一种新的网络资源管理机制，即分布式目录服务。分布式目录服务将分布在不同地理位置的网络中的资源组织在一个全局性的、可复制的分布式数据库中。网络中的多个服务器都有该数据库的副本。用户在一个工作站上注册，便可与多个服务器连接。对于用户来说，网络系统中分布在不同位置的资源都是透明的。这样就可用简单方法访问一个大型互联局域网系统。

（7）网络管理服务。网络操作系统提供了丰富的网络管理服务工具，可以提供网络性能分析、网络状态监控、存储管理等多种管理服务。

（8）其他通信或增值服务。

① 音频/视频服务器。利用网络传输多媒体技术，使之可以广播流媒体的内容。

② 聊天服务器。用户可以通过聊天服务器实现信息交换，如 MSN、QQ 等。

③ 传真服务器。实现企业或个人的传真业务，减少了电话费。

④ 群件服务器。它是一种软件，为用户建立了一种虚拟的网络集合。

⑤ 邮件服务器。为用户提供大文件的传输服务，应用范围非常广泛。

⑥ 万维网服务器。支持 TCP/IP 协议，提供各种 Internet 服务；支持 Java 应用开发工具，使局域网服务器成为 Web 服务器，全面支持 Internet 访问。

此外，还有代理服务器（Proxy Server）、终端仿真服务器（Telnet Server）、列表服务器

（List Server）、Internet 中继聊天服务器（IRC Server）等。

9.1.3 网络操作系统的组成

一种开放式的网络操作系统必须符合国际上公认的标准。在局域网条件下，网络操作系统只涉及 OSI/RM 的第 3 层～第 7 层，而第 1 层和第 2 层在网卡或网络设备上以硬件形式实现。一般局域网操作系统如图 9-4 所示。

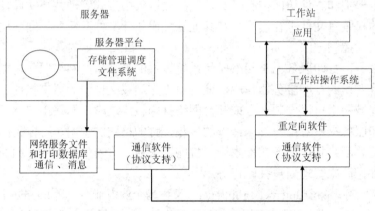

图 9-4　局域网的网络操作系统结构图

1．服务器操作系统

这部分是网络操作系统的核心，提供最基本的网络操作功能，如网络文件系统、内存管理、进程管理等。

2．工作站连接软件

该部分软件驻留在用户的工作站中，与工作站操作系统并存。工作站通过连接软件使用网络硬件，与其他工作站或服务器建立通信，连接软件还支持通信协议，以便通过网络发送请求或响应信息。

3．客户机/服务器程序

在客户机/服务器系统中，这部分软件是运行在服务器操作系统之上的。它主要通过工作站和服务器的协同工作方式完成网络的一些主要功能，如文件和记录锁定、SQL 查询共享、数据库服务、共享打印等。网络用户和管理员一般都是通过这些应用程序使用共享资源或对网络进行控制管理。共享目录、共享打印和共享文件也是通过服务器程序实现的。

目前，常用的网络操作系统有 Windows Server、UNIX 和 Linux。大多数网络都是采用这几种网络操作系统之一来构造的。Microsoft 公司的 Windows 不仅在个人操作系统中占有绝对的优势，在网络操作系统中也占有很大的份额。这类操作系统便于部署、管理和使用，深受企业的青睐；UNIX 版本较多，大多要与硬件相配套，一般提供关键任务功能的完整套件，在高端市场处于领先地位；Linux 凭借其开放性和高性价比等特点，近年来获得了长足发展，市场份额不断增加。

9.1.4　Windows 操作系统

1．Windows NT

Windows NT 可以说是发展最快的一种操作系统，其包括 Windows NT Server 和 Windows NT Workstation。它采用多任务、多流程操作以及多处理器系统（SMP）。在 SMP 中，工作量比较均匀地分布在各个 CPU 上，提供了良好的系统性能。Windows NT Server 是服务器软件，而 Windows NT Workstation 是客户机软件。Windows NT Server 操作系统的设计定位在高性能台式机、工作站、服务器，以及政府机关、大型企事业单位网络、异型机互连设备等多种应用环境中。

Windows NT 系列从第一代的 3.1 版发展到现在的 6.3 版，成为 Microsoft 公司具有代表性的网络操作系统。

（1）Windows NT 的组成

不管 Windows NT 操作系统的版本怎么变化，从它的网络操作与系统应用角度来看，有两个概念是始终不变的，那就是域模型和工作组模型。

域（Domain）是人为定义的一些逻辑上的小组，每台计算机可以属于其中一个或多个组。Windows NT 操作系统以"域"为单位实现对网络资源的集中管理。域是一个 Windows NT 网络管理的边界，每个域都有一个唯一的名称，并由一个域控制器（Domain Controller）对一个域的网络用户和资源进行安全管理。这种域模型采用的是客户机/服务器结构。Windows NT 服务器分为 3 种类型：主域控制器、后备域控制器与普通服务器。在一个 Windows NT 域中，只能有一个主域控制器，可以有多个后备域控制器与普通服务器。Windows NT 域的组成结构如图 9-5 所示。

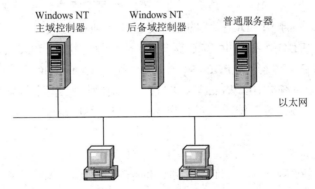

图 9-5　Windows NT 域的组成结构

工作组（Workgroup）是指为了"网络邻居"等应用浏览方便而定义的一些逻辑上的小组，每台计算机可以属于其中一个或多个组。属于同一组的计算机之间没有从属关系，每台计算机独立管理各自的数据信息。每台计算机的用户名和密码也是相互无关的，工作组模式适合小规模的网络。

（2）Windows NT 的特点

下面以 Windows NT 4.0 为主，简要介绍一下 Windows NT 的特点。

① 支持多 CPU 系统。CPU 的速度总是跟不上应用的需求。为了让计算机运算得更快，可增加 CPU 的数量。一个 Windows NT 服务器一般支持 2、4、6、8、16 个 CPU。多个处理器可分为对称和非对称两类。在非对称多处理器系统中，每一个 CPU 完成特定的功能。而在对称多处理器系统中，每个 CPU 完成的任务是由网络操作系统实时分配的。

② 体系结构的独立性。大多数操作系统在设计时都针对某一特定的 CPU，CPU 的字长、页面存储方式、高低字节排列和保护模式等特性都影响着操作系统的设计。为了达到体系结构的独立性，Windows NT 把与硬件有关的部分都单独放在一个称为硬件抽象层（Hardware Abstraction Layer，HAL）的层次中。这样，要在一种新的 CPU 上实现 Windows NT 时，只需重写 HAL 即可。

③ 支持多线程、多任务。Windows NT 操作系统无论是运行在单处理器还是多处理器系统上，都支持多线程、多任务处理。它具有抢占、分时、优先级驱动等功能。由于服务器要同时处理多用户的请求，必须创建多线程，因此，多线程技术对数据库服务程序是非常关键的。这样还可以使系统的资源消耗少、切换速度快、执行效率高。

④ 支持大的内存空间。Windows NT 通过虚拟内存技术，使用外部存储器（硬盘）模拟内存，可以提供 4GB 的内存空间。

⑤ 远程访问技术。Windows NT 服务器可配置为远程访问，接收远程客户的接入请求。

⑥ 基于域和工作组的管理功能。Windows NT 支持域和工作组的局域网模型，能够实现对多个服务器的安全控制。

Windows NT Server 采用域模型来建立网络安全环境，域控制器必须由安装和运行 Windows NT Server 的服务器来充当，域控制器可分成主域控制器（Primary Domain Controller，PDC）和备份域控制器（Backup Domain Controller，BDC）。对于一个域，PDC 是必需的，在 PDC 上存放有用户账户数据库和访问控制列表，由 PDC 对登录入网的用户实施身份验证和访问控制。对于一个域，BDC 不是必需的，可以根据需要安装或不安装 BDC。如果安装了 BDC，则 BDC 必须处于由 PDC 构成的域中而不能单独存在。PDC 将周期性地复制域账户数据库信息给 BDC，BDC 可以协助 PDC 进行身份验证，以减轻 PDC 的负担，并且在 PDC 发生故障时，可以将 BDC 升级为 PDC。一个域中可以有多个 BDC。

⑦ 可与其他操作系统共存。Windows NT 能与其他网络操作系统实现互操作，如 UNIX、Novel Netware、Macintosh 等系统，并对客户操作系统提供广泛支持。

2. Windows 2000

Windows 2000 是在 Windows NT 操作系统的基础上推出的操作系统。在 Windows 2000 家族中，包括 Windows 2000 Professional、Windows 2000 Server、Windows 2000 Advanced Server 与 Windows 2000 Datacenter Server 4 个版本，集成了最佳的网络、应用程序和 Web 服务，提供了一个高性能、高效率、高稳定性、高安全性、低成本、易于安装和管理的网络环境。另外，它与 Internet 充分集成，更容易在 Windows 2000 上提供 Internet 的解决方案，通过强大而又灵活的管理服务降低总体成本。

Windows 2000 是以 Windows NT 为内核推出的新一代图形界面操作系统平台。它除了保留了 NT 4.0 版本的特点外，还提供了许多新的结构，如活动目录、分布式文件系统（DFS）、管理控制台 MMC 等，以完善的兼容性和高效率的服务对从笔记本电脑到高端服务器的各种操作环境都给予了全面的支持。

3. Windows Server 2003

随着企业网络和 Internet 的应用越来越广泛和复杂，对网络操作系统或服务器操作系统提出了更高的要求，高性能、高可靠性和高安全性是其必备要素。如果说 Windows 2000 全面继承了 Windows NT 技术，那么 Windows Server 2003 则是依据.Net 架构对.Net 技术做了重要发展和实质性改进，凝聚了 Microsoft 公司多年来的技术积累，并部分实现了.Net 战略，或者说构筑了.Net 战略中最基础的一环。

Windows Server 2003 名称虽然沿袭了 Windows 家族的习惯用法,但从其提供的各种内置服务以及重新设计的内核程序来说，已经与 Windows 2000 有了本质的区别。Windows Server 2003 简体中文版包括 Windows Web、Windows Standard、Windows Enterprise、Windows Datacenter 4 个版本。

4. Windows Server 2008 R2

Windows Server 2008 R2 为 Windows Server 2008 的升级版本，它增加了硬件支持和虚拟化管理、硬件容错机制、随机分布地址空间、SMB2 网络文件系统、核心事务管理器、自修复 NTFS 和 Server Core 系统等新功能。

基于 64 位架构的 Windows Server 2008 R2 的负载能力大大增强，从性能和稳定性上都得到了提升。Windows Server 2008 R2 主要包括 Windows Server 2008 R2 Foundation（基础版）、Windows Server 2008 R2 Standard（标准版）、Windows Server 2008 R2 Enterprise（企业版）、Windows Server 2008 R2 Datacenter（数据中心版）4 个版本。

5. Windows Server 2012 R2

Windows Server 2012 R2 为 Windows Server 2012 的升级版本，是基于 Windows 8.1 界面的新一代 Windows 服务器操作系统，其核心版本号为 Windows NT 6.3，其应用功能涵盖服务器虚拟化、存储、软件定义网络、服务器管理和自动化、Web 和应用程序平台、访问和信息保护、虚拟桌面基础结构等，提供企业级数据中心解决方案。

Windows Server 2012 R2 在存储管理方面改进了群集共享卷和存储空间，新增存储分层、回写缓存、从存储池可用空间自动重建存储空间等功能；在虚拟化方面改进了虚拟桌面基础架构（VDI），以便轻松实现跨设备部署虚拟资源，新增第二代虚拟机便于动态迁移。Windows Server 2012 R2 主要包括 Windows Server 2008 R2 Foundation（基础版）、Windows Server 2012 R2 Standard（标准版）、Windows Server 2008 R2 Essentials（精华版）、Windows Server 2012 R2 Datacenter（数据中心版）4 个版本。

9.1.5 UNIX 网络操作系统

1. UNIX 操作系统的发展

UNIX 最早是指由美国贝尔实验室发明的一种多用户、多任务的通用操作系统。1968 年，Ken Thompson（科恩·汤普生）、Dennis Ritchie（丹尼斯·瑞奇）和 AT&T 贝尔实验室的人在进行关于 MULTICS 项目的研究工作时，完成了第一个命令解释器（Shell）和一些简单的文件处理工具。他们用 GE 系统为 PDP-7 进行交叉编译，写好了汇编器（Assembler）。这个系统就算得上是 UNIX 的雏形。1969 年，第一个 UNIX 诞生。当时，UNIX 支持的硬件均是 DEC 公司的 PDP-7，软件是 Ken Thompson 自己开发的。

早期的 UNIX 和现在的 UNIX 在框架上相似，而且有特殊的文件类型来支持目录和设备。Ken Thompson 开发的同时，Dennis Ritchie 等人也创建了一种新的编程语言，即现在的 C 语言。Ken 等人也就随着 C 语言的发展在 1973 年用 C 语言全部重新写了一遍 UNIX 的核心模块，包括 Shell，提高了系统的稳定性能，也使编程和调试变得容易得多了。后来，UNIX 替代了 PDP-11 上的 DEC 公司的操作系统，而 Ken 随后将 UNIX 的代码公布了。这对 UNIX 以后的发展起了很大的推动作用。1977 年，Interactive Systems 公司开始向用户出售 UNIX。这使 UNIX 成为了商业产品。

UNIX 是一个通用的多任务、多用户的操作系统，运行 UNIX 的计算机在同一时间能够支持多个计算机程序，其中典型的是支持多个登录的网络用户。UNIX 支持对用户的分组，系统管理员可以将多个用户分配在同一个工作组中。

UNIX 操作系统的核心是一个分时操作系统的内核。UNIX 操作系统控制着一台计算机的资源，并且将这些资源分配给正在计算机上运行的应用程序。外壳程序与用户进行交互，使用户能够运行程序、复制文件、登录或退出系统，以及完成一些其他的任务。外壳程序可以显示简单的命令行提示光标，或者显示一个有图标与窗口的图形用户界面。在这两种情况下，外壳程序与在 UNIX 上运行的应用程序一起利用内核提供的服务，对文件与外围设备进行管理。

2．UNIX 网络操作系统的特点

经过长期的发展和完善，UNIX 目前已经成为一种主流的操作系统技术和基于这种技术的产品大家族。由于 UNIX 具有技术成熟、可靠性高、网络和数据库功能强、伸缩性突出、开放性好等特色，可满足各行各业的实际需要，特别是能满足企业重要数据的需要，所以 UNIX 已经成为主要的工作站平台和重要企业的操作平台。

早期 UNIX 的主要特点是结构简练、便于移植和功能相对强大，经过多年的发展又形成了一些新的重要特点，主要包括以下几个方面。

（1）技术成熟，可靠性高。UNIX 是能达到主机可靠性要求的少数操作系统之一。目前，许多 UNIX 主机和服务器在国内外的大型企业中每天 24 小时、每年 365 天不间断地运行。

（2）极强的伸缩性（Scalability）。UNIX 系统是世界上唯一能在 PC、工作站直至巨型机上运行的操作系统，而且能在所有的主要体系结构上运行。

（3）网络功能强。UNIX 操作系统可以直接支持网络功能。TCP/IP 作为 UNIX 操作系统的核心协议，使得 UNIX 与 TCP/IP 共同得到了普及与发展。UNIX 服务器在 Internet 服务器市场中占 70%以上的市场份额。此外，UNIX 还支持其他常用的网络协议，如 NFS、DCE、IPX/SPX、SLIP、PPP 等，使得 UNIX 系统能方便地与已有的主机系统以及各种广域网和局域网相连。这也是 UNIX 具有出色的互操作性的根本原因。

（4）强大的数据库支持能力。由于 UNIX 具有强大的支持数据库能力和良好的开发环境，因此，多年来所有主要数据库厂商，包括 Oracle、Informix、Sybase、Progress 等，都把 UNIX

作为主要的数据库开发和运行平台，并创造出一个又一个性价比纪录。

（5）开发功能强。UNIX 系统从一开始就为软件开发人员提供了丰富的开发工具，成为工程工作站的首选和主要的操作系统的开发环境。可以说，工程工作站的出现和成长与 UNIX 是分不开的。

（6）开放性好。开放性是 UNIX 最重要的本质特征。开放系统概念的形成与 UNIX 是密不可分的。UNIX 是开放系统的先驱和代表。

9.1.6　Linux 操作系统

1．Linux 操作系统的发展

Linux 是一个免费的、提供源代码的操作系统。1992 年，Linux 由芬兰赫尔辛基大学的学生 Linux B.Torvolds（林纳斯·本纳第克特·托瓦兹）首创，后来在全世界各地由成千上万的 Internet 上的自由软件开发者协同开发，不断完善。经过多年的发展，它已经进入了成熟阶段，其价值已经被越来越多的人发现，并广泛地被应用到从 Internet 服务器到用户的桌面、从图形工作站到 PDA 的各种领域。Linux 下有大量的免费应用软件，从系统工具、开发工具、网络应用，到休闲娱乐、游戏等，性能价格比高。更重要的是，它是安装在 PC 上的最可靠的操作系统之一。

Linux 操作系统虽然与 UNIX 操作系统类似，但它并不是 UNIX 操作系统的变种。Torvalds 从开始编写内核代码时就仿效 UNIX，几乎所有 UNIX 的工具与外壳都可以运行在 Linux 上。因此，熟悉 UNIX 操作系统的人很容易掌握 Linux。Torvalds 将源代码放在芬兰最大的 FTP 站点上，并在此站点建立了一个 Linux 子目录来存放这些源代码，结果 Linux 这个名字就被使用起来。

Linux 是一个置于共用许可证（General Public License，GPL）保护下的自由软件。任何人都可以免费从分布在全世界各地的网站上下载。目前，Linux 的发行版本种类很多，如 Red Hat Hat Linux、Debian Linux、S.u.S.e Linux 等。我国国内也有自己发行的 Linux 版本，如幸福 Linux、红旗 Linux、蓝点 Linux、中软 Linux 等。

2．Linux 操作系统的特点

Linux 操作系统适合作为 Internet 标准服务平台。它以低价格、源代码开放、安装配置简单等特点，对广大用户有着较大的吸引力。目前，Linux 操作系统已开始应用于 Internet 中的应用服务器，如 Web 服务器、DNS 服务器、FTF 服务器等。

Linux 操作系统与其他操作系统的最大区别是 Linux 操作系统的源代码开放。正是因为这点，它才能够引起人们广泛的注意。Linux 操作系统主要有以下几个特点。

（1）不限制应用程序可用内存的大小。

（2）具有虚拟内存的能力。它可以利用硬盘来扩展内存。

（3）允许在同一时间内运行多个应用程序。

（4）支持多用户，在同一时间内可以有多个用户使用主机。

（5）具有先进的网络能力，可以通过 TCP/IP 协议与其他计算机互连，通过网络进行分布式处理，能够轻松提供 WWW、FTP、E-mail 等服务。在通信和网络功能方面，Linux 优于其他操作系统。

（6）置于 GPL 保护下，完全免费。用户可获得源代码，且可以随意修改它。

（7）系统由遍布全世界的开发人员共同开发，各使用者共同测试，因此对系统中的错误可以及时发现，修改速度极快。

（8）系统可靠、稳定，可用于关键任务。Linux 采取了许多安全技术措施，包括对读、写进行权限控制、带保护的子系统、审计跟踪、核心授权等。这为网络多用户环境中的用户提供了必要的安全保障。

（9）支持多种硬件平台。

（10）完全兼容 POSIX 1.0 标准，可用仿真器运行 DOS、Windows 等应用程序。

Linux 操作系统的不足是有太多的版本，且版本与版本之间不兼容。

9.1.7 Android 操作系统

Google 于 2007 年 11 月公布基于 Linux 平台的开源手机操作系统 Android（安卓）。Android 系统是一种基于 Linux 的自由及开放源代码的操作系统，主要适用于移动设备，如智能手机和平板电脑。Android 系统基于 Linux 内核设计。该系统由操作系统、中间件、用户界面和应用软件组成。它采用软件堆层（Software Stack）的架构，主要分为三部分。Android 操作系统具有源代码完全开放、多元化、应用程序间无界限、紧密结合 Google 应用和 Dalvik 虚拟机等特点。

Android 是一个开源的移动平台操作系统。作为一个运行于实际应用环境中的终端操作系统，Android 操作系统在其体系结构设计和功能模块设计上就将系统的安全性考虑其中，正常情况下可以有效地保护系统的安全不受侵害。Android 的安全机制是在 Linux 安全机制基础上发展和创新的，是传统的 Linux 安全机制和 Android 特有的安全机制的结合。Android 是一个支持多任务的系统，其安全机制依托于数字签名和权限，因此，系统中的应用程序之间一般是不可以互相访问的，每一个应用程序都有独立的进程空间。

9.1.8 iOS 操作系统

iPhone 手机的操作系统为 iOS 操作系统，其是由 Apple 公司为移动设备开发的操作系统。Apple 公司最早于 2007 年 1 月公布了 iOS。iOS 与 Apple 公司的 Mac OSX 操作系统一样，属于类 Unix 的商业操作系统。iOS 的系统架构分为四个层次：核心操作系统层、核心服务层、媒体层和可轻触层。iOS 的应用功能包括多语言功能、学习功能、全新的通知查看功能、智能语音控制功能、地图功能、音乐功能、新闻功能、智能家庭应用功能等。

Apple 公司对 iOS 系统采取闭源策略，使得研究人员对其安全机制的深入了解变得十分困难。经过多年研究，一些安全研究人员给出了 iOS 系统的安全机制、安全模型和一些数据保护机制的细节。但这些研究一方面只能通过逆向分析等方法来得到相关结果，而难以获取 iOS 系统内部的所有细节；另一方面，随着 iOS 系统的不断升级和更新，研究者也难以在短时间内掌握其改进和新机制的细节。

9.2 网络管理

网络管理是紧密地伴随着网络技术的发展而发展的，日益复杂的网络使得网络管理的范围和负担越来越大。网络管理系统会朝着综合化、标准比和智能化的力向发展。网络管理系统将会更多地分担网络管理员的工作，使得网络管理和网络设计更加方便，排除故障更加迅速。

9.2.1　网络管理概述

网络管理是指为保证网络系统能够持续、稳定、安全、可靠和高效地运行，对通信网上的通信设备及传输系统进行有效的监视、控制、诊断和测试所采用的技术和方法，也就是规划、监督、控制网络资源的使用和网络的各种活动，以使网络连续正常运行且性能达到最优。

1．网络管理的主要内容

网络管理主要涉及以下 3 个方面。

（1）网络服务：向用户提供新的服务类型，增加网络设备，提高网络性能。

（2）网络维护：网络性能监控，故障报警，故障诊断，故障隔离与恢复。

（3）网络处理：网络线路、设备利用率数据的采集、分析，以及提高网络利用率的各种控制。

2．网络管理的目的

网络管理可分为两类。第一类是网络应用程序、文件的使用和存取权限（许可）的管理，它们都是与软件有关的网络管理问题；第二类是构成网络的硬件的管理，包括服务器、工作站、路由器、网桥、网卡和集线器等网络硬件设备。

网络管理的总体目标是减少停机时间和响应时间，提高设备利用率；减少运行费用，提高效率；减少或消除网络"瓶颈"；适应新技术；使网络更容易使用和更安全。

从用户的角度来看，一个网络管理体系应该满足以下要求。

（1）同时支持网络监视和控制两方面的能力。

（2）能够管理所有的网络协议，容纳不同的网络管理系统。

（3）提供尽可能大的管理范围，并且应做到网络管理员可以从任何地方对网络进行管理。

（4）可以实现尽可能小的系统开销，提供较多网络管理信息。

（5）网络管理的标准化，可以管理不同厂家的网络设备，实现网络管理的集成。

（6）网络管理在网络安全性方面应能发挥更大的作用。

（7）网络管理应具有一定的智能，可以根据对网络统计信息的分析，发现并报告可能出现的网络故障。

3．网络管理系统的基本结构

网络管理系统中最重要的部分就是网络管理协议。它定义了网络管理器与被管代理间的通信方法。在一个网络的运行管理中，网络管理人员是通过网络管理系统对整个网络进行管理的。一个网络管理系统的基本结构包含以下 4 个部分。

（1）管理对象（Management Objects）。用户主机和网络互联设备等都被称为管理对象，如服务器、工作站、网关、路由器、网桥、集线器、交换机、网卡等，都具有一定的自治能力和相对独立的工作能力。这些管理对象都设计有相应的管理软件对本节点进行管理，包括本节点的系统参数配置、运行状态控制、安全访问控制、故障检测诊断、经过本节点的业务流量统计等。这些驻留在管理对象上，配合网络管理的处理实体就被称为代理（Agent）。

（2）管理进程（Manager）。每个网络都有一个负责对全网进行全面控制管理的软件，其驻留在管理节点上与管理员交互，被称为管理进程。这些软件将根据网络中的管理对象的变化而控制对这些对象的操作。

管理进程一般都位于网络系统的主要位置，负责发出管理操作的指令，接收来自代理的信息。代理接收管理进程的命令或信息，将这些命令和信息转换成本设备特有的指令，完成管理进程的指示，同时反馈管理进程所需要的各种设备参数。

（3）管理协议（Management Protocol）。管理进程和管理对象之间要交换信息。这种交换是通过管理协议来实现的。管理协议负责在管理系统和管理对象之间传递操作命令、解释管理操作命令等。

（4）管理信息库（Management Information Base，MIB）。网络中管理对象的各种状态参数值被存储在 MIB 中。MIB 在网络管理中起着重要的作用。通过 MIB，管理进程对管理对象的管理就简化成为管理进程对管理对象的 MIB 内容的查看和设置。

网络管理协议与管理信息库中的管理信息描述了所有被管对象及其属性值，使得网络管理的全部工作就是读取（get，对应于监视）或设置（set，对应于控制）这些对象信息及其属性值变量。

在网络管理过程中，使网络管理信息库中数据与实际网络设备的状态、参数保持一致的方法主要有两种，即事件驱动与轮询驱动。

9.2.2　OSI 网络管理功能域

为了实现不同网络管理系统之间的互操作，支持各种网络的互联管理的要求，OSI 网络管理标准定义了 5 个管理功能域。它们分别完成不同的管理。被定义的 5 个功能域只是网络管理的最基本功能，它们需要通过与其他开放系统交换管理信息来实现。在实际应用中，网络管理可能还包括一些其他的管理功能，如网络规划、网络操作人员的管理等。不过除了基本的 5 个网络管理功能外，其他网络管理功能的实现都与具体的网络实际条件有关。

OSI 网络管理标准的 5 个功能域是配置管理、故障管理、性能管理、安全管理和计费管理。

1．配置管理

配置管理（Configuration Management）是用来定义网络、识别初始化网络、配置网络、控制和检测网络中被管对象的功能集合。它包括客体管理、状态管理和关系管理 3 个标准，其目的是实现某个特定的功能或使网络性能达到最优。配置管理应具有随着网络变化，对网络进行再配置的功能。

要进行配置管理，就必须对设备的控制数据和端口进行访问。例如，作为网络管理员在对整个网络进行配置时，监控到某网段故障，就可以在远程对该网段进行配置。首先使该网段处于非工作状态，然后，利用网络管理员的权限，获取该网段设备的端口参数，与正确的端口参数比较，并修改和存储该端口参数，再重新激活该网段，使之处于正常的工作状态。

配置管理不只是对系统的设备要进行配置，对系统中运行的软件也需要进行监控。在进行配置管理时，有必要建立文档资料。文档资料能将系统的一切重要信息记录下来。重要信息除了包括网段、地址、功能、版本号、操作系统、端口参数、设备名称等初始化网络的信息，还包括其他网络管理的功能情况。无论是电子文档，还是硬拷贝，对于管理网络都是很有益处的。一旦网络系统故障或某系统崩溃，重新配置网段或对某网段设备进行正确的参数设置即可。

2．故障管理

故障管理（Fault Management）是网络管理最基本的功能之一，其功能主要是使管理中心能够实时监测网络中的故障，并能对故障原因做出诊断和进行定位，从而能够对故障进行排除或能够对网络故障进行快速隔离，以保证网络能够连续、可靠地运行。

故障管理即故障的检测、定位和恢复等，主要包括告警报告、事件报告管理、日志控制、测试管理、可信度及诊断测试 5 项内容。

3．性能管理

性能管理（Performance Management）以提高网络性能为准则，其目的是保证网络能在使用最少的网络资源和具有最小网络时延的前提下进行可靠、连续的通信。它具有监视和分析被管网络及其所提供服务的性能机制的能力，其性能分析的结果可能会触发某个诊断测试过程或重新配置网络以维持网络的性能。

4．安全管理

安全管理（Security Management）是对网络资源及其重要信息访问的约束和控制，包括验证网络用户的访问权限和级别，检测和记录未授权用户企图进行的不应有的操作，防止非法用户使用网络，提供信息的保密、认证和完整性保护机制，使网络中的服务、数据及系统免受侵扰和破坏。

系统管理员以权限方式控制非法用户的非授权访问，如果发现非法用户有访问企图，则立即通知网络管理员。要监控网络活动，必须对网络资源进行配置。远程登录定期访问服务器也是获取访问网络的用户名的简单方法之一，从中可以查出哪些用户在访问网络，哪些是正常用户，哪些是非法用户。

访问机制的管理和保护的主要内容通常包括安全结构的参数、安全管理协议、显示网络事件的应用程序、安全保护机制、对客户和最终用户进行合适的特许控制。

在网络管理中，只有对网络活动的全程进行监视，才能保障网络的安全。也就是说，只有对操作系统、物理层及协议都进行保护，才能实现安全功能。但这种安全的权限保护是建立在客观基础上的，而网络管理者要保护它的网络资源，只能通过对计算机和其他终端的保护来实现。

5．计费管理

计费管理（Accounting Management）主要记录用户使用网络情况和统计不同线路、不同资源的利用情况，正确地计算和收取用户使用网络服务的费用。同时，计费管理还要进行网络资源利用率的统计和网络的成本效益核算。这对一些公共商用网络尤为重要。计费管理功能还可以让网络管理者根据网络资源计价情况，决定一个用户可以使用或不可以使用何种服务。

以上 5 项管理相互协调，共同完成网络管理的任务。除此之外，通常网络管理的功能还要能实现系统管理，即对网络管理系统本身的管理，如系统性能的监测、系统故障处理、系统参数的配置等。

9.2.3　SNMP

SNMP（Simple Network Management Protocol，简单网络管理协议）在应用层上进行网络设备间通信的管理。它可以进行网络状态监视、网络参数设定、网络流量的统计与分析、网络故障检测等。SNMP 是最早提出的网络管理协议之一。它一经推出就得到了广泛的应用和支持，特别是很快得到了数百家厂商的支持，包括 IBM、HP 和 SUN 等大公司的支持。目前，SNMP 已经成为网络管理领域中的事实上的工业标准，大多数的网络管理系统和平台都是基于 SNMP 的。

1．SNMP 概述

为了有效地管理日益复杂和扩大的计算机网络系统，满足实际应用的需要，IAB 担负起了定义一种能尽快实际地实施开发的标准化网络管理框架的工作。1988 年，IAB 提出了基于 TCP/IP 的 SNMP。SNMP 于 1990 年成为因特网的正式标准（RFC 1157）。之后，IAB 将其修订为 SNMPv2，1999 年 4 月又提出了 SNMPv3。SNMPv3 最大的修改是定义了比较完善的安全模式，提供了基于视图的访问机制和基于用户的安全模型等安全机制。

SNMP 的基本功能是监视网络性能、检测分析网络差错和配置网络设备等，体系结构分为 SNMP 管理者（SNMP Manager）和 SNMP 代理（SNMP Agent），每一个支持 SNMP 的网络设备中都包含一个代理，此代理随时记录网络设备的各种情况，网络管理程序通过 SNMP 通信协议查询或修改代理所记录的信息。

SNMP 由一系列协议组和规范组成。它提供了从网络上的设备中收集网络管理信息的方法。从被管理设备中收集数据的方法有两种：一种是轮询（Polling-only）方法，另一种是基于中断（Interrupt-based）的方法。

SNMP 使用嵌入到网络设施中的代理软件来收集网络的通信信息和有关网络设备的统计数据。代理软件不断地收集统计数据，并把这些数据记录到一个管理信息库（MIB）中。网管员通过向代理的 MIB 发出查询信号可以得到这些信息。这个过程就叫轮询。

为了能全面地查看一天的通信流量和变化率，管理人员必须不断地轮询 SNMP 代理。显然这样的方式有很明显的缺陷，多久轮询一次、轮询时选择什么样的设备顺序都会对轮询的结果产生影响。轮询的间隔太小，会产生太多不必要的通信量；间隔太大，或轮询时顺序不当，关于紧急事件的通知又会太慢。也就是说轮询方式的实时性比较差。

基于中断（也可以称为自陷）的方法正好相反。当有异常事件发生时，基于中断的方法可以立即通知网络管理工作站，具有很强的实时性。但网络设备自身产生中断又会消耗它的系统资源，且当中断大量发生时，网络设备会受到很大影响。

通常的网络管理是以上两种方法的结合：面向自陷的轮询方法（Trap-directed Polling）。这可能是执行网络管理最有效的方法了。一般来说，网络管理工作站轮询被管理设备中的代理来收集数据，并且在控制台上用数字或图形的表示方法来显示这些数据。被管理设备中的代理可以在任何时候向网络管理工作站报告错误情况。

SNMP 的基本功能包括网络性能监控、网络差错检测和网络配置。SNMP 网络管理模型如图 9-6 所示。

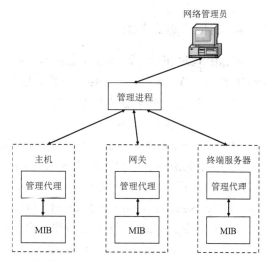

图 9-6 SNMP 网络管理模型

（1）网络管理站（Network Management Center，NMC）是系统的核心，负责管理代理（Agent）和管理信息库（Management Information Base，MIB）。它以数据报表的形式发出和传送命令，从而达到控制代理的目的。它与任何代理之间都不存在逻辑链路关系，因此网络系统负载很低。

（2）代理的作用是收集被管理设备的各种信息并响应网络中 SNMP 服务器的要求，把它们传输到中心的 SNMP 服务器的 MIB 数据库中。代理包括智能集线器、网桥、路由、网关及任何合法节点的计算机。

（3）MIB 负责存储设备的信息，它是 SNMP 分布式数据库的分支数据库。

（4）SNMP 用于网络管理站与被管设备的网络管理代理之间交互管理信息。网络管理站通过 SNMP 向被管设备的网络管理代理发出各种请求报文，网络管理代理则在接收这些请求后完成相应的操作。

2．SNMP 的特点

为了提高网络管理系统的效率，网络管理系统在传输层采用了用户数据报（UDP）协议。针对 Internet 的飞速发展及协议的不断扩充和完善，SNMP 具有如下特点。

（1）尽可能地降低管理代理的软件成本和资源要求。

（2）提供较强的远程管理功能，以对 Internet 网络资源进行管理。

（3）体系结构具备可扩充性，以适应网络系统的发展。

（4）协议本身具有较强的独立性，不依赖于任何厂商、任何型号和任何品牌的计算机、网络和网络传输协议。

（5）简洁清晰。

3．SNMP 操作命令

简洁清晰是 SNMP 最重要的一个特征。利用它，系统的负载可以减至最低限度。SNMP 的基本操作指令为存（存储数据到变量）和取（从变量中取数据）。在 SNMP 中，所有操作都可以看作是由这两种操作派生出来的。在 SNMP 中只定义了 4 种操作指令。

（1）取（get）：从代理那里取得指定的 MIB 变量的值。

（2）取下一个（get next）：从代理表中取得下一个指定的 MIB 的值。

（3）设置（set）：设置代理指定的 MIB 的变量值。

（4）报警（trap）：当代理发生错误时立即向网络管理站报警，无须等待接收方响应。

4．SNMP 的工作原理

SNMP 代理和管理站通过标准消息通信。这些消息中的每一个都是一个单个的包。因此，SNMP 使用 UDP 作为第 4 层传输协议。UDP 使用无连接的服务，因此 SNMP 不需要依靠在代理和管理站之间保持连接来传输消息。

SNMP 有 5 种消息类型。

（1）Get Request：SNMP 管理站使用 Get Request 从拥有 SNMP 代理的网络设备中检索信息。

（2）Get Response：SNMP 代理以 Get Response 消息响应 Get Request 消息。在这中间可以交换的信息很多，如系统的名字、系统自启动后正常运行的时间、系统中的网络接口数等。

（3）Get Next Request：Get Request 和 Get Next Request 结合起来使用可以获得表中的对象。使用 Get Request 可取回一个特定对象，而使用 Get Next Request 则是请求表中的下一个对象。

（4）Set Request：使用 Set Request 可以对一个设备中的参数进行远程配置。例如，Set Request 可以设置设备的名字，在管理上关闭一个端口或清除一个地址解析表中的项。

（5）Trap：SNMP 陷阱是 SNMP 代理发送给工作站的非请求信息。这些消息通知服务器发生一个特定的事件。例如，SNMP 陷阱消息可以被用来通知网络管理系统某个线路刚刚失败了，一个设备的磁盘空间已经接近于其最大容量或者一个用户刚刚登录到一台主机。

5．网络管理平台

大型综合网络中往往兼有多个厂商的网络设备，并且网络设备的种类和数量也很多。不同厂商自己开发的产品都会有一套自己特有的网络管理系统，以及各自的网络管理应用程序。这样，网络管理系统必须要不断适应新推出的产品需求。在一个大型综合网络中，如何把各应用系统统一为一个整体有机结合的应用系统？需要有一种标准。这就引出了开放的、统一的网络管理平台。

网络管理平台向上为各类专用网管提供了统一的标准应用程序接口（Application Programming Interface，API），各厂商的专用网管应用程序 API 及平台可直接管理设备，而不同网管应用程序可利用网管平台的资源实现横向集成和统一，并获得更高层次的统一管理方案。网管平台如图 9-7 所示。此外，平台厂商和用户也可利用 API 接口扩展网管功能。

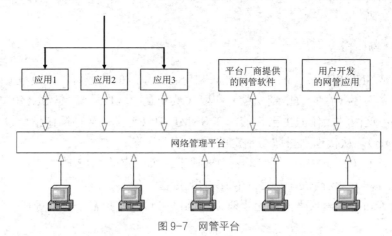

图 9-7　网管平台

　　网络管理平台本身是一个提供网管基本服务的软件，其一般由一些著名的厂商开发。目前比较流行的平台有 HP（惠普）的 Open View、SUN 的 Sun Net Manager、IBM 的 Net View、3Com 的 Transcend、Novell 的 NMS 和 Cisco 的 Cisco Works 2000 等。

　　网络管理平台能够支持各种专用应用程序共享平台的图形用户界面（Graphical User Interface，GUI）。平台为用户界面提供了基于 UNIX 和 Windows 的两类基本环境。基于 UNIX 的平台比基于 Windows 的平台具有更丰富的内容和更好的可伸缩性，但价格昂贵很多。

　　网络管理平台可以通过对 SNMP 各代理的轮询以及接收代理发来的事件报文来创建和维护各种类型的数据库。这时，网络管理平台所依据的内容包括网络设备的设置、状态、对象标志符、IP 地址和网络拓扑等，以及包括注册事件在内的各种事件、网络通信状态以及历史网络通信量等记录。网络管理平台除了能创建和维护数据库外，还能利用其具有的图形工具为用户界面显示网络拓扑结构图。

　　总之，各厂商的网络管理软件只是针对其特定的网络设备进行纵向管理。网络管理平台能与被管理的设备通信，访问 MIB，形成综合的数据库。各厂商的专用网管经过 API 接口进入平台进行横向交叉配合，并利用平台提供的数据库、图形工具和资源集成为更高层的统一管理方案。

9.3　网络安全概述

　　随着计算机网络在社会各个领域的广泛应用和迅速普及，网络在各种信息系统中的作用变得越来越重要，特别是 Internet 的发展使信息安全问题扩展到了世界范围。同时，信息安全的概念也发生了根本的变化。

9.3.1　网络安全的基本概念

　　同以前的计算机安全保密相比，计算机网络安全技术的问题要多得多，也复杂得多，涉及物理环境、硬件、软件、数据、传输、体系结构等各个方面。除了传统的安全保密理论、技术及单机的安全问题以外，计算机网络安全技术包括了计算机安全、通信安全、访问控制的安全，以及安全管理和法律制裁等诸多内容，并逐渐形成独立的学科体系。

1．计算机网络安全的定义

　　ISO 74982 文献中对安全的定义是："安全就是最大限度地减少数据资源被攻击的可能性。"

　　《中华人民共和国计算机信息系统安全保护条例》的第 3 条规范了包括计算机网络系统在内的计算机信息安全的概念："计算机信息系统的安全保护，应当保障计算机及其相关的配套设备、设施（含网络）的安全、运行环境的安全，保障信息的安全，保障计算机功能的正常发挥，以维护计算机信息系统的安全运行。"

　　从本质上讲，网络安全就是网络上的信息的安全，是指网络系统的硬件、软件和系统中的数据受到保护，不因偶然或者恶意攻击而遭到破坏、修改、泄露，系统连续、可靠地运行，网络服务不中断。从广义上讲，凡是涉及网络上的信息的保密性、完整性、可用性、可控性和不可否认性等的相关技术和理论都是网络安全需要研究的领域。

简单地说，在网络环境里的安全指的是一种能够识别和消除不安全因素的能力。在 Internet 中，网络安全的概念和日常生活中的安全一样经常被提及。其实网络安全是一门交叉学科，涉及多方面的理论和应用知识。除了数学、通信、计算机等自然科学外，还涉及法律、心理学等社会科学，是个多领域的复杂系统。网络安全所涉及的领域如图9-8所示。随着网络的应用范围越来越广泛，其涉及的学科领域可能会更广泛。

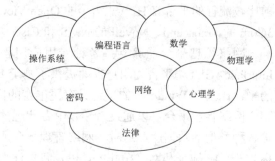

图 9-8　网络安全所涉及的领域

2. 计算机网络安全的重要性

计算机网络安全之所以重要，主要原因在于以下几个方面。

（1）计算机存储和处理的是有关国家安全的政治、经济、军事、国防的情况及一些机构的机密信息或是个人的敏感信息，因此成为不法分子的攻击目标。

（2）随着计算机系统功能的日益完善和速度的不断提高，系统组成越来越复杂、系统规模越来越大，特别是随着 Internet 的迅速发展，存取控制、逻辑连接数量不断增加，软件规模空前膨胀，任何隐含的缺陷、失误都能造成巨大损失。

（3）人们对计算机系统的需求在不断扩大。这类需求在许多方面都是不可逆转、不可替代的。

（4）随着计算机系统的广泛应用，各类应用人员的队伍迅速发展壮大，教育和培训却往往跟不上知识更新的需要，操作人员、编程人员和系统分析人员的失误和缺乏经验都会造成系统的安全功能不足。

（5）计算机网络安全问题涉及许多学科领域，既包括自然科学，又包括社会科学。就计算机系统的应用而言，安全技术涉及计算机技术、通信技术、存取控制技术、检验认证技术、容错技术、加密技术、防病毒技术、抗干扰技术、防泄露技术等，因此计算机网络安全是一个非常复杂的综合问题，并且其技术、方法和措施都要随着系统应用环境的变化而不断变化。

（6）从认识论的高度看，人们往往首先关注对系统的需要、功能，然后才被动地注意系统应用的安全问题，因此广泛存在着重应用轻安全、质量法律意识淡薄、计算机素质不高的现象。计算机系统的安全是相对不安全而言的，许多危险、隐患和攻击都是隐藏的、潜在的、难以明确却又广泛存在的。

学习计算机网络安全技术的目的不是把计算机系统武装到百分百安全，而是使之达到相当高的水平，使入侵者的非法行为变得极为困难、危险、耗资巨大，使其获得的价值远不及付出的代价高。

9.3.2　网络安全的需求特性

网络信息既有存储于网络节点上的信息资源，即静态信息，又有传播于网络节点间的信息，即动态信息。这些信息中有些是开放的，如广告、公共信息等；有些是保密的，如私人的通信信息、政府和军事部门的机密、商业机密等。网络安全一般是指网络信息的可用性（Availability）、完整性（Integrity）、保密性（Confidentiality and Privacy）、真实性（Authenticity）

和安全保证（Assurance）。

1．可用性

网络信息的可用性包括对静态信息的可得到和可操作性，以及对动态信息内容的可见性。安全系统能够对用户授权，提供某些服务，经过授权的用户可得到系统资源，避免拒绝授权访问或拒绝服务。

2．完整性

网络信息完整性是指保护信息在存储或传输时不被非授权用户修改或破坏，不出现信息包的丢失、乱序等。信息的完整性是信息安全的基本要求。破坏信息的完整性是影响信息安全的常用手段。

3．保密性

网络信息保密性是指保护信息不泄露给非授权用户。保密性要求在数据存储、处理和传输中，私有或秘密信息不会被泄露给未授权的个体。在一些组织中，往往更注重可用性和完整性，不是将保密性放在第一位。但对于某些系统或大多数系统中的特定数据（如认证数据）来说，保密性是非常重要的。

4．真实性

网络信息的真实性是指信息的可信度，对信息所有者或发送者的身份确认，包括可控性（Controllability）和可追踪性（Accountablity）。

可控性就是对信息及信息系统实施安全监控，可追踪性要求可以根据某个实体的行为唯一地追溯到该实体。可追踪性常常是一个组织的策略要求，它对行为的不可否认、非法行为的威慑、故障隔离、入侵检测和预防、故障的事后恢复和法律行为等提供直接支持。

5．安全保证

安全保证是技术和操作的安全措施。这类安全措施对系统及其处理的数据提供预定的保护。若提供了所有要求的安全功能并被正确实现，则有足够的措施来防止无意（由用户或软件造成）的错误，对于故意的渗透或旁路有足够的抵制，保证了其他 4 项安全目的（完整性、可用性、保密性和真实性）在一个具体实现中被充分满足。

安全保证是一种基本要素，若缺乏安全保证，则其他目的就不能被满足。但是，安全保证又是一个连续的统一体，不同的系统所需的保证总量是不一样的。

美国的计算机安全专家提出了一种新的安全框架。该框架具有保密性、完整性、可用性、真实性、实用性（Utility）和占有性（Possession），即在原来的基础上增加了实用性和占有性，认为这样才能解释网络安全问题。实用性是指信息加密的密钥不可丢失。丢失了密钥的信息就丢失了信息的实用性。占有性是指存储信息的节点、磁盘等信息载体不可被盗用，导致合法用户对信息占用权的丧失。保护信息占有性的方法有使用版权、专利、商业秘密性，提供物理和逻辑的存取限制方法，维护和检查有关盗窃文件的审计记录、使用标签等。

安全需求特性之间的关系如图 9-9 所示。

保密性依赖于完整性。如果系统的完整性丧失，则没有理由期望保密机制仍然有效。

完整性依赖于保密性。如果某项信息的保密性丧失（如超级用户口令丢失），则完整性机制很可能被绕过。

可用性和可追踪性依赖于保密性和完整性。如果某项信息的保密性丧失，则实现这两个项目的机制很容易被绕过；如果系统的完整性丧失，则对这些机制实现的有效性方面的信心也不复存在。

所有这些需求特性都依赖于安全保证。在设计一个系统时，设计者应定义并满足其

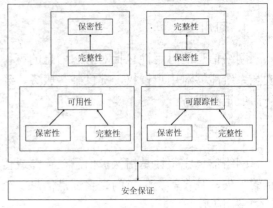

图 9-9 安全需求特性的相互依赖关系

他 4 个需求。对要保护的系统，不仅必须提供预定的功能，还要保证不会发生不希望的动作。

9.3.3 网络安全的威胁因素

网络威胁是指安全性受到潜在破坏。计算机网络所面临的攻击和威胁因素很多，主要来自人为和非人为因素。它们可能是有意的，也可能是无意的，也有可能是外来黑客对网络系统资源的非法使用。

网络安全的威胁因素如图 9-10 所示。

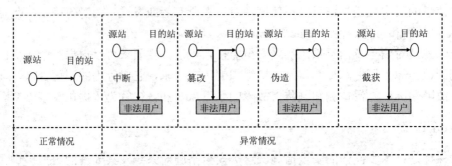

图 9-10 网络安全的威胁因素

（1）中断（Interruption）。以可用性作为攻击目标，它毁坏系统资源，切断通信线路，造成文件系统不可用。

（2）修改（Modification）。以完整性作为攻击目标，非授权用户不仅获得对系统资源的访问权限，而且对文件进行篡改，如改变数据文件中的数据或修改网上传输的信息等。

（3）伪造（Fabrication）。以完整性作为攻击目标，非授权用户将伪造的数据插入到正常系统中，如在网络上散布一些虚假信息等。

（4）截获（Interception）。以保密性作为攻击目标，非授权用户通过某种手段获得对系统资源的访问权限造成信息泄密，如信息被窃听。

此外，如果不合理地设定资源访问控制，一些资源有可能被偶然或故意地破坏；非法用户可能登录进入系统使用网络资源，造成资源的消耗，损害合法用户的利益；计算机病毒也严重威胁着网络安全。

9.3.4 网络安全系统的功能

由于网络安全攻击形式多，存在的威胁多，因此必须采取措施对网络信息加以保护，以使受到攻击的威胁减至最低。一个网络安全系统应具有如下的功能。

1．身份认证

身份认证就是识别和证实身份，其是验证通信双方身份的有效手段。它对于开放系统环境中的各种信息安全有重要的作用。用户向系统请求服务时，要出示自己的身份证明，如输入 User ID 和 Password 等。而系统应具备查验用户身份证明的能力，对于用户的输入，能够明确判别是否来自合法用户。

2．访问控制

访问控制是针对越权使用资源的操作防御措施，其基本任务是防止非法用户进入系统以及防止合法用户对系统资源的非法使用。在开放系统中，对网络资源的使用应制定一些规定，包括用户可以访问的资源和可以访问用户各自具备的读、写和其他操作的权限。

3．数据保密

数据保密是针对信息泄露的防御措施。它可分为信息保密、选择数据段保密与业务流保密等。数据保密性服务是为了防止被攻击而对网络传输的信息进行的保护。根据所传送的信息的安全要求，选择不同的保密级别。最高保密级别是保护两个用户之间在一段时间内传送的所有用户数据，同时也可以对某个信息中的特定域进行保护。

数据保密的另一个呈现形式是防止信息传输中的数据流被截获与分析。这就要求采取必要的措施，使攻击者无法检测到网络中传输信息的源地址、目的地址、长度及其他特性。

4．数据完整

数据完整是针对非法地篡改信息、文件和业务流而设置的防范措施，以保证资源的可获得性。数据完整性服务针对信息流、单个信息或信息中指定的字段，保证接收方所接收的信息与发送方所发送的信息是一致的，在传送过程中没有被复制、插入、删除等对信息进行破坏的行为。

数据完整性服务又可以分为有恢复和无恢复两类。因为数据完整性服务与信息受到主动攻击相关，因此数据完整性服务与预防攻击相比更注重信息一致性的检测。如果安全系统检测到数据完整性遭到破坏，则其可以只报告攻击事件发生，也可以通过软件或人工干预的方式进行恢复。

5．防抵赖

防抵赖是针对对方进行抵赖的防范措施，用来保证收发双方不能对已发送或已接收的信息予以否认。当发送方对发送信息的过程予以否认，或接收方对已接收的信息予以否认时，防抵赖服务可以提供记录，说明否认方是错误的。防抵赖服务对电子商务活动是非常有用的。

6. 密钥管理

密钥管理是以密文的方式在相对安全的信道上传递信息，可以让用户比较放心地使用网络。如果密钥泄露或居心不良者通过积累大量密文而增加密文的破译机会，就会对通信安全造成威胁。为对密钥的产生、存储、传递和定期更换进行有效控制而引入了密钥管理机制，其对提高网络的安全性和抗攻击性非常重要。

9.4 密码与信息加密

密码学是一门古老而深奥的学科，其对一般人来说是比较陌生的。长期以来，密码学只在很小的范围内使用，如军事、外交和情报等部门。计算机密码学是研究计算机信息加密、解密及其变换的科学，是数学和计算机的交叉学科，也是一门新兴的学科。随着计算机网络和计算机通信技术的发展，计算机密码学得到了前所未有的重视并迅速普及和发展起来。

由于 Internet 上存在许多不安全因素，信息加密是计算机网络安全很重要的一个部分。

9.4.1 密码学的基本概念

密码学有着悠久而灿烂的历史，在四千年前，古埃及人就开始使用密码来保密传递消息，而两千多年前，罗马国王 Julius Caesar（凯撒）就开始使用目前称为"凯撒密码"的密码系统。但是，密码技术直到 20 世纪 40 年代以后才有重大的突破和发展，特别是 20 世纪 70 年代后期，由于计算机、电子、通信等技术的广泛应用，现代密码学得到了空前的发展。

密码学是保密学的一部分。保密学是研究密码系统或通信安全的科学。它包含两个分支：密码学和密码分析学。密码学是对信息进行编码实现隐蔽信息的一门学问。密码分析学是研究分析破译密码的学问。两者相互独立，而又相互促进，正如病毒与反病毒技术一样。

当前，密码学已经得到了更加广泛深入的应用，其内容不仅是单一的加密和解密技术，还包括被有效地、系统地用于保证电子数据的保密性、完整性和真实性等。

1. 一般数据加密模型

采用密码技术可以隐藏和保护需要保密的消息，使未授权者不能提取信息。需要隐藏的消息称为明文，可用 M（Message，消息）或 P（Plaintext，明文）来表示。明文被变换成另一种隐蔽形式就称为密文（Ciphertext，C）。这种变换被称为加密。C 和 M 都是二进制数据，C 有时和 M 一样大，有时也可能稍大，而经过压缩后，C 还有可能比 M 小一些。

对明文进行加密时采用的一组规则称为加密算法（Encryption Arithmetic）。对密文解密时采用的一组规则称为解密算法（Decryption Arithmetic）。加密算法和解密算法通常都在一组密钥（Secret Key）的控制下执行。密钥决定了从明文到密文的映射，加密算法所使用的密钥称为加密密钥，解密算法所使用的密钥称为解密密钥。

实际上，密码算法很难做到绝对保密，因此现代密码学的一个基本原则是一切秘密寓于密钥之中。在设计加密系统时，加密算法是可以公开的，真正需要保密的是密钥。对于同一组密钥算法，密钥的位数越长，安全性也就越好。密钥空间（Key Space），即二进制 0、1 组合的数目越大，密钥的可能范围也就越大，那么截获者就越不容易通过蛮力攻击来破译，只好用穷举法对密钥的所有组合进行猜测，直到成功地解密。

传统的密码体制加密密钥和解密密钥相同，也被称为对称密码体制。如果加密密钥和解密密钥不相同，则相应的密码体制被称为非对称密码体制。

密码技术中的加密、解密的一般模型如图 9-11 所示。

加密函数 E（Encrypt）作用于 M 得到密文 C，用数学公式表示为 $E_K（M）=C$。

解密函数 D（Decrypt）作用于 C 得到明文 M，用数学公式表示为 $D_K（C）=M$。

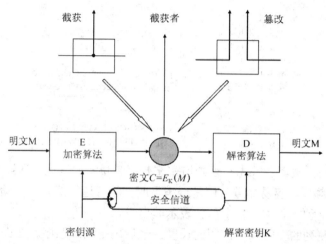

图 9-11　数据加/解密模型

先加密后解密消息，原始的明文将恢复出来，用数学公式表示为 $D（E_K（M））=M$。

2．基本的加密方法举例

在早期的常规密钥加密体中，有两种常用的加密方法，即置换密码和易位密码。

在置换密码（Substation Cipher）中，每个或每组字母由另一个或另一组伪装字母所替换。最古老的一种置换密码是由 Julius Caesar 发明的凯撒密码。这种密码算法对原始消息（明文）中的每一个字母都用该字母后的第 n 个字母来替换，其中 n 是密钥。例如，使加密小写字母向右移 3 个字母得到对应大写字母，即 a 换成 D、b 换成 E、c 换成 F、……、z 换成 C，这样，明文 attack 加密后形成的密文就是 DWWDFN。在此例中，密钥为 3。

由于凯撒密码的整个密钥空间只有 26 个密钥，只要知道加密算法采用的是凯撒密码，对其进行破译就是轻而易举的事了，因为破译者最多只需尝试 25 次就可以知道正确的密钥。对凯撒密码的一种改进方法是把明文中的字符换成另一个字符，如将 26 个字母中的每一个字母都映射成另一个字母。例如：

明文：a b c d e f g h i j k l m n o p q r s t u v w x y z

密文：Q B E L C D F H G I A J N M K O P R S Z U T W V Y X

这种方法称为单字母表替换，其密钥是对应于整个字母表的 26 字母串。按照此例中的密钥，明文 attack 加密后形成的密文是 QZZQEA。

采用单字母表替换时，密钥的个数有 26！ $=4×10^{26}$ 个。虽然破译者知道加密的一般原理，但其并不知道使用的是哪一个密钥，即使使用 1μs 试一个密钥，试遍全部密钥也要用 10^{13} 年的时间。

这似乎是一个很安全的系统，但破译者通过统计所有字母在密文中出现的相对频率，猜测常用的字母、2字母组、3字母组，了解元音和辅音的可能形式，就可逐字逐句地破解出明文。

易位密码（Transposition Cipher）只对明文字母重新排序，但不隐藏它们。列易位密码是一种常用的易位密码。该密码的密钥是一个不含任何重复字母的单词或词语。在本例中，密钥为 MEGABUCK，密钥的目的是对列编号。第1列在密钥中最靠近字母表头的那个字母之下，本例为 A，以此类推。明文按行（水平方向）书写，从第1列开始按列生成密文。

```
密码：MEGABUCK
列序号：74512836
       p l e a s e t r
       a n s f e r o n
       e m i l l i o n
       d o l l a r s t
       o m y s w i s s
       b a n k a c c o
       u n t s i x t w
       o t w o a b c d
```

明文：

pleasetransferonemilliondollarsto
myswissbankaccountsixtwotwo

密文：

AFLLSKSOSELAWAIATOOSSCTCLNMOMANT
ESILYNTWRNNTSOWDPAEDOBUOERIRICXB

要破译易位密码，破译者首先必须知道密文是用易位密码写的。通过查看 E、T、A、O、I、N 等字母的出现频率，容易知道它们是否满足明文的普通模式。如果满足，则该密码就是易位密码，因为在这种密码中，各字母就表示其自身。

破译者随后猜测列的个数，即密钥的长度，最后确定列的顺序。在许多情形下，从信息的上下文可猜出一个可能的单词或短语。破译者通过寻找各种可能性，常常能轻易地破解易位密码。

3．加密技术

数据加密技术可以分为3类，即对称型加密、不对称型加密和不可逆加密。

对称型加密使用单个密钥对数据进行加密或解密，其特点是计算量小、加密效率高。但是此类算法在分布式系统上使用较为困难，主要是密钥管理困难，从而使用成本较高，安全性能也不易保证。这类算法的代表是在计算机网络系统中广泛使用的 DES（Digital Encryption Standard，数据加密标准）算法。

不对称型加密算法也称公开密钥算法，其特点是有两个密钥（即公用密钥和私有密钥），只有两个密钥搭配使用才能完成加密和解密的全过程。由于不对称算法拥有两个密钥，所以它特别适用于分布式系统中的数据加密，在 Internet 中得到广泛应用。这时，公用密钥在网上公布，为数据发送方对数据加密时使用，而用于解密的相应私有密钥则由数据的接收方妥善保管。

不对称加密的另一用法称为"数字签名"（Digital Signature），即数据源使用其私有密钥对数据的校验和（Checksum）或其他与数据内容有关的变量进行加密，而数据接收方则用相应的公用密钥解读"数字签名"，并将解读结果用于对数据完整性的检验。在网络系统中得到应用的不对称加密算法有 RSA（Rivest-Shamir-Adleman）算法和美国国家标准局提出的 DSA（Digital Signatur Algorithm）算法。在分布式系统中应用不对称加密算法时，需注意的问题是如何管理和确认公用密钥的合法性。

不可逆加密算法的特征是加密过程不需要密钥，并且经过加密的数据无法被解密，只有同样的输入数据经过同样的不可逆加密算法，才能得到相同的加密数据。不可逆加密算法不存在密钥保管和分发问题，适合于在分布式网络系统上使用，但是其加密计算工作量相当大，所以通常用于数据量有限的情形下的加密，例如，计算机系统中的口令就是利用不可逆算法加密的。近来随着计算机系统性能的不断改善，不可逆加密的应用逐渐增加。在计算机网络中应用较多的有 RSA 公司发明的 MD5 算法和由美国国家标准局建议的可靠不可逆加密标准（Secure Hash Standard，SHS）。

加密技术被用于网络安全领域时的形式通常有两种，即面向网络和面向应用服务。

面向网络服务的加密技术通常工作在网络层或传输层，使用经过加密的数据包传送、认证网络路由及其他网络协议所需的信息，从而保证网络的连通性和可用性不受损害。在网络层上实现的加密技术对网络应用层的用户通常是透明的。此外，通过适当的密钥管理机制，使用这一方法还可以在公用的互联网络上建立虚拟专用网络，并保障虚拟专用网上信息的安全性。

面向应用服务的加密技术则是目前较为流行的加密技术，如使用 Kerberos 服务的 Telnet、NFS、rlogin 等，以及用作电子邮件加密的 PEM（Privacy Enhanced Mail，保密增强邮件）和 PGP（Pretty Good Privacy，一种好邮件加密软件包）。这一类加密技术的优点在于实现相对较为简单，不对电子信息（数据包）所经过的网络的安全性能提出特殊要求，对电子邮件数据实现了端到端的安全保障。

从通信网络的传输方面，数据加密技术还可分为链路加密方式、节点到节点加密方式和端到端加密方式 3 类。

链路加密方式是一般网络通信安全主要采用的方式。它在对网络上传输的数据报文进行加密时，不但对数据报文的正文进行加密，而且把路由信息、校验码等控制信息全部加密。所以，当数据报文传输到某个中间节点时必须被解密，以获得路由信息和校验码，进行路由选择、差错检测，然后再被加密，发送到下一个节点，直到数据报文到达目的节点为止。

节点到节点加密方式是为了解决在节点中的数据是明文的缺点，在中间节点里装有加密、解密的保护装置，由这个装置来完成一个密钥向另一个密钥的变换。这样，保护装置内和节点内都不会出现明文。但是这种方式和链路加密方式有一个共同的缺点：需要目前的公共网络的提供者配合，修改相关交换节点，增加安全单元或保护装置。

在端到端加密方式中，由发送方加密的数据在没有到达最终目的节点之前是不被解密的，加密、解密只在源节点、宿节点上进行。因此，这种方式可以按各种通信对象的要求改变加密密钥以及按应用程序进行密钥管理等，而且采用这种方式可以解决文件加密问题。

链路加密方式和端到端加密方式的区别是链路加密方式是对整个链路的通信采用保护措施，而端到端加密方式则是对整个网络系统采取保护措施。因此，端到端加密方式是将来的发展趋势。

4．密码分析

试图发现明文或密钥的过程称为密码分析。密码分析人员使用的策略取决于加密方案的特性和分析人员可用的信息。

密码分析的过程通常包括分析（统计所截获的消息材料）、假设、推断和证实等步骤。在通常情况下，分析人员可能根本就不知道加密算法，但一般可以认为已经知道了加密算法。

这种情况下，最可能的破译就是用蛮力攻击（或称为穷举攻击）来尝试各种可能的密钥。如果密钥空间很大，这种方法就行不通了。因此，必须依赖于对密文本身的分析，通常会对它使用各种统计测试。为了使用这种方法，人们必须对隐藏明文的类型有所了解，如英语或法语文本、Java 源程序清单、记账文本等。

只针对密文的破译是比较困难的，因为人们的可用信息量很少。但是，在很多情况下，分析者拥有更多的信息。分析者能够捕获一些或更多的明文信息及其密文，或者分析者已经知道信息中明文信息出现的格式。例如，Postscript 格式中的文件总是以同样的方式开始，或者电子资金的转账存在着标准化的报头或标题等。拥有了这些知识，分析者就能够在已知明文传送方式的基础上推导出密钥。

与已知明文的攻击方式密切相关的是词语攻击方式。如果分析者面对的是一般平铺直叙的加密消息，则其几乎不能知道消息的内容是什么。但是，如果分析者拥有一些非常特殊的信息，就有可能知道消息中其他部分的内容。例如，如果正在传送完整的记账文件，人们可能已经知道了文件标题中某些关键字的位置。再如，某公司开发的程序源代码可能会在某个标准位置含有版权声明。

如果分析者能够用某种方式进入源系统，并向系统中插入分析者自己选定的信息，就有可能选择明文方式的破译。一般来讲，如果分析者能够选择要加密的信息，就可能找到揭示密钥结构的模式。

9.4.2 对称加密算法

1. 对称加密技术的模型

对称加密也叫作常规加密或传统密码算法，加密密钥能够从解密密钥中推算出来，反之也成立。对称加密技术的模型如图 9-12 所示。

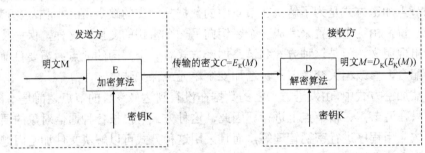

图 9-12　对称加密技术的模型

对称加密算法要求发送方和接收方在通信之前协商一个密钥，然后通过安全通道传送给对方。

对称加密算法的加/解密表示为 $D_K(E_K(M))=C$。

2. 对称加密的要求

（1）需要强大的加密算法。算法至少应该满足的条件是，即使对手拥有一些密文和生成密文的明文，也不能破译密文或发现密钥。

（2）确保密钥不发生泄露。对称算法的安全性依赖于密钥，由于至少有两个人持有密钥，所以任何一方都不能完全确定对方手中的钥匙是否已经透露给第三者。泄露密钥就意味着任何人都能对消息进行加密和解密，因此，对称加密的安全性取决于密钥的保密性，而不是算法的保密性。也就是说，即使知道了密文和加密及解密算法，解密消息也是不可能的。因此，不需要使算法是秘密的，而只需要对密钥进行保密即可。

对称加密的特点使它得到了广泛的应用。算法不需要保密的事实意味着制造商能够开发出实现数据加密算法的低成本芯片。这些芯片应用广泛，可以被结合到其他许多产品中。

3．一些常用的对称加密算法

最常用的加密方案是美国国家标准局在 1977 年采用的数据加密标准（Data Encryption Standard，DES）。它作为联邦信息处理第 46 号标准（FIPS PUB 46）被发布。1994 年，NIST 再次确定 DES 以 FIPS PUB 46-2 的名义供联邦再使用 5 年。算法本身以数据加密算法（Data Encryption Algorithm，DEA）被引用。DES 本身虽已不再安全，但其改进算法的安全性还是相当强的。

TDEA（三重 DEA，或称 3DES）最初是由 Tuchman（塔奇曼）提出的，其在 1985 年的 ANSI 标准 X9.17 中第一次对金融应用进行了标准化。在 1999 年，TDEA 被合并到数据加密标准中，文献号为 FIPS PUB 46-3。

RC5 是由 Ron Rivest（罗·李维斯特，公钥算法 RSA 的创始人之一）在 1994 年开发出来的，其前身 RC4 的源代码在 1994 年 9 月被人匿名张贴到 Cypherpunks 邮件列表中，泄露了 RC4 的算法。RC5 是在 RFC 2040 中定义的。RSA 数据安全公司的很多产品都已经使用了 RC5。

国际数据加密算法（International Data Encryption Algorithm，IDEA）完成于 1990 年，开始时被称为 PES（Proposed Encryption Standard）算法，其在 1992 年被命名为 IDEA。IDEA 算法被认为是当今最好、最安全的分组密码算法之一。

4．应用软件

DESXpress 是一款优秀的国产加密软件。该软件支持 DES、DES、GOST 和 TDEA，支持多文件打包。

9.4.3　非对称加密算法

1．基本概念

非对称加密又称为公开密钥加密（Public Key Encryption）。这项技术最初是由 Diffie（迪菲）和 Hellman（海尔曼）在 1976 年提出的，其涉及两种独立密钥的使用，而且这两种密钥总是成对生成的，一个作为公开密钥（简称公钥），另外一个作为私有密钥（简称私钥）。一个消息采用公钥加密后，只能采用私钥进行解密。非对称加密技术的模型如图 9-13 所示。

非对称算法的加/解密表示为 $D_{SK}(E_{PK}(M))=C$。

公钥加密算法可用于数据完整性、数据保密性、发送者不可否认和发送者认证等几个方面。

值得注意的是，公钥加密和常规加密这两种算法容易让人产生一些误解。例如，有观点认为公钥加密比常规加密更具有安全性。实际上，任何加密方案的安全性都依赖于密钥的长度和解密所需的计算工作量。从防止密码分析的角度来看，常规加密和公钥加密并没有任何一点能使一个比另一个优越。另一种错误观念认为公钥加密是一种通用机制，常规加密已经过时了。事实上，由于当前公钥加密算法中的额外开销，现在还没有任何迹象表明会放弃常规加密方案。此外，有人认为与常规加密进行密钥分发时比较麻烦，使用公钥加密进行密钥分发相对容易。实际上，使用公钥加密进行密钥分发还需要某种形式的协议，通常涉及中心代理，而且牵涉的步骤也丝毫不比常规加密简单或高效。

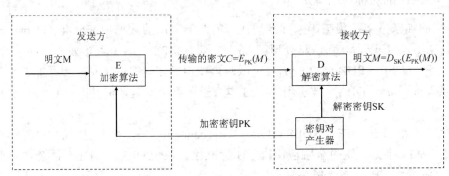

图 9-13　非对称加密技术的模型

2．一些常用的公钥体制

RSA 公钥体制是 1978 年由 Rivest（李维斯特）、Shamir（沙米尔）和 Adleman（艾德曼）提出的一个公开密钥密码体制。RSA 就是以其发明者名字的首字母命名的。RSA 体制被认为是迄今为止在理论上最为成熟、完善的一种公钥密码体制。该体制的构造基于欧拉定理，利用了如下的基本事实：寻找大素数是相对容易的，而分解两个大素数的积在计算上是不可行的。

RSA 算法的安全性建立在难以对大数提取因子的基础上。所有已知的证据都表明，大数的因子分解是一个极其困难的问题。

下面通过一个例子来说明 RSA 算法的基本思想，其加密、解密的过程如图 9-14 所示。

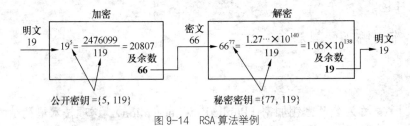

图 9-14　RSA 算法举例

为了产生两个密钥，选取两个最大素数 p、q。为简便起见，设 $p=7$，$q=17$。

$$n=p \times q=119$$
$$\phi(n)=(p-1)(q-1)=96$$

从[0，95]中随机选取一个正整数 e，$1 \leqslant e < \phi(n)$，且 e 与 $\phi(n)$ 互素。选 $e=5$，最后计算出满足 $e \times d=1 \bmod \phi(n)r$ 的 $d=77$。

于是得到公开密钥 $PK=(e, n)=\{5, 119\}$，而秘密密钥 $SK=(d, n)=\{77, 119\}$。

对明文进行加密，首先将明文划分成若干个分组，使得每个明文分组的二进制值不超过 n，即不超过 119。现在假设明文 $X=19$。

用公开密钥加密，先计算 $X^e = 19^5 = 2\,476\,099$，再除以 119，得出商为 20 807，余数为 66。这就是对应于明文 19 的密文 Y 的值，即 $Y=X^e \bmod n=66$，密文为 66。

用秘密密钥 $SK = \{77，119\}$ 进行解密时，先计算 $Y^d = 66^{77} = 1.27\cdots \times 10^{140}$，再除以 119，得出商为 $1.06\cdots \times 10^{138}$，余数为 19，此余数即解密后应得出的明文 X，即 $X=Y^d \bmod n=19$，明文为 19。

当 e、d 选出来后，p、q 不再需要，可以将其销毁，但不能泄露。在实际应用中，p 和 q 将是非常大的素数（上百位的十进制数），这样通过 n 找出 p 和 q 的难度将非常之大，甚至接近不可能。因此，这种大数分解素数的运算是一种单向运算，单向运算的安全性就决定了 RSA 算法的安全性。

与对称密码体制（如 DES）相比，RSA 的缺点是加密、解密的速度太慢。因此，RSA 体制很少用于数据加密，而多用在数字签名、密钥管理和认证等方面。

1985 年，Elgamal（盖莫尔）构造了一种基于离散对数的公钥密码体制。这就是 Elgamal 公钥体制。Elgamal 公钥体制的密文不仅依赖于待加密的明文，而且依赖于用户选择的随机参数，即使加密相同的明文，得到的密文也是不同的。由于这种加密算法的非确定性，又称其为概率加密体制。在确定性加密算法中，如果破译者对某些关键信息感兴趣，则其可事先将这些信息加密后存储起来，一旦以后截获密文，就可以直接在存储的密文中进行查找，从而求得相应的明文。概率加密体制弥补了这种不足，提高了安全性。

与既能用作公钥加密，又能用作数字签名的 RSA 不同，Elgamal 签名体制是在 1985 年仅为数字签名而构造的签名体制。NIST 采用修改后的 Elgamal 签名体制作为数字签名体制标准。破译 Elgamal 签名体制等价于求解离散对数问题。

背包公钥体制是 1978 年由 Merkle（默克尔）和 Hellman（海尔曼）提出的。背包算法的思路是假定某人拥有大量的物品，重量各不相同。此人通过秘密地选择一部分物品并将它们放到背包中来加密消息。背包中的物品总重量是公开的，所有可能的物品也是公开的，但背包中的物品却是保密的。附加一定的限制条件，给出重量，而要列出可能的物品，在计算上是不可实现的。这就是公开密钥算法的基本思想。

大多数公钥密码体制都会涉及高次幂运算，不仅加密速度慢，而且会占用大量的存储空间。背包问题是熟知的不可计算问题。背包体制以其加密、解密速度快而引人注目。但是，大多数一次背包体制均被破译了，因此很少有人使用它。

目前许多商业产品采用的公钥算法还有 Dime-Hellman 密钥交换、数据签名标准和椭圆曲线密码术等。

9.4.4　报文鉴别

在计算机网络安全领域中，为了防止信息在传送的过程中被非法窃听，可采用数据加密技术对报文进行加密。另一方面，为了防止信息被篡改或伪造，使用了鉴别技术。

鉴别是指信息的接收者对数据进行的验证。报文鉴别（Message Authentication）就是保证信息在网络传输过程中能够保证数据的真实性和完整性，即数据确实来自于其真正的发送者而非假冒，数据的内容没有被篡改或伪造。

1. 基本原理

现在通常采用报文摘要（Message Digest）算法来实现报文鉴别。报文鉴别的模型如图 9-15 所示。

（1）发送方 A 将长度不定的报文 M 经过报文摘要算法（又称 MD 算法）运算后，得到长度固定的报文 $H(m)$。$H(m)$ 被称为报文摘要。

（2）使用发送方的私钥 SKA 对报文 $H(m)$ 进行加密，生成报文摘要密文 $E_{SKA}(H(m))$，并将其拼接在 M 上，一起发送到接收方 B。

（3）接收方 B 收到报文 M 和报文摘要密文 $E_{SKA}(H(m))$ 后，使用对应的发送方 A 的公钥 PKA 将其解密 $D_{PKA}(E_{SKA}(H(m)))$，还原为 $H(m)$。

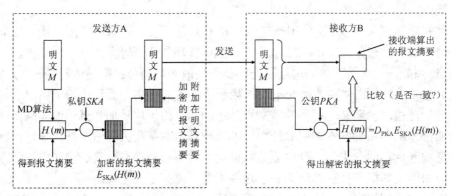

图 9-15 报文鉴别的模型

（4）接收方 B 将接收到的报文 M 经过 MD 算法运算得到报文摘要，将该报文摘要与（3）中解得的 $H(m)$ 比较，判断两者是否相同，从而判断接收的报文是否是发送端发送的。

这样，只对长度较短的报文摘要 $H(m)$ 进行加密，而不是对整个报文 M 进行加密，提高了计算效率，而达到了同样的效果。

虽然利用前面介绍过的数据加密技术对报文进行加密也可以达到防止被其他人篡改和伪造的目的，但是为了提高计算效率，一般采用报文鉴别技术。因为在特定的计算机网络应用中，许多报文是不需要进行加密的，而仅仅是要求报文不被伪造或篡改。例如，上网的注意事项报文，就不需要加密，而只要保证其完整性和不被篡改即可；再如，网上电子商务交易的合同书，本身对双方就是公开的，也不需要加密，只需要保证其真实性和不可抵赖性，如果对这样的报文也进行加密，将大大增加计算开销，这是不必要的，所以只需要采用相对简单的报文鉴别算法就可以达到目的。

2. 数字签名

数字签名（Digital Signature）可解决手写签名中的签字人否认签字或其他人伪造签字等问题，被广泛应用于银行的信用卡系统、电子商务系统、电子邮件等需要验证、核对信息真伪的系统中。

防抵赖、防篡改和防伪造特性是报文鉴别的主要特性。发送方私钥加密的信息摘要也称为数字签名，即 $E_{SKA}(H(m))$。由于私钥 SKA 是唯一的，持有者只有发送方自己，因此，接收方 B 只需用将接收方的报文摘要 $H(m)$ 和接收方解密的报文摘要 $D_{PKA}(E_{SKA}(H(m)))$ 进行比较即可。若相同，则说明对应的公钥 PKA 解开了对应私钥 SKA 加密的信息。因此，接收方能够验证发送方对报文的签名，接收方自己不能伪造对报文的签名，同时，发送方事后也不能抵赖对报文的签名。

数字签名的功能是证明信息的来源：收信者可判定信息内容是否被篡改；发信者无法否认曾经发过信息；一旦收发方出现争执，仲裁者可有充足的证据进行评判。

3．CA 认证

在进入网络时代后，许多企业、部门或个人可能会遇到这样的问题：在网上纳税时，怎样有效地表明企业的身份？在内部进行网络管理时，怎样在网上确认员工的身份？在网上交易时，对方发出的信息是否真实？

CA（Certificate Authority）即证书授权中心，也称为认证中心。在网上进行电子交易时，商户需要确认持卡人是不是信用卡或借记卡的合法持有者，同时，持卡人也要能够鉴别商户是不是合法商户，是否被授权接受某种品牌商品的信用卡或借记卡支付。为处理类似问题，就需要有一个大家都能信赖的机构来发放一种证书，即数字证书。它是参与网上交易活动的各方（如持卡人、商家、支付网关）的身份证明。CA 认证中心作为权威的、可信赖的、公正的第三方，是发放、管理、废除数字证书的机构。

数字证书具有保证信息的保密性、保证信息的完整性、保证交易者身份的真实性和保证不可否认四大主要功能。

9.5　防火墙技术

防火墙（Firewall）就像一个重要单位的门卫一样，要求来访者填上自己的姓名、来访目的和拜访何人等，虽手续烦琐，但却是必要的。防火墙是保证企业内部网络安全的第一道关卡。

9.5.1　防火墙概述

1．基本概念

防火墙是设置在不同网络（如可信任的企业内部网和不可信的公共网）或网络安全域之间的一系列部件的组合。它可通过监测、限制、更改跨越防火墙的数据流，尽可能地对外部屏蔽网络内部的信息、结构和运行状况，以此来实现网络的安全保护。

防火墙是用来连接两个网络并控制两个网络之间的相互访问的系统，如图 9-16 所示。它包括用于网络连接的软件和硬件以及控制访问的方案，用于对进出的所有数据进行分析，并对用户进行认证，从而防止有害信息进入受保护网，为网络提供安全保障。

防火墙通过逐一审查收到的每个数据包，判断它是否有相匹配的过滤规则，其是一类防范措施的总称。这类防范措施中，简单的可以只用路由器实现，复杂的可以用主机甚至一个子网来实现。它可以在 IP 层设置屏障，也可以用应用层软件来阻止外来攻击。在逻辑上，防火墙是一个分离器，一个限制器，也是一个分析器。它有效地监控了内部网和 Internet 之间的任何活动，保证了内部网络的安全。

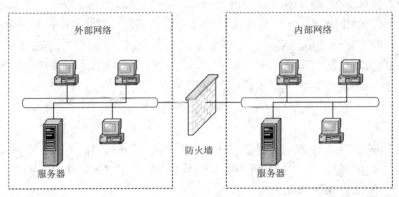

图 9-16　防火墙的位置与作用

　　Internet 防火墙是一个或一组系统。该系统可以设定哪些内部服务可以被外界访问，外界的哪些人可以访问内部的哪些服务，以及哪些外部服务可以被内部人员访问。要使一个防火墙有效，所有来自和去往 Internet 的信息都必须经过防火墙的检查。防火墙必须只允许授权的数据通过，并且本身必须能够免于渗透。除了安全作用，防火墙还支持具有 Internet 服务特性的企业内部网络技术体系 VPN（Vitual Private Network，虚拟专用网）。

2．防火墙的发展历程

　　防火墙技术的发展历程大致可分为以下 4 个阶段。
　　（1）包过滤防火墙
　　第一代防火墙技术几乎与路由器同时出现，采用了包过滤（Packet Filtering）技术。由于多数路由器中本身就包含分组过滤功能，因此，网络访问控制可通过路由器来实现，从而使具有分组过滤功能的路由器成为第一代防火墙产品。
　　（2）代理防火墙
　　1989 年，贝尔实验室的 Dave Presotto（戴夫·普雷索托）和 Howard Trickey（霍华德·特里奇）推出了第二代防火墙，即电路层防火墙。同时他们还提出了第三代防火墙——应用层防火墙（代理防火墙）的初步结构。代理防火墙工作在应用层，能够根据具体的应用对数据进行过滤或者转发，也就是常说的代理服务器、应用网关。这样的防火墙彻底隔断内部网络与外部网络的直接通信（内部网络的用户对外部网络的访问变成防火墙对外部网络的访问），然后再由防火墙把访问的结果转发给内部网络用户。
　　（3）动态包过滤防火墙
　　动态包过滤防火墙又称第四代防火墙。1992 年，USC 信息科学院的 Bob Braden（鲍勃·布莱登）开发了基于动态包过滤（Dynamic Packet Filter）技术的第四代防火墙，后来其演变为目前所说的状态监视（Stateful Inspection）技术。1994 年，以色列的 CheckPoint 公司开发出了第一个采用这种技术的商业化的产品。
　　根据 TCP 协议，每个可靠连接的建立需要建立 3 次握手；数据包并不是独立的，而是前后之间有着密切的状态联系。状态检测防火墙就是基于这种连接过程，根据数据包的状态变化来决定访问控制策略。

（4）自适应代理防火墙

1998 年，NAI 公司推出了一种自适应代理（Adaptive Proxy）技术，并在其产品 Gauntlet Firewall for NT 中得以实现，给代理类型的防火墙赋予了全新的意义，可以称之为第五代防火墙。自适应防火墙结合了代理防火墙的安全性和包过滤防火墙的高速度等优点，实现了 OSI/RM 中第 3~7 层自适应的数据过滤。

3．防火墙的优点

传统的子网系统是暴露在外的，容易受到网络上其他地方的主机系统的试探和攻击。在没有防火墙的环境中，网络的安全性完全依赖于主机系统的安全性。引入防火墙的好处有以下几点。

（1）保护脆弱的服务。通过过滤不安全的服务，防火墙可以极大地提高网络安全性和减少子网中主机的风险。

（2）控制对系统的访问。防火墙可以提供对系统的访问控制，如允许从外部访问某些主机，同时禁止访问另外的主机。

（3）集中的安全管理。防火墙对企业内部网实现集中的安全管理，防火墙定义的安全规则可以运行于整个内部网络系统，而无须在内部网每台机器上分别设立安全策略。防火墙可以定义不同的认证方法，而不需要在每台机器上分别安装特定的认证软件。外部用户也只需要经过一次认证即可访问内部网。

（4）增强的保密性。使用防火墙可以阻止攻击者获取攻击网络系统的有用信息，如禁止 Finger 和 DNS 服务。Finger 会列出当前用户名单、用户上次登录的时间、是否读过邮件等信息。Finger 会不经意地泄露系统的使用频率。防火墙封锁 DNS 域名服务信息，从而使 Internet 外部主机无法获取站点名和 IP 地址。

（5）记录和统计网络利用数据以及非法使用数据的情况。防火墙可以记录和统计通过防火墙的网络通信，提供关于网络使用的统计数据，以便判断可能的攻击和探测。

（6）策略执行。防火墙提供了制定和执行网络安全策略的手段：没有设置防火墙时，网络安全取决于每台主机的用户；设置防火墙后，防火墙可以执行网络访问策略，向用户和服务提供访问控制。

4．防火墙的局限性

防火墙并非万能，其只是网络安全防范策略的一部分。影响网络安全的因素很多，防火墙对以下情况无能为力。

（1）防火墙无法阻止绕过防火墙的攻击。例如，如果允许从受保护网内部不受限制地向外拨号，一些用户可以形成与 Internet 的直接连接，从而绕过防火墙，造成一个潜在的后门攻击渠道。

（2）防火墙无法阻止来自内部的威胁，以及内部用户与外部人员的联合攻击。由于内部人员了解更多的信息，即使是屏蔽子网模式的防火墙也惧怕内部作案。

（3）防火墙无法防止病毒感染程序或文件的传输。这个功能要靠在每台计算机上安装反病毒软件。

（4）防火墙不能防止数据驱动式攻击。例如，当有些表面看来无害的数据被邮寄或复制到 Internet 主机上并被执行时，就会发生数据驱动式攻击。

（5）为了提高安全性，防火墙要求限制或关闭一些有用但存在安全缺陷的网络服务，给用户带来使用上的不便。

（6）作为一种被动防护手段，防火墙不能防范 Internet 上不断出现的新威胁手段和新的攻击方法。防火墙只能对付已知安全威胁和攻击方法，因此，不能指望配置一次防火墙就可以永远高枕无忧，而是需要不断地升级和不断地投入经费。

Internet 防火墙不仅仅是路由器、堡垒主机或任何提供网络安全的设备的组合。它还是安全策略的一个部分。安全策略建立了全方位的防御体系来保护机构的信息资源，包括用户应有的责任、公司规定的网络访问、服务访问、本地和远程的用户认证、磁盘和数据加密、病毒防护措施、雇员培训等。所有可能受到网络攻击的地方都必须以同样的安全级别加以保护。如果仅仅设立防火墙系统，而没有全面的安全策略，那么防火墙就形同虚设。

9.5.2 防火墙的主要类型

一般来说，只有在内部网与外部连接时才需要防火墙，当然。在内部网不同的部门之间的网络有时也需要防火墙。不同的连接方式和功能对防火墙的要求也不一样。为了满足各种网络连接的要求，目前防火墙按照防护原理总体上可以分为网络级防火墙、应用级防火墙和电路级防火墙 3 种类型。每类防火墙保护内部网的方法不尽相同。

1. 网络级防火墙

网络级防火墙也称包过滤防火墙，是在网络层对数据包进行选择，通常由一部路由器或一部充当路由器的计算机构成。

IP 数据包是网上信息流动的基本单位。它由数据负载和协议报头两个部分组成，两个网络之间的数据传送都要经过防火墙。包过滤作为最早、最简单的防火墙技术，正是基于协议的内容进行过滤的。包过滤规则一般是基于部分或全部报头的内容，通过检查数据流中每一个数据包的源地址、目的地址、协议类型、端口号等或它们的组合来确定是否允许该数据包通过。包过滤路由器按照系统内部设置的包过滤规则（即访问控制表）来决定阻塞或放行数据包。包过滤路由器的结构如图 9-17 所示。

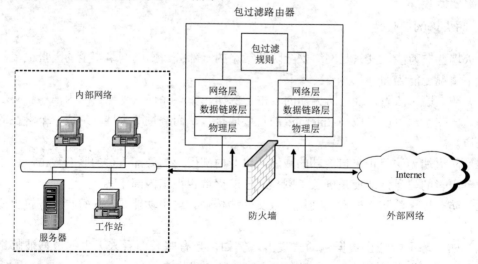

图 9-17　包过滤路由器的结构

包过滤技术比较容易实现，处理速度比代理服务器快，而且包过滤路由器在价格上要比代理服务器便宜，其在小规模网络中能较好地发挥作用。一般情况下，人们不单独使用包过滤网关，而是将它和其他设备（如堡垒主机）联合使用。

包过滤防火墙是一种基于网络层的安全技术，对应用层上的黑客行为无能为力。这一类的防火墙产品主要有：防火墙路由器、在充当路由器的计算机上运行的防火墙软件等。

2. 应用级防火墙

应用级防火墙也称应用级网关（Application Level Gateways）防火墙。它在网络应用层上建立协议过滤和转发功能。它针对特定网络应用服务协议使用指定的数据过滤逻辑，并在过滤的同时，对数据包进行必要的分析、登记和统计，形成报告。实际中的应用网关通常安装在专用工作站系统上。应用级网关的结构如图 9-18 所示，应用程序包括 FTP、HTTP、SMTP、Telnet 等。

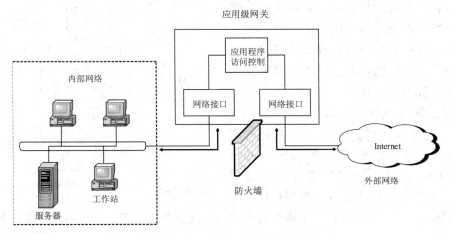

图 9-18　应用级网关的结构

应用级防火墙通常是指运行代理（Proxy）服务器软件的一部计算机主机。采用应用级防火墙时，内部网络与外部网络是通过代理服务器连接的，二者不存在直接的物理连接；代理服务器的工作就是复制一个独立的报文，然后从一个网络传输到另一个网络。这种方式的防火墙模式提供了较先进的安全机制，其将 Intranet 与 Internet 物理隔开，能够满足高安全性的要求。但代理服务器软件必须分析网络数据包并做出访问控制决定，从而影响了一些网络的性能。应用级防火墙的工作原理如图 9-19 所示。

3. 电路级防火墙

电路级防火墙也称电路层网关型防火墙。它监视两台主机建立连接的握手信息，从而判断请求是否合法。它就像电线一样，只是在内部连接和外部连接之间来回复制字节。但是由于连接时要穿过防火墙，所以它隐藏了受保护网络的有关信息。

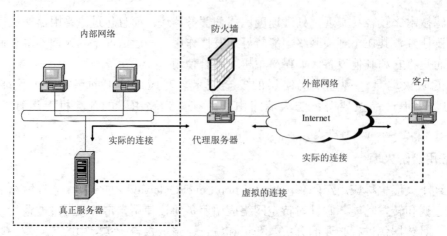

图 9-19　应用级防火墙的工作原理

与应用级防火墙相似，电路级防火墙也是代理服务器，只是它不需要用户配备专门的代理客户应用程序。电路级防火墙和包过滤防火墙有一个共同特点：依靠特定的逻辑连接来判断是否允许数据通过。不过，包过滤防火墙允许计算机系统建立直接连接，而电路级网关无法直达。电路级防火墙的工作原理如图 9-20 所示。

电路级网关不允许进行端点到端点的 TCP 连接，而是建立两个 TCP 连接，一个在网关和内部主机上的 TCP 用户程序之间，另一个在网关和外部主机的 TCP 用户程序之间。一旦建立两个连接，网关通常就只把 TCP 数据包从一个

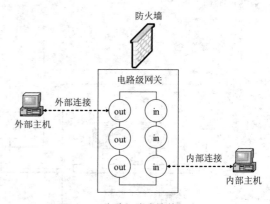

图 9-20　电路级防火墙的工作原理

连接转送到另一个连接中去，而不检查其中内容，其安全功能就是确定哪些连接是允许的，因此安全性较低。

9.5.3　防火墙的体系结构

构建防火墙系统是为了最大程度地保护内部网络的安全，前面提到的防火墙的 3 种类型也各有其优缺点。若将它们正确地组合使用，则会形成比较典型的双宿主机、屏蔽主机和屏蔽子网 3 种体系结构。

1．双宿主机体系结构

双宿主机体系结构又称双宿网关防火墙。它是一种拥有两个或多个连接到不同网络上的网络接口的防火墙，通常用一台装有两块或多块网卡的堡垒主机（Base Host）作为防火墙。所谓堡垒主机，是一种配置了较为全面的安全防范措施的网络上的计算机。在该结构中，堡垒主机被防火墙管理员认为是最强壮的系统。一般情况下，堡垒主机可作为应用层网关的平台。

堡垒主机上的两块或多块网卡各自与受保护的内网、外网相连，其体系结构如图 9-21 所

示。这种防火墙的特点是主机的路由功能是被禁止的，两个网络之间的通信通过应用层代理来实现。

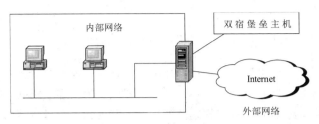

图 9-21　双宿主机防火墙体系结构

2．屏蔽主机体系结构

双宿主机体系结构提供与多个网络相连的主机服务，但是路由关闭，否则从一块网卡到另外一块网卡的通信会绕过代理服务软件，但是屏蔽主机体系结构通过一个单独的路由器提供仅仅与内部网络相连的堡垒主机的服务。在这种安全体系结构中，主要的技术是包过滤。屏蔽主机的体系结构如图 9-22 所示。

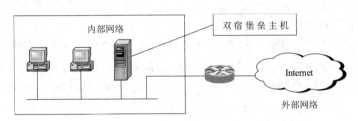

图 9-22　屏蔽主机防火墙体系结构

屏蔽主机体系结构保证了网络层和应用层的安全，且易于实现，所以比单独的包过滤路由器或应用层网关更安全。

3．屏蔽子网体系结构

屏蔽子网体系结构通过增加边界网络来隔离内部网络与外部网络，能进一步提高安全性。边界网络有时候被称为"非军事区"。在该结构中，堡垒主机是最脆弱、最易受攻击的部位，而通过隔离堡垒主机的边界网络，就可以减轻堡垒主机被攻破所造成的后果。最简单的屏蔽子网体系结构如图 9-23 所示，它有两个屏蔽路由器，一个连接外部网络与边界网络，另一个连接边界网络与内部网络。为了攻破网络，入侵者必须攻破堡垒主机和两个屏蔽路由器。

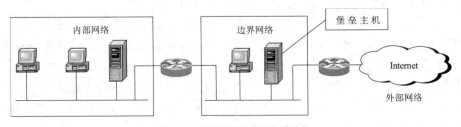

图 9-23　屏蔽子网防火墙体系结构

9.6 网络防病毒技术

9.6.1 计算机病毒概述

对于"病毒"，人们并不陌生，在医学中有流感病毒、非典型肺炎病毒等。计算机病毒（Computer Virus）与医学上的"病毒"不同。它不是天然存在的，是某些人利用计算机软、硬件所固有的脆弱性，编制的具有特殊功能的程序。但计算机病毒与医学上的病毒也有相似之处，例如，它们都具有传染性、破坏性等。

1．计算机病毒的定义

计算机病毒的概念最早由美国计算机病毒研究专家提出。一般来说，凡是能够引起计算机故障、破坏计算机数据的程序统称为计算机病毒。

《中华人民共和国计算机信息系统安全保护条例》的第二十八条中明确指出："计算机病毒，是指编制或者在计算机程序中插入的破坏计算机功能或者毁坏数据，影响计算机使用，并能自我复制的一组计算机指令或者程序代码。"此定义具有法律性、权威性。这个定义明确指出了计算机病毒的程序、指令特征，以及对计算机的破坏性。

网络计算机病毒主要是指将网络作为病毒传送媒介的病毒。入侵计算机网络的病毒既有单机上常见的某些计算机病毒，如感染磁盘系统区的引导型病毒和感染可执行文件的文件型病毒，也有专门攻击计算机网络的网络型病毒，如特洛伊木马病毒、附着在电子邮件中的病毒、脚本型病毒（包括宏病毒）以及蠕虫病毒等。

在网络环境下，病毒可以按指数增长模式进行传播，其传播速度比非网络环境下要快许多。因此，网络病毒比单机病毒具有更大的破坏性，一旦侵入计算机网络中会导致计算机使用效率急剧下降，系统资源严重破坏，甚至在短时间内造成网络系统的瘫痪。网络环境下的病毒防治，确保网络健康地运行，是网络工作者和用户的重要任务。

当前移动通信技术迅猛发展，手机和 PDA 等手持移动设备已成为人们日常生活不可缺少的一部分，现在已经有了针对它们攻击的病毒，而且随着这些手持移动终端处理能力的增强，病毒的破坏性与日俱增。随着网络家电的使用和普及，病毒也会蔓延到此领域。这类病毒也是计算机程序，也属于计算机病毒的范畴，所以计算机病毒不单对计算机造成破坏。

2．网络病毒的特点

在网络的资源共享、多任务环境下，网络病毒表现出新的特点。

（1）破坏性强。网络上的病毒将直接影响网络的工作状况，轻则降低速度，影响工作效率，重则造成网络瘫痪，破坏服务系统的资源，使工作成果毁于一旦。病毒入侵网络的主要途径是通过工作站传播到服务器硬盘，再由服务器的共享目录传播到其他工作站。

（2）传播速度快。在单机上，病毒只能通过磁盘、光盘等从一台计算机传播到另一台计算机。而在网络中，病毒则可通过网络通信机制迅速扩散。网络病毒普遍具有较强的再生机制，可通过网络扩散与传染。

（3）具有潜伏性和可激发性。网络病毒与单机病毒一样，具有潜伏性和可激发性。在一定的环境下受到外界因素刺激，便能活跃起来。这就是病毒的激活。激活的本质是一种条件控制，此条件是多样化的，可以是内部时钟、系统日期和用户名称，也可以是在网络中进行的一次通信。一个病毒程序可以按照病毒设计者的预定要求，在某个服务器或客户机上激活，并向各网络用户发起攻击。

（4）针对性强。网络病毒并非一定对网络上所有的计算机都进行攻击，而是具有某种针对性。例如，有的网络病毒只能感染 IBM PC 工作站，有的却只能感染 Macintosh 计算机，有的病毒则专门感染使用 UNIX 操作系统的计算机。

（5）扩散面广。由于网络病毒能通过网络进行传播，所以其扩散面很大。一台计算机的病毒可以通过网络感染与之相连的众多机器，由网络病毒造成网络瘫痪的损失是难以估计的。一旦网络服务器被感染，其解毒所需的时间将是单机的几十倍以上。

（6）清除难度大。在网络中，只要一台工作站未消灭病毒，就可能使整个网络全部被病毒重新感染。

3．计算机病毒的分类

按照不同的分类方式，计算机病毒可被分为很多不同的种类。

（1）按照计算机病毒存在的媒体进行分类。

① 网络病毒。计算机网络病毒是在计算机网络上传播扩散，专门攻击网络薄弱环节、破坏网络资源的计算机病毒。

② 文件型病毒。文件型病毒常寄生在其他文件中，通过编码加密或其他技术来隐藏自己，劫夺用来启动主程序的可执行命令。

③ 引导型病毒。引导型病毒感染启动扇区（Boot）和硬盘的系统引导扇区（MBR）。

④ 混合型病毒。这种病毒是上述 3 种情况的混合型，如多型病毒（文件和引导型）有感染文件和引导扇区两种目标。这样的病毒通常都具有复杂的算法。它们使用非常规的办法侵入系统，同时使用了加密和变形算法。

（2）按照计算机病毒传染的方法进行分类。

① 驻留型病毒。驻留型病毒感染计算机后，把自身的内存驻留部分放在内存中，这一部分程序挂接系统调用且合并到操作系统中去，并处于激活状态，一直到关机或重新启动。

② 非驻留型病毒。非驻留型病毒在得到机会激活时并不感染计算机内存，一些病毒在内存中留有小部分，但是并不通过这一部分进行传播。

（3）按照病毒破坏的能力进行分类。

① 无害型。该类病毒除了传染时减少磁盘的可用空间外，对系统没有其他影响。

② 无危险型。该类病毒仅仅减少内存或显示图像或发出声音。

③ 危险型。该类病毒在计算机系统操作中将造成严重的错误，如后门病毒。该类病毒的共有特性是通过网络传播，给系统开后门，给计算机带来安全隐患。

④ 非常危险型。这类病毒删除程序、破坏数据、清除系统内存区和操作系统中重要的信息。这些病毒并不是本身的算法中存在危险的调用，而是当它们传染时会引起无法预料的和灾难性的破坏，如木马病毒和黑客病毒。木马病毒的共有特性是通过网络或者系统漏洞进入用户的系统并隐藏，然后向外界泄露用户的信息，而黑客病毒则有一个可视的界面，能对计

算机进行远程控制。木马、黑客病毒往往是成对出现的，即木马病毒负责侵入计算机，而黑客病毒则会通过该木马病毒来进行控制。

（4）按照病毒特有的算法进行分类。

① 伴随型病毒。伴随型病毒并不改变文件本身，而是根据算法产生具有同样名字和不同扩展名的.exe 文件的伴随体。

② "蠕虫"型病毒。通过计算机网络传播，不改变文件和资料信息，利用网络从一台计算机的内存传播到其他计算机的内存，并计算网络地址，将自身的病毒通过网络发送。有时它们存在于系统中，一般除了内存不占用其他资源。

③ 寄生型病毒。除了伴随型病毒和"蠕虫"型病毒，其他病毒均可称为寄生型病毒。它们依附在系统的引导扇区或文件中，通过系统的功能进行传播。

④ 变型病毒。变型病毒，又被称为幽灵病毒。这一类病毒使用一个复杂的算法，使自己传播的每一份都具有不同的内容和长度。它们通常由一段混有无关指令的解码算法和变化过的病毒体组成。

9.6.2　计算机病毒的检测和防治

1．病毒的检测

通常，计算机病毒的检测有手工检测和自动检测两种方法。

手工检测是指通过一些软件工具（如 DEBUG.COM）进行病毒的检测。这种方法比较复杂，需要检测者熟悉机器指令和操作系统，需要操作人员有一定的软件分析经验以及对操作系统有一个深入的了解，因而难以普及。这种方法检测病毒费时费力，但可以剖析新病毒，检测识别未知病毒，还可以检测一些自动检测工具不认识的新病毒。

自动检测是指通过一些诊断软件来判断一个系统或一个软盘是否有毒。自动检测比较简单，一般用户都可以进行，但需要较好的诊断软件。这种方法可方便地检测大量的病毒。但是自动检测工具的发展总是滞后于病毒的发展，所以对未知病毒不能识别。

计算机病毒引起的异常现象主要有以下几个方面。

（1）屏幕显示异常，弹出异常窗口。

（2）声音异常，有虚假报警。

（3）系统工作异常，例如：不执行或干扰执行程序，偶尔出现出错提示；时钟倒转或显示异常；计算机突然或频繁重启，或不能启动；计算机运行速度下降；文件不能存盘或存盘时数据丢失；硬盘空间或内存空间变小；文件、文件夹的名字或扩展名发生改变。

（4）键盘工作异常。

观察上述异常情况后，就能初步判断系统的哪个部分资源受到了病毒侵袭，为进一步诊断和清除做好准备。

2．病毒的防治

同"治病不如防病"一样，杀毒不如防毒，引起网络病毒感染的主要原因在于网络用户自身。因此，防范网络病毒应从以下两方面着手。

（1）建立健全法律制度，从管理方法上防范，同时要加强网络管理人员的网络安全意识，对内部网与外界的数据交换进行有效的控制和管理，抵制盗版软件。

（2）加大技术投入与研究力度，开发和研制出更新的防治病毒的软件、硬件产品，从技术方法上防范。要做到以网为本，多层防御，有选择地加载保护计算机网络安全的网络防病毒产品。

只有将这两种方法结合起来，才能行之有效地防止计算机病毒的传播。

3．局域网防治计算机病毒的策略

局域网防治计算机病毒可采取以下几种策略。

（1）在因特网接入口处安装防火墙式防杀计算机病毒产品，将病毒隔离在局域网之外。

（2）对邮件服务器进行监控，防止带毒邮件进行传播。

（3）对局域网用户进行安全培训。

（4）建立局域网内部的升级系统，包括各种操作系统的补丁升级、各种常用的应用软件升级、各种杀毒软件病毒库的升级等。

4．个人防治计算机病毒的策略

个人可以通过以下几种策略防治计算机病毒。

（1）不要使用任何解密版的盗版软件。

（2）购买合适的杀毒软件。

（3）经常升级病毒库，以便能够查杀最新的病毒。

（4）提高防杀毒意识，不要轻易去点击陌生的网站，因为这些网站有可能含有恶意代码。

（5）不要使用来历不明的软盘或移动存储器，避免打开不明来历的陌生邮件，尤其是带附件的邮件。及时升级常用的应用程序。

9.6.3　反病毒软件的组成和特点

1．反病毒技术的实现方式

反病毒主要涉及实时监视技术、自动解压缩技术和全平台反病毒技术。

（1）实时监视技术。这项技术为计算机构起一道动态、实时的反病毒防线，只要反病毒软件实时地在系统中工作，病毒就无法侵入计算机系统。

（2）自动解压缩技术。目前在 Internet、光盘上的许多文件都是以压缩形式存在的，以节省传输时间或减少存储空间。这就使得各类压缩文件成为了计算机病毒传播的温床。现在流行的压缩标准有很多种，相互之间有的并不兼容。全面覆盖各种压缩格式，就要求相关反病毒软件了解各种压缩格式的算法和加密模型。

（3）全平台反病毒技术。目前病毒的活跃平台有 DOS、Windows 等，为了让反病毒软件与系统的底层进行无缝连接，可靠地实时检查和杀除病毒，用户必须在不同的平台上使用相应平台的反病毒软件，在每一个点上都安装相应的反病毒模块，以便在每一个点上都能实时地抵御病毒攻击。只有这样，才能做到网络的真正安全和可靠。

2. 反病毒软件的组成

一个反病毒软件通常应包括病毒扫描程序、内存扫描程序、完整性检查器和行为监视器四大部分。

（1）病毒扫描程序。病毒扫描程序使用串扫描算法、入口点扫描算法和类属解密法进行病毒扫描。

（2）内存扫描程序。内存扫描程序的工作是扫描内存以搜索内存驻留文件和引导记录病毒。

（3）完整性检查器。几乎所有的病毒都要修改可执行文件引导记录，所以完整性检查器的检测率几乎为百分之百。

（4）行为监视器。行为监视器是内存驻留程序，这种程序静静地在后台工作，等待病毒或其他有恶意的损害活动。如果行为监视程序检测到这类活动，它就会通知用户，并且让用户决定这一类活动是否继续。

3. 反病毒软件的特点

反病毒软件的特点如下。

（1）能够识别并清除病毒。识别并清除病毒是防杀病毒软件的基本特征之一。它最突出的技术特点和作用就是能够比较准确地识别病毒，并有针对性地清除病毒的个体传染源，从而限制病毒的传染和破坏。

（2）查杀病毒引擎库需要不断更新。由于病毒的多样性和复杂性，再加上新的病毒会不断出现，因此，如果病毒防治产品不能及时更新，则查杀病毒引擎就不能起到很好的防杀病毒的效果。目前，世界上公认的病毒防治产品更新周期为2周，遇到恶性病毒爆发时更要立即更新病毒库，否则病毒防治产品几乎形同虚设。

选择反病毒软件时，需要注意的指标包括扫描速度、正确识别率、误报率、技术支持水平、升级的难易程度、可管理性和警示手段等。查杀病毒不可能一劳永逸，而是一个漫长的过程。现在成熟的反病毒技术已经能够做到对所有的已知病毒彻底预防、彻底杀除。

9.7 VPN 技术

9.7.1 VPN 概述

1. VPN 的概念

虚拟专用网 VPN（Virtual Private Network）是通过公用网络（如 Internet）建立的临时的、安全的连接。虚拟专用网虽然不是真的专用网络，但却能够实现专用网络的功能。

所谓虚拟，是指用户不再需要拥有实际的长途数据线路，而是使用 Internet 公用数据网络的长途数据线路。所谓专用网，是指用户可以为自己定制一个最符合自己需求的网络。

虽然用户可以租用帧中继 FR 或 ATM 等数据网络提供固定虚拟线路来连接需要通信的单位，但其两端的终端设备不但价格昂贵，而且需要一定的专业技术人员来管理。这无疑增加了成本。

另外，帧中继 FR、ATM 数据网络也不会像 Internet 那样，可立即与世界上任何一个使用 Internet 网络的单位连接。但是 VPN 使用者可以控制自己与其他使用者的联系，同时支持拨号。因此，VPN 一般指的是基于 Internet 的能够自我管理的专用网络，而不是帧中继或 ATM 等提供虚拟固定线路服务的网络。以 IP 为主要通信协议的 VPN 也称为 IP-VPN。

2．VPN 的基本功能

VPN 是在公用网中形成的企业的专用链路。为了形成这样的链路，采用了所谓的“隧道”技术，如图 9-24 所示。这种技术可以模仿点对点连接技术，并依靠 Internet 服务提供商（ISP）和其他的网络服务提供商（NSP）在公用网中建立自己专用的“隧道”，以使数据包通过这条隧道来进行传输。对于不同的信息来源，可分别给它们建立不同的隧道。

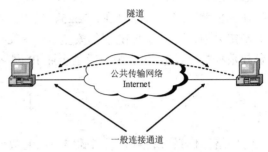

图 9-24　VPN 的隧道技术

隧道技术是一种利用公用网设施传输数据的方法，被传输的数据可以是另一种协议的数据帧。隧道协议利用附加的包头封装帧，附加的包头提供了路由信息，因此封装后的包能够通过中间的公网。封装后的包所途经的公用网的逻辑路径称为隧道。一旦封装的帧到达了公用网上的目的地，帧就会被解除封装，并被继续送到最终目的地。

VPN 网络中通常还有一个或多个安全服务器。安全服务器除提供防火墙和地址转换功能之外，还通过与隧道设备的通信来提供加密、身份验证和授权功能。它们通常也提供各种信息，如带宽、隧道端点、网络策略和服务等。

VPN 的功能至少要包含以下几个方面。

（1）加密数据。保证通过公用网传输的信息即使被他人截获也不会泄露。

（2）信息验证和身份识别。保证信息的完整性、合理性，并能鉴别用户的身份。

（3）提供访问控制。不同的用户有不同的访问权限。

（4）地址管理。VPN 方案必须能够为用户分配专用网络上的地址并确保地址的安全性。

（5）密钥管理。VPN 方案必须能够生成并更新客户端和服务器端的加密密钥。

（6）多协议支持。VPN 方案必须支持公共网络上普遍使用的基本协议，包括 IP、IPX 等。

9.7.2　VPN 协议

1．VPN 安全技术

VPN 主要采用 4 项技术来保证安全。这 4 项技术分别是隧道技术、加解密技术、密钥管理技术、使用者与设备身份认证技术。

（1）隧道技术是 VPN 的基本技术，类似于点对点连接技术。它在公用网中建立一条数据通道（隧道），让数据包通过这条隧道传输。

（2）加解密技术是数据通信中一项较成熟的技术，VPN 可直接利用现有技术。

（3）密钥管理技术的主要任务是保证密钥在公用数据网上被安全地传输而不被窃取。

（4）使用者与设备身份认证技术最常用的实施方式是认证使用者名称与密码或智能卡等。

2．VPN 的隧道协议

VPN 中的隧道是由隧道协议形成的。VPN 使用的隧道协议主要有点到点隧道协议（PPTP）、第二层隧道协议（L2TP）以及 IPSec 协议。PPTP 协议允许对 IP、IPX 或 NetBEUI 数据流进行加密，然后将加密的数据流封装在 IP 包头中，通过企业 IP 网络或公共因特网络发送。L2TP 协议允许对 IP、IPX 或 NetBEUI 数据流进行加密，然后通过支持点对点数据包传递的任意网络发送，如 IP、X.25、帧中继或 ATM。IPSec 协议（IP Security）产生于 IPv6 的制定之中，用于提供 IP 层的安全性。IPSec 隧道模式允许对 IP 负载数据进行加密，然后将负载数据封装在 IP 包头中，通过企业 IP 网络或公共因特网络发送。

小 结

网络操作系统利用局域网低层提供的数据传输功能，为高层网络用户提供共享资源管理服务，以及其他网络服务功能的网络操作系统软件。

非对等结构网络操作系统将连网节点分为网络服务器与网络工作站两类。网络服务器采用高配置、高性能的计算机，以集中方式管理局域网的共享资源，并为网络工作站提供各类服务。网络工作站一般是配置比较低的微型系统，主要为本地用户访问本地资源与访问网络资源提供服务。

网络操作系统的基本功能包括文件服务、打印服务、数据库服务、通信服务、网络管理服务等。

主流的网络操作系统主要有 Windows 操作系统、UNIX 操作系统、Linux 操作系统。

网络管理是网络质量体系中一个关键环节。网络管理的质量会直接影响网络的运行质量。网络管理可以借助于相应的管理软件与硬件来保证用户能够安全、方便地使用网络，实现网络的共享。

要使网络有序、正常地运行，必须加强网络使用方法、网络安全技术与法律道德教育，研究并不断开发新的网络安全技术产品。

网络安全技术研究的基本问题包括网络防攻击、网络安全漏洞与对策、网络的信息安全保密、网络内部安全防范、网络防病毒等。

网络安全服务应该提供保密性、认证、数据完整性、防抵赖与访问控制服务等。

制定网络安全策略就是研究造成信息丢失、系统损坏的各种可能，并提出对网络资源与系统的保护方法等。

防火墙根据一定的安全规则来检查、过滤网络之间传送的报文分组，以便确定这些报文分组的合法性。它是内部网络与外部网络通信的一道安全屏障。

在网络环境下，病毒传播速度快，破坏性大，反病毒能够比较准确地识别病毒，并有针对性地加以清除，但查杀病毒引擎库需要不断更新。

VPN 虽然不是真的专用网络，但却能够实现专用网络的功能。它采用隧道技术、加解密技术、密钥管理技术、使用者与设备身份认证技术 4 项技术来保证安全。

习　题

一、填空题

1．网络操作系统利用局域网低层提供的_____功能，为高层网络用户提供_____服务。

2．目前，主流的网络操作系统有_____、_____和_____。

3．Windows Server 2003 除了继承 Windows 2000 家族的所有版本以外，还添加了一个新的 Windows 2003 Web Edition 版，专门针对_____服务进行优化，并与_____技术紧密结合。

4．UNIX 最早是指由美国贝尔实验室发明的一种_____、_____的通用操作系统。

5．Linux 是一个免费的、提供_____的操作系统。

6．一个网络管理系统从逻辑上包括_____、_____、_____和_____4 个部分。

7．为了实现不同网络管理系统之间的互操作，在 OSI 网络管理标准中定义了网络管理的域是_____、_____、_____、_____。

8．基于 TCP/IP 的各种互联网络管理标准，采用_____协议，得到了众多网络产品生产厂家的支持，成为实际上的工业标准。

9．网络安全一般是指网络信息的_____、_____、_____真实性和安全保证。

10．数据加密技术可分为_____加密、_____加密和_____加密 3 类。

11．防火墙按照防护原理总体上可以分为_____、_____和_____防火墙 3 种类型。

12．比较典型的防火墙结构可分为_____、_____和_____3 种体系结构。

13．按照存在媒体进行分类，病毒分为_____、_____、_____和混合型病毒。

14．网络中病毒的来源主要有_____和_____两种。

15．VPN 是在公用网中形成的企业的专用链路，主要采用了所谓的_____技术。

二、选择题

1．目前主流的网络操作系统采用的是_____的结构。
　　A．非对等　　　　B．对等　　　　　C．层次　　　　D．网状

2．在 Windows NT 域中，只能有一个_____。
　　A．后备域控制器　B．主域控制器　　C．文件服务器　　D．打印服务器

3．网络管理的功能包括_____。
　　A．故障管理、配套管理、性能管理、安全管理和费用管理
　　B．人员管理、配套管理、质量管理、黑客管理和审计管理
　　C．小组管理、配置管理、特殊管理、病毒管理和统计管理
　　D．故障管理、配置管理、性能管理、安全管理和计费管理

4．在网络管理中，通常需要监控网络内设备的状态和连接关系，同时对设备的参数进行设置。这些工作归属于哪些功能域？_____
　　A．网络配置　　　B．故障配置　　　C．安全管理　　　D．性能管理

5．在网络管理中，通常需要监视网络吞吐率、利用率、错误率和影响时间。监视这些参

数主要是以下哪个功能域的主要工作？_____

    A．配置管理　　　B．故障管理　　　C．安全管理　　　D．性能管理

6．SNMP 的基本功能包括_____。

    A．网络性能监控　B．网络差错检测　　C．网络配置　　　D．以上都是

7．美国国防部安全标准定义了 4 个安全级别，其中最高安全提供了最全面的安全支持，它是_____。

    A．A 级　　　　　B．B 级　　　　　C．C 级　　　　　D．D 级

8．关于加密算法，描述不正确的是_____。

    A．通常是不公开的，只有少数几种加密算法

    B．通常是公开的，只有少数几种加密算法

    C．DES 是公开的加密算法

    D．IDEA 是公开的加密算法

9．关于数据完整性，描述正确的是_____。

    A．正确性、有效性、一致性　　　　B．正确性、容错性、一致性

    C．正确性、有效性、容错性　　　　D．容错性、有效性、一致性

10．包过滤防火墙工作在_____。

    A．物理层　　　　B．数据链路层　　　C．网络层　　　　D．应用层

11．计算机病毒传染的途径很多，其中发生最多的是_____。

    A．操作系统　　　B．试用软件　　　C．网络传播　　　D．系统维护盘

三、判断题

1．由于网络操作系统运行在服务器上，因此，有时它也被称为服务器操作系统。

2．网络操作系统的发展经历了由对等型结构向非对等型结构的演变过程。

3．网络操作系统支持不同类型的客户端和局域网连接，但不支持广域网连接。

4．Windows NT 只能有一个主域控制器，可以有多个后备域控制器与普通服务器。

5．Android 和 iOS 都是开源的移动平台操作系统。

6．SNMP 是在网络层上进行网络设备间通信的管理。

7．RSA 密码体制只能用于数据加密和解密，不能用于数字签名。

8．报文鉴别可以保证信息的完整性。

9．防火墙不能防范不通过它的连接。

10．不触发病毒，病毒是不会发作的。

11．反病毒软件能够对已知的病毒彻底清除。

12．VPN 是基于 Internet、帧中继或 ATM 等网络的能够自我管理的专用网络。

四、简答题

1．网络操作系统与单机操作系统之间的区别是什么？

2．非对等结构网络操作系统与对等结构网络操作系统主要区别是什么？

3．Windows Server 2012 R2 的特点有哪些？

4．UNIX 网络操作系统的特点有哪些？

5．Linux 操作系统的特点有哪些？

6．简述 Android 和 iOS 操作系统的安全机制。

7．什么是网络管理？

8．简述简单网络管理协议的工作方式和特点。

9．简述密码分析的过程。

10．什么是报文鉴别？报文鉴别的作用有哪些？

11．什么是数字签名？数字签名的作用有哪些？

12．什么是 CA 认证？CA 认证的作用有哪些？

13．什么是防火墙？防火墙的局限性有哪些？

14．简述网络病毒的特点及危害。

15．如何预防病毒和木马？

16．简述反病毒软件的组成和特点。

17．虚拟专用网 VPN 的基本功能有哪些？

18．举例说明网络安全与政治、经济、社会稳定和军事之间的关系。

第 **10** 章 实验实训

只有把理论知识同具体实际相结合，才能正确回答实践提出的问题，扎实提升读者的理论水平与实战能力。实验实训是教学环节中的一个重要组成部分。本章针对前面所介绍的知识，从常用网络命令的使用、双绞线的制作到网络的组建、配置及使用，安排了 12 个实验，或为基础铺垫，或为实践提高，或为应用操作，以加强读者对理论知识的理解，提高读者的网络应用水平和实践动手能力。

10.1 常用网络命令

1. 实训目的

（1）掌握常用网络命令的使用方法。
（2）理解网络命令的功能。

2. 实训环境

（1）网络实验室。
（2）使用以太网交换机连接安装 Windows 操作系统的计算机。
（3）计算机间采用 TCP/IP 协议通信。

3. 实训内容和步骤

（1）判断主机是否连通的 ping 命令。

ping 用来检查因特网上的网络设备的物理连通性，是测试服务器或主机是否可达的一个常用命令。它只能运行在 TCP/IP 协议的网络中。

ping 命令的使用格式：

ping 目的地址[参数 1][参数 2]...

目的地址是指被测试的计算机的 IP 地址或域名，后面可带的参数如下。

a——解析主机地址。

n——发出的测试包的个数，默认值为 4。

l——所发出缓冲区的大小。

t——继续执行 ping 命令，直到用户按【Ctrl+C】组合键终止。

ping 命令可在"开始/运行"中执行，也可在 MS-DOS 环境下执行（运行 CMD）。例如：

ping sina.com.cn [-a]

ping 210.76.59.8

如果 ping 对方计算机时，出现 Reply from 信息，则表示连接正常，如图 10-1 所示；如果出现 Request timed out 信息，则可以判断目标主机有防火墙且禁止接受 ICMP 数据包，或者是目标主机关机，或者是网络不通畅等，如图 10-2 所示。

图 10-1　ping 192.168.1.1　　　　　　　　图 10-2　ping 192.168.2.8

（2）测试 TCP/IP 协议配置工具 ipconfig。

ipconfig 可以查看和修改网络中的 TCP/IP 协议的有关配置，如 IP 地址、子网掩码、网卡等。

ipconfig 的命令格式为：

ipconfig[参数 1][参数 2]...

其中比较实用的参数如下。

ALL——显示与 TCP/IP 协议的细节，如主机名、节点类型、网卡的物理地址、默认的网关等。

BATCH[文本文件名]——将测试的结果存入指定的文本文件。

例如，键入 ipconfig/all 后，屏幕显示如图 10-3 所示。

图 10-3　ipconfig/all

（3）网络协议统计工具 netstat。

netstat 和以上两个命令一样，是运行在 Windows 操作系统中的 DOS 提示符下的工具，可显示有关的统计信息和当前的 TCP/IP 网络连接情况，统计结果非常详细。

netstat 的命令格式为：

netstat [-a][-e][-n][-s]

a——显示所有与该主机建立连接的端口信息。

e——显示以太网的统计信息。

n——以数字格式显示地址和端口信息。

s——显示每个协议的统计情况。这些协议主要指 TCP、UDP、ICMP 和 IP。这些协议在进行性能测试时是非常有用的。

例如，键入 netstat -an 后，屏幕显示如图 10-4 所示。

图 10-4　使用 netstat 查看网络连接状态

4．实训思考题

（1）网络常用命令的文件存放在系统盘的哪个目录下？

（2）这个目录下还有哪些命令？请尝试使用。

10.2　网线的制作与测试

1．实训目的

（1）掌握标准 568A 与 568B 网线的线序。

（2）掌握 5 类双绞线的直通线和交叉线的制作方法。

（3）了解局域网中双绞线连接的方法。

2．实训环境

（1）在网络实验室或教室进行。

（2）长度为 1.5m 的 5 类 UTP 每人 1 根。

（3）RJ-45 水晶头每人 3 个。

（4）RJ-45 网线压线钳每组（3～6 人）1 把。

（5）双绞线测线器每组 1 个。

3．实训理论基础

（1）水晶头。RJ-45 插头之所以被称为"水晶头"，主要是因为它的外表晶莹透亮。RJ-45

接口是连接非屏蔽双绞线的连接器，为模块式插孔结构。如图 10-5 所示，RJ-45 接口前端有 8 个凹槽，简称 8P（Position），凹槽内的金属接点共有 8 个，简称 8C（Contact），因而 RJ-45 接口也有 8P8C 的别称。在所有的网络产品中，水晶头应该是最小的设备，但却起着十分重要的作用。

（2）压线钳。制作网线需要用到专用的压线钳。压线钳包括剥线钳、压线口和剪线钳等主要部分，如图 10-6 所示。

（3）测线器。为了确保网线的压制正确，可以将网线的两头分别插入测线器的子端和母端，之后开启测线器开关就可查看网线是否通畅。网线测线器如图 10-7 所示。

4．实训内容和步骤

（1）T568A、T568B 的线序标准。

双绞线的制作方式有两种国际标准，分别为 EIA/TIA568A 和 EIA/TIA568B。而双绞线的连接方法也主要有两种，分别为直通线缆和交叉线缆。简单地说，直通线缆就是水晶头两端都同时采用 T568A 或者 T568B 的接法。而交叉线缆则是水晶头一端采用 T586A 标准制作，而另一端则采用 T568B 标准制作，即 A 水晶头的 1、2 对应 B 水晶头的 3、6，而 A 水晶头的 3、6 对应 B 水晶头的 1、2。

图 10-5 RJ-45 插头

图 10-6 网线压线钳

图 10-7 网线测线器

表 10-1 所列为 T568A 标准和 T568B 标准的线序表。

表 10-1 T568A 标准和 T568B 标准的线序表

引脚号	1	2	3	4	5	6	7	8
T568A	绿白	绿	橙白	蓝	蓝白	橙	棕白	棕
T568B	橙白	橙	绿白	蓝	蓝白	绿	棕白	棕

（2）LAN 中的网线连接原则。

在 LAN 中，网线连接遵循下列原则。

① 异性设备相连用"直通线"，即两端 RJ-45 头均为 T568B，如交换机或 Hub 与计算机相连。

② 同性设备相连用"交叉线"，即两端 RJ-45 头分别为 T568A 和 T568B，如计算机与计算机或路由器与路由器相连。

（3）直通线的操作步骤。

直通线操作步骤如图 10-8 所示。

① 剥线。用剪线刀口将双绞线端头剪齐，再将双绞线端头伸入剥线刀口，使线头触及前挡板，然后适度握紧压线钳同时慢慢旋转双绞线，让刀口划开双绞线的保护胶皮，取出端头从而剥下保护胶皮，剥线长度为 13～15mm。

网线压线钳挡板离剥线刀口长度通常恰好为水晶头长度。这样可以有效避免剥线过长或过短。剥线过长一则不美观，另一方面因网线不能被水晶头卡住，容易松动；剥线过短，因有胶皮存在，太厚，不能完全插到水晶头底部，造成水晶头插针不能与网线芯线完好接触，当然也难以制作成功。

第一只脚　　橙白线

（a）剥出的网线线头　　（b）按照国际标准排列线序　　（c）将网线插入水晶头　　（d）网线接头

图 10-8　以 T568B 标准压制网线示意图

② 排序。剥除外皮后即可见到双绞线网线的 4 对 8 条芯线，并且可以看到每对的颜色都不同。每对缠绕的两根芯线由一种染有相应颜色的芯线加上一条只染有少许相应颜色的芯线组成。4 条全色芯线的颜色为棕色、橙色、绿色、蓝色。每对线都是相互缠绕在一起的，制作网线时必须将 4 个线对的 8 条细导线一一拆开、理顺、捋直，然后按照规定的线序排列整齐，将其整理平行，从左到右按 T568B 的线序平行排列，整理完毕后将前端修齐。

③ 插线。一只手捏住水晶头，将水晶头有弹片的一侧向下，另一只手捏平双绞线，稍用力将排好的线平行插入水晶头内的线槽中，8 条导线顶端插入线槽顶端。

④ 压线。确认 8 条线都到位后，将水晶头放入压线钳夹槽中，用力捏几下压线钳，压紧线头即可。

⑤ 检测。用双绞线测线器进行测试，将双绞线二端分别插入测线器的信号发射器和信号接收器，打开电源。如果网线制作成功，则发射器和接收器上对应的指示灯会依次亮起来，从 1 号到 8 号，否则此双绞线制作错误。

（4）交叉线的操作步骤。

① 剥线。制作方法同直通线。

② 排序。双绞线一端执行 T568A 标准，另一端执行 T568B 标准。制作时，一端按照 T568B 的线序排列，另一端按照 T568B 的线序排列后，将 1、3 引脚对调，2、6 引脚对调，或直接按照 T568A 的线序排列，整理完毕后用压线钳将前端修齐。

③ 插线。制作方法同直通线。

④ 压线。制作方法同直通线。

⑤ 检测。将双绞线两端分别插入信号发射器和信号接收器，打开电源。如果网线制作成功，则发射器和接收器上同一条线对应的指示灯会亮起来：在 T568B 端，亮灯顺序为 1-2-3-4-5-6-7-8；在 T568A 端，亮灯顺序为 3-6-1-4-5-2-7-8。

5．实训思考题

（1）如果双绞线两端的线序发生同样的错误，网线还能够连通吗？为什么？

（2）在 Hub 与 Hub 的连接中，Hub 有级联口和没有级联口的两种情况下，分别选择哪一种类型的网线进行 Hub 级联？

10.3　组建对等局域网及资源共享

1．实训目的

（1）熟悉两台计算机直连的方法和步骤。

（2）掌握组建多机对等局域网络的步骤和过程。

（3）掌握在对等网络中实现资源共享的基本方法。

2．实训环境

（1）网络实验室。

（2）3 台安装 Windows 2000/2003 的计算机。

（3）1 个集线器或交换机。

（4）3 条直通线及 1 条交叉线。

3．实训理论基础

（1）对等网。在局域网中，若所有机器的地位平等，则这样的网络结构称为对等网。对等网也称 Workgroup 工作组。在整个网络中，计算机可以充当服务器及工作站双重角色，各台计算机无主从之分，并且任何一台计算机都可以作为网络中的服务器，设置共享资源被网络中其他机器所使用，也可以作为工作站，以共享其他服务器的资源。

（2）对等网的特点。一般来说，对等网用户数目较少，且用户处于同一区域中，但网络管理比较分散，数据保密性比较差。对等网组网方便，所以适用于中小型企业。

（3）共享文件夹。FAT32、NTFS 等文件系统下都可以建立共享文件夹。在网络中，把文件或文件夹通过网络共享，网络中其他的计算机即可访问此文件或文件夹。共享的文件内容可以是应用程序，也可以是信息数据。在设置共享文件夹时，可以通过选择用户和授予权限来控制对该文件夹和其中内容的访问，也可以限制连接到此文件夹的用户数。

4．实训内容和步骤

（1）两台计算机直接互连的简单方法。

① 将交叉线分别与两台计算机的网卡连接。

② 检查网卡上的信号灯是否亮。

③ 分别给两台计算机设置 IP 地址。依次单击"网上邻居"→"属性"→"本地连接"→"属性"→"TCP"→"IP"→"属性"→"使用下面的 IP 地址"，输入各机的 IP 地址、子网掩码，单击"确定"按钮。

④ 设置各计算机的网络标识并加入工作组。依次单击"我的电脑→属性→网络标识→属性"，输入计算机名（显示器的标签号），并加入指定的工作组，单击"确定"按钮，如图 10-9 所示。

（2）组建对等局域网。

① 网络设备的连接。把直通线分别插入计算机的网卡和交换机或集线器的 RJ-45 接口中。

② 检查网卡上的信号灯亮否。

③ 设置各计算机的 IP 地址。

④ 设置各计算机的网络标识并将这些计算机加入工作组。

（3）测试网络连接性。

① 查找计算机。如果在当前计算机上能够查找到其他计算机，则证明网络是连通的。

打开"开始"→"搜索"→"计算机"窗口，在"计算机名"文本框中输入要查找的计算机名称。单击"立即搜索"按钮，查找计算机。查找成功则显示被查找计算机和工作组名称。

② 测试网卡是否正常。单击"开始"→"程序"→"附件"→"命令提示符"，输入命令：ping 127.0.0.1。查看是否 ping 通，若测试成功，则会显示"Reply from IP 地址:byte=32 time<10ms TTL=128"；若测试不成功，则表示网卡或操作系统本身的网络功能出现问题，如图 10-10 所示。

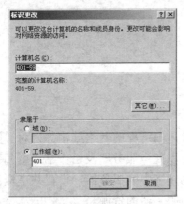

图 10-9 网络标识

图 10-10 网卡测试

③ ping 本机和另一主机 IP 地址及机器名称。ping 同一对等网中其他主机的 IP 地址或网络标识。如果测试成功，表明网络工作正常，否则可能是 TCP/IP 设置、交换机设备或网线发生故障。

（4）设置共享文件夹。

在 3 台计算机上分别创建文件夹 T1、T2、T3，并将 3 个文件夹设为共享，以便在对等网中的其他机器能访问该文件夹，步骤如下。

① 选择文件夹。在资源管理器中或"我的电脑"中，选中要共享的文件夹，单击右键，在弹出的快捷菜单中选择"共享"。

② 设置共享。在"共享"选项窗口中，选中"共享该文件夹"，在共享名中输入共享名，如图 10-11 所示。

（5）共享文件夹的访问。

① 双击"网上邻居"，在弹出的窗口中双击选择的工作组，双击主机图标，显示该主机上所设置的共享资源，包括共享目录、共享打印机等。

② 单击"开始"→"查找"→"计算机"，输入对方的计算机名或 IP 地址来访问相应主机上的共享资源。

③ 对于经常访问的共享文件夹，最好是通过磁盘网络映射的方法，把一个共享文件夹映射成本地机器上的网络驱动器。

右键单击"我的电脑"或"网上邻居"选择磁盘网络驱动器，添加所映射的共享文件夹，并选择一个驱动器标识，单击"确定"按钮。打开"我的电脑"，即可看到映射到本地机器上的共享文件夹，如图 10-12 所示。

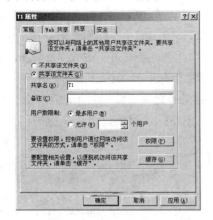

图 10-11 共享文件夹

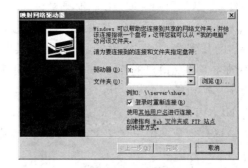

图 10-12 将共享文件夹映射到本地机器上

5．实训思考题

（1）网络中的资源共享，是否意味着不受限制的访问？

（2）同一工作组的主机，在计算机名和工作组名的设置上，分别有什么要求？

10.4 交换机的本地配置

1．实训目的

（1）进一步了解交换机的硬件结构和工作原理。

（2）掌握网络管理交换机初始配置的方法。

2．实训环境

（1）网络实验室。

（2）双绞线、串口线。

（3）交换机 1 台（本节以 Cisco Catalyst 1900 交换机为例进行本地配置）。

3．实训理论基础

交换机可以看作是一个具有流量控制的网桥。它由背板、端口、缓冲区、逻辑控制单元和交叉矩阵等部件组成。

交换机的种类较多，配置过程相对比较复杂，不同品牌、不同系列的交换机的配置方法也不尽相同。通常网管型交换机可以通过本地配置和远程网络配置两种方法进行配置，但进行远程网络配置要在本地配置的基础上进行。

在进行交换机本地配置时，首先进行物理硬件的连接，然后进行软件配置。

4．实训内容与步骤

（1）交换机配置的物理连接。

由于笔记本电脑携带方便，所以一般采用笔记本电脑来配置交换机，当然也可以采用台式机。交换机是通过计算机与交换机的"Console"端口直接相连的方式进行通信的，如图 10-13 所示。

可进行网络管理的交换机上通常都有"Console"端口。该端口是专门用于对交换机进行配置和管理的，是配置和管理交换机必须经过的步骤。虽然除此之外还有若干方式（如 Web、Telnet 方式），但这些方式必须通过 Console 端口进行基本配置后才能进行。这是因为其他配置方式往往需要借助 IP 地址、域名或设备名称才可以实现，而新购买的交换机显然没有这些内置的参数。

不同类型的交换机的 Console 端口所处的位置不一定相同，有的位于交换机的前面板，有的位于交换机的后面板。不管是在前面还是在后面，在该端口的上方或侧方都有"Console"字样，如图 10-14 所示。此外，Console 端口的类型也有所不同，绝大多数交换机采用 RJ-45 端口，但也有少数交换机采用 DB-9 或 DB-25 串口。

图 10-13　交换机配置的物理连接

图 10-14　交换机的背板

（2）交换机的初始配置。

完成物理连接后，打开计算机和交换机的电源，进行软件配置。这里以 Cisco 的一款网管型交换机 Catalyst 1900 为例介绍配置过程。

① 进入 Windows 操作系统，单击"开始"按钮，在"程序"菜单的"附件"选项中单击"超级终端"，然后弹出图 10-15 所示的界面。在"名称"文本框中输入需新建的超级终端连接项名称。这主要是为了便于识别，没有什么特殊要求。例如，在这里输入"Cisco"，然后单击"确定"按钮后，弹出图 10-16 所示的对话框。

图 10-15　超级终端"新建连接"对话框

图 10-16　"连接到"对话框

② 在图 10-16 的"连接时使用"下拉列表框中选择与交换机相连的计算机的串口。单击"确定"按钮，弹出图 10-17 所示的对话框。

③ 在图 10-17 所示的"每秒位数"下拉列表框中选择"9600"，因为这是串口的最高通信速率，其他各选项采用默认值（设置好的终端通信参数：波特率为 9 600bit/s、8 位数据位、1 位停止位、无校验和无流控，终端类型为 VT100）。单击"确定"按钮后，如果通信正常，就会出现图 10-18 所示的主配置界面，这时则可以进一步进行交换机的配置。

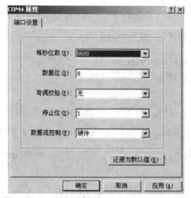

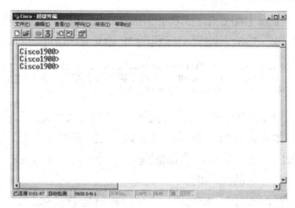

图 10-17 端口设置"com"对话框　　　　　　　图 10-18 交换机的主配置界面

在下一步的交换机配置中，只需在超级终端界面下，按照产品使用手册和交换机要完成的相应功能进行配置即可，相关配置实例如下。

```
Catalyst 1900 Management Console
Copyright(c)Cisco Systems,Inc,1993-1999
All rights reserved
Standard Edition Software
Ethernet address 00-E0-1E-7E-B4-40
PCA Number:73-2233-01
PCA Serial Number:SAD01200001
Model Number:WS-C1924-A
System Serial Number:FAA01200001
------------------------------------------------------
User Interface Menu
[M] Menus
[I] IP Configuration
[P] Console Password
Enter Selection:
```

其中，[M]是主配置菜单，[I]是配置 IP 地址，[P]是配置控制密码，"Enter Selection:"是在此输入要选择的快捷键，然后按回车键确认。

至此即可进入交换机的配置界面，正式开始配置交换机了。

（3）交换机的基本配置

进入配置界面后，如果是第一次配置，则要先进行 IP 地址配置，为后面的远程配置做准备。

在前面出现的配置界面"Enter Selection:"后输入"I"，然后按回车键，则出现如下配置信息。

```
The IP Cofiguration Menu appears
Catalyst 1900-IP Configuration
Ethernet address 00-E0-1E-7E-B4-40
--------------------Settings-----------------------
[I] IP address
[S] Subnet mask
[G] Default gateway
[B] Management Bridge Group
[M] IP address of DNS server 1
[N] IP address of DNS server 2
[D] Domain name
----------------------Actions----------------------
[P] Ping
[C] Clear cached DNS entries
[X] Exit to previous menu
Enter Selection:
```

在以上配置信息中的"Enter Selection:"后再次输入"I"，选择以上配置菜单中的"IP address"选项，配置交换机的 IP 地址，然后按回车键，则出现如下信息。

```
Enter administractive IP address in dotted quad format(nnn.nnn.nnn.nnn):
Current setting==>0.0.0.0(交换机没有配置前的IP地址为0.0.0.0，代表任何IP地址)
New setting==>(在此输入IP地址)
```

如果还想配置交换机的子网掩码和默认网关，则应在以上 IP 配置界面分别选择"S"和"G"。

如果进行密码设置，则在以上 IP 配置中选择"X"返回到前面的配置界面，输入"P"后按回车键，然后在出现的提示符后输入一个 4～8 位的密码，输入密码后按回车键确认，重新回到登录的主界面。

在配置好 IP 和密码后，交换机就能够按照默认的配置正常工作了。如果要更改交换机配置及监视网络状况，则可以通过控制命令菜单进行，也可以通过基于 Web 的 Catalyst 1900 Switch Manager 进行。

5．实训思考题

（1）网管状交换机的配置方法主要有哪些？

（2）为什么也要给交换机分配 IP 地址？

10.5　中兴 ZXR10G 系列路由交换机的基本操作及日常维护

1．实训目的

（1）了解 ZXR10G 系列交换机的分类及型号。

（2）掌握 ZXR10 G 系列路由交换机的基本操作和日常维护方法。

2．实训环境

（1）网络实验室。

（2）双绞线、串口线。

（3）交换机 1 台（本节以中兴 3928 交换机为例进行本地配置）。

3．实训理论基础

中兴通讯股份有限公司是全球领先的综合通信解决方案提供商，主要产品包括 2G/3G/4G/5G 无线基站与核心网、IMS、固网接入与承载、光网络、芯片、高端路由器、智能交换机、政企网、大数据、云计算、数据中心、手机及家庭终端、智慧城市、ICT 业务，以及航空、铁路与城市轨道交通信号传输设备。

中兴 ZXR10G 系列交换机主要包括 MPLS 路由交换机、三层全千兆交换机、三层交换机、二层全千兆交换机、二层交换机及二层 SOHO 交换机等类型，每种类型又包括若干种型号的交换机。本实训选取型号为 3928 的三层交换机（路由交换机）来进行相关讲解。

ZXR10G 系列路由交换机 Flash 文件系统包括 IMG、CFG 及 DATA 三大文件系统，分别存储系统文件、配置文件及日志文件。

4．实训内容与步骤

（1）物理连接。

配置交换机的工作可以通过笔记本电脑来完成，也可以通过台式机完成。交换机是通过计算机与交换机的"Console"端口直接相连的方式进行通信的，如图 10-19 所示。

串口连接配置是 ZXR10G 系列路由器的主要配置方式。

ZXR10G 系列路由交换机随机附带串口配置线，

图 10-19　基本操作设备连线图

Console 口为 RS232 DB9 串口，与后台管理终端的 COM 口之间通过串行电缆连接，连接电缆两端均采用 DB9 母头，可使用 Window 操作系统提供的超级终端工具进行配置。

操作步骤如下。

① 用串口配置线将计算机串口与 ZXR10G 系列路由交换机的 Console 口相连。

② 打开超级终端，如图 10-20 所示。输入连接的名称，如 ZXR10，并选择一个图标。

③ 单击"确定"按钮，出现图 10-21 所示的界面。在"连接时使用（N）"下拉列表框中选择"COM1"。

图 10-20　超级终端配置 1

图 10-21　超级终端配置 2

④ 单击"确定"按钮后，弹出"COM1 属性"界面，如图 10-22 所示。

图 10-22　超级终端配置 3

　　将 COM 口的属性设置为：每秒位数（波特率）"115200"，数据位"8"，奇偶校验"无"，停止位"1"，数据流控制"无"。

　　⑤ 单击"确定"按钮完成设置后，在弹出的 ZXR10G 系列路由器的配置界面中，开始命令操作。

　　系统上电后通过终端连接启动命令行界面（CLI）。CLI 有下列多种命令模式。

- 用户模式。
- 特权模式（enable 模式）。
- 全局配置模式。
- 端口配置模式。
- VLAN 数据库配置模式。
- VLAN 配置模式。
- VLAN 接口配置模式。
- 路由配置模式。
- BOOTP 模式。

（2）基本操作。

① 显示文件目录。

ZXR10>enable

ZXR10#dir

② 退出并查看文件内容。

ZXR10#cd cfg

ZXR10#dir

退出命令：exit

③ 显示当前运行的配置文件。

ZXR10#config terminad　　　//全局配置模式

ZXR10（config）#

ZXR10#show running-config

ZXR10（config）# show running-config

④ 显示启动配置文件。

ZXR10（config）# show start running-config

ZXR10#show start running-config

⑤ 保存配置文件。

ZXR10#write

⑥ 设置系统名称。

ZXR10(config)#hostname zte

⑦ 设置系统日期和时间。

ZXR10#clock set 15:52:35 apr 18 2005

⑧ 设置设备特权模式密码。

ZXR10(config)#enable secret zte

⑨ 设置管理端口。

ZXR10(config)#nvram mng-ip-address 10.0.0.1 255.0.0.0

⑩ 设置 Telnet 用户和密码。

ZXR10(config)#username zte password zte　　//用于远程登录

（3）恢复密码。

① 将 ZXR10 重启，在屏幕提示"Press any key to stop auto-boot... "时敲任意键，进入[Zxr10 Boot]模式。

[Zxr10 Boot]:

② 在[Zxr10 Boot]状态下输入"c"，回车后进入参数修改状态。在 Enable Password 处填写密码。

[Zxr10 Boot]:c

...

Enable Password　　　　　　:zte

Enable Password Confirm　　　:zte

③ 输入"@"启动路由交换机。

[Zxr10 Boot]:@

（4）备份和恢复配置文件。

① 将配置文件备份到 TFTP Server 上。

ZXR10#copy flash: /cfg/startrun.dat tftp: //168.1.1.1/cfg/ startrun.dat

② 将备份完的配置文件从 TFTP Server 上恢复回来。

ZXR10#copy tftp: //168.1.1.1/cfg/ startrun.dat flash: /cfg/ startrun.dat

5．实训思考题

（1）路由器交换机有哪几种配置文件？它们的区别是什么？

（2）如何进行密码恢复？

（3）当路由器交换机因为版本文件损坏而无法正常启动时，应该如何解决？

10.6　Internet 搜索引擎应用

1．实训目的

（1）掌握 Internet 常用的检索工具和使用方法。

（2）熟悉 Internet 信息检索和科技资源等。

2．实训环境

（1）网络实验室。

（2）Internet 上网环境。

3．实训理论基础

（1）搜索引擎。搜索引擎（Search Engine）是一个提供信息"检索"服务的网站。它使用某些程序对因特网上的所有信息进行归类，以帮助人们在茫茫网海中搜寻到所需要的信息。

（2）搜索引擎的类型。搜索引擎的种类很多，各种搜索引擎的概念界定尚不清晰，大多可互称、通用。但各种搜索引擎既有共同特点，又有明显差异。按照信息搜索方法和服务提供方式的不同，搜索引擎可分为检索式搜索引擎、目录分类式搜索引擎和元搜索引擎几种。检索式搜索引擎由检索器根据用户的查询输入，按照关键词检索索引数据库；目录分类式搜索引擎数据库依靠专职编辑人员建立；元搜索引擎是对多个独立搜索引擎的整合、调用、控制和优化利用。

（3）Internet 信息检索技巧。

① 选择适当的搜索引擎。不同的搜索引擎所具备的特点不同，只有选择合适的搜索引擎才能获得满意的查询结果。

② 注意阅读搜索引擎的帮助信息。许多搜索引擎在帮助信息中提供了本引擎的使用方法、规则及运算符说明。

③ 检索关键词要恰当。选择关键词时做到"精""准"才能保证搜索到所需信息，做到"有代表性"才能保证搜索的信息有用。

④ 尝试布尔检索。常见的布尔逻辑操作符有 AND、OR 和 NOT。

⑤ 思考检索结果。一次成功的检索通常是由好几次检索组成的。

⑥ 避免常见错误，如错别字、关键词太常见、多义词、不合理的关键词等。

（4）Internet 科技信息资源实例。

① 中国知网：中国知网收录了国内核心期刊和具有一定专业特色的中文期刊，是目前国内包含学科范围最广的大型综合性文献检索数据库之一。

② 维普网：维普网是一个以科技为主的综合性中文期刊数据库。该数据库分为全文版、文摘版和引文数据库等。

③ 万方数据资源系统：万方数据资源系统是大型网上数据库联机检索系统，包括科技信息、数字化期刊及企业服务等。

4．实训内容与步骤

下面仅以谷歌搜索引擎为例介绍 Internet 检索工具和使用方法。

（1）搜索结果包含多个关键词。当有多个关键词时，可以通过空格达到"与"运算的目的。例如，（计算机 网卡）表示搜索包含 "计算机"并且包含 "网卡"的网页。

搜索结果至少包含多个关键词中的一个时，用"OR"连接多个关键词。例如，（计算机 OR 网卡）表示搜索包含"计算机"或者包含"网卡"或者包含"计算机"和"网卡"的网页。

搜索结果要求不包含某些特定信息时，用"–"或"NOT"表示。例如，（计算机–网卡）或（计算机 NOT 网卡），表示搜索只包含"计算机"这个词但不包含"网卡"的网页，要注意"–"号与"网卡"之间不要有空格。

（2）通配符的使用。通配符可以用"*"号表示。例如，（以*为本）就是搜索包含第一个字是"以"，最后两个字是"为本"的词语的网页。

搜索英文短语时，英文短语要用双引号括起来。例如，搜索 Word war Ⅰ，必须在搜索框中输入"World war Ⅰ"。

（3）搜索引擎忽略的字符以及强制搜索。Google 对一些在网络上出现频率极高的英文单词，如"com""www"等，以及一些符号，如"*"".'等，做忽略处理。例如，搜索（www 服务）将会搜索到只包含"服务"关键词的网页。如果要对忽略的关键字进行强制搜索，则需要在该关键字前加上明文的"+"号，如（+www 服务），或用双引号引起来，即（"www"服务）。

（4）高级使用。想在搜索结果中只显示某些网站时，用"site:"。例如，（数据通信 site:net）表示在所有顶级域名为 net 的网站中搜索包含"数据通信"这个词的网页。再如，（通信 site:163.com）表示在二级域名为 163.com 的网站中搜索包含"通信"这个词的网页。

查找包含关键词的某类文档时，用"filetype:"。例如，搜索含有"资产负债表"关键词的 Office 文档，即（资产负债表 filetype:doc OR filetype:xls OR filetype:ppt）。这里要知道那些常用的文档类型的扩展名，如 pdf、swf、doc、ppt 等。

搜索的关键字包含在 URL 链接中时，用"inurl"或"allinurl"。例如，（计算机 inurl:abc）或（inurl:abc 计算机）表示搜索包含"计算机"3 个字的网页，并且表示这个网页位置的 URL 中包含 abc 3 个字母；（allinurl:abc 计算机）表示搜索"abc""计算机"这两组字符都出现在 URL 中的网页。

5．实训思考题

（1）搜索引擎的类型及代表性搜索引擎有哪些？
（2）利用搜索引擎查找我国某高校的专业设置情况。
（3）查找与本人所学专业相关的近两年的国际会议信息情况。

10.7　DHCP 服务器的安装、配置与管理

1．实训目的

（1）掌握 DHCP 服务器的安装、配置与管理方法。
（2）掌握 DHCP 服务的测试方法。

2．实训环境

（1）网络实验室。
（2）3 台安装 Windows 2000/2003 Server 的计算机，其中 1 台为服务器，另外 2 台为客户机。
（3）3 台计算机采用 TCP/IP 协议通信，且连接在同一局域网内。

3．实训理论基础

（1）DHCP 基本概念。DHCP 又称动态主机配置协议，DHCP 服务器可以从自己的地址池中取出地址给网络中的客户机分配在指定时间内有效的 IP 地址，从而减少网络管理员工作量。

（2）DHCP 的组成。DHCP 由作用域、排除地址、租约期限、保留地址等组成。
作用域就是地址池，其是一个合法的 IP 地址范围，用于给客户机进行分配。
排除地址指从作用域中排除的地址范围。排除的地址不能分配给客户机使用。
租约期限是指 DHCP 给客户机分配的 IP 地址的有效时间，默认期限为 8 天，管理员可以根据实际需要自行设置。

保留地址是指长期为某个客户机分配同一个IP地址，可以利用客户机上的MAC地址进行设置。

4．实训内容与步骤

（1）局域网中有3台机器，选中1台机器为DHCP服务器，为其他2台客户机分配动态IP地址。

（2）选中1台机器安装DHCP服务器。

① 双击"我的电脑"，选择"控制面板"。

② 在"控制面板"中选择"添加/删除程序"，然后打开"Windows 组件向导"，在"组件向导"中，选择"网络服务"，如图10-23所示。进入"网络服务"对话框中，选择"动态主机配置协议（DHCP）"复选框，如图10-24所示。

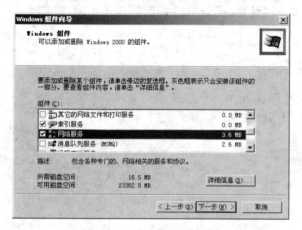

图10-23 Windows 组件向导

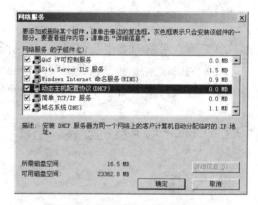

图10-24 DHCP 动态主机配置协议

③ 单击"确定"按钮，根据提示插入 Windows 2000/2003 Server 安装光盘，完成安装。

（3）启动 DHCP 服务。

① 依次单击"开始"→"程序"→"管理工具"→"DHCP"，打开 DHCP 服务管理控制台。

② 在控制台左侧标服务器名字的图标上单击右键，在弹出的快捷菜单中选择"所有任务"，在相应的菜单中可以选择"启动""停止""暂停"等项。

③ 通过服务器图标的箭头识别 DHCP 服务器状态：当图标是绿色箭头时，表示 DHCP 服务器正常工作；当图标是红色方块时，表示 DHCP 服务器停止工作；当图标是红色向下箭头时，表示 DHCP 服务器没有授权。

④ 如图10-25所示，若DHCP服务没有授权，则右键单击服务器名，选择"授权"，并且输入授权 DHCP 服务器的 IP 地址或主机名。

⑤ DHCP 服务器绑定网络连接，以便为该网络连接上的客户提供 DHCP 服务。右键单击 DHCP 服务器图标，在弹出的快捷菜单中选择"属性"，进入"高级"选项，单击"绑定"，确认"本地 IP 地址"。

（4）创建作用域。

① 单击"开始/程序"→"管理工具"→"DHCP",右键单击服务器,在弹出的快捷菜单中选择"新建作用域",按照提示进行设置。IP 地址范围的配置,如图 10-26 所示。

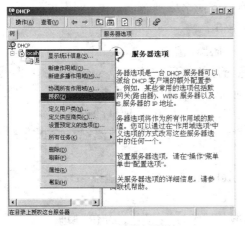

图 10-25 DHCP 服务器授权

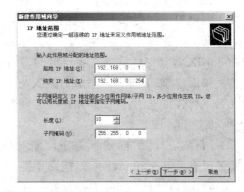

图 10-26 设置 IP 地址范围

作用域的起始 IP 地址:192.168.0.1。

作用域的结束 IP 地址:192.168.0.254。

子网掩码:255.255.255.0。

IP 地址排除范围:192.168.0.22,如图 10-27 所示。

在"租约期限"页中,默认 8 天期限。

在"配置 DHCP 选项"页中,确认"是的,现在我想配置这些选项"被选中。

输入路由器(默认网关)的 IP 地址。

输入域名称和 DNS 服务器的 IP 地址,单击"解析"按钮,如图 10-28 所示。

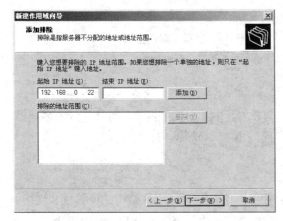

图 10-27 排除 IP 地址范围

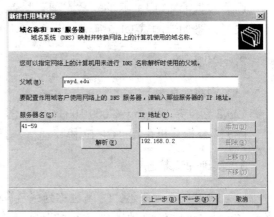

图 10-28 域名称和 DNS 服务器

WINS 服务器地址同 DNS 服务器地址。

② 最后选择"是,我想现在激活此作用域",完成 DHCP 作用域的配置。

(5)客户机的配置。对客户机进行配置,使 DHCP 服务能够为其分配动态 IP 地址。

① 在客户机的 TCP/IP 属性对话框中,选择"自动获得 IP 地址"。

② 在 DOS 状态下,输入 ipconfig/release 命令,用于释放当前的 IP 地址。

③ 在 DOS 状态下，输入 ipconfig/all 命令，查看当前网卡的配置情况。

（6）设置保留客户机地址。为了让客户机一直都可以从 DHCP 服务器上接收到相同的 IP 地址，可以进行客户机 IP 地址保留。这时需在 DHCP 服务器端做如下操作。

① 在 DHCP 控制台树中，展开左侧所创建的作用域。

② 右键单击作用域下的"保留地址"，选择"新建保留"。

③ 在"新建保留"对话框中，键入客户保留所需的信息：名称为 clientXX，IP 地址为 192.168.0.2XX，MAC 地址为客户端的"适配卡地址（网卡地址）"。

④ 单击"添加"按钮，然后单击"关闭"按钮，完成保留 IP 地址的设置。

（7）测试客户机所分配的新地址。在两台客户机上做如下操作，以测试 DHCP 服务器是否正确动态分配 IP 地址。

① 两台客户机在 DOS 状态下，输入 ipconfig/release，释放原 IP 地址。

② 再输入 ipconfig/renew，按回车键。

③ 确认客户机现在的 IP 地址是不是 DHCP 服务器地址池范围中的 IP 地址。

5．实训思考题

（1）DHCP 服务器配置是否可以使用动态 IP 地址，为什么？

（2）怎样使客户端每次自动获得的 IP 地址都相同？

10.8　DNS 服务器的安装、配置与管理

1．实训目的

（1）掌握 DNS 服务器的安装、配置与管理方法。

（2）熟悉如何测试 DNS 服务。

2．实训环境

（1）网络实验室。

（2）3 台安装 Windows 2000/2003 Server 的计算机，其中 1 台为服务器，另外 2 台为客户机。

（3）3 台计算机采用 TCP/IP 协议通信，且连接在同一局域网内。

3．实训理论基础

（1）DNS 的基本概念。DNS 也称为域名解释服务，它是一种域层次结构的计算机和网络服务命名系统，可以在 IP 地址与域名之间形成映射关系，实现相互解释。在 IE 浏览器中输入域名时，DNS 会把该域名解释成该网站所对应的 IP 地址。

（2）区域。在树形结构的域名空间，区域是域名中的一个连续区段。这个区段存在于某个 DNS 服务器中，后者具有针对该区段解析 DNS 查询的授权。

（3）区域数据库文件。区域中的主机名称与 IP 地址形成的映射记录会保存在 DNS 服务器的一个区域数据库文件中。DNS 记录就是以区域数据库文件的形式存放在 DNS 服务器中。

（4）正向查询与反向查询。正向查询是把域名映射为 IP 地址的请求，反向查询是将 IP

地址映射到域名的请求。

4. 实训内容与步骤

（1）在选中的一台机器上安装 DNS 服务器。

① 双击"我的电脑"，打开"控制面板"。

② 在"控制面板"中选择"添加/删除程序"，然后选择"Windows 组件向导"，在"组件向导"中，双击"网络服务"，进入"网络服务"对话框中，选择"域名系统（DNS）"复选框。单击"确定"按钮，根据提示插入 Windows 2000/2003   Server 安装光盘，完成安装。

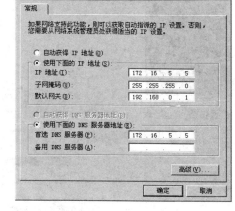

图 10-29　DNS 服务器 IP 地址

（2）设置服务器的 TCP/IP 属性。

① 以管理员的身份登录到服务器，如图 10-29 所示。

IP 地址：　　　　　　　　　172.16.5.XX

子网掩码：　　　　　　　　255.255.255.0

首选的 DNS 服务器地址：　172.16.5.XX（与 IP 地址相同）

② 单击"高级"按钮，选择"DNS"选项，单击"附加这些 DNS 后缀"，并且填加"rmyd.edu"，不选择"在 DNS 中注册此连接的地址"复选框。

（3）启动 DNS 服务。

① 打开 DNS 控制台，依次单击"开始"→"程序"→"管理工具"→"DNS"。

② 在左侧控制台中，单击服务器图标，在主菜单上单击"操作"按钮，在出现的下拉菜单中选择"所有任务"。

③ 在弹出的菜单中，如果"停止"和"暂停"处于使用状态，表明服务器已启动；否则，要启动服务，单击"开始"按钮；要恢复已被暂停的服务，单击"恢复"按钮。

④ 为 DNS 服务器绑定网络接口；在控制台树中单击服务器图标，在主菜单上单击"操作"按钮，再单击"属性"按钮，在"接口"选项卡中单击"所有 IP 地址"，确定退出。

（4）创建新区域。依次单击"开始"→"程序"→"管理工具"→"DNS"，打开 DNS 服务管理器。

① 创建正向搜索区域，步骤如下。

在 DNS 窗口中，单击服务器图标，在主菜单上单击"操作"按钮，再单击"配置服务器"。在"欢迎使用新建区域向导"页中，单击"下一步"按钮，如图 10-30 所示。

在"正向搜索区域"页中，选择"是，创建正向搜索区域"。

如图 10-31 所示，选择"标准主要区域"，单击"下一步"按钮。然后输入 rmyd.edu 域名，选择"是"，创建正向搜索区域。

在"区域文件"页中，确认用"rmyd.edu.dns"这一文件名创建新的文件，如图 10-32 所示，单击"下一步"按钮完成操作。

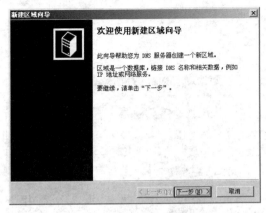

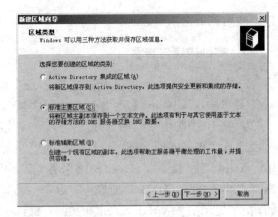

图 10-30　新建区域向导　　　　　　　　　　　　图 10-31　标准主要区域

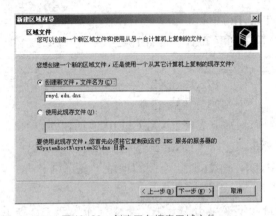

图 10-32　创建正向搜索区域文件

② 创建反向搜索区域，步骤如下。

在"反向搜索区域"页中，选择"是"，创建反向搜索区域。

在"区域类型"页中，选择"标准主要区域"。

在"反向搜索区域"页中，输入 IP 地址前 3 个数字，如 192.16.5。

在"区域文件"页中，选中"创建新文件，文件名为"单选按钮，并输入对应的文件名，单击"下一步"按钮，完成。

（5）添加资源记录。在正向搜索区域中可以添加主机资源记录；在反向搜索区域中可以添加指针。

① 右键单击"正向搜索区域"下的"rmyd.edu"域名，选择"新建主机"。

如图 10-33 所示，在"新建主机"对话框中，输入主机名称和 IP 主机地址，选中"创建相关的指针（ptr）记录"复选框，单击"添加主机"按钮。此后，系统会提示添加成功。

② 右键单击"反向搜索区域"下的"192.16.5.x Subnet"，选择"新建指针"，填入本 DNS 服务器 IP 地址最后一位以及主机名，如图 10-34 所示，单击"确定"按钮，此后，系统会提示添加成功。

③ 检查设置。单击"正向搜索区域"下的"rmyd.edu"，在右侧的详细信息区域中应存在一条新主机记录。单击"反向搜索区域"下的"192.16.5.x subnet"，在右侧的详细区域中应存在一条新指针记录"192.16.5.0"。

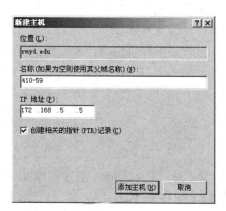

图 10-33　新建主机

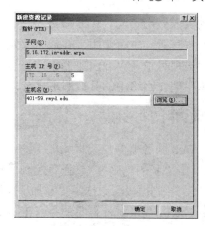

图 10-34　新建指针

（6）利用 nslookup 测试 DNS 功能。

① 确认服务器已经正常工作，且都已配置正向、反向搜索区域及主机和指针资源。

② 设置客户机 IP 地址、子网掩码为首选 DNS 服务器地址，其中首选 DNS 服务器地址应为网络中所配置的 DNS 服务器的 IP 地址。

③ 进入 DOS 状态，输入 nslookup 命令，在出现的提示符下输入 XXX.rmyd.edu，可以看见解析出对应的 IP 地址。输入 IP 地址可以看到对应的域名，说明 DNS 配置成功。

5．实训思考题

（1）配置 DNS 服务器时是否可以使用动态 IP 地址，为什么？

（2）正向搜索区域和反向搜索区域有什么区别？

10.9　Web 服务器的安装、配置与管理

1．实训目的

（1）掌握 Web 服务器的安装配置和管理方法。

（2）掌握使用浏览器访问 Web 服务器的方法。

2．实训环境

（1）网络实验室。

（2）3 台安装 Windows 2000/2003 Server 的计算机，其中 1 台为服务器，另外 2 台为客户机。

（3）3 台计算机采用 TCP/IP 协议通信，且连接在同一局域网内。

3．实训理论基础

（1）HTTP。HTTP 又称超文本传输协议。Web 服务器支持客户机/服务器工作模式。客户机通过浏览器向服务器发出请求，Web 服务器监听到服务后建立 TCP 连接，并返回客户机

所请求的页面做出响应。Web 服务器与客户机之间的通信遵循 HTTP 协议。

（2）主目录。主目录用于存放将要发布的网页信息的文件夹。

（3）虚拟目录。Web 服务器下的主目录用于存放发布的网页信息，也可以把将要发布的网页信息存储在网络中的其他服务器上。这些在其他服务器上的目录称为虚拟目录。

4．实训内容与步骤

（1）Web 服务器的安装步骤如下。

① 双击"我的电脑"，选择"控制面板"。

② 在"控制面板"中选择"添加/删除程序"，然后选择"Windows 组件向导"，在"组件向导"中，双击"Internet 信息服务（IIS）"，确认"World Wide Web 服务器"复选框被选中。

③ 单击"确定"按钮，根据提示插入 Windows 2000/2003 Server 安装光盘，完成安装。

（2）用记事本编写简单 HTML 网页，保存时，文件存储到 Web 服务器默认的网页发布目录"C:\Inetpub\wwwroot\"下面，文件名为 XX.html，文件保存类型为"所有文件"。

（3）启动、查看默认站点。

① 依次单击"开始"→"程序"→"管理工具"→"Internet 信息服务器"，如图 10-35 所示。

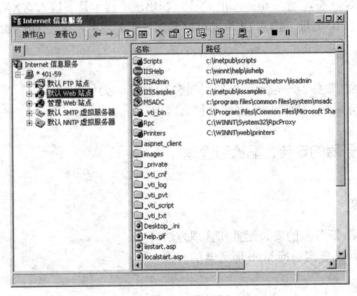

图 10-35　IIS 信息服务

② 打开窗口后，单击服务器图标，在菜单上单击"操作"按钮，在下拉菜单上单击"重新启动 IIS"按钮，在随后弹出的对话框中选择"重新启动服务器的 Internet 服务"，单击"确定"按钮。

③ 观察 Web 是否已启动。单击"默认 Web 站点"，在主菜单上单击"操作"按钮。此时，"启动"菜单项应处于未用状态。

④ 默认 Web 站点的设置。单击"默认 Web 站点"，在主菜单上单击"操作"按钮，在下拉菜单上单击"属性"按钮。根据需要查看或修改站点属性，具体参数设置如下。

IP 地址：选默认，或是本机的 IP 地址。

TCP 端口：Web 的端口号为 80，如图 10-36 所示。

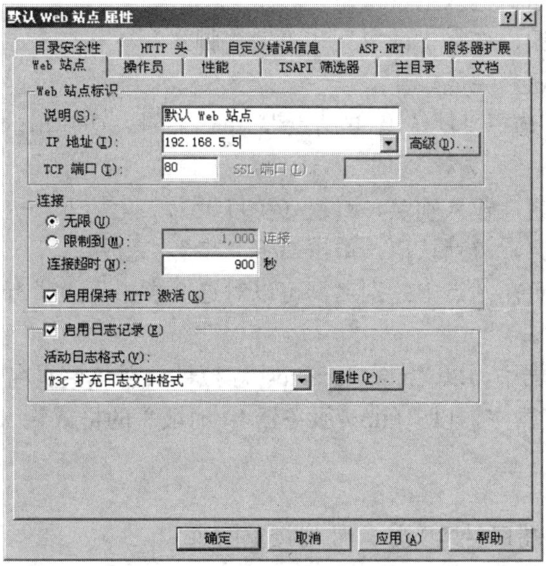

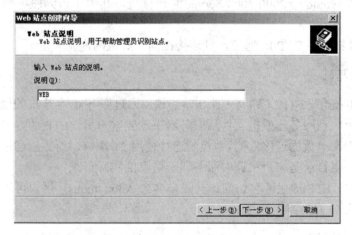

图 10-36　Web 站点选项卡

选择"主目录"，默认 Web 网页发布目录为"C:\Inetpub\wwwroot"，也可以自行指定 Web 服务器网页发布目录本地路径，但所制作的网页要保存在新的发布目录下面。

选择"文档"，单击"添加"按钮还可以增加新的默认文档，不需要的默认文档可以删除，在列表框下的按钮可以调整默认文档的顺序，把新添加的默认文档置顶。

选择"目录安全性"，可以进行 Web 站点的安全设置。单击"身份证和访问控制"栏目"编辑"按钮，可以设置是否允许匿名访问和对用户的验证方法。

（4）新建站点及目录。

① 新建站点。在 IIS 信息服务管理器中，选择 Web 服务器并单击右键，在弹出的快捷菜单中选择"新建/Web 站点"，弹出"Web 站点创建向导"对话框，如图 10-37 所示。

图 10-37　Web 站点创建向导

单击"下一步"按钮，输入站点描述。

单击"下一步"按钮，输入新建 Web 站点的 IP 地址，给出端口号。

单击"下一步"按钮，输入主目录路径。

单击"下一步"按钮，选择"读取"和"运行脚本"。

单击"下一步"按钮，完成。

② 新建虚拟目录。选择"默认 Web 站点"，单击右键，在弹出的快捷菜单中选择"新建/虚拟目录"。

单击"下一步"按钮，输入别名、路径（主目录）。

单击"下一步"按钮，取默认值，单击"下一步"，完成。

右键单击此虚拟目录在站点中的别名，可以对这个虚拟目录进行属性设置。

（5）访问 Web 站点。

在服务器的 IE 浏览器中，以"http://localhost/虚拟目录别名/网页名"的格式输入相应内容。

在客户端的 IE 浏览器中，以"http://服务器 IP 地址"的格式输入相应内容。

5. 实训思考题

（1）若 Web 站点的端口号改变了，如何浏览网页？

（2）访问 Web 站点的方法还有哪些？

10.10 FTP 服务器的安装、配置与管理

1. 实训目的

（1）掌握 FTP 服务器的安装、配置与管理方法。

（2）学会在客户端使用 FTP 服务。

2. 实训环境

（1）网络实验室。

（2）3 台安装 Windows 2000/2003 Server 的计算机，其中 1 台为服务器，另外 2 台为客户机。

（3）3 台计算机采用 TCP/IP 通信，且连接在同一局域网内。

3. 实训理论基础

（1）FTP 基本概念。FTP 又称为文件传输协议，通过服务器/客户机的模式，可以让用户把文件从客户机上传到服务器或把文件从服务器下载到客户机。FTP 的客户机和服务器之间建立"控制连接"和"数据连接"，其中控制连接使用 21 端口，而数据连接使用 20 端口。

（2）主目录。主目录是客户机读取服务器上信息的实际目录。

（3）匿名用户。FTP 提供匿名访问，其账户名为 Anonymous，用户可以利用这个账户匿名访问 FTP 服务器，得到有限信息。

4. 实训内容与步骤

（1）在服务器上安装 FTP 信息服务组件。

① 双击"我的电脑",选择"控制面板"。

② 在"控制面板"中选择"添加/删除程序",然后选择"Windows 组件向导",在"组件向导"中双击"Internet 信息服务（IIS）",确认"World Wide Web 服务器"复选框被选中。

③ 单击"确定"按钮,根据提示插入 Windows 2000/2003 Server 安装光盘,完成安装。

（2）启动默认 FTP 站点。

① 打开 Internet 服务管理器,依次单击"开始"→"程序"→"管理工具"→"Internet 信息服务器"。

② 启动 FTP 服务。在 Internet 服务管理器下,展开服务器图标,右键单击"默认 FTP 站点",选择"启动",如图 10-38 所示。

图 10-38　默认 FTP 站点

（3）默认 FTP 站点设置。

① 右键单击"默认 FTP 站点",选择"属性",进入"属性"页面。在"FTP 站点"选项卡中,"IP 地址"选择本机 IP,"TCP 端口号"采用默认的 21 号。

② 设置本服务器允许的客户连接数,默认情况为 100 000 个。

③ 在"目录安全"选项卡中,可以通过 IP 地址允许或者拒绝客户连接到 FTP 服务器。

④ 在"安全账号"选项卡中,设置允许匿名用户访问。默认情况为"允许匿名连接",即表示如果用户不是合法账户,可以通过匿名 Anonymous 进行登录,获得 FTP 服务器信息,如图 10-39 所示。

⑤ 在"主目录"选项卡中,默认的 FTP 服务器的信息发布目录为"C:\Inetpub\ftproot",可以把所要发布的 FTP 信息存储到此目录下,以供发布,并且可以设置客户机取得发布信息的权限:"读取"或"写入"。如果更改 FTP 服务器信息发布目录路径,那么所发布的信息也要存储到新的发布路径下。

（4）新建 FTP 站点。

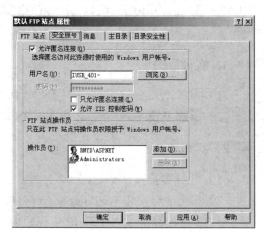

图 10-39　安全账号设置

① 在 IIS 服务器中，选择 IIS 服务器并单击右键，选择"新建/FTP 站点"，出现一个欢迎使用"FTP 站点创建向导"对话框，如图 10-40 所示。

② 单击"下一步"按钮，输入站点描述，单击"下一步"按钮，输入新建 FTP 站点的 IP 地址，给出端口号。

③ 单击"下一步"按钮，选择"不隔离用户"，单击"下一步"按钮，在浏览处，选择 FTP 服务器信息发布路径。

④ 单击"下一步"按钮，选择"读取"，单击"下一步"按钮，完成。

（5）新建 FTP 虚拟目录。

① 建立虚拟目录。打开 Internet 信息服务

图 10-40　新建 FTP 站点

管理器，在管理器树中，右键单击"默认 FTP 站点"，在弹出的快捷菜单中选择"新建"→"虚拟目录"。

② 出现"虚拟目录创建向导"后，按屏幕提示，设置别名为"FTP"，路径为"盘符:\Inetpub\ftp"，权限为"读取和写入"。

③ 右键单击"默认 FTP 站点"下的新节点"FTP"，选择"属性"。进入"属性"页，可以查看该虚拟目录的属性内容。

（6）访问 FTP 站点。

在连网客户机上，打开 IE 浏览器，在地址栏中以"ftp://FTP 服务器 IP 地址"的格式输入相应内容，回车后便进入了 FTP 服务器，可以进行"读取"（下载）或"写入"（上传）信息操作。

5．实训思考题

（1）写出 FTP 服务器默认主目录的位置及端口号。

（2）如何设置允许或不允许 FTP 匿名访问？写出匿名访问的用户名。

10.11　配置 Windows Server 2003 VPN

1．实训目的

（1）掌握 Windows 2003 服务器端 VPN 的配置步骤。

（2）掌握 Windows 2003 客户端 VPN 的配置步骤。

2．实训环境

（1）网络实验室。

（2）采用 3 台安装 Windows Server 2003 计算机，其中 1 台为服务器，另外 2 台为客户机。

（3）3 台计算机采用 TCP/IP 协议通信。

3．实训理论基础

虚拟专用网 VPN 是一种在现存的物理网络上建立的一种专用逻辑网络。它通过一个公用网络建立一个临时的、安全的连接。

VPN 是对企业内部网的扩展。它也是一种互联网，而且以其特有的优势而深受现代企业的青睐。VPN 的设置可分为服务器端与客户端两种形式。

4．实训内容与步骤

（1）VPN 服务器端配置。

① 右键单击计算机桌面上"网上邻居"，单击"属性"，打开"网络连接"窗口。

② 单击"文件"→"新建连接"，在打开的"新建连接向导"窗口中，按向导提示一步一步进行操作。先单击"下一步"按钮，在"网络连接类型"中选择"设置高级连接"（若是 Windows 2000 系统，则直接选"接受传入的连接"并进入步骤③），单击"下一步"按钮，如图 10-41 所示。在高级连接选项中选"接受传入的连接"，如图 10-42 所示，再单击"下一步"按钮。

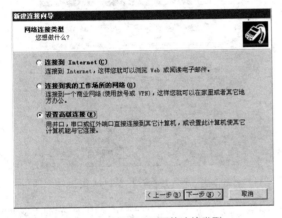

图 10-41　设置 VPN 网络连接类型

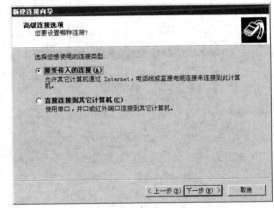

图 10-42　高级连接选项

③ 出现"传入连接的设备"的选择窗口，如图 10-43 所示。由于是用网卡接受传入连接，所以这里不选择"直接并口（LPT1）"，直接单击"下一步"按钮。

④ 在"新建连接向导"的"传入的虚拟专用网络（VPN）连接"这一步，选择"允许虚拟专用连接"，如图 10-44 所示，单击"下一步"按钮。

⑤ 在"用户权限设置"这一步，勾选能进行拨入的 VPN 账号，单击"下一步"按钮。

⑥ 在"网络软件"这一步，选中"Internet 协议（TCP/IP）"，单击"属性"按钮，如图 10-45 所示。在弹出的"传入的 IP 属性"对话框中，可参考图 10-46 并结合实际情况进行设置。设置完成后，单击"确定"按钮，再单击"下一步"按钮，最后单击"完成"按钮，则在"网络连接"窗口中就多了一个"传入连接"的图标。这表明服务器可以接受 VPN 拨入了。

（2）VPN 客户端配置。

① 右键单击"网上邻居"，单击"属性"，打开"网络连接"窗口。

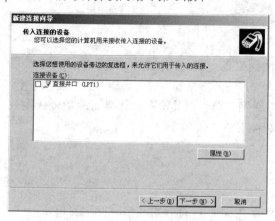

图 10-43　选择传入连接的设备

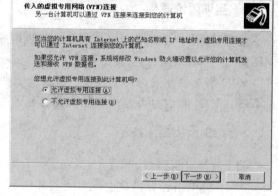

图 10-44　允许传入的虚拟专用网络连接

② 单击"文件/新建连接"，单击"下一步"按钮，则出现与图 10-41 所示一样的"网络连接类型"窗口。不同的是，这里选择"连接到我的工作场所的网络"，再单击"下一步"按钮。

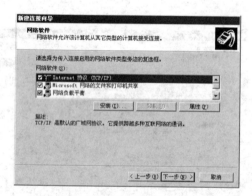

图 10-45　选择 VPN 网络软件

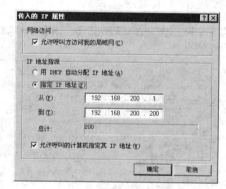

图 10-46　传入的 IP 属性设置

③ 选择"虚拟专用网络连接"，如图 10-47 所示。单击"下一步"按钮，出现"连接名"窗口，如图 10-48 所示，在此对话窗口中填写新建的 VPN 连接名称，如"我的 VPN 连接"，单击"下一步"按钮。

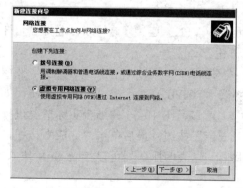

图 10-47　网络连接选项

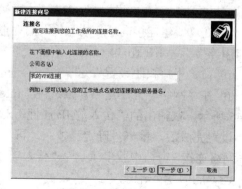

图 10-48　连接名设置

④ 在"公用网络"对话窗口中根据情况勾选，一般选"不拨初始连接"，再单击"下一步"按钮。在"VPN 服务器选择"窗口中，如图 10-49 所示，输入要拨入的 VPN 服务器的域名或 IP 地址，再单击"下一步"按钮。

⑤ 在"可用连接"对话窗口中，根据情况，选择是将新建的 VPN 连接快捷方式仅建立在自己的账号中（选"只是我使用"），还是为本计算机的所有账号都建立此快捷方式（选"任何人使用"）。至此，VPN 连接的拨号快捷方式已经建立。

⑥ 在"网络连接"连接窗口中，双击刚才新建的 VPN 拨号快捷方式。在打开的"连接我的VPN 连接"窗口中输入 VPN 的账号和密码（即前面服务器端设置步骤中勾选的账号密码）。这时还不能立即进行 VPN 拨号，还要单击"属性"按钮进行设置，如图 10-50 所示。

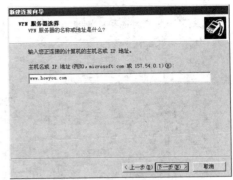

图 10-49　VPN 服务器选择

⑦ 在"属性"设置窗口中，单击"网络"选项卡，再选中"Internet 协议（TCP/IP）"，单击"确定"按钮，如图 10-51 所示。

图 10-50　连接 VPN

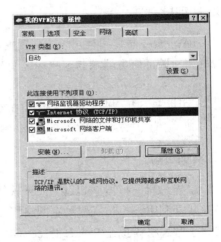

图 10-51　VPN 连接属性设置

⑧ 在"Internet 协议（TCP/IP）属性"窗口中，可选"自动获得 IP 地址"，也可根据实际情况指定 VPN 拨入后的 IP 地址，如图 10-52 所示。

⑨ 单击"Internet 协议（TCP/IP）属性"窗口中的"高级"按钮，在弹出的"高级 TCP/IP设置"窗口中，将"在远程网络上使用默认网关"前的勾去掉，如图 10-53 所示，其他按默认设置，然后单击"确定"按钮后，就可以单击图 10-50 中的"连接"按钮来进行 VPN 拨号连接了。如果"在远程网络上使用默认网关"前的勾没去掉，则可能会导致进行 VPN 拨号之前的网络连接失效，如无法连上 Internet 等，因此一般不勾选此项。

设置好 VPN 的客户端，并进行 VPN 拨入连接后，使用 ipconfig 命令查看已经建立的 PPP类型的连接，并获得 IP 地址，之后就可以和接入的网络进行安全的通信，即使身处公司之外的异地，也可以使用 VPN 拨入到公司的 VPN 服务器，访问公司的内部网络，就和在公司内部访问局域网一样。

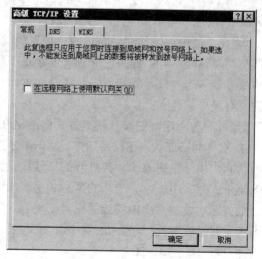

图 10-52　VPN 拨号的 TCP/IP 属性　　　　　图 10-53　高级 TCP/IP 设置

5．实训思考题

（1）VPN 服务器端和客户端的配置主要有什么不同？

（2）如何验证服务器端与客户端之间建立起的连接？

10.12　使用思科模拟器 Packet Tracer 软件

1．实训目的

（1）掌握思科模拟器 Packet Tracer 软件环境界面使用方法。

（2）掌握利用模拟仿真器绘制网络拓扑图的方法。

（3）了解思科模拟器 Packet Tracer 软件的安装过程。

2．实训环境

（1）在网络实验室进行。

（2）计算机 1 台。

（3）Packet Tracer 6.2 软件 1 套。

3．实训理论基础

Packet Tracer 是由 Cisco 公司发布的一个辅助学习工具，为数据网络通信课程的初学者提供了网络模拟环境。用户可以在软件的图形用户界面上，直接使用拖曳方法建立网络拓扑，并可看到数据包在网络中的详细处理过程，观察网络实时运行情况。通过本节，读者可以学习 iOS 的配置方法、锻炼故障排查能力。

4．实训内容及步骤

（1）Packet Tracer 6.2 软件安装。

在网站上下载 Packet Tracer 6.2 软件安装包，在安装向导帮助下完成安装。安装过程如图 10-54、图 10-55 所示。

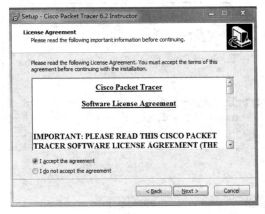
图 10-54　安装过程 1

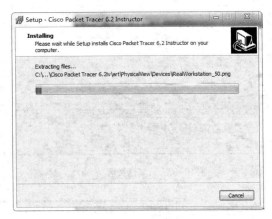
图 10-55　安装过程 2

（2）Packet Tracer 6.2 软件界面。

Packet Tracer 6.2 软件界面如图 10-56 所示，其中白色区域是工作区，工作区上方是菜单栏和工具栏，工作区下方是设备选择区，工作区右侧是工具栏。

① 设备选择区。

在设备选择区选择设备，这是处于界面左下角的一块区域，提供许多种类的硬件设备，具体如图 10-57 所示。从左至右，从上到下依次为路由器、交换机、集线器、无线设备、设备之间的连线（Connections）、终端设备、仿真广域网、自定义设备（Custom Made Devices）。在此主要介绍路由器模拟模块的使用。

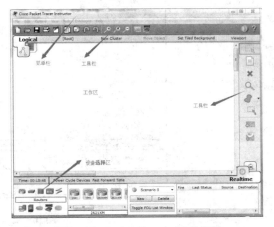
图 10-56　Packet Tracer 6.2 的界面

选择了想使用的模块后，在右端将显示此模块之中所能使用的模拟设备。

② 设备使用。

只要将相应的设备拖动到工作区域就可以搭建任意形式的拓扑图。现在我们以路由器为例，如图 10-58 所示。

Cisco 模拟器的特色是模块高度仿真，有上电的过程，即有着与真实的设备相同的开关键。

③ 设备连接。

在设备选择区有 Connections 模块，用鼠标单击后的效果如图 10-59 所示，在右边会看到各种类型的线，依次为 Automatically Choose Connection Type（自动连接线，一般不建议使用，除非你真的不知道设备之间该用什么线）、控制线、直通线、交叉线、光纤、电话线、同轴电缆、DCE、DTE，其中 DCE 和 DTE 是用于路由器之间的连线。实际运用中，DCE 和一台路由器相连，DTE 和另一台设备相连。交叉线只在路由器和计算机直接相连中使用（注：设备之间连线选项卡之中的线路选择随模拟器版本的不同而有相应的变化）。图 10-59 中可见由 3 台路由器搭建的简单的网络拓扑图。

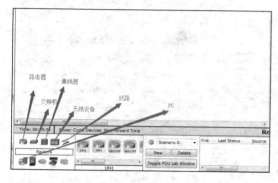

图 10-57　设备选择区

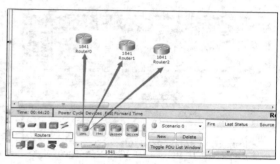

图 10-58　路由器设备实例

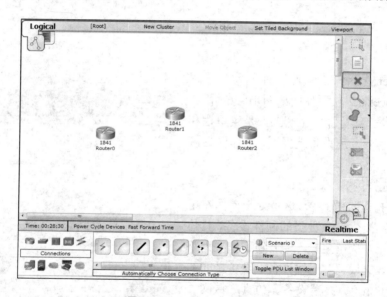

图 10-59　Connections 模块

④ 使用工作区右侧工具栏中的基本工具。

如图 10-59 所示，在工作区右侧的工具栏中提供了基本工具，从上到下依次为选定/取消、Place Note（先选中）、删除、Inspect（选中后，在路由器、PC 机上可看到各种表，如路由表）。注：Place Note 即在界面中央的空白工作区之中添加文本框进行文字注释。

⑤ 绘制拓扑图。

将所需的设备都拖至工作区之后，接下来就可以开始连线了。先选中线路，如图 10-60 所示。若是第一次使用该软件，则选自动连接线（等熟练后可自选线路连接）。然后分别选择你要连接的设备。连接过程如图 10-61、图 10-62 所示。

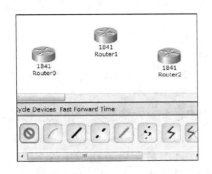

图 10-60　选取设备连接线路

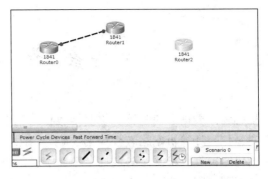

图 10-61　设备连接过程 1

至此，一个基本的网络拓扑就搭建完成了。

⑥ 设备配置界面使用。

要配置好 Cisco 设备，必须熟悉 iOS 命令及相关的知识。

在图 10-62 中，双击 1841 路由器后，将弹出路由器的配置窗口，如图 10-63 所示。在窗口中按回车键，可见配置命令行格式。

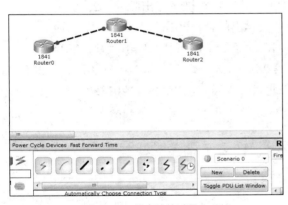

图 10-62　设备连接过程 2

图 10-63　路由器配置窗口

5．实训思考题

（1）由 Cisco 公司发布的 Packet Tracer 软件目前都有哪些版本？

（2）在 Packet Tracer 6.2 模拟仿真器中，连接线路时，在什么情况下采用自动连接线？交叉线主要用于什么设备与什么设备之间的连接？

参 考 文 献

[1] 杨心强. 数据通信与计算机网络教程（第 2 版）[M]. 北京：清华大学出版社，2016.
[2] 谢希仁. 计算机网络教程（第 5 版）[M]. 北京：人民邮电出版社，2018.
[3] 刘化君. 计算机网络与通信（第 3 版）[M]. 北京：高等教育出版社，2018.
[4] 汪双顶. 网络互联技术与实践（第 2 版）[M]. 北京：清华大学出版社，2016.
[5] 崔来中. 计算机网络与下一代互联网[M]. 北京：清华大学出版社，2015.
[6] 刘永华. 局域网组建、管理与维护（第 3 版）[M]. 北京：清华大学出版社，2018.
[7] 刘远生. 计算机网络安全（第 3 版）[M]. 北京：清华大学出版社，2018.
[8] 洪家军. 计算机网络与通信 [M]. 北京：清华大学出版社，2018.
[9] 季福坤. 数据通信与计算机网络（第 2 版）[M]. 北京：中国水利水电出版社，2011.
[10] 高传善. 计算机网络教程（第 2 版）[M]. 北京：高等教育出版社，2013.
[11] 李昌. 数据通信与 IP 网络技术[M]. 北京：人民邮电出版社，2016.
[12] 蔡跃明. 现代移动通信（第 4 版）[M]. 北京：机械工业出版社，2017.
[13] 崔健双. 现代通信技术概论（第 3 版）[M]. 北京：机械工业出版社，2018.
[14] 陈威兵. 移动通信原理 [M]. 北京：清华大学出版社，2016.
[15] 张鑫. 现代数据通信原理与技术探析 [M]. 北京：中国水利水电出版社，2015.
[16] 崔勇. 移动互联网原理、技术与应用（第 2 版）[M]. 北京：机械工业出版社，2017.
[17] 桂海源. 现代交换原理（第 4 版）[M]. 北京：人民邮电出版社，2013.